U0030311

The Luxury Strategy

奢侈品策略

讓你的品牌，

成為所有人奢求的夢想

Vincent Bastien *Jean-Noel Kapferer*

文森・白斯汀｜尚・諾埃爾・凱費洛——著

白婷 *Paiting*——總審訂

作者介紹

文森・白斯汀 Vincent Bastien

具備理工與數學背景的奢侈品教父，跨足奢侈品與B2B傳統產業，被譽為品牌當道年代的傳奇。原路易威登（Louis Vuitton）掌門人，1988年將LV國際化，並奠定其全球龍頭地位；更是YSL、Lancel 及 Cariter 等品牌國際化之幕後推手，曾管理之品牌橫跨三大奢侈品集團LVMH、Richmont、PPR-Kering。進入LV前，在B2B產業——世界百強暨歐洲最大玻璃集團聖戈班中，擔任Saint Gobain Desjonquères總裁，並研發出香水玻璃瓶，創新營運模式成為B2B2C。更曾任法國最大生技集團賽諾菲（Sanofi Beaute）總裁，旗下品牌包括：YSL、Nina Ricci、Yves Rocher、Parfums Oscar de la Renta、Van Cleef & Arpels、Fendi。以其獨特的品牌策略受法國總統之邀，協助國家及羅浮宮打造品牌，著有《法國國家品牌》（*La Marque France*）。身兼巴黎理工大學、史丹佛商學院及HEC Paris校友，現任歐洲第一HEC Paris客座教授外，更與白婷院長共同解碼奢侈品策略，致力華人領袖教育。

尚・諾埃爾・凱費洛 Jean-Noel Kapferer

品牌管理方面的全球意見領袖與專家，最新暢銷著作《新策略品牌管理》(*The New Strategic Brand Management*) 是國際頂尖 MBA 的重要參考書。擁有HEC Paris的MSc理學碩士學位，以及美國西北大學凱洛管理學院（Kellogg School of Management）博士學位。目前專門研究奢侈品的品牌管理，在世界各地進行研究與主持高階主管研討會，為HEC Paris的名譽教授及INSEEC Business School顧問。

總審訂者介紹

白婷 Paiting

國際人品牌領袖學院（Very Inspiring Professionals，ViP）創辦院長、國際人品牌顧問有限公司總裁、中國國際商會—上海黃浦商會（外灘）名譽會長、（上海）巴歐鷹袖文化發展有限公司總裁、夏代爾白婷品牌學苑創辦人。

旅法華人，出生於台灣某首富家族，足跡遍及法國、日本、中國、東南亞。旅歐期間與奢侈品界教父亦師亦友，並見識歐洲品牌背後成功的策略關鍵祕訣，有感華人常說的「富不過三代」，而歐洲卻孕育出許多超過百年的「富六代」品牌，並看到了亞洲普遍對於品牌管理認知的巨大鴻溝，因此返華後與多明尼克・夏代爾（Dr. Dominique Xardel）博士、文森・白斯汀教授（Prof. Vincent Bastien）聯手創立了國際人品牌領袖學院，致力於世界級的品牌領袖教育，協助華人品牌國際化建設、培育華人百強品牌長CBO。

學院成立以來，協助知名集團如中國紅牛（華彬）、達芙妮集團、中國寶島眼鏡集團、旺旺集團、故宮博物院等眾多華人品牌總裁領袖、家族企業繼承人和高階管理人，打造下一個百年國際品牌，以國際化姿態走向世界。

審訂愛馬仕前全球董座Christian Blanckaert的《*Les 100 Mots du Luxe*》一書，並擁有近30本多明尼克・夏代爾博士的權威著作版權，包含行銷管理、服務業、大數據、消費者行為、直效行銷革命等。

2012年曾受香港政府之邀，替香港300多位上市企業家進行眼鏡產業品牌培訓，獲譽為品牌策略教主、華人領袖教育第一人，並於台灣被遴選為百大傑出企業家。

邁向品牌策略的顛峰

很多朋友不知道，我十八年前就在廣告公司工作，領著人人羨慕的高薪，以打工族來說，當年在廣告公司能每月拿一萬美元的人應該不多吧！之後我於二〇〇〇年在北京設立了品牌策略公司，結合廣告、活動、媒體採購、拍片、數位、公關操作、廣播電視等一應俱全，我想坊間應該有數萬家這樣的公司吧！我在中國北京等地長期投資傳媒、電影，因為電影投資量大且品牌贊助容易，一直以略懂些微的品牌專家自居，但仍然持續在這個領域學習。

法國三百五十年來管理品牌與建立品牌都是有方法、有策略、有計畫，更是有固定科學理工脈絡的。現在中國與台灣有一百大企業全向歐洲學品牌，以品牌年歲來說，HTC六歲，納智捷四歲，紅牛二十七歲，大同九十六歲，宏碁三十九歲，與歐洲的百年品牌難以相比。

我於二〇一三年九月親自上了文森．白斯汀大師及白婷院長的課，文森教授上一次來台是一九八八年LV開店，睽違二十五年後再度蒞臨，這次是把他畢生的精華，傳授給我們來自兩岸三地的領袖菁英。

文森．白斯汀教授上課時常聊到他與蘋果前CEO賈伯斯在史丹佛大學的互動，我才恍然大悟蘋果一系列運用奢侈品策略的蛛絲馬跡，除了跨界挖角時尚界Burberry等人才，在最新推出的土豪金及

iWatch策略上更是可見一斑。

我甚至也在法國HEC及ESSEC兩所大學學習企業品牌精華，他們是世界五百強企業品牌領導者求知若渴的企業品牌搖籃，但我想很多人今天才第一次知道有這兩所商學院的存在吧！

現在亞洲區多位企業家，都已親自或派人前去取經，尤其是中國企業，他們想要做的不只是靠品牌賺錢，更要讓品牌永續兩百年。我在上ESSEC的課程時，遇到我的另一位啟蒙恩師——現年八十三歲的歐洲品牌教父夏代爾博士，他是世界五百強老總的大恩師，令我不禁對白婷院長及她的合夥人法國大師們的智慧、專業、高度影響力深深感動，並肅然起敬。感謝白婷院長對亞洲人的教育，更敬佩她把這樣極高度的方法論，分享給台灣的企業家及未來世界各地的企業家。

現在我依然在學習品牌的路途上，並且不斷告訴自己——對於品牌策略，我永遠都還在學習。

白亨利（亞洲兄弟投資集團董事長、亞洲電影新浪潮發起人）

推薦序 打造強大品牌力

品牌（Brand）是一種識別標誌、一種精神象徵、一種價值理念，是品質優異的核心體現。培育和創造品牌的過程也是不斷創新的過程，自身有了創新的力量，才能在激烈的競爭中立於不敗之地，繼而鞏固原有品牌資產。如何管理「品牌」一直以來都是想成功的企業在探究的問題。許多公司內部缺乏科學的管理系統，僵化的思想造成其對品牌意識的不足，種種原因使得華人世界中真正能具有「強大品牌力」的企業少之又少。要想建立強大的品牌，首先要有正確的觀念，品牌，不只是藝術，更是一門牽涉許多層面的科學管理。

企業的國際化策略將國外很多先進的思想引進國內，從計畫、組織、協調、控制等多方面開始管理改革，脫離陳舊的傳統經營方式，由裡到外塑造鮮明優秀的品牌形象。而這可以透過幾個角度來進行：品牌定位、品牌行銷和品牌忠誠度。

成就全方位品牌的三個角度

明確的品牌定位是品牌經營成功的前提，為企業進入市場、拓展市場提供導航的作用。企業一旦選定了目標市場，就要設計並塑造自己相應的產品、品牌及企業形象，以爭取目標消費者的認同。

想塑造強勢品牌的地位必須進行品牌行銷，而品牌行銷方式多樣：廣告、公關與利益相關者的有效互動等。不斷進行溝通，讓品牌形象深植目標客戶心中，並吸引更多潛在客戶進入所創造的品牌世界。

品牌忠誠度是指消費者在購買決策中，多次表現出對某個品牌有偏向性，而非隨意的行為反應。它是一種行為過程，也是一種心理上決策和評估的過程。品牌忠誠度的形成是建立在企業為客戶提供及時、周到、優質的服務基礎上。擁有自己的體驗和經驗，滿足顧客對品牌的期望甚至超越期望，讓顧客與品牌產生連結。

憑藉優質的客戶服務、持續的產品創新、領先的技術優勢和良好的經營業績，不斷豐富和完善自身的品牌基因，打下堅實的基礎。堅持品牌傳播立體化，透過各種傳播手段和渠道，縱向貫穿市場。從接觸品牌、形成品牌偏好、激發品牌聯想到最終建立品牌忠誠的整個過程，實現品牌傳播投入產出的最大化。堅持品牌體驗一致化，將品牌體驗貫穿客戶與品牌接觸的各個環節與整個過程，不斷疊加累積品牌傳播效益，並逐漸變成聯繫客戶的情感紐帶。透過科學化的管理，達到在顧客心中產生藝術的感動，理性與感性結合，成就全方位的品牌。

李庸地（北京日來文化傳媒董事長）

品牌策略讀後的警醒

一個產品投入市場之後，經過品質、價格、售後服務等等現實而嚴厲的條件比較，某一些產品出現了一種超乎理性的價值。這種價值，無論我們用行銷慣用的語言「附加價值」，或者《奢侈品策略》一書所說的「社會性因素」來稱之，這種價值，都是許多品牌經營者，無可避免的熱衷追求。

拜讀了凱費洛先生和白斯汀先生的《奢侈品策略》，我自己的認知是：前述常見偏重附加價值的品牌經營，或許容易過度單純化了所謂的奢侈品經營，可能並不全然是《奢侈品策略》一書認定的精髓，並不是本書所謂的「Luxury Strategy」；然而，我們似乎沒有必要先從品牌、從精品、從奢侈品的字義上，去爭論它們的定義邏輯，因為，這些名詞本身就充滿了矛盾、充滿了歧義，我們寧可愉快地享受兩位有豐富品牌經營經驗的專業經理人，分享他們多年的業內心得，尤其，某種程度上，白斯汀先生的敘述，代表了奢侈品業界最令人注目的法國奢侈品行業，不但代表了法國奢侈品業，還是ＬＶ這樣的代表性企業！

由於白斯汀先生也在諸多場合，代表了《奢侈品策略》一書發言，因此我們也以白斯汀先生作為《奢侈品策略》一書的代表。

華人品牌經營最必須關注的課題

白斯汀先生，身為一個法國人、一個品牌專業經理、一個LV的前任總裁，已經形成這本書的強大吸引力，尤其是第一部，以一種形而上的論述，討論品牌經營策略的歷史文化淵源，實在是讀者最享受的部分。

雖然，也許基於專業經理人的精神，對於LV的核心經營策略，在白斯汀先生的書裡，較少著墨於太多細節、或是大量的引證討論，反而聚焦在汽車品牌，或許，汽車市場的經濟規模，經常吸引了最大的資本投入，而從產品的經營歷史而言，可能也是品牌經營最悠久的產業。

其次，由於汽車是一種交通工具，具有普遍的生活功能需求，在平均的功能性需求——如安全性、操控舒適性都滿足之後，品牌經營便開始訴求所謂「性格化」、「社會地位」等等非功能性因素，其中顯著的戲劇化差異，最適宜討論品牌經營之中，充滿神話魅力的奢侈品文化。

尤其在討論勞斯萊斯和凌志的例子時，我回想起日本市場對於凌志上市的反應，突然想到白斯汀先生在書中提及一件事，讓我怵目驚心：他討論為什麼亞洲消費者會熱衷奢侈品？他推論有些國家因為文化失落及否定自己的歷史，所以國際品牌的價格和聲譽，可以立即彰顯自己的成就標準，這個觀察，頓時讓我這樣的品牌經營者感到沉重起來。原來，品牌經營這件事，真的可能是攸關民族文化的千秋大業！

琉璃工房經營近三十年，也可以稱為品牌業者，雖然論規模，著實有限。但是，白斯汀先生除了曾經親自參訪琉璃工房工作室之外，在許多白斯汀先生的訪問和演講中，也每每多所肯定，甚至提及琉璃工房是台灣最有希望成為全球奢侈品品牌的代表！

這些謬賞，我們當成白斯汀先生對於琉璃工房的一種鼓勵；同時，我們也十分關切：白斯汀先生這種觀點的根據是什麼？因為，這不僅僅是琉璃工房關心的課題，更是所有華人品牌經營者所關心的方向，白斯汀先生在書裡，提供了一定的討論，但是，無可避免的是：有一個推論總會提出，如果全球奢侈品，幾乎總是來自歷史、文化、甚至產業深厚的國家，那麼，未來的華人奢侈品發展，應該如何定位？

這樣的感觸，當然不是白斯汀先生這本書的主要用意，然而，拜讀這本書，對於我、對於華人品牌經營者、對於亞洲品牌經營者，可能都是揮之不去的深刻警醒。

張毅（琉璃工房創辦人）

決戰千里之外，如入無人之地

看到別人的品牌成功時，你是問Why？還是問Why Not？這是我在深入接觸了眾多華人品牌之後的感觸。當看到愛馬仕、香奈兒、LV等企業品牌的成功時，華人都會問他們為什麼會這麼成功，卻沒有更進一步問：為什麼成功的不是我們？

華人世界擁有打造奢侈品品牌很好的基礎，從技術、產品代工、設計到文化都是世界級的，就是缺乏成為一個品牌的科學系統、缺乏品牌策略，最終，好的產品不僅未能在市場上脫穎而出，反而陷入艱困的價格戰。多數本土品牌不僅不懂品牌如何建立，更慘的是不清楚自己「不懂」這件事，因此常常是老闆拍拍腦袋決定！文森．白斯汀教授說：「我是個瘋狂的造夢者」，這正是為什麼我們兩人由師生變成如家人般的合作關係，也是我和教授在亞洲開設「華人百強品牌長」總裁班的初衷，希望把品牌建設的科學管理系統分享給品牌領袖們。

「奢侈」在華人世界是很受爭議的兩個字，卻又是歐洲奢侈品策略顯學的核心，我們到底該如何看待這兩個字？

奢侈是很個人化的，不一定是貶義的「浪費」。例如對時間繁忙的企業主來說，一頓美好的早餐或一杯咖啡，或和家人看場電影，就是最大的奢侈。它們是一個夢想，而且是經典的，超越時間、超越語言的，不隨歲月流逝而失色。它們讓得到的人感到夢想成真的幸福，而要實現這一點，必須符合一些要素。並不是價格昂貴就是奢侈品，而是因為它本身具備「奢侈」的條件才會價格昂貴。

奢即「大者」，侈即「人多」，所以「奢侈品策略」簡單來說，就是創造出「很多人想要」，但最大者才能擁有的事物，這也是成功品牌商業模式的核心關鍵。

華人也曾創造出一些叫好叫座的品牌，像上海灘，遺憾的是，這些品牌最終都難逃被歐美集團收購的命運。品牌不只是一個商品，應該是一系列的整體體驗，要從視野相對狹窄的「商品」面，走到視野相對寬廣的「品牌」面，其中很大一個關鍵，就在於對文化根基的追溯。

打造成功品牌的三個關鍵

一、始於文化：在傳遞品牌價值與策略時往往會提到，如果要清楚定義你的品牌定位與精神，你必須知道「你是誰」，而這樣的定義通常需要往文化的根基裡去挖掘。就像香奈兒成功地定義了「法式優雅」，這成了它的精神與標誌；反觀中華五千年的歷史，文化底蘊一直存在著，關鍵只在於我們有沒有把這樣的精神與象徵，用奢侈品品牌管理的思維與角度，去思考品牌的定位與生命。西方的品牌經營者已經看到了中華文化在奢侈品領域的價值，並且磨刀霍霍，如果華人自己不把握祖輩流傳下來的精神財富，很快就會為人所用，變成別人的財寶。三月底在台北夏代爾創新品牌論壇中，我和國立故宮博物院院長馮明珠探討「朕知道了紙膠帶」等小文創商品，不但創造了一個億的商機，也成功在兩岸三地締造話題。

二、形於創意：品牌從來都不是固化的，有了文化基礎之後，還要以創意賦予品牌（產品）新的形式和內容，讓它融入當代生活。這一點中國品牌「上下」做了很好的示範。品牌創始人將中國的竹編技藝、漢代服飾、明代家具加以演化和創新，最終形成現代生活中的奢侈品。

●**三、永續品牌**：夏代爾教父和我都曾輔佐過多個百年國際級藍血品牌，有些經過了五代、六代之後，依然掌握在家族傳人手中。相比之下，中國非但沒有出現這樣的品牌，反而許多做大了的品牌，已經開始面臨二代難以接班的問題。我認為企業接班人並沒有真正了解自己的品牌，同時缺乏與時俱進的創新觀念。愛馬仕的家族傳人也曾面臨類似的問題。愛馬仕以做馬鞍起家，隨著時代的變化，馬鞍的市場越來越小，但家族傳人沒有放棄祖輩留下的基業，在此基礎上發展出其他產品線，然而無論怎麼發展，客戶都能從不同的產品中發現這個品牌的根源所在。因此，中國的二代傳人如果不喜歡父輩做的事情，大可以勇敢創新，關鍵是要懂得如何讓這個品牌以更好的方式延續下去。

當被問到這些來自西方的奢侈品管理理論用在東方品牌身上，是否會出現水土不服的狀況時，我往往堅定回答：不會！文森．白斯汀教授光是《孫子兵法》就看了六遍，中國的策略可以為西方人所用，為什麼不能反過來呢？「決戰千里之外，如入無人之地」，就讓這本書帶領華人品牌脫離價格苦戰，如鷹般優雅高飛吧！

白婷（國際人品牌領袖學院VIP創辦院長）

目錄

CONTENTS

導論

奢侈品的界限在哪裡——任何領域、任何產業！

奢侈品展現出時尚，時尚則表現在奢侈品上。想要跟上流行，除了年輕，還得追求奢華。那些經常光顧高級健身中心、著名整容醫師診所的人，購買擁有珍貴成分且融合最新科技成果的高檔化妝品，視永恆的青春為奢侈品。

如今，奢侈品處處可見。管理者和行銷人員經常發明新的詞彙來形容奢侈品：真正的奢侈品、平價奢華、頂級、超頂級、頂級奢華、休閒奢華、觸手可及的奢侈品、超豪華。這些新的詞彙不僅沒有解釋奢侈品的概念，反而讓人更加混亂：如果什麼都成了奢侈品，「奢侈品」一詞就毫無意義了。也有人認為，後現代社會中的每個人都有權利擁有奢侈品。這只是一個幻想。歷史和社會學知識告訴我們，奢侈品並非所有人都負擔得起，就像庫克（Krug）香檳那句著名的廣告語所說：對於大多數人來說，庫克仍遙不可及。如今，在馬克．雅各布斯（Marc Jacobs）的奢侈品店面裡，螢光靴只要二十八美元：雖然他稱之為奢侈品，客戶也將購買該品牌產品視為「給自己一點奢侈」，意思是寵愛自己的禮物；但實際上這只能稱為時尚設計師品牌的產品，而非奢侈品。

如果奢侈品處處可見，奢侈品便不復存在。目前的混亂現象蒙蔽了一個深遠的事實：奢侈品的確存在，它不是僅限於汽車和時尚配件的行業，而是一種與眾不同、全球性地理解客戶和業務管理的方式。奢侈品的歷史和人類歷史一樣悠久，只有對奢侈品概念有充分的認識，才能為有效管理奢侈品制定嚴格的規定，這正是本書的目的。

大眾消費品的市場行銷模式最初由美國發明，由寶鹼（P&G）等美國大型集團推廣至全球。奢侈品策略也如出一轍，最初由歐洲發明，主要由法國和義大利公司推廣至全球各地。這些原創的行銷方法最初企圖是在半個世紀內，將小型家族企業如法拉利（Ferrari）、路易威登（Louis Vuitton）、卡地亞（Cartier）、香奈兒（Chanel）、寶格麗（Bulgari）、古馳（Gucci）、普拉達（Prada）和費洛加蒙（Ferragamo）等，轉變成全球性品牌。實際上，這些方法也適用於全球各地的各種行業。

本書作者是兩位擁有多年奢侈品產業經驗的世界級專家，兩人專長互補，一位擔任過數家著名的高獲利奢侈品品牌的首席執行長和首席營運長，另一位是專業學者和品牌策略顧問。本書奠基於歐洲先驅們的成功實驗結果和失敗經驗，闡述了全新的經營管理理念。從與傳統市場行銷截然不同的奢侈品綜合行銷規則，以及公司財務和人力層面奢侈品策略實施的具體情況中，整理出相當實用的結論。

本書不是簡單地描述奢侈品品牌近期的策略活動，而是提供了建立和延續奢侈品品牌的明確規範和原則，以及傳授出於策略考量脫離奢侈品品牌的時機和方法。同時，也奠基於奢侈品歷史的沿革，建立了理論框架，有助於理解這些規範和原則在高度國際化的市場中存在的意義。

最後，本書也提供如何在奢侈品產業的新領域制定實際的奢侈品策略，這些新領域包括「金磚四國」（巴西、俄羅斯、印度、中國）和新興的「靈貓六國」（哥倫比亞、印尼、越南、埃及、土耳其、南非）以及網路。本書的優勢在於這些經營管理原則不只限於奢侈品產業，還廣泛適用於其他產業。事實上，許多非常成功的案例看似與奢侈品無關，其實只是將奢侈品策略做了細微的改動，例如蘋果。

第一部

回顧奢侈品的起源

第1章 歷經千年的奢侈品

一本奢侈品品牌管理的書，如果只是列出成套的規則和各樣的公式，實在令人匪夷所思。因為奢侈品是一種文化，只有徹底了解後才能運用自如。

而市場行銷，作為工業社會的產物和消費力量的來源，並不能將日常消費品的經營管理方式用於奢侈品，即使是最頂級的消費品也不例外。其中的原因就在於，消費品和奢侈品是截然不同的東西。

若想行銷奢侈品，首先要了解何謂奢侈品。在那之前，必須先回顧奢侈品的歷史。不可否認，如今的奢侈品已有自身的特性和全新的商業模式，即便如此，也不能忘記它一直屬於「奢侈品」。為了從其相互聯繫的內在規律中，追溯奢侈品的演化模式，我們首先要了解其內部的動態。

㈠奢侈品的歷史

奢侈品的歷史可以追溯到人類誕生之初，甚至到祖先的猿人時期嗎？說不定真的是這樣，誰知道呢？我們不打算陷於古老的爭論，也不想討論達爾文進化論的正確性，但這個問題卻說明了撰寫這本書的原因：管理一家專營奢侈品的公司時，如果還套用一般消費品的傳統行銷方法，效果往往不甚理想，甚至注定失敗。針對奢侈品行銷，我們需要找到奢侈品運作的根本原理。隨著對這個主題的深入研究，不難發現，對奢侈品的喜愛深植在人的天性裡，因此我們要沿著人類歷史一路往回走，進入人類學的範疇。

奢侈品的淵源

說到起源，可以從客觀事實開始深討——關於人類在死後埋葬的這個行為，說明了我們意識到人類並非長生不老，而且人類和其他動物是有分別的。換句話說，死後埋葬的歷史有多悠久，我們人類的歷史就有多長。那麼，埋葬在墓裡的東西，除了屍骨還有什麼？我們發現，墓中有一些物品隨著時間流逝會越加珍貴，在悠久的墓穴中，還有死者最貴重的珠寶和他們權力的象徵一起陪葬，例如武器、馬匹甚至船隻。

很快我們就會發現，除了埋葬心愛之物，似乎每個人都堅持要有食物陪葬，以在另一個世界生存下去，另外，還有些平常不可或缺的物品，伴著他們一起下葬。

人類的出現，促成了組織團體和領導團隊的出現，當然，也就有了專屬於領導團隊的物品、符號和生活習慣。我們在這些領導團隊以及他們特有的符號和物品中找尋奢侈品的起源。如果接受這種分析，奢侈品其實就是人類本性和社會生活的重要組成。

關於古代文明，無論是埃及、美索不達米亞、中國或是美洲印地安文明，多虧文字的發明留下眾多記載，我們已經超越建構理論的階段，清楚地了解到它們各自的社會動態和信仰，這也證實了社會化與奢侈品文化的密切關聯。

讓我們回到人類最重要的一件事：人終有一死和死後來生的問題。因為這些問題無論在古代還是現代，都與人類奢侈品背後根本（和永恆）的運行機制有密切關聯。在認知到人終有一死的時刻，人類發現極致的奢華不是擁有財富或身居高位，而是可以永遠地活下去，在死後也能盡享舒適。每一個偉大的文明都用自己的方式表達了對永生的渴望——輪迴轉世（靈魂轉世到其他人或動物的軀體裡）、極樂世界等概念。但是本書最令人感興趣的議題是埃及人的「葬禮」。

事實上，古埃及的情況是最令人驚奇的，因為尼羅河流域的沙漠氣候，神奇地為後代的子孫保存了一切。那麼我們發現了什麼？一個高度階級化且穩定的社會，遵循著嚴謹與複雜的生存法則；埃及人確實地實踐了奢侈品的法則，還自己創造了更多新奇的方法，最著名的就是用玻璃瓶儲存香水。

奢侈品始終服務於兩方面：生前的盛大輝煌和逝世後的高度儀式性。活著的時候，顯赫感可透過各種方式展示，並且能激發創造出一些專屬物品，如香水，只限眾神、法老、大祭司以及他們身邊的人使用。而去世之後，這一切會變得更加隆重，例如金字塔、帝王谷和帝后谷裡的陵墓……，這些絕美的工藝和精妙的技藝（金字塔的修建），都用於延續逝者生前所擁有的宏大與壯麗。

埃及人的信仰是：只有保留軀體，靈魂才能永存。因此，保存軀體需要驚人、純熟的技術，如木乃伊的防腐、金字塔的建造、墓穴的挖掘，這些都花費不貲，只有少部分的上層階級，如法老、法老的妻妾、大祭司，以及少數重臣才能享受這些奢華的待遇。

根據尼羅河流域的考古發現和象形文字的解讀，似乎可以確定一件事，即這種「奢侈品產業」的發展演變，和如今「民主化」的過程異曲同工。挖掘出的木乃伊和陵墓還告訴我們，如此的奢華享受也逐漸向下層傳播給更多的大眾和少數的「神聖」動物，到後來，更普及到所有埃及平民，甚至家畜之上。只要一個社會有充足的時間和資源，就會有奢侈品覆蓋群體的特點。

由此可知，早在遙遠的當時，奢侈品的實用性就是一個引起爭議的話題：一些人將奢侈品視為毫無意義的浪費（當然，貧農的生活的確極為艱苦）；還有一些人，卻發現奢侈品能帶動藝術和技術的發展，若逐漸應用到社會各個角落，最終將會造福人類。此外，埃及吉薩高地（Giza plateau）的近期發現，讓我們不得不改變對金字塔的固有偏見：以前我們認為金字塔是奴隸在不斷的壓迫下建造完成的；但事實上，金字塔是由聰明睿智的工程人員和技術熟練的工匠興建而成。法老們的奢華享受並非建立在奴隸的血淚上，而要感謝那些能幹且自由的技術工匠。

從古希臘到十九世紀

從古希臘至今，奢侈品的概念一直是人們持續爭論的熱門話題，支持者認為奢侈品是社會進步的動力和向上提升的標誌，反對者則將奢侈品視作「意義道德」（virtus）的敵人（羅馬人認為，「意義道德」是道德的內涵之一）。

在古希臘，雅典和斯巴達的衝突，說明了社會不同觀念的對峙。兩座城邦國的對抗持續了幾個世紀，無數歷史學家對此進行過全面研究。

在古義大利，當羅馬軍隊成功擊退外敵，保衛家園之後，共和國的擁護者們產生了分歧，一方艱苦樸素、崇尚意義道德——長老加圖（Cato the Elder）是此觀點的重要傳播者，其著名的「禁奢令」《奧庇烏斯法》（*Lex Oppia*）於西元前二一五年通過，西元前一九五年廢除；而另一方，則推崇一個更加優雅和成熟的共和政體。結果後者的勝利，讓羅馬帝國的精緻優雅和宏大奢華為世人銘記。一種好戰、剛性、古樸，另一種平和、柔性、精細，各代表對奢侈的反對和贊成，兩種截然不同的社會造成的衝突不斷上演，甚至演變成內戰，帶來苦難，說明了「奢侈品」觀念的舉足輕重。

這種衝突不僅出現在古典時期，甚至不只出現在西方世界，禁奢令已有千年的歷史，既存在於相對穩定的和平時期（如一六〇三年到一八六八年日本的德川幕府時期，或英國伊莉莎白一世在位時期），又存在於激烈的動盪時期（如十六世紀後半葉的法國宗教戰爭期間）。不過，我們就不再細述這段歷史時期了，有興趣的讀者可參考克里斯多夫・貝瑞（Christopher J. Berry）的著作《奢侈品概念》（*The Idea of Luxury*）。

這類衝突雖沒有在實質上或法律上演變到群體暴動的程度，但一直普遍存在於人類社會的各個角落，而且在西方社會延續至今。尤其在法國，到底奢侈品是對窮人的侮辱，還是一種提供穩定工作、要求專業技術的媒介，一直是個爭論；生產奢侈品無可厚非，但購買奢侈品就不是那麼理所當然了。

請記住，奢侈品在任何社會一直都是熱門的社會議題，因為它同時和以下幾個問題有所關聯：

- 社會階層化。
- 實用與浪費的觀念。
- 財富分配。

換句話說，奢侈品就社會層面而言並非中立概念，相反地，從某種意義上說，奢侈品是由社會來定義的，對每個社會來說都是如此，甚至當代社會也是如此：除了由來已久的方法，還有稅法可以判定一件產品是否屬於奢侈品。事實上，這一直是定義奢侈品的最好方法。

因此，毫不令人驚訝的是，十八世紀的「啟蒙運動」不僅撼動了西方的社會根基，促成了法國大革命和美國獨立，也在哲學和經濟層面上對奢侈品產生了深刻的影響。

十九世紀的轉向

十八世紀哲學和社會的動盪對奢侈品造成的影響，在十九世紀初越加明顯。

- 自由主義者亞當．斯密（Adam Smith）非常支持貿易和奢侈品發展，認為這兩者是經濟發展的動力，可為眾人創造財富。自由主義還首次提出真正的奢侈品經濟理論。
- 在自由主義發展的同時，十八世紀的英國哲學家們，尤其是大衛．休謨（David Hume，一七五二年發表〈論奢華〉，討論了「奢華」和「道德」，從此「奢華」得以正名——過去在歐洲基督教的觀點中，這兩者一直被認為相互矛盾）。
- 十八世紀末，普遍的民主化讓奢侈品逐漸為世人接受。
- 工業革命之後，生活水準大幅提高，越來越多人有能力購買奢侈品。
- 十九世紀的作品中已出現對婦女解放的描寫，直到二十世紀中期，婦女解放才遍及到社會各個階層。

我們已經知道，社會越是平和、柔性，越能夠完全地接受奢侈品。隨著二十世紀的發展，形勢逐漸有利於奢侈品，並給予其應有的社會正當性。如今，雖然這種正當化過程在已開發社會亦尚未完成，但已處在不可逆轉的情勢。

現在，我們將更進一步地觀察奢侈品社會演化的過程和影響，以及它驅動經濟發展的能力。

二十世紀和奢侈品的普及

到了二十世紀，我們可以將奢侈品的世界比喻成一座住滿動物的大島，與世隔絕（就像從前的南美洲，或今天的馬達加斯加島和塔斯馬尼亞島），在這座大島上，各式各樣的原生動物，構成了一種特定的生態系統。

在某個風和日麗的一天，由於大陸板塊漂移或海平面下降，一塊新的陸地連接上這座島，島上的動物發現了這塊新大陸且想要占領，卻要和大陸上原有的更大型動物競爭，而且那些動物早已習慣了自己的生態系統。島上的動物要怎樣進化，才能征服新的領地？哪一方的物種會消失，為什麼？這樣的相互融合，是否能夠成功衍生出全新的物種呢？

我們以這個比喻來理解：自人類誕生之初到十九世紀，奢侈品的世界始終被隔離在其他經濟活動之外，只為一小部分的菁英提供愉悅和享受。事實上，人類自古生活在自給自足的經濟模式中，扎根於所在的土地，或痛苦地生活在城市或農村的某一角落，沒有接觸文化的機會。所以，擁有自身經濟規律的奢侈品世界逐漸發展，並在幾個世紀後，有了自己的真正特質。

二十世紀之後，奢侈品世界不再與世隔絕，越來越多人開始接觸奢侈品，奢侈品世界開始與工業和消費社會接軌。奢侈品整裝待發，要去征服更大的領土，但同時也必須做好準備，對抗消費品和其成熟市場的競爭。坦白說，奢侈品需要征服新的世界，是因為原有的領土已不能滿足其發展的需要，坐觀其變會導致滅亡。就像南美的特有物種，因為無法適應南北美大陸相連後的新環境，幾乎全部消失；或者像歐洲人將哺乳類動物帶入澳洲後，澳洲的有袋動物也處在逐漸滅絕的險境中。

在奢侈品啟航征服世界時，也許並沒有做好應對風險的準備，也許一路上要應付重大挫敗，但奢侈品本身仍手握眾多王牌，二十世紀後半葉，許多社會和經濟上的變化足以說明一切。

奢侈品征服世界的四大動力

如今，奢侈品手握的兩張王牌，一張是女性解放（奢侈品消費市場一直存在於一些富裕但兩性仍不平等的社會，如鄂圖曼帝國），另一張是世界和平（儘管是理論上的和平）。這兩張王牌在二十世紀因為以下四大動力而更加強大，為了了解今日發生的一切，並制定出奢侈品發展的具體策略，詳細了解兩張王牌背後的運作原理變得相當重要。

民主化

這是驅動奢侈品最強勁的動力，也是當今奢侈品市場成功的主因，因為民主化代表著兩件事：

第一，它意味著每個人都有機會擁有奢侈品，這也是客戶暴增的原因。儘管如此，對奢侈品而言，這樣的機會還伴隨著讓奢侈品庸俗化的重大風險，這也是我們在推廣奢侈品走向大眾的過程中需要避免的一大陷阱（我們將在後面討論此點，尤其是在規劃奢侈品策略的章節）。就形而上的領域而言，以下這個案例即在實現徹底民主化的同時，完全避免了庸俗化：基督教在向大眾宣稱每個人都可以獲取「永生」之時，卻並未使「個體靈魂」的概念庸俗化。你我的靈魂並不會因為大家都有靈魂就變得一文不值。特地舉出這個發人省思的例子是為了表明，讓某件東西走向大眾，讓人人都有機會擁有，並不意味著它將變得庸俗，完全喪失它本身的價值。

第二，民主化意味歷史悠久的社會階層化正逐漸消失。在討論本書的中心主題「奢侈品的演化模式」（paradigm of luxury），即奢侈品在民主開放的社會中所扮演的角色時，我們將詳細討論這點。

在階級社會中，奢侈品是社會階層化的產物。但在民主社會，奢侈品儼然成為民主的催生者。

從邏輯上而言，特權階級消失，追求透明和平等（比起經濟平等，更注重文化上的平等）的民主化過程中，奢侈品應當也跟著消失。然而，結果正好相反：作為階級社會特權階級的產物，奢侈品並沒有因為階層的消失而滅絕。相反地，階層的消失反倒成為創造和驅動奢侈品的力量。

在這個階段，有件事情非常重要，必須事先說明：在民主社會中，奢侈品的存在可能會導致社會階層化，但也會催生現代城市所缺乏的人性。在奢侈品品牌、奢侈品本身和客戶之間往往會形成一種系統化且舉足輕重的情感關係，我們後續將會討論。如果這種情感關係不存在，那是因為在客戶的眼中該產品並非奢侈品，只是一件隨手可得的東西。

在這種情況下，還有最後一個重點需要說明：建築是一種十分社會化且備受矚目的藝術形式，與奢侈品息息相關，試想一下古代的金字塔、法國近代的宮殿以及現代的奢侈品旗艦店便可明白。一個人獲取奢侈品的難易程度是衡量民主程度的標準，這一點很容易從建築中看到：位於羅馬尼亞首都布加勒斯特的西奧賽斯古皇宮，以其極端奢華的姿態，矗立在城市貧民窟的正中央，這證明了東歐所謂「民主」所處的真實狀態，比任何政治論述都更強而有力。同樣地，中世紀歐洲的村莊也印證了這一點。一邊是勢力龐大的教會（或大教堂），另一邊則是當地統治階級的豪宅（或宮殿），兩邊所投射的陰影籠罩著整個村莊，而這兩者都是完全欠缺民主的象徵。

消費力的提升

這是促進奢侈品成長最明顯的動力：消費力增強，意味著可以投入更多的時間和金錢（我們將在之後看到，這兩者對奢侈品而言都是不可或缺的要素）。進一步的分析指出，消費力增加可能出現兩種情況：

- 隨著生活水準的提升，以及人們對飲食、衣著的注重，大多數消費品在品質和數量上都呈現線性成長的趨勢。這種線性成長是支持消費社會和現代行銷策略發展的力量，最後促成「頂級產品」（premium product）的發展。
- 對某些產品和使用者而言，時間與金錢的支出呈現非線性成長趨勢：收入的一大部分或全部都花在特定的活動支出上。這就是所謂的炫耀性消費，而這些都是建立在奢侈的基礎上。

面對可自由支配的收入，客戶需選擇分散花在不同產品上，或集中花在幾件產品上，而這種選擇將在區分「頂級策略」和「奢侈品策略」的後續分析中扮演重要的角色。我們暫時假設消費力的增加對奢侈品和頂級商品的影響力相同，並非只對奢侈品才有作用。

全球化

全球化讓薪資水準增加和多數產品價格下降，還推動了消費能力的加速成長。此外，全球化還在推動奢侈品行業的發展中扮演了雙重角色：

- 全球化讓大家取得全新的奢侈品的原料（例如十六世紀傳入西方的絲綢、香料和糖）。同時，它也為人們接觸新文化、新思維和新需求提供了可能（例如十九世紀法國掀起的「日本主義」，即著迷於所有來自日本的東西）。從相反的角度來看，全球化開闢了新市場（例如一九七〇年代法國精緻皮革工藝貿易得以大規模發展，日本市場是其中的關鍵）。

● 在消除社會階層化方面，全球化發揮的作用並不低於民主化。全球化讓不同的文化和宗教得以平衡發展：在一個完全實現全球化的社會裡，將只存在一種語言和一種宗教。

在此，我們同樣將遇到民主化過程中奢侈品社會效用的問題，但是這次我們是從文化的層面出發，而非從個人的層面。在全球化背景下，人們期望從奢侈品中獲得的就不再只是某個階層身分的代表，還有對其「根源」的體現，即在一個沒有階層化的社會裡，如何展示出自身的文化及所處地域的特點。奢侈品不僅要展現出社會階層的特點，還應根植於特定的文化中。

奢侈品是以文化為根源。當你購買中國的奢侈品（例如絲綢）時，你買的不只是一塊布，而是一種中國文化的代表，每一件奢侈品都包含著些許「本土」的元素。

這意味著奢侈品品牌必須絕對真實地反映其根源，同時，也應該在對此根源具備發言權的地方生產：只有忠實於其起源，奢侈品才能在一個文化面臨消散、通俗化與失根的世界裡穩住陣腳。一個奢侈品品牌應該抵制「遷移產地」的誘惑，因為遷移產地實際上意味著「選錯位置」：遷移產地的產品是沒有靈魂的（它失去了自己的特性），哪怕它並非沒有名字（它仍舊是個品牌），它也不再與奢侈品有任何關聯。稍後我們將就此詳細討論，但有一點現在就需明確了解：如果產品的生產中心被重新遷移，這件產品就不再屬於奢侈品。

奢侈品和頂級產品的另一個主要不同點在於，對頂級的產品而言，只要能保證產品的品質和服務水準，就可以尋求最合適、最經濟的生產地點。

奢侈品則關係著一整個世界，它必須在符合自身世界的相關範圍內生產。在法國出產的香奈兒或者愛馬仕（Hermès）是當之無愧的奢侈品；而名義上是迪奧（Dior）或者博柏利（Burberry），實際上卻產自勞工成本低廉的地區，而不是法國（迪奧原產地）或者英國（博柏利原產地），這類產品不應該再稱為奢侈品。為了降低成本而遷移生產地，就表明這類品牌沒有（或者不再有）足夠的高品質或者創意。就產品本身而言，無論從何種角度來看，它們的價格都高到足以在原產國進行生產。當博柏利宣布關閉英國的一家工廠，將生產設施搬到勞工成本低廉的中國某城市時，大眾議論紛紛，這個事件自然造成了一定的影響。

有趣的是，奢侈品與原產地之間的關聯不僅適用於時尚配件上，也適用於所有商品上：推動BMW「迷你車」系列成功的原因之一，就在於該系列堅持英國原裝。當然，勞斯萊斯（Rolls-Royce）也是如此，對於志在征服世界的奢侈品品牌而言更是如此。

現在，正如我們所看到的，走向世界是奢侈品品牌的必經之路，不能走向世界的奢侈品往往無疾而終。對奢侈品而言，每個國家都有小客戶群，好過只在一個國家有大客戶群，因為前者的客群極有可能會擴大成長，而單一國家的客群可能在一夜之間消失，這就是全球化的法則。

快速傳播

這是促使當今社會變化的重要原因之一，也是奢侈品發展的最後一個動力。全球大眾媒體的發展（尤其是電視）以及國際旅遊業的繁榮，讓人們認識到全球文化的豐富性和多樣性，以及其他地區人們不同的生活方式。透過看電視或閱讀名人雜誌，人們了解了名人或偉人的生活方式，從而想像自己也過著同樣高品質的生活。

這就意味著，在我們每個人眼前展開的是一幅具有無限可能的圖像，我們可以在其中選擇最符合自己個性的產品，形成屬於我們的社會階層。但從另一個角度來看，由於選擇太多，反倒使我們在面臨選擇時感到左右為難，這種選擇上的艱難也是讓法國哲學家尚保羅・沙特（Jean-Paul Sartre）樂於研究的主題。對有些人而言，過度選擇所帶來的焦慮甚至會制約個人的自由，導致他們寧願交出決定權，放棄個人的自由意願。

稍後，我們將回頭討論這種情況所導致的主要結果：對有些人而言，「奢侈品」意味著一切。品牌主導著他們的社交選擇，有時候他們對品牌的熱愛好似信奉宗教一般。過去，史蒂夫・賈伯斯（Steve Jobs）每年都會舉行蘋果產品發表會，這就好像由大祭司主持的古老宗教儀式。正如阿茲特克人舉行的獻祭儀式，是為了祈禱來年太陽繼續在同一軌道運轉一樣，蘋果舉辦發表會則是要向追隨者們表明：革命性的新產品絕對能夠支持他們再蓬勃發展一整年！

制輪效果

迄今為止，我們已經討論了奢侈品行業的四大驅動力，即民主化、消費力的提升、全球化和快速傳播。當這四股力量同時發揮最大的威力時，它們便將奢侈品行業推上了一個前所未有的境界。

在談論其他的主題之前，我們首先需要說明一個與奢侈品有關的著名詞彙，就是「不恢復效果」（non-return effect），也稱「制輪效果」（ratchet effect）[1]，這與我們之前談論的非線性成長相反。制輪效果指出，人們一旦嘗試過奢侈品的甜頭，就很難再抗拒它的誘惑，想再回到原本的消費水準，就變得難上加難。當消費能力下降時，便會產生與消費能力提升相反的現象：人們開始減少在傳統產品上的開支。例如，人們可以將雪佛蘭（Chevrolet）汽車換成車體較小也更便宜的福特，但是奢侈品卻另當別論。他們會留下法拉利，哪怕只能把車停在車庫裡，以「更環保」為藉口改騎自行車。對他們而言，只要付得起汽車的保養費，其他幾乎都可以不要。在此有一點值得注意，我們也將在後續討論：奢侈品引發的「制輪效果」不僅在私人面（我不能沒有喀什米爾毛衣），也反映在公開面（我開的是法拉利）。

說到這裡，筆者想起一件趣聞。在一九八〇年代，中國是聖戈班（Saint-Gobain）醫藥用包裝的主要客戶。中國主要向聖戈班購買小玻璃瓶，用來裝抗生素或指甲油。某年十月，聖戈班必須著手制定隔年的財務預算規劃，這對公司老闆而言是每年都得傷腦筋的事情。在當時，中國的經濟狀況每況愈下，公司高層預計隔年中國將大幅度縮減訂單。對這位高層而言，在困難時期，人們的健康肯定比女士們的美麗更重要。因此，他決定依據當年抗生素瓶的銷量，制定來年的規劃，同時大幅度削減指甲油瓶的產量。這個決定後來被證明是錯誤的，因為銷售的情況剛好相反。中國的領導人認為如果繼續在國營商店中銷售指甲油，就能向人民傳遞「一切都很好」的資訊。他們甚至認為可以減少抗生素的訂單，這樣就表示人民的健康水準有大幅度的提升，反正人們也不會知道醫院用了多少抗生素。

在一個「黑白世界」中生活了幾十年以後，中國婦女終於可以穿上色彩鮮豔的衣服了（至少她們的指甲可以塗成彩色），也不用受到外界的非難或指責。誰想剝奪她們塗指甲油的權利，就等於阻止她們去追尋一種全新的、自由的象徵（在當時，指甲油是一種奢侈品）。對當權者而言，剝奪那樣的自由比不管病人死活還要危險。

幸運的是，這家公司的兩種產品都是由同一種機器生產，因而最終的總產量與預期數量吻合。

1人的消費行為會受到過去的消費習慣所影響，無法立即因應目前的所得狀況，做出彈性調整。

奢侈品創造改變的四個階段

比起談論奢侈品的歷史，筆者認為探討奢侈品（包括產品和活動）如何逐步融入世界各國的現代經濟會更有意思。

十九世紀末和二十世紀初，第一批當代法國奢侈品品牌（LV、卡地亞、愛馬仕）首度大量湧現；兩次世界大戰期間，香水的發展（香奈兒五號）見證了奢侈品的第二次崛起；而奢侈品突飛猛進，並成為一種獨立的行業則是在第二次世界大戰以後。在此同時，各個領域裡也逐漸出現「奢侈品」這樣的特殊地位。

的確，正如之前我們在女性社會中所見到的那樣，奢侈品業只能在和平時期存在。戰後，奢侈品行業一度欣欣向榮。更確切來說，從一九四五年至今，奢侈品業有了持續性的重大進展：

- 一九五〇年代：先驅產品（香水、酒，尤其是香檳）
- 一九七〇年代：日本與產油國的時代
- 一九八〇年代：美國與雷根執政時期
- 一九九〇年代：全球化

如今進入二十一世紀，奢侈品風靡世界，每個人都想參與其中。奢侈品非常流行，幾乎每家業者都聲稱他們也販售奢侈品。

如果我們想要為定義有效的行銷策略打下良好的基礎，那麼我們就得回到概念的起點，找出噱頭背後的奢侈品內涵，了解它指的究竟是什麼。廣義來說，奢侈品的入侵其實是我們之前所提到的「奢侈品演化模式」（或奢侈品矛盾）的結果：奢侈品曾是社會階層化的產物，如今，奢侈品已成為社會階層化的推動者。

奢侈品、個人和社會的關係

我們常常聽到：社會階層化已不存在，現在是一個開放的社會，人人都可以購買奢侈品。既然如此，我們必須討論這個主題，即奢侈品、個人和社會三者之間的關係。

奢侈品與社會階層化

首先從我們認為最基本的一點開始探討，我們稱為「奢侈品演化模式」。

最初，奢侈品是世襲階層用於彰顯身分地位的標誌（展現君王、祭司和貴族階層與紳士、平民階層的對立）。人人都得服從這種階級分化，因為它是依照特定的抽象原則建立的（造物主、教會、道教、種姓制度、因果業報等制定了這套社會秩序）。

隨著十八世紀理性思想和啟蒙理念的興起，歐洲社會的主要神話逐漸消失。這些神話無論是在中世紀還是法國「舊制度」時期，都曾為當時的社會結構辯護。隨著神話一起被打破的，還有對自然現象的超自然解釋。例如，人們不再將閃電視為宙斯表達憤怒的方式，而是一種釋放靜電的現象。再者，物體不再具備靈魂。這種現象稱為「覺醒」或者「除魅」（字面意思是「啟發」或「理性化」），德國政治經濟學家兼社會學家馬克斯．韋伯（Max Weber）對此做過深入的分析。這種現象成了當今西方社會的特徵，在全球化進程的推動下，更以不可阻擋之勢征服了整個世界。在這樣一個唯物主義盛行、形勢瞬息萬變的世界裡，任何至高無上的階級都已不復存在。

然而，人類對於社會階層化的需求卻沒有消失，這一點非常重要。沒有了階層化，一個人（本質上是一種社會存在）就無法擺脫由於缺乏差異所造成的社會混亂和模仿亂象（法國哲學家勒內·吉拉爾（René Girard）[2] 對此有深入的見解）。我們需要知道自己在社會中的地位。

於是，奢侈品就在重建社會階層化的過程中發揮重要的作用。更重要的是，它是以民主化的方式重建，意思是每個人都可以依據夢想，重新定位自己的社會階層，由此也引發了新的焦慮：對於自由的渴望。在此之前，一個人所處的社會階層是事先確立的，但民主化、性別平等和全球化打破了這種固有秩序，同時為民眾打開了消費的閘門，不再有階級規範。但階級需要再創造，人們對於自由的焦慮也表明，有需要就如何找回這些規範提出建議。

對客戶而言，奢侈品品牌尤其重要。由於這個觀念對於奢侈品策略結果的影響十分重大，我們將在後續再度討論這點。當你購買奢侈品時，你除了期待它品質優異，也希望從中獲得一些社會學上的意見，甚至指引：例如，即使客戶沒有明問「在這種場合，我應該使用什麼產品呢？」但在客戶的默許下，奢侈品業者可能會建議：「這正是您或者其他人所需要的產品。」品牌為客戶訂定了規範，當然，所有規範的制定都是以客戶的意願為前提。

奢侈品作為社會標籤：為了他人的奢侈品

毫無疑問，奢侈品是一種標籤，這也是人們會追求品牌的原因。

由於奢侈品重新創立了不同的社會階層，民主社會中的人便可以根據自己的財力，隨心所欲地選擇不同的奢侈品，證明自己的身分。這種「民主化的奢侈品」對社會名流而言再普通不過，可對尋常百姓來說卻並非如此。由此可見，奢侈品本質上象徵著人們對上流社會的渴望。由於任何能彰顯社會身分和地位的事物都可以成為奢侈品，所以每個人都只能將對奢侈品的渴望視為一種夢想。同樣地，如果奢侈品不再能顯示出身分地位，也就喪失了作為奢侈品的價值。從前，花園裡的游泳池被視為奢華的設施，現在卻不是了。但是，私人電梯仍是奢侈品，因為它會讓人聯想到多層樓的私人招待所。

奢侈品的規劃是文化性的，因為奢侈品品牌的建立是處於文化和社會成就的交會點。菁英階層本身就應該（或者可能會）懂得欣賞奢侈品，即便有些自視甚高的人，既不懂奢侈品也不享受奢侈品帶來的樂趣，但依舊會模仿他人去購買奢侈品。

以下的奢侈品象徵隨處可見：

- **物件**：不惜一切代價才得以保存的「傳家寶」，從不會缺席任何重要的社交場合。這些豪華物件甚至變成「社交必需品」（之前提到的「制輪效果」）。在有些極端的例子中，有些人會為換取奢侈品走上歧途，例如有些日本年輕女孩靠援交（找個有錢的「老爹」）換取名牌包。
- **房子**：試想那些窮酸的老貴族，一方面，他們拒絕拮据生活；另一方面，他們的生活又是極其悲慘。他們偶爾（且盡可能減少次數）會在自己的大房子裡舉辦盛大的舞會，目的在於向社會重申自己的社會地位，但這樣做也就意味著接下來的六個月，他們都得靠吃沙丁魚罐頭度過。

2 他提出「模仿欲望」（mimetic desire）理論，指少數民族面對強勢民族時，會在生活習慣及服飾上產生一種模仿欲望，這種誇耀與模仿的過程，將自己與強勢民族的社會認同差異降至最小。

●**美麗**：歷史上，時髦歐洲女人的膚色，總讓人聯想到「有大把時間可以享受」。幾百年來，雪白的肌膚都被視為一種富貴的標誌，因為那意味著一個人不需要下田幹活。之後的幾十年，古銅色的膚色變得流行，表示這個人剛剛度假歸來。而現在，黝黑的肌膚正當其道。

人們所說的「朋友間的奢侈品」也不外乎這種邏輯。這種奢侈品介於我們將要討論的「個人奢侈品」和「他人奢侈品」之間。舉例來說，朋友間的奢侈品就是你帶去聚會的一瓶香檳。儘管你不是特別喜歡喝香檳，你還是會根據來賓的身分地位挑選合適的香檳。另一個例子是展示給少數幸運兒看的藝術收藏品。這些收藏品是為新加入的成員準備的，以「深奧」（非常現代或原始）的藝術品占最大宗。

為了個人的奢侈品

奢侈品除了上述的社交功能外，還能帶給人歡樂：奢侈品應該要包含強烈的個人色彩和享樂主義成分，否則就不能稱得上是奢侈品，頂多是一種裝闊的表現，很快就會掉入他人言語挑釁的陷阱（「我擁有這一帶最大的車」）或者受到「誇富宴」（potlatch）的迷惑。誇富宴是美拉尼西亞、美加太平洋西北岸某些原住民所舉行的一種複雜的部落儀式。在這個儀式中，人們透過贈送給客人最為昂貴的禮物，以達到「威震」或打敗他人的目的。如果「無以為報」，客人便會被置於社會中相對低等的地位。因為在這個社會中，每收到一件禮物，就意味著你得回贈給對方相等價值或更高價值的禮物。

衝著奢侈品的「標誌」而購買的客戶的確存在。但是，任何奢侈品品牌都不能依靠只看「標誌」

不重實質的客戶生存。這些只看「標誌」的客戶會從一種標誌轉移到另一種標誌，從一種品牌轉移到另一種品牌。例如，企業大亨們可以在今天喝著Dom Pérignon，明天又換成開別的酒。奢侈品品牌是文化的產物，正因為如此，它必須解釋其深刻的真理，以引起我們的共鳴。

換句話說，雖然裝闊的人是奢侈品客戶群中不可小覷的一部分，但是他們從來不會成為奢侈品的基礎客群。任何奢侈品品牌都應盡可能地依賴一幫忠實的客戶，他們為品牌的文化著迷，欣賞品牌所呈現的世界觀和特質，認同品牌的哲學理念。

要解決這個問題，需要注意幾個關鍵的重點，我們也將在後續適時提出討論：

- 奢侈品重質不重量。項鍊上鑲了幾顆鑽石只會顯示佩戴者的富有程度，無法展現個人品味。
- 對奢侈品而言，「把玩」的價值大於實用價值。高級訂製服所用的材料可能顯得優雅，但穿起來卻並不一定舒服（你要為美麗付出代價）；名人設計的家具用起來可能不舒適；法拉利坐起來不太舒服，開起來也吵。這些都是奢侈品的重要元素。沒有任何瑕疵和靈魂的產品，是留給那些不知道更好的產品為何物的客戶。
- 奢侈品必須滿足多重感官需求。對一輛保時捷而言，重要的不只外觀，還有它發出的聲音。對香水而言，重要的不光是它的氣味，瓶身的美感也很重要。奢侈品綜合了多重感官的需求。
- 個人的奢侈品包含強烈的美感，而美感和快樂是兩回事（我們覺得美的東西並不一定讓人感到愉悅），這一點我們之後會再談到（見第四章「當代奢侈品面面觀」）。值得一提的是，美感愉悅（aesthetic pleasure）的確會受到社會和文化環境的影響，但是它始終是很主觀的東西，會大大影響奢侈品概念的個別要件。

●奢侈品是一種社會現象，而社會是由人所組成，因而不管是奢侈品還是奢華服務，都應該由人來實現（正如馬克思對價值和勞力的看法：黃金和鑽石都是奢侈品，價值昂貴，因為需要花許多勞力去探尋和開採）。奢侈品必須手工製作，奢華服務必須由人力提供。我們在後續將會詳細討論這個議題。

奢侈品的雙重性：是為了個人，也是為了他人

由以上分析可知，如果客戶想將購買奢侈品或服務變成一種持續、成功的投資（這也是本書的重點），就必須具備以下兩方面因素：

●社交面（奢侈品相較於其他產品和服務，乃是一種社交宣言）。
●個人面（奢侈品帶給個人的享受：獨享的奢侈品、獨享的體驗）。

美國奢侈品研究機構（Luxury Institute）針對奢侈品提出兩項衡量指標：

●第一個指標稱為「奢侈品客戶體驗指數」（Luxury Customer Experience Index，ＬＣＥＩ），衡量客戶對服務的滿意度。它從眾多方面反映了客戶對於品質的認知，包括產品的可靠性、脆弱程度以及可獲取的難度等，同時還包括人的因素，例如提供的服務。
●第二個指標稱為「奢侈品品牌地位指數」（Luxury Brand Status Index，ＬＢＳＩ）。該指數涉及品牌的無形因素、信譽、夢想潛力以及帶給客戶的獨一無二感。指數中的項目包括：考察產品

是否能帶給客戶專屬的權利和獨特感；客戶是否可以透過該品牌提高自身的社會地位、是否能感到自己的與眾不同。

有種雙重性和相互矛盾性，讓奢侈品的概念對個人和社會而言都變得十分主觀且多變——那就是東西越耀眼，品牌越有名，產品的能見度就越高。以LV為例，它是全世界最有價值的奢侈品品牌，吸引成千上萬的客戶。這當中有些人是真心喜歡這個品牌，但大多數人單純只是仿效他人，認為LV是一個庸俗的品牌，不能算是奢侈品，甚至宣稱不想購買任何LV商品，更不認同它。然而，這卻不能阻止這些人興高采烈地接受印有LV標誌的禮物，同時炫耀性地使用LV。

由此可見，在說出「這是奢侈品，那不是奢侈品」的判斷之前，都應該先說「對我而言」、「在我看來」、「考慮到我的收入水準」。就好像我們在說「這很美」或「那很醜」之前，應該加上「我認為」一樣。再次聲明，奢侈品和藝術緊密相連，要在這兩個領域取得成功從來都沒有絕對標準。

奢侈品與道德

現在，我們簡要討論奢侈品在社交遊戲中的界線，以及所謂的正面奢侈品和負面奢侈品。

不道德的奢侈品，不是奢侈品

在奢侈品的社交遊戲中，最重要的是維持道德，這指的是尊重他人、不要挑釁他人，也尊重自己、不要對奢侈品上癮。奢侈品的目的是要促進社會和諧，增加全民幸福感，而不是反其道而行。這也是奢侈品未來的發展，需要將永續發展融入生產流程的原因（見第十六章「奢侈品與永續發展：兩

者的交會與分歧」）。

關於「他人」：尊重而不是貶抑

如何讓奢侈品發揮積極正面的意義，這是我們唯一關心的議題。我們的目標是要提升某人的社會形象，而不是貶抑別人（像「誇富宴」一樣），要讓他在別人心中更受尊重。以貶抑他人為目的的奢侈品只是一種炫耀的方式，毫無意義，它會將人引上一趟令人灰心的航班，在這趟航班上你將重蹈他們的覆轍（「我們要讓他們刮目相看，讓他們羨慕嫉妒」）。關於這點之後我們會再次討論（見第九章「奢侈品的定價策略」）。

同樣，「正面」的奢侈品目的在於阻止人們因為競相模仿而發生衝突，在這種情形下，人人都將他人視為敵人（參見湯瑪斯．霍布斯和勒內．吉拉爾的作品），這是鬆散社會所無法避免的結果。

關於「自己」：享受但不能沉迷

「正面」的奢侈品可以讓人變得更快樂。一個人不應該離開奢侈品就活不下去，或者完全離不開奢侈品。人不能為了奢侈品而放棄真實的自我。奢侈品的目的應該是激發而非扼殺人真實的自我。

追求奢侈品當然要有限度，否則就不再是奢侈品的問題，而是奢侈品上癮的問題。

奢侈品相對於過度狂熱，就好像情欲相對於色情作品。「正面」的奢侈品代表了精細的加工、微妙的細節和文化的傳遞，它是挑逗的、愉悅的，而不是蠻橫的。當然，奢侈品有豐富多樣的形式，但不會奢華到令人反感。

奢侈品非毫無節制，無節制非奢侈品

總而言之，這也是為什麼人們不能將對奢侈品「有品味」與「貪婪」混為一談。前者代表這個人有涵養、有眼光，後者代表這個人貪得無厭、揮霍無度。

現代社會的奢侈品定位

我們要討論的是在現代社會中，我們對時間、金錢和個體的看法受到哪種因素的影響；奢侈品和這些有什麼關聯，以及要讓奢侈品變成無價之寶，需要具備哪些特點。

奢侈品不受時間制約

現代社會與時間的關係十分清楚具體：一言以蔽之，就是「時間就是金錢」，這就意味著失去時間就是失去金錢，贏得時間等於贏得財富。如今，因為營養的改善和醫學的進步，我們的壽命越來越長。但矛盾的是，面對這段多出來的時間，人們又感到手足無措。比起享受生活，我們似乎更熱衷於找一些方式來消磨時間。

我們所處的社會，是受時間奴役的社會。在這裡，人們隨時能獲得滿足，凡事追求迅速。現代娛樂設施（如電影和電視）的出現更加速推動了這個變化。它們將資訊灌輸在被動的觀眾身上，取代書本，讓我們自己決定要不要抽空讀書；小明星和藝人也取代了哲學家。要享受奢侈品，你就必須投入時間，相對地，奢侈品也給了我們享受自由時光的機會。

對此，我們不妨進一步探討。我們這個社會最重要的特點，不僅在於我們用金錢衡量社會與時間

的關係（如利率），還在於從中建立了管理二者關係的基礎（如估計投資報酬率、折現率）。時間像金錢一樣是單向度的變數，量化的時間則讓社會變成單向度的社會。時間不再像康德所說的，是人類的內感官形式（form of Inner sense），而成為一種客觀的外在變數。最終，時間被整合為廣義相對論中四度空間的一度，在那裡，人類不再占據一席之地。我們將在討論「奢侈品與金錢」時，詳細討論空間的單一向度以及時間對空間的呈現。

最後，正如我們之前所說的，奢侈品的目的在於重建社會階層。然而，社會階層的建立有時間向度，因此與時尚不同，奢侈品非但不應該受到時間制約，還應該與「時間」保持距離，或者至少不應該完全由時間來決定。所以奢侈品的第二個矛盾之處在於：奢侈品是永恆的，也是當下的。換句話說，奢侈品應該展現出當下社會中完全現代化的一面，也應該充滿歷史感。傳統上，解決這個問題的辦法在於，一方面要讓品牌可以經歷時間的考驗，另一方面產品要從各方面都展現出現代感，或是相反。

奢侈品與消費社會

毫無疑問，奢侈品是當今消費社會的重要部分，並且在消費社會裡找到了十分肥沃的土壤。我們已經看到「奢侈品和時間的關係」與「現代社會和時間的關係」有很大的不同。事實上，奢侈品和消費社會還有以下三個不同之處：

與產品之間的關係

每件奢侈品背後都蘊涵著無窮的意義，人們被這些意義所吸引。借用十九世紀法國劇作家、詩人兼小說家阿爾封斯・德・拉馬丁（Alphonse de Lamartine）的詩：「沒生命的東西啊，你們有靈魂嗎？

是否你將靈魂附著在我們的靈魂之上，讓我愛上了它？」奢侈品本身是歷久彌新的，它不是平淡無奇、講究實用的產品，一旦開始走下坡或在技術上落後，就會遭到淘汰。

奢侈品經得起時間的考驗，甚至隨著時間的流逝，價值也會跟著增加，例如紅葡萄酒或LV皮箱。它在設計上考量耐用性，並且精選原料，經過時間的累積，反而會提升奢侈品的質感（鏽跡斑斑的舊家具、LV天然牛皮包、不同種類的經典葡萄酒等），設計也經得起時間的考驗（例如法拉利）。

因此，奢侈品與機器加工製造出來的產品截然不同。後者會損壞、會退流行，進而帶動新產品出現，維繫工廠生產線的運轉。當新車駛出經銷商的展示場那一刻，價值馬上降低三〇%。

與人之間的關係

消費社會是工業革命的產物，機械化的大量生產推動了消費社會的繁榮，也就是說用機器取代人工。它要建立一個機器自動化的世界，取代人力生產。

相反地，從本質上來看，奢侈品具有社交性，而社會是由人類組成，所以每件奢侈品都應該留下人工的印記，我們將在第八章回顧並詳細討論這一點。在此我們可以引用德國社會學家格奧爾格·齊美爾（Georg Simmel）的一句話：「越多的人投入產品的生產中，產品的靈魂越少。」

標準化的消費品是透過機器量產，在超市或百貨公司銷售，或是透過型錄和網路販售。奢侈品則是透過手工製作，且一對一銷售。這便是兩者最大的反差。

與欲望之間的關係

這是最微妙的一點，因為這個主題不夠具體也十分主觀。

- 奢侈品和個人內心深處、自發產生的欲望有關，而對消費品的欲望是受到廣告操控。
- 在吉拉爾看來，人們選擇一樣奢侈品是基於個人的愛好，而非對他人的模仿。從以下這個例子你可以看到這兩者的區別：你站在豪華別墅的露台上望去，只見在聖特羅佩灣裡停泊著一艘艘豪華遊艇。它們懶洋洋地待在拋錨的地方，不時左右搖擺，目之所及，別無他物。這些遊艇每天的行程無非是從海港出發，到附近的海灘走一遭，在返回海港前先前往當地有名的海濱餐廳。這種現象是對人們彼此爭相模仿的諷刺與示範，與奢侈毫無關聯。然而，對大多數人而言，這些遊艇就是奢侈品。而獨自一人或者在密友的陪同下，駕駛這樣一艘遊艇前往偏僻的群島，也是奢華的表現。
- 人們對奢侈品的渴望是基於對快樂和美的追求，而非一種過度沉溺，而且沉迷到一定程度就會引發厭倦。
- 奢侈品是為了自己和他人而擁有，而非占有。
- 享受奢侈品的最佳時機是在有喜事值得慶祝、有禮物需要贈與的時刻。

一、金錢、時尚、藝術和奢侈品：彼此的分界與模糊地帶

若想對奢侈品基本知識的闡述做個總結，並開始探討如何有效建立一套奢侈品管理體系，我們還需要深入分析與奢侈品密切相關的三大社會文化概念之間的關係：金錢、時尚與藝術。

奢侈品與金錢

三個概念中的第一個概念需要進行最深入的分析。很多時候，「奢侈品」被視為「金錢」的同義詞。久而久之，將兩個概念混為一談就變得再自然不過。於是，要質疑「奢侈品與金錢不過是一體兩面的概念」這個觀點，就會讓某些人感到震驚（例如先前提到的聖特羅佩灣的豪華遊艇）。然而，未充分了解奢侈品與金錢二者的關係，不去比較二者的異同，是造成奢侈品管理失敗的主因之一。

乍看之下，奢侈品與金錢的關係十分明顯，有的人不禁開始猜想「奢侈品」一詞是否應該從日常用語中徹底消失，然後用「金錢」一詞取代。

事實上，在大眾的眼中，奢侈品就是受到金錢這股力量的推動。有時候，在沒有秩序或面臨解體的社會中，金錢就是奢侈品的唯一代名詞。舉例來說，在現今的中國，中國人仍然會留下奢侈品服飾上的標價牌。即便是在富裕的現代國家，人們也會使用「這是全世界最貴的產品」的口號，作為一種行銷手段，而這些產品都是貨真價實的奢侈品，包括Jean Patou的香水、布加迪（Bugatti）的威龍（Veyron）跑車。不過，這樣的造勢通常只是曇花一現，因為之後總是有人輕易推出比這更貴的東西，所以這些產品從來就不曾創造亮眼的業績。本書的目的在於精確地闡釋可以獲得商業上成功的方法，而這些方法特別適用於價格不是特別貴的產品和服務。

進一步來說，「個人奢侈品」與金錢之間少有共同之處。奢侈品的根源和基本要素都是非常抽象的概念（美感、愉悅），或者說它們本身並不具體，儘管奢侈品所帶來的結果都十分具體（年輕、健康、幸福）。要量化奢侈品很難，甚至根本不可能，因此我們只能將它們與金錢的概念聯繫在一起。要聯繫奢侈品與金錢這兩個概念，我們只能求助於神話，例如浮士德的故事：為他帶來榮華富貴、讓他容顏永駐的不是金錢，而是他與惡魔訂下的契約。有時候，就像神話中的黃金時代[3]，正因為我們缺錢，才有可能那麼快樂。

所以，很顯然，奢侈品不光是金錢而已，而金錢本身也不是奢侈品。

讓我們從理論的角度進一步探討「奢侈品」與「金錢」之間的複雜關係。至於如何從實際的角度看待這個問題，我們將在第九章「奢侈品的定價策略」中談到。接下來的分析將以齊美爾在其著作《金錢哲學》（*Philosophy of Money*）中所提出的概念為基礎。該書出版於一九〇〇年，是有史以來對金錢的概念剖析得最深刻、最全面的作品。

奢侈品與金錢是純社會文化的現象

自從脫離自給自足的狀態後，人類就需要依靠交易來維持生計，在此時，金錢變得不可或缺。正如齊美爾所言：「金錢是人與人之間交易的基礎……如果物品的經濟價值在於它們的交易關係，金錢就是這種交易關係的表現形式，而且金錢自成一體。」

久而久之，金錢被當作衡量社會階層的工具，它甚至天生就有一種強烈的欲望，想要成為唯一的衡量工具，尤其是在全球化和多元化的今天，只有金錢所發揮的力量受到公認。原因在於，只要你擁有全球通用的金錢，來自世界各地的產品就可以互相比較，光靠金錢就可以促進經濟流通，而這在全球化趨勢下是不可或缺的。

作為奢侈品外在的「面子」，金錢純粹是一種社會協定，只要大家不再遵守這個協定，金錢就失去價值。例如在以貝殼（例如寶貝螺）當貨幣的地方，鈔票就毫無價值。當本國的貨幣流通到外國，卻沒有人願意和你兌換時，本國貨幣在國外也是一文不值。

因而，金錢就像是奢侈品一樣，是社會活動的產物。但是在創造社會階層方面，它卻扮演了完全相反的角色。事實上，金錢足以推翻社會特權階層，再次借用齊美爾的話：「金錢讓民主得以均衡分布。」

毫無疑問，金錢和奢侈品這兩個概念之間存在密切的關聯。最初，那些有權接觸奢侈品的人（也就是掌權階級）同時也是有錢人。但是這兩者扮演的角色卻從不會被混為一談。統治階級（貴族、武士以及教會階層）很難或者從未將有錢的人（商人和銀行家）納為他們的一員，而且後者常常對前者退避三舍。

金錢扮演了反差巨大的角色，這可以幫助我們理解奢侈品和金錢在社會中的基本區別。

金錢是單向度，奢侈品是多向度

金錢是一種既獨特又普遍的衡量方式，因為它是價值的集合概念，也是單向度的抽象概念。金錢不是社會階層的產物，因為它遍布整個社會：無論你是不是貴族階層的一員，你多少都有些錢。

人類及其生活方式複雜多樣且瞬息萬變，金錢沿著這條軌跡單向發展，而且沒有止境。如果金錢是唯一的標準，那麼就像法國社會學家埃米爾・涂爾幹（Émile Durkheim）所定義的，它打造了一個道德淪喪的社會，也是一個不適合人類生活的社會，因為一個人的社會地位不應簡單地由他有多少錢來決定。

齊美爾說：「純粹有錢的人，很快就會面臨喪失社會地位的威脅……人們太容易將錢當成目的本

3希臘和羅馬神話裡創世的第一個時代，人類活在無憂無慮的快樂裡。

身。在所有與錢打過交道的人中，有太多人把錢當作目的，並希望藉此一勞永逸。」

進一步來看，抽象的、沒有實際意義的錢，與具體的、富含實際意義的奢侈品是截然不同的。

金錢本身並不會讓人憧憬，讓人憧憬的不是錢本身，而是我們能夠用它購買的東西。鈔票本身並無昂貴之處，只有當我們每個人都夢想用鈔票換取一件奢侈品時，我們才會賦予鈔票具體的意義。對演奏會上的鋼琴家而言，除了演出費，他還想獲得觀眾的掌聲（真正的藝術家甚至只想要掌聲）。如果你給孩子金錢或支票當作生日禮物，這表示你根本不了解孩子或者根本不願意去了解。這種行為扭曲了禮物的本質，因為它將人類的關係簡化成一種金錢交易或純物質的行為。

金錢的客觀性和奢侈品的主觀性

現在讓我們回到最初的觀點：價格或金錢並不是奢侈品的決定性因素。

很顯然，價格本身不能讓一樣東西變成奢侈品，就像一輛普通的汽車比一個名牌包更貴。多數人錯誤地認為，要把一件產品變成奢侈品只需要提高它的價格，結果很快就陷入了財務危機。一件「比較貴」的產品最後往往會變成一件「太貴」的產品，這樣的東西沒人想買。相較之下，奢侈品反倒更值得期待。

對想要獲利的人而言（這也是本書的目的），道理又更明確了：在一定範圍內，最貴的產品從來就不是最賺錢的。一家只生產昂貴產品的公司不一定就是獲利最高的公司（例如勞斯萊斯汽車），或是必須靠核心產品以外的東西賺錢（例如設計師珠寶和高級訂製服）。客群過於狹隘，將耗費很高的成本。福斯汽車曾公開宣稱，每輛布加迪威龍的生產成本超過四百萬歐元，但它的售價卻「只」有一百萬歐元。

金錢是社會的語言，奢侈品是它的文法

二十世紀初，瑞士語言學家費爾迪南・德・索緒爾（Ferdinand de Saussure）在他的「語言學概論」課程上，將語言交流比喻成金錢的流通，他以語言的結構對應金錢的交換價值，語言的功能對應金錢的使用價值。如果我們運用這個比喻套用在目前的分析上，就能得到這樣的結論：金錢會變成構成社會的語言，或者更確切地說，它變成了詞彙，因為它以一種明確而獨特的方式標明了所有的東西。如果經濟是流動的，產品或服務在任何時間點都會有一個固定的價格，就像它有名字（或條碼）一樣。

從這個角度來看，在這個社會的語言中，奢侈品扮演著語言的文法：正如文法相對於詞彙一樣，奢侈品將金錢符號聚集在一起，創造了一種語言。這種文法越精細，越具有組織性，社會結構也就越細密。

我們可以將金錢比喻成瀏覽過遊客小手冊（例如《簡單十課教你十天玩遍亞美尼亞》等旅遊書）之後，在國外說的話：詢問在哪裡吃東西，去哪裡住宿，觀光的費用是多少。然而，沒有文法結構，只用這些詞彙，完全不可能與另外一個人進行有意義的溝通。就像洋涇濱英語（不道地的英語）一樣，只運用基本的英語詞彙，沒有任何的文法結構，也不包含任何英國文化，卻是全球的共同語言，所以金錢是特定社會使用的交際語言：

- 歷史較短的社會：在美國建國之初，開國元老們擁有共同的價值觀，這個價值觀也是《聖經》的核心思想，所以他們能夠在明確的基礎上建構美國社會，但這個社會沒有足夠的時間建立穩固的根基或創建強大的歷史。十九世紀大規模的移民埋葬了這個短暫而脆弱的社會結構，金錢

借助它的「夢想機器」（好萊塢），逐步（希望只是暫時地）控制了這個社會。

- 一次又一次被政治和經濟動盪完全撕裂的社會：在這種情況下，金錢是唯一的參考基準。
- 還沒有連結共同的文化和政治概念的社會（全球化和多元化的社會）。

但這個階段不會永遠持續下去，社會將逐漸地變得文明，奢侈品會成為它的文法。

讓我們用幾句話來總結金錢和奢侈品之間的關係：

- 金錢為奢侈品提供燃料，卻不是它的發動機；它的發動機是垂直的階級制度或社會階層下的娛樂活動。
- 奢侈品把原料（金錢）轉換成一個文化的產品（社會階層）。

所以從經濟學家的「價值」角度來看，我們可以說奢侈品引進了新的價值觀念：象徵價值，超越了傳統的使用價值和交換價值。產品的使用價值不是用金錢表示，而交換價值意指它的價格，奢侈品價值則是它的象徵價值，不是用金錢衡量的，也不是從工作或交換中產生的，而是從社會階層中產生。它可大可小，取決於每個人及其所處的社會背景而定，但它會比交換價值（產品價格）高出很多，因為對這種產品而言，這裡有足夠多的人組成它的市場。

奢侈品和金錢關係的總結

完成上述的分析之後，我們現在很清楚地認識到，奢侈品在有組織的社會裡扮演著關鍵的角色，而且不等於金錢。

這點非常符合這本書的目的：解釋制定奢侈品品牌並實施奢侈品策略的條件，並且詳細地解釋實施這些策略的方法。如果「奢侈品」這個詞只是「價格」的同義詞，那就沒有必要往下看了，簡單地提高價格就足夠了（因為我們總是能找到更多的客戶）。為了成功，只要消費升級（trading-up）就行了。然而，奢侈品完全不同於消費升級，消費升級沒有像奢侈品那樣對社會和歷史產生影響。

另一方面，如果價格高並不代表奢侈品，那麼許多品牌就可以成功地進行一次「奢侈品行銷」（從奢侈品品牌巨頭那裡汲取靈感，例如卡地亞或LV的成功策略）。這些傳統品牌進行了非傳統意義上的奢侈品交易，例如蘋果公司在消費性電子產業中的作為，或雀巢的Nespresso在咖啡市場上提供的頂級服務（見第十五章「從奢侈品品牌中學習」）。

奢侈品與時尚

現在我們來看看另一個模糊混亂的關係，即奢侈品與時尚的關係。

直到十九世紀初，時尚仍隸屬於奢侈品世界，只有貴族階級買得起奢侈品，他們不必等到衣服穿破才去購物，他們購買奢侈品也不是出於日常需要。到了二十世紀，時裝界開始尋找某種程度的自由，脫離了奢侈品界。

如今，在實際生活中，奢侈品與時尚之間的重疊幾乎不存在，雖然這種說法不被普遍認同。

現在的奢侈品是時尚的，時尚號稱是一種奢侈品（如果這麼說，就是指負擔得起的奢侈品）。

許多奢侈品品牌採用時尚品牌的行為模式，而時尚品牌共用奢侈品的某些特質，例如不是那麼重要的品質和某些炫耀的元素，為了提高地位，時尚界想讓自己看起來隸屬於奢侈品世界。

這種「雙向交流」的後果，就是奢侈品與時尚之間在語義上的混淆比以前更嚴重，此時必須界定和釐清這層混淆的關係。

我們已經討論過奢侈品在現代社會中的社交功能，但奢侈品在時尚領域的功能是什麼呢？其實它具有雙重功能，這與最近的兩個社會新名詞相呼應：大眾化和都市化。

事實上，在現代民主社會裡，如果奢侈品的重要性源於在社會階層中發揮作用的話，時尚的重要性則源自於都市化對人類產生的負面影響（沒特色和不自然的生活）。對時尚的瘋狂追求是最常見的都市人反應，人們也將這種行為當成追回逝去時間的一種方式，甚至是創造幻想時間的方式。

值得一提的是，雖然對許多人來說，居住在城市的生活正逐漸成為常態，但人九九%的時間是在與自然息息相關的小家庭中度過的。這樣的生活方式所代表的生態系統是最適合人類心靈的，是龐大且毫無特色的住宅區所無法取代的。人們如果無法迅速地適應這種新的環境，就得設法進行調整，就像過去必須適應穴居生活一樣。

現代時尚在社會學中扮演的角色，可以用以下的方式描述：

- 在我們「不自然」的社會裡，時尚的節奏被人為限定，用季節和年分而不是數字進行標記（我們會說「夏季時尚」，而非「第二季時尚」），這給了都市人一個重要的參考點。正如法國哲學家尚．布希亞（Jean Baudrillard）所說的：「現代同時啟動了線性時間和循環時間，前者是技術進步與歷史所用的時間，後者是時尚所用的時間。」
- 在這個沒特色又沒差異的社會裡，存在一個風險，即「模仿危機」（吉拉爾定義了這個詞）。時尚造就人為差異化，但這個差異是「水平的」，而不是「垂直的」，因為它，讓我們在人群中也能與眾不同，只看一眼，就能分辨出我們屬於哪群人。再看看齊美爾的話：「每次，當社會差異需要表達自己的不同時，時尚便存在了……流動的階級和個人，在時尚中發現自己身體的律動。」

- 最後，對某些人來說，時尚是他們拒絕社會階層和逃避社會垂直定位的方式：每個人都有自己的時尚、風格和混搭方式，社會差異不是社會階層化。

正如我們前面看到的，西方社會需要奢侈品，有了奢侈品，這個社會才適合生存；這些社會也是都市化社會，它們也需要時尚，這樣才適合居住。事實上，它們需要奢侈品又需要時尚：

- 奢侈品，重新創造了被民主吞沒的社會階層。
- 時尚，重新塑造了被都市化消除的季節節奏，社會差異讓它們避免淹沒在毫無特色的普羅大眾之中。

另一方面，如果奢侈品和時尚都在我們的社會生活中發揮了關鍵的作用（在經濟上也是如此），它們之間不應該有任何混淆。時尚不再是一種奢侈品，它最多是金錢財富的代表，反之亦然。有趣的是，在這一點上我們需要注意，文明仍然存在於與世隔絕的自然環境以及微小的部落裡，例如位於太平洋島嶼的萬那杜（Vanuatu），那裡有社會階層（有首領），有奢侈品（有珠寶），但沒有時尚。

看看這些證據我們可以發現，奢侈品和時尚都有共同的需求，它們需要自己能夠與眾不同，也需要社會階層化。但是它們很容易得到錯誤的結論，因為沒有意識到時尚和奢侈品在兩個基本的層面上有很大的差別：

- 與時間的關係（耐用性與短暫性）。
- 與自我的關係（奢侈品是為了自我，時尚不是）。

在上流社會中我們可以找到最好的例子，後續我們將會詳細探討。至於原因，明確地說，這是由時尚和奢侈品的高度決定的。如今，高級訂製服行業幾乎全數破產（香奈兒是個例外），正如我們所看到的，之所以會有這樣的結果，是因為它們不再與當下的社會問題息息相關。所謂的街頭時尚，如H&M和Zara，服飾富有活力，而且公司財務狀況良好。高級訂製服將財務赤字轉移到對品牌的投資上，透過銷售其他衍生的產品獲得投資回報，那些衍生的產品成了時裝秀真正的重點，明星們穿上這件禮服，只是為了炫耀那些配件罷了。

奢侈品和時尚代表了兩個世界，無論是經濟上的重要性，還是與眾不同的特性（「奢侈品街」不會在「時尚區」出現），它們重疊的部分極少（只限於高級訂製服）。在這些情況下，成功仰賴於雙方的合作——既有品牌（奢侈品面），又有設計師（時尚面），最好的例子就是香奈兒和卡爾．拉格斐（Karl Lagerfeld）的合作。

最後一點，奢侈品與時尚混淆的一個主要原因，就是目前的經濟環境。短期股市交易的壓力，迫使奢侈品業必須向時尚界看齊：

- 不斷推出新產品（例如香水），無需擔心其延續性，但是會擔心財務預算。

- 占據現有產品市場。
- 推出短期流行的商品，失去奢侈品永恆的特色。

因此，那些大公司的誘惑來自於透過股票交易（成功的融資收購）擺脫困境，或者找一間大公司尋求庇佑（例如LV納入LVMH集團下）。

為了更清楚地說明奢侈品和時尚之間的差異，以及介紹頂級的世界（頂級和奢侈品的關係將在第二章深入討論），我們可以將奢侈品、時尚和頂級用三角關係顯示。任何品牌的定位都可以運用此關係（圖1-1）。

奢侈品與藝術

奢侈品和藝術這兩個概念關係密切，似乎不可能將它們完全分開。實際上，它們是兩個相關的概念。奢侈品與藝術的關係，就像它與宗教一樣密切。

首先，在人類起源之初，早期墓穴出土的許

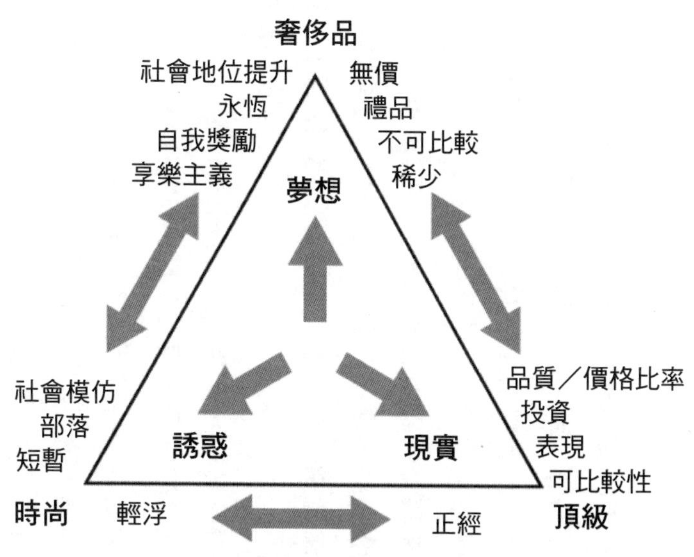

圖1-1　奢侈品、時尚和頂級的三角關係定位圖

多東西都是藝術品和奢侈品；奢侈品和藝術很有可能是同時出現的，或者有很長一段時間二者沒有什麼區別。即使在今天，也可以發現它們相似的蛛絲馬跡，顯然兩者之間有很大的交集。

首先，它們都講究美感（這是藝術存在的理由，也是奢侈品存在不可或缺的條件），它們會隨時間而不斷增值。對兩者而言，實用性是次要的；對藝術品而言，使用價值往往是零，象徵價值則非常高。奢侈品和藝術是強大又關係密切的社會標誌：就像房屋或者圖書館的建築設計一樣，設計師設計的珠寶是奢侈品，也是一種藝術。它們的另外一個共同點就是具有社會學和心理生理學的相關性。藝術品與奢侈品一樣，不可能所有人都對其達成一個共識，是因為這很主觀（口味和顏色是你不能談論的東西），更重要的是，你絕對不能去尋求這種共識，因為你可能失去自己的魅力，影響你在支持者眼中的價值。你這樣做的目的，應該是為了吸引足夠的客戶。

但是，奢侈品與藝術之間也有區別，人們很容易忽視掉這些微小的差異。相對於象徵價值來說，奢侈品的使用價值很低，但是從來都不是零，這就與「純粹的」藝術品不一樣了，奢侈品仍然有一些用處。奢侈品的實用性是以使用價值表示，同時也是真正的交換價值。奢侈品的基礎在實體經濟中，必須儘快找到一個穩固的市場，否則就會消失。另外，藝術家作為被詛咒的天才，往往死後才能成為傳奇，在藝術的世界裡長久存在；即使在現代，未來也是未知的，因為默默無聞和貧窮並不一定會成就一個天才！畢卡索走出了一條路，許多人迫切地追尋其後，緊跟著他的腳步。然而，事實上奢侈品與藝術之間仍然存在著鴻溝，奢侈品設計師終其一生活在商業交易中，藝術家則不斷地追求設計的永生。

當涉及某些方面時，奢侈品與藝術就不再只有差異，而是相互矛盾的：

- **藝術追求普遍性：**拋開社會和心理生理上的相對性，每個人都可以接觸到藝術。奢侈品必須是精挑細選而來，不是每個人都能接觸，除非買不起的人出賣自己的靈魂去得到它。
- **在時間和空間上，藝術品都是一個獨特的物品：**繪畫的真品和複製品有差異，現場演出（戲劇、舞蹈、歌劇）和錄影拍攝也截然不同。奢侈品的設計是為了販售，當然也可以獨一無二，但是奢侈品這方面的特點不是本書討論的目的。

從這種雙重性質的連結和互補性中，我們可以看出：

- 在經濟世界中，奢侈品是藝術背後的驅動力。
- 奢侈品是藝術偉大的贊助者。在美國早期，有錢的富豪才能贊助藝術。然而，在歐洲又是另一種場景，如果沒有法國的ＬＶＭＨ這樣大型的奢侈品集團支持，就不可能舉辦任何大型的畫展。
- 奢侈品是藝術家賺錢的生存手段。透過在奢侈品行業工作，藝術家可以體面地生活，同時又能追求他的藝術創作，例如才華橫溢的雕塑家塞吉・蒙梭（Serge Mansau）也擔任香水瓶的設計工作。
- 藝術是奢侈品的美感和社交保證人。
- 當代藝術確保具有永恆產品的奢侈品品牌具有新鮮感，並且保持產品的相關性。奢侈品品牌是當代藝術的主要參與者，一九八四年，卡地亞的艾倫・多明尼克・培林（Alain-Dominique Perrin）便是先驅，在巴黎郊區的小鎮朱昂薩斯（Jouy-en-Josas）成立基金會，資助當代藝術的發展。很快地許多人追隨了他的腳步。如今，自認是奢侈品品牌的大公司都有自己的現代藝術基金會，最近的例子是ＬＶ基金會，於二〇一二年開業，座落於納依（Neuilly）的動物公園，也在巴黎郊區。

- 當代藝術是奢侈品設計師的靈感來源。正如我們之前所看到的，奢侈品是許多藝術家賴以維生的方式。所以將奢侈品設計師和產品經理結合在當代藝術的世界中，有助於確保奢侈品維持時代感和關聯性。否則，對永恆的追求會創作出與現代毫不相關的東西，會被視為古板過時〔這是可悲的，巴黎凡登廣場（Place Vendôme）一些有名望的公司都有慘痛的經歷〕，產品也賣不出去。

然而，奢侈品與當代藝術之間的關係並非那麼簡單，因為人們可能會產生誤解。例如，當代藝術不再採用高品質的材料；相反地，它使用越來越多的「垃圾」原料。這種策略與奢侈品策略背道而馳。當代藝術與奢侈品如今漸行漸遠了嗎？為了回答這個問題，我們必須研究過去種種的影響因素，其中包括宗教影響。

奢侈品、藝術和宗教

在西方社會，宗教和藝術之間的關係，分為三個主要階段。

在古代社會（神權政治、貴族政治），宗教是與神聖超然聯繫在一起的，普通老百姓不可以討論這些，這是某些牧師和神學家的特權，因為他們必須擁有某些東西，證明他們與常人不同。藝術便給予他們這種形象，這種神聖的「感覺」。因此，他們著眼於宗教場所的藝術展現，從建築（希臘神廟）、音樂〔巴哈（Bach）清唱劇〕或繪畫〔米開朗基羅（Michelangelo）和西斯廷教堂（Sistine Chapel）〕，逐漸延伸到權力之地（王宮）。正如我們看到的，在這個階段，奢侈品與藝術有著密切的聯繫，並面向同樣的「客戶」。

在十八世紀末的歐洲，這些政教合一的貴族社會開始被無神論社會所替代。一七八九年法國大革命就是一個典範。

超然不再是一股動力，內在之美變成了原則，未來取代了過去，成為設計的參考。藝術成了這項新權力的僕人，我們可以看到納粹主義對圖像（建築、繪畫、雕塑、圖片、電影）的使用：藝術談論的是未來的二十世紀。現代藝術的規則，扎根在現實世界中，和以前是截然不同的，它不再神聖超然，所以很多新的款式可能出現或是消失，但它仍然會以永恆為目標。

在第二個階段，奢侈品和藝術仍然有著密切的聯繫：其實那些社會並不民主，只有位居上位的菁英才能擁有奢侈品，普通人只能夢想著聖誕老人有天會送給他們這些禮物。

在二十世紀中期，那些無神論的社會開始崩塌，真正的民主社會出現。藝術的主要規則已經不再是超然的、過去的或內在的、未來的，只有當下這一瞬間才是重要的。這些社會突顯出極端個人主義、享樂主義、「即時為本」。這完全改變了藝術的規則，出現了所謂的當代藝術。這時藝術已經不進行資訊傳遞，它傳遞的只是情緒和情感；藝術成為易腐的東西（現場表演、「吃的藝術」）。這個階段，就是我們現在所處的西方世界。與奢侈品相比，藝術離時尚更靠近，儘管奢侈品品牌與當代藝術保持著密切聯繫，但那是奢侈品品牌，而不是奢侈品。

奢侈品要向宗教和藝術學習

奢侈品、宗教和藝術三者密切相關。事實上，這三者都著眼於提升人的地位，讓它們擺脫產品功能、自身需求以及無形價值的限制，甚至變得神聖超然。奢侈品像藝術一樣，它的最佳狀態是提升人的品味。奢侈品是菁英的品味，曾經屬於宗教階層、貴族階級的特權，現在卻變得越來越平民化。今天，菁英已經不再只是少數族群，這就是為什麼有些人會推崇奢侈品品牌，有些人卻討厭它。這只是菁英之間關於文化統治的戰爭而已。

這三者都強調永恆，至少奢侈品強調沒有時間性。時尚和奢侈品之間的區別僅僅在於，後者意在創造未來的經典之作。

分析顯示，現代奢侈品就像一種宗教，這樣的說法很令人吃驚。但如果所謂「對奢侈品的狂熱崇拜」（cult of luxury）在新興市場國家（例如金磚四國和靈貓六國）已經開始，這就不令人意外了：幾十年來，它們的人民需要的往往是最基本的生活必需品。兩位數的經濟成長帶來了可支配收入的成長，根據伯恩斯坦（Bernstein）的分析，這是與奢侈品市場最相關的成長。從人口統計學來講，這些國家的人民非常年輕，他們不會為了退休後的生活而省錢。現在他們想進入天堂，就是擁有看起來像是有錢人的東西。

即使沒有豪宅或法拉利，奢侈品品牌的服飾也可以讓一個人看起來富有。在年輕人中，對奢侈品的這種狂熱崇拜有另外一個起源：意識形態的終結。法蘭西斯．福山（Francis Fukuyama）提醒我們歷史的終點已經來臨，資本主義已經戰勝了任何經濟和社會的其他形式。意識形態以前是青少年夢想的載體。法國一九六八年青年革命，希望創造一個新的社會：當時主導的意識形態是達爾文主義、托洛茨基主義（Trotskyism）……今天還剩下什麼？這些意識形態蕩然無存，剩下的是保護瀕臨滅絕的地球或透過在非政府組織工作去幫助窮人（這是本書談論奢侈品永續發展的原因）。今日大多數年輕人沒有其他的理想，只想著透過購物提升自己的身分，或者和群體的所有成員不斷地進行溝通，就像他們活著就要呼吸一樣。

青年對奢侈品的崇拜

年輕人盲目崇拜奢侈品品牌，展現在他們往往選擇購買最好的物品：奢侈品是一個濃縮品，它匯集了美、品質、永恆、人性、愛、自我尊重、使人印象深刻、自我放縱、自我獎勵以及權力象徵。青年時期是透過增加財富來打造身分的時期。年輕人不在乎每天吃披薩或漢堡，他們在乎的是自己的身分，即使沒有LV的包包，也會利用Zara或Mango等平價服飾混合搭配，用香奈兒眼鏡或愛馬仕絲巾來提升自己的社會地位認同。從新興國家的中產階級或年輕人身上的這個特點，我們可以知道，重要的不是稀有，而是與眾不同。現在就是進入天堂的時刻。此外，年輕人也嘗試用詞彙、象徵和行為區分自己的年齡階層。這也是為什麼穿戴相同的品牌產品是沒有問題的，它已經變成了普遍的語言或圖示。奢侈品創建了一個「我們」的感覺。

狂熱崇拜的元素

宗教、藝術和奢侈品之間的相同點令人震驚：三者都關注永恆，或者至少是打破時間的限制。我們將歷久彌新的物品叫做藝術，宗教承諾死後永恆的幸福，奢侈品強調與眾不同的品質和永恆的美感。這種對比可以延伸到奢侈品品牌的發展歷程上：奢侈品品牌一開始規模很小，只有幾個客戶，就像是一小群教派的信徒。後來該品牌希望擴大這個教派，建立一個真正的忠實社群。在結構上，奢侈品品牌就像宗教一樣，有以下幾個特點：

- 它們有一個創造者。
- 它們有一個建國神話和傳說。
- 故事繼續保持神祕感。
- 有一個聖潔的地方或神聖的地方，一切從這裡開始。
- 有一些象徵（標誌、數字、標示等），只有創造者知道其中的意義。
- 奢侈品品牌擁有圖示（賦予產品一段神聖的歷史）。
- 這些品牌的旗艦店，將被視為新的城市大教堂。
- 有定期的交流時光（稱為「社區管理」）。
- 需要某種犧牲，最重要的就是價格。每個人都應該記得拉丁語中的犧牲（為了變得神聖）：犧牲許多，而獲得密封產品神聖領域的能力。一個漂亮的寶石看來平凡，一旦你為它付出了很多，遠遠超出了理性或功能上的要求，它才會變得迷人。只有犧牲掉一些東西，你才能穿戴上這些東西，就像一個人必須付錢進入俱樂部一樣。

透過藝術，創造超越

奢侈品與藝術的差異也很重要。藝術沒有任何理性的功能，一個人從來不會談論一幅畫的功能。購買藝術品的能力，標誌著文化的能力，這種能力可以讓人不去考慮這件物品的功能和用處。奢侈品也沒有必要價格昂貴。巴塔耶（Bataille）提醒我們，必須消除生產過量。如果沒有，就會破壞社會。這就像在神權社會中，祭祀對神靈的作用；這也是在「陽」的社會裡，戰爭扮演的角色；也是奢侈品在「陰」的社會裡的作用，就像我們一般的民主一樣。他還提醒我們，人們透過購買稀少珍貴的物品來突顯自己的身分，這時就出現了奢侈品和頂級品的區別。人們購買頂級品，甚至超頂級的汽車，類似於透過投資報酬率去判定每一美元的收益一樣。頂級意味付出更多，得到更多功能的利益。奢侈品卻不一樣：它代表了買方的能力，購買奢侈品不必考慮自身的需求、奢侈品的功能以及能獲得的客觀收益。這就是奢侈品品牌與頂級品牌的不同之處：除了經驗，它們還帶來了創造的能力、傳承以及社會地位的區分。

就像藝術一樣，奢侈品與享樂主義和創造力緊密相連。當然，它崇拜工匠和工藝師傅以及他們獨特的技藝，但奢侈品的魅力，在於獲得想像的能力，奠基在創造力之上。只有工匠是不夠的，奢侈品還需要藝術家。因此，設計師非常重要，其身分為品牌新增了神祕感和代表性。例如，香奈兒聘用了卡爾·拉格斐，因為認可他符合時代潮流的角色，而這項合作也推動了香奈兒的品牌創立。

第2章 釐清混淆的概念：頂級不等於奢侈品

奢侈品無所不在，「奢侈品」一詞更是隨處可見：奢侈品表現出時尚，時尚服務於奢侈品。每個產品都自詡為奢侈品，渴望成為每個人或少數權貴們真正的奢侈品。「奢侈品」一詞成為老生常談，一個逐漸失去意義、司空見慣的詞彙。我們不再說「奢侈品」，而會說「平價奢侈品」、「真奢侈品」、「新奢侈品」等。那些冠上的形容詞是要提醒我們：「奢侈品」一詞已經不再精確。對於「奢侈品」這樣帶有模糊概念的字詞，該如何正確地使用呢？

就像其他很多的概念一樣，「奢侈品」一詞也具有模糊性：人人都能理解，但沒有人確切知道它的意義、結構、界線或組成的成分。無庸置疑的是，奢侈品並沒有一個絕對的界線，而是一個相對的集合，它與廣受討論的當代社會和政治體制不可分割。其次，隨著社會階層化的發展，對一部分人而言的奢侈品，對另一部分的人或許不再適用：人人有其自我意義上的奢侈品。另外，由於工業生產力的發展，讓曾經小眾的產品大眾化，今時今日的奢侈品並非就是明日的奢侈品。

另一個導致字詞概念化的原因來自概念的多元化，例如「新奢侈品」、「大眾奢侈品」、「頂級奢侈品」、「平價奢華」等。這些概念上的多元化顯示了傳統品牌升級的意圖，以及奢侈品品牌向大眾市場尋求最大利益的趨勢，在原本的奢侈品行業內已經很難追求這種利益。多重概念的應運而生就像在暗示，在大眾品牌與奢侈品品牌之間有道階梯，可以往上攀升或向下探訪。然而，事實並非如此。奢侈品的管理方式不同，它幾乎與大眾消費品和頂級商品的運作方式完全相反，二者相去甚遠。

從理解或管理的層面來看，概念的混淆帶來的影響頗大。第一章闡釋了奢侈品時常被人遺忘的本質，從中可得出結論：奢侈品的管理方法與非奢侈品和頂級商品大相逕庭，傳統的行銷方式並不適用於奢侈品。

理解奢侈品概念的多種方法

要定義奢侈品及其意義界線的方式眾說紛紜，本書列舉六種主要的定義方法：

● **第一種是大眾定義法。**由於「奢侈品」的意義各方說法不一，詢問潛在客戶對奢侈品的認知，形成定義，可以了解市場。這樣做的問題在於，理解因人而異，不同的人群對奢侈品的認知不同，甚至完全相反：對不同的人而言，一支鑲鑽的手錶可能是奢侈品的象徵，也可能是品味不佳的表現。

● **第二種是菁英定義法。**這意味著脫離大眾，選擇特定少數人群（例如上層的有閒階級）來定義奢侈品的概念。不過如果擴大到國際層面，問題便顯而易見。在日本、美國或法國富豪的眼中，奢侈品的標準不同。對於德國富豪來說，奢侈品的概念更是匪夷所思：品質常與價格不成正比。因此，這種定義方式對於全球性的奢侈品企業而言效用不大。

● **第三種是專家定義法。**一般人不了解奢侈品的概念，此時便需要倚賴專業人士。但是，誰是適合的專家，哪個國家的專家才是權威，適用於哪種文化等問題，又是因人而異。

●**第四種是經驗定義法**。這指的是只有某些奢侈品品牌的產品才是「奢侈品」。品牌不正是分析奢侈品行業的基本要素嗎？然而這樣也有問題，像是有些品牌究竟是不是奢侈品？例如，鱷魚牌（Lacoste）是奢侈品品牌嗎？對中國人而言，答案是肯定的。《時代》（*Time*）雜誌將它列入中國三大知名奢侈品品牌行列，只能在上海網球大師賽、百貨公司和少數奢侈品店可以見到這個品牌。但對西班牙人或義大利人來說，答案是否定的，因為鱷魚牌在這些國家的銷售範圍十分廣泛。

●**第五種是集體定義法**。由奢侈品的生產國來定義。在法國，這項工作由法國奢侈品聯合會（Colbert Committee）完成；在義大利，則由奢侈品協會負責。但這個方法在全球效用不大。

●**第六種是奢侈品創作者定義法**。詢問製作奢侈品的創造者他們所遵循的標準、理念和價值觀。但是，應該詢問哪個創作者呢？

以上任何一種都無法提供一個完美的答案，所以產生一個更極端的選擇：否定奢侈品的明確性。

否定奢侈品的明確性

這樣一來，奢侈品就不再被視為一個類別，而是一系列屬性的最高極限（例如高價），單憑任何一種屬性都無法定義奢侈品，它是所有範圍的極限，運用設計理念、加工製造、配銷和溝通等方面來描述奢侈品。傳統行銷類書籍也是採用這種思維，這些書籍大多認為奢侈品意味著從「頂級」升級到

「超頂級」的經營。因此奢侈品是一定範圍內的極限，具備稀有性、昂貴價格、感官享受、創造力、精緻、歷史、品質和想像力的特質。

這種定義方法的優點在於它可以整合奢侈品的多元性，從不同的方面設置出衡量標準。這種方法的缺點是與當下現實的情況不同。如果否定奢侈品的特殊性，萊雅（L'Oréal）或寶鹼將會成為「奢侈品行業的帝王」，而麥克・席維斯坦（Michael Silverstein）和尼爾・費斯科（Neil Fiske）所著的《奢華，正在流行》（*Trading Up*）將會成為每位奢侈品管理人員的枕邊讀物。相反，LV、香奈兒、卡地亞及其他奢侈品品牌雖然有名，但只會成為小型的地方性家族企業。

然而事實並非如此。無論是於一九九〇年代收購浪凡（Lanvin）的萊雅，或是寶鹼和聯合利華（Unilever），都未能在奢侈品領域獲得成功。而《奢華，正在流行》雖說十分出色，也不過書如其名，是一部集結推動品牌成功向上發展的經驗大成，而非對奢侈品管理具有指導意義的經典之作。

二〇一一年，明略行公司（Millward Brown）估計LV的品牌價值為兩百四十億美元，萊雅的品牌價值為一百五十七億美元，比起LV的價值少了九十億美元，但萊雅的營業額卻高出LV五倍之多。同一份研究也估計豐田（Toyota）的品牌估價為兩百四十億美元，BMW的品牌價值為兩百二十億美元，而BMW的銷量不及豐田的八分之一。

由此可見，金融界承認奢侈品的明確性。我們可以合理地深入探討奢侈品和頂級在品牌管理上的根本差異，以及頂級無法升級成奢侈品的原因。我們會發現，提高頂級品牌的價格並無法讓頂級轉入奢侈品品牌之列。

頂級商品無法直接轉化成奢侈品

要實現由頂級轉化到奢侈品有二個策略，第一是單純提高價格，但不轉換策略；第二是透過收購經營不善的奢侈品公司。這樣的嘗試不勝枚舉，失敗的例子也同樣很多。以上兩種策略在工業和大眾消費品業效果很好，卻常在奢侈品行業功敗垂成。我們以最近的福特汽車為例，這個案例所有的資料都是公開的，牽涉的部門和影響因素也為大眾熟知。

一九八〇年代末期和一九九〇年代初期（收購發生於一九八九年十一月，福特以二十三億美元併購Jaguar（Jaguar）」，福特汽車集團決定跨足奢侈品行業，透過收購聲譽良好的品牌（Jaguar、奧斯頓・馬丁）和頂級的品牌（富豪、路華）來成立「頂級汽車集團」（Premier Automotive Group，PAG），意圖運用「福特方法」打造一個高獲利的集團。

多年來進行大量的投資，頂級汽車集團仍然入不敷出，福特集團於二〇〇七年拱手認輸，並宣布出售這個「奢侈品子公司」。奧斯頓・馬丁（Aston Martin）以不錯的價格（約十億美元）賣給該品牌的愛好者，而Jaguar賠本出售的情況最嚴重，還不得不向印度塔塔集團（Tata group）尋求買家。

相較之下，富豪（Volvo）和路華（Land Rover）的情況還算比較好（路華於二〇〇〇年以略低於三十億美元的價格被收購）。福特集團收購後隨即冠名為奢侈品品牌的富豪和路華，實屬頂級品牌，因此福特的管理策略對它們可以發揮效用。而Jaguar和奧斯頓・馬丁是真正的奢侈品品牌，在福特的經營策略下只會每況愈下，因為奢侈品絕非「頂級的極致」。二〇〇八年年初，Jaguar和路華以二十三億美元被賣給塔塔集團，而福特過去的收購價格為四十六億美元。

對於福特這樣經營狀況良好的大型集團，這類策略的系統性失效不能簡單歸咎於管理失策，而在於對「奢侈品」概念的理解錯誤。我們可以從中得出結論：要立足於奢侈品行業，必須要增加其他的要素，例如在福特集團這個案例裡，所欠缺的就是崇高的聲譽。倘若這樣的分析合情合理，反向策略應當會有成效。降低奢侈品的檔次，只需要減少投入資源，並且調降價格就應該能夠實現，因為奢侈品意味著在各個方面都比較好。

以「降級策略」脫離奢侈品只會失敗

透過降低價格讓奢侈品降低為頂級商品，以轉虧為盈；或是透過收購頂級品牌來拓展奢侈品市場，會是有效的策略嗎？著名的賓士汽車，給了否定的答案。該奢侈品品牌在十五年前決定採用一系列脫離奢侈品行列的策略，在所有市場區隔中都推出車款。結果，賓士汽車以其他品牌為管道的降級多角化策略宣告失敗：自作聰明導致賓士汽車的財務危機，而收購克萊斯勒（Chrysler）的結果更讓它損失慘重。比破產更糟的是對品牌的負面影響：賓士汽車被迫在其他品牌名下推出奢侈品車款，這對十年前的賓士汽車來說是始料未及的情況。

福特集團晉升奢侈品界的失敗源於公司的傳統性，而賓士汽車脫離奢侈品界的失敗源於策略方法的誤用，那套讓它在奢侈品行業中有所建樹的方法，無法適用在一般和頂級消費品產業中。如果將賓士汽車收購克萊斯勒的失敗歸咎於美國和德國的文化差別，那就忽視了一個更重要的文化差異：奢侈品管理和頂級管理之間的差異。

在上述的案例中，對「降級策略」進行嘗試的公司多為經營良好的公司，它們的失敗並非缺乏經營管理的能力，而是對奢侈品概念存有誤解。因此，這裡便有了結論：如果「頂級」是傳統行銷策略的「向上延伸」，奢侈品則另有一套行銷法則可以遵循。

㈠目前的概念混淆從何而起？

現今對於頂級產品和奢侈品之間普遍的混淆是從何而起？它是如何造成價格的懸殊差異，甚至還出現了「平價奢侈品」（masstige）這樣的新名詞？它來自兩個根本上的錯誤：一是奢侈品和高價的混淆；二是產品類型的累積和聚合。

將奢侈品和高價混為一談

奢侈品不是唯一的高價產品。倘若奢侈品和其他產品曾經有明確的價格差別，如今奢侈品和頂級將沒有絕對的分別，有的頂級產品甚至還比同級的奢侈品更加昂貴（圖2-1）。

圖2-1說明了什麼？隨著規模經濟的發展，家庭購買力連年提升，大眾消費品的價格逐年下降。電子產品（電視、電腦、手機等）的降價尤

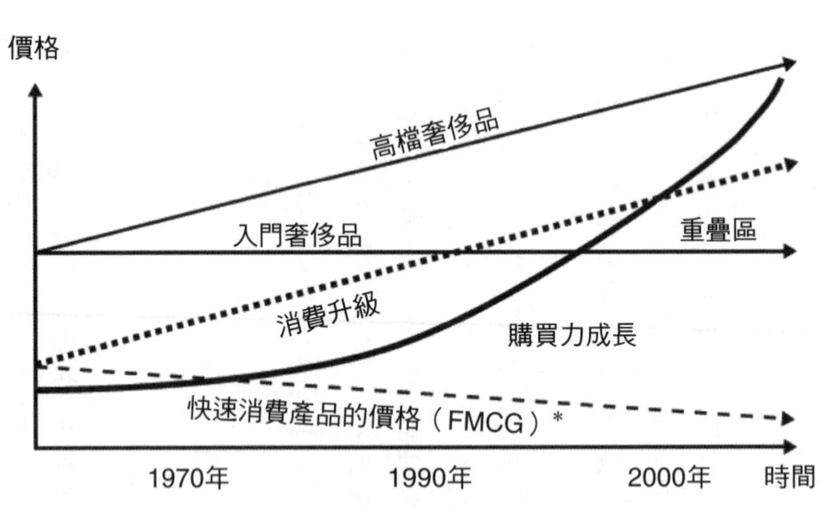

＊消費者需要重複購買的日常用品、食品飲料、生活雜貨用品。

圖 2-1　奢侈品和頂級混為一談的成因

其明顯。某些大眾消費品以「消費升級」策略，將價格提高到和奢侈品入門款相當的程度。

由此可見，如今頂級產品與奢侈品在價格區間上有所重疊。在許多行業都出現這樣的情形（例如香水界的蘭蔻和嬌蘭，汽車界的凌志和BMW等），進一步說明如今高價已不再是奢侈品的專利。顯而易見的是，倘若只從價格面來分析產品，就會產生混淆。

產品類型的累積和聚合

這是造成混淆的另一個主因，它是如今眾多品牌的典型特徵，而其起源可以追溯到很久以前。

產品類型的累積

這意味著一個商家可能同時出售奢侈品、高級品和大眾消費品。聖羅蘭（Yves Saint Laurent，YSL）就是如此：

- **奢侈品標誌：**聖羅蘭先生（Yves Saint Laurent）設計高級訂製服和獨特款式，由位於巴黎瑪索大道的女裁縫師手工製作，YSL是奢侈品標誌。
- **奢侈品品牌：**左岸系列（Yves Saint Laurent Rive Gauche）是高級訂製服衍生的奢侈品品牌，由聖羅蘭先生自創，只在YSL的直營店販售。
- **服飾的高級品牌：**變奏曲系列（Yves Saint Laurent Variations）是一個高級品牌，由法國曼戴絲（Mendès）公司加工製作，聖羅蘭遠程監控。
- **香水和化妝品的高級品牌。**
- **時尚配件的中階品牌。**

同樣地，由卡爾·拉格斐設計的香奈兒也是一個奢侈品標誌，是手錶和手提包的奢侈品品牌，但在Optic 2000出售的眼鏡，起價只有兩百歐元，在價格、設計和配銷上甚至稱不上是頂級品牌。

產品類型的聚合

受奢侈品營運的影響，在非奢侈品品牌中也有許多產品類型的聚合情形。美國運通（American Express）提供多樣化的信用卡來提升消費檔次，例如白金卡。美國運通的黑卡採取奢侈品策略，一樣沿用美國運通公司的名稱，並透過傳統的促銷手段出售。H&M公司邀請拉格斐設計限量品；法國鱷魚牌則在紐約和上海舉辦時裝秀。

上述的種種手段都造成了奢侈品界線的模糊，類型的聚合和概念的多樣化拓展或壓縮了「奢侈品」一詞的內涵和外在，以便對大量增加的事物分門別類。

為奢侈品定義

奢侈品是一個難以把握的概念，對於奢侈品，人人各有定義。我們知道，定義是一系列條件要求的總和，概念中的任何例子都必須符合條件。

不同概念情況的分類可以是互不關聯或是隨機的，困難點在於一個表達意義的符號（如奢侈品）可能會代表許多意義。事實上，我們需要區別以下的概念：絕對概念上的奢侈品、相對概念上的奢侈品、個人選擇意義上的奢侈品以及商業模式或策略意義上的奢侈品管理。這是本書的核心所在。

個人的奢侈品

奢侈品一詞讓人聯想到遙不可及的特質、富裕的生活方式、昂貴的物品和人性化的服務等。對客戶而言，遊艇、直升機、私人飛機和遍布世界各地的別墅是典型的代表。這些是無庸置疑的奢侈品，甚至不需要品牌支撐。擁有這些物品本身即是奢侈品，因為它們對大多數人而言是遙不可及的。從歷史的角度而言，奢侈品是神明、國王和富人的專利，是對其權力和品位的讚頌，例如藝術品。因此，奢侈品潛在的社會功能是重新創造社會階層化，在那些追求消除社會階級的國家裡特別重要（例如中國和美國）。

奢侈品是一個相對概念。一個物品，相對於何人是奢侈品？相對於何物是奢侈品？舉個例子，對現代的多數人而言，開車上班是奢侈的，儘管他們樂意開車，但經濟上卻難以負擔。這意味著這個做法並不理性，因為擁有自己的車所需付出的昂貴價格與功能不成正比，出於娛樂享受而購買車輛則顯然不值得稱讚。對許多人而言，買一塊Godiva巧克力也同樣奢侈，人們甚至稱其為小奢侈品來減輕罪惡感，這種罪惡感是一種為理性所不允許的享樂。為什麼要花費大筆的金錢去買一塊巧克力呢？奢侈品的這層意義涉及「過度」的概念，超越理性，與娛樂和欲望相關。

個人奢侈品是一個私人的概念，展現了個人的夢想和珍貴的收藏，高度情感化卻非遙不可及，只要人們付出心力和行動便可獲得。當人們被問到個人奢侈品時，不會談到手錶和名貴的汽車，而會認為是在孤島上獨自一人、登山或是與心愛的人外出垂釣。自我的奢侈品與個人經歷息息相關，因為它具有私密性，不會引起眾人仿效，更無法催生一個行業。

作為行業、市場或策略的奢侈品

奢侈品作為一個行業是指，奢侈品是這個行業的成員。一般而言，每個國家都有一個官方組織代表奢侈品企業：例如法國的法國奢侈品聯合會和義大利的奢侈品協會。奢侈品行業的總銷售額，即是這些企業的銷售總額。這些企業是否被客戶視為奢侈品品牌，它們是否採用奢侈品管理策略都無關緊要。例如，鱷魚牌是法國奢侈品聯合會的一員，然而更多人視其為頂級休閒服裝品牌，而非奢侈品品牌（中國、巴西和印度除外）。

奢侈品作為消費市場的概念源於顧問公司將其應用於市場，例如貝恩策略顧問公司（Bain & Co）。事實上，在諸如此類的調查研究中，奢侈品和高價的產品，奢侈品、時尚品和頂級之間毫無區別可言（圖1-1），導致了概念混淆。從高價產品中獲取資料輕而易舉，但要質化或甚至量化一個策略卻相當不容易。

奢侈品作為一種經營策略，意味著奢侈品經營構成了一種特殊的商業模式，它創建現今世界性的奢侈品品牌。奢侈品管理一詞意義非凡，因為它在奢侈品市場上獲得了廣泛而有效的實踐，非奢侈品部門的公司和品牌也成功地運用這個模式。奢侈品管理的規則與時尚和頂級的商業模式大相逕庭。這就是本書的重點：一個品牌或許看似是個時尚品牌，事實上卻在實踐奢侈品管理的策略。

奢侈品概念的六項標準

我們仍需為奢侈品尋求定義：在進行客戶態度調查時，奢侈品代表什麼樣的意義和界線？我們無意在已有的定義上錦上添花，而是更注重其共有的核心，該核心包含六項標準：

- 一項高品質的體驗或長久耐用的產品。
- 以遠高於其功能價值的價格出售。
- 品牌與傳統傳承、特殊專門技術和文化內涵相關。
- 有目的地限量、限區域發售。
- 提供人性化的相關服務。
- 展現社會地位和優越性，讓擁有者或受益者深感與眾不同。

以上六項標準包含了奢侈品概念所需的所有條件，根據類型有不同的特殊偏好（見第五章「四大奢侈品客群」）。第一項標準展現奢侈品與時尚品（在超值特賣引起爭議之前便轉移目標，以獲取更高利益）區別的原因。第二、三、六項標準將奢侈品與頂級品和超頂級品區分開來：頂級源於比較下的客觀優越性。價格與獲利需要成正比，而奢侈品是無從比較的。奢侈品的定價來自其深刻的無形魅力，讓品牌獨一無二：首先是文化內涵和傳統傳承，其次是出產地、特殊專門技術、客戶知名度等。

值得注意的是，奢侈品並沒有價格門檻。其定價由品牌所定位的潛在顧客決定。許多美國中產階級客戶將蔻馳（Coach）視為奢侈品品牌，但這個牌子的皮革背包售價均不超過八百美元，並不遵循奢侈品商業模式。儘管如此，最低價的門檻依然存在，一旦低於某價格，商品將不再被視為奢侈品。最後，核心定義中的稀有性並非客觀意義上的稀有，而是部分奢侈品品牌有意為之的稀有。如法國羅曼尼康帝（Romanée Conti）紅酒每年的出產量不足五千六百瓶。這只適用於某種特殊類型的奢侈品品牌，無法廣泛用於所有奢侈品。此外，產量過少有礙發展，而一味地提高價格則有投機的嫌疑。

走出迷霧：汽車行業案例

雖然對奢侈品當前的混淆並未給客戶帶來過多不便，人人都可以有自己區分奢侈品的一套理念，管理者卻必須了解情況，以便從潛在的奢侈品市場中獲取最高的利益，並且在市場占有一席之地。奢侈品必須持續地差異化，不斷地拉開和複製品的差距，這也是客戶的期望。

對於以下的差別，汽車業提供了理想的答案：什麼是奢侈品？什麼不是奢侈品？什麼不再是奢侈品？什麼是高級？什麼是頂級？我們是否該開闢超頂級這樣一個中間類別？

所有的汽車製造商都想在品牌列表上添加新的牌子，並獲得了不同程度的成功。福斯汽車收購了賓利（Bentley）、藍寶堅尼（Lamborghini）和布加迪；ＢＭＷ收購勞斯萊斯；飛雅特（Fiat）經營法拉利，並將瑪莎拉蒂（Maserati）列入名下。至於全球最大的汽車製造商豐田，也決心創建自己的頂級品牌，命名為凌志。

汽車業隸屬工業，受制於技術和經濟壓力。新車型的投資和風險相當大，有必要在工業研發和人力資源層面善用研發的綜效。若某大型集團試圖向奢侈品行業施展拳腳，就必須非常謹慎，就像之前所提到福特集團二〇〇七年的失利。奢侈品汽車品牌能否獨立發展？還是必須有全球技術的合作，才能走在時代的尖端？

汽車業在很多方面都引起奢侈品分析家們討論。汽車是從四輪馬車演化而來的，被視為奢侈品的象徵。它向我們展示了駕駛者身分和地位的晉級，正好成為研究消費品、奢侈品、高級乃至頂級、超頂級這些類別的絕佳領域。有些汽車品牌自身就是奢侈品的代名詞。它將輝煌的歷史融入傳統品牌，這些品牌有些來自機械天才，例如安佐．法拉利（Enzo Ferrari），有的來自最新發明，如瑞士科尼賽克（Koenigsegg）和一九八九年日本豐田集團在美國創立的淩志。

除了和歷史緊密聯繫之外，汽車業也讓奢侈品與高科技的聯繫成為可能。一提到奢侈品，我們很容易想到手工藝和傳統內涵，它與高度機械化和電子化的汽車業有何關聯呢？可以考慮將奧斯頓．馬丁或賓利列入考察的對象。

汽車業裡的奢侈品相對論

我們知道奢侈品是一個相對的概念，對奢侈品或頂級的判斷因人而異。賓士汽車在中國、印度和俄羅斯享有奢侈品地位，它的黑色奢侈品汽車憑藉天價成為最顯著的政治權力象徵。但是賓士汽車在美國的境遇截然不同，這個品牌失去了夢幻般的魔力。這也是豐田集團在推出第一代淩志時，鎖定賓士車的車主為目標客戶的原因，此舉不但相當明智，而且還成功奏效。

淩志在美國推出後銷售相當成功：該品牌屹立不倒十年之久。汽車市場調查公司JD Powers建立了美國汽車可靠度排行榜，連續七年將淩志置於榜首。JD Powers還調查了消費者滿意指數，指出如今的淩志在數量上是「美國第一名的進口奢侈品汽車品牌」。

美國奢侈品研究機構是一家專業公司，每年整理公布一份名為奢侈品顧客體驗指數的指標。該指標抽樣訪問兩千一百位美國富豪（以公開收入和資產為取樣的基礎：年收入在三十一萬三千美元以上，股市投資超過三百萬美元以上），問卷內容和他們對品牌各個方面的體驗有關：

● 該品牌產品完全滿足需求或甚至超越需求？

- 該品牌工作人員禮貌、專心、熱情且值得信賴？
- 該品牌汽車保養良好、外觀優美，讓人賞心悅目？
- 遭遇機械故障或其他問題（可靠度）的次數？
- 排除問題的品質和速度如何？

凌志在上述的各項標準皆名列前茅，在媒體對凌志成功之處的大力宣傳，以及狂熱的追隨者口耳相傳之下，點一滴地建立聲譽。它沒有依靠一級方程式賽車或印地跑道（Indianapolis speedways）打響名聲，而是專心致力於研究消費者滿意度和市場觀感。凌志的品牌標語說明了它們打響名聲的方法：「專注完美，近乎苛求」。凌志身上有的不是品牌傳承，而是美國客戶所稱的優勢傳承：凌志是沒有缺點的完美汽車。

然而對日本人而言，凌志只是豐田汽車的延伸，是超級豐田汽車。它缺乏奢侈品的特徵：聲望、魔力、夢想和想像力。在車等級別上優越是一回事，擁有獨特身分定位又是另一回事。

奢侈品汽車追求完美嗎？

法拉利是完美的汽車嗎？有開過法拉利的人都知道答案是否定的。法拉利的缺點也是它的魅力之一，作為一個機械猛獸，就像它抬起前腳的馬匹標誌一樣，缺點在於難以掌控。我們必須學會駕馭它，接納它的缺陷和特性。一台不完美的BMW汽車（例如第五系列）曾因後座的伸腿空間不足招來評論家的批評，而對這個品牌而言，乘客腿部的舒適感似乎對它無關緊要。人們甚至建議保時捷九一一無需安裝電動開窗或空調設計，因為這些重達六十公斤的設備會讓圈速慢一秒鐘。

在上述情況下，奢侈品並非高於頂級的類別，兩者身處不同的軌道上。它們的評斷標準有所不同：頂級汽車以多個方面為判斷標準，例如行李空間、操作性能和舒適性，諸如此類標準由客戶全權定奪；而奢侈品汽車的標準由它的創造者決定，在與客戶的關係上截然相反。奢侈品的設計目的並非取決訂單（如古代工匠：絲綢織工、繡花邊的女工等）或要求（如現代市場行銷），而是取決於靈感，取決於媒體所喚起的挑戰。

頂級、超頂級和奢侈品汽車

透過上述例子，我們可以分辨出奢侈品、頂級和超頂級三個類別的核心特徵。這些類別的界線可以相互滲透，但它們的主要特質明顯有差別。如果忽視根本上的差別，會讓評斷的標準混合甚至混淆，導致內部管理錯誤。倘若任用傳統行銷背景的管理人員情況則會更加糟糕，例如福特集團一九八九年收購Jaguar後的管理方式，就是混淆奢侈品和傳統市場的典型例子。福特以高價收購Jaguar後，努力地提升Jaguar的市場占有率以實現收購效益。事實上，福特為了Jaguar曾付錢兩次：一九八九年二十三億美元的收購費用，以及為原英國康文奇（Coventry）[4]員工灌輸高級汽車的科技和專門技術升級的費用。有賴於這些策略，Jaguar的品質和可靠度都提升了，但Jaguar夢幻般的色彩卻消失了。運用Jaguar這個品牌生產銷售小型車，卻沒有再創造性，於是獨一無二、尊榮高貴、奢侈品的奢華特性

4 Jaguar的工廠。

消失殆盡。在Jaguar和一般的高級汽車之間，真正的差別是什麼？包含社會階層化象徵性的差別又是什麼？可參考以下幾點：

- 小型的Jaguar配置著福特Mondeo的引擎。
- 生產銷售的拓展，導致路上Jaguar車輛增加（保時捷總裁說過：當我在同一條街上看見兩輛保時捷時，我便開始擔憂）。
- 向上改革創新的流失：一味開發更低廉的產品，無力研發更昂貴的產品。奢侈品行業應是客戶和創作者同時不斷地升級。
- 高階管理者閱讀商業報導時發現，Jaguar的所有工業技術都來自福特。
- 在能夠獲取聲望和大眾情感的賽事中，Jaguar不再遙遙領先。

Jaguar為品牌魔力的衰落、目標客群的非小眾化、未復興的品牌神話（典型英國奢侈品）付出了額外代價，剩下的不過是外形上的獨樹一幟（榆木儀表板及Connelly皮革）。

頂級的意義

顧名思義，頂級意味著位於品牌範圍內的上端，是該品牌專門技術的門面。就像Prius代表豐田汽車的頂級車款，Passat是福斯汽車的頂級車款。一般品牌（多重目標、多重市場區隔）推出多種車款服務客戶，讓客戶對產品產生忠誠度：從小型車、家庭房車、休旅車到為大家庭或有青少年家庭設計的小型廂型車，再到頂級的廂型車，其選擇性的配件相較於標準汽車品牌更加人性化、親密化且更具有樂趣。

頂級具有雙重的相對性：

- 位於品牌的上位，因此比其他等級的產品技術更創新。
- 肩負著品牌名譽，塑造出品牌形象。如此看來，並非所有的頂級都一樣。

頂級的判斷標準是「品質／價格比」：品質與價格是否成正比。它象徵消費者向上追求極致，所以他們的收入水準、身分和地位也跟著向上提升。為此，頂級應該獲得較高的廣告預算，因為它的地位必須獲得大眾的認同（大眾必須能夠察覺這種社會升級），同時讓品牌旗下其他等級的車型也能跟著提升。

頂級產品不僅要和同品牌的他級產品以及其他品牌的頂級產品一較高下，也和所謂奢侈品品牌向下延伸的產品做比較，而奢侈品品牌在延伸的同時也在弱化自己。奢侈品是絕對的，而非相對的，應該不惜一切地避免比較。如今頂級已變得傲氣滿滿，以其自詡的理性含蓄地批評奢侈品：當頂級的產品能夠以更低廉的價格提供更優質的產品和服務時，為何還要花費更高的價格購進奢侈品？

超頂級的內涵

為了顯示出生活上明顯的轉變，轉換品牌是必要的。汽車品牌透過眾所皆知的平均價格和聲譽來發揮社會標誌作用，展現擁有者的收入增加。如今有兩種類別加入了，這兩種汽車類型為奢侈品和我們所稱的超頂級汽車，例如奧斯頓．馬丁和凌志。縱使超頂級汽車使出渾身解數，想要去除與奢侈品汽車的差別，甚至模仿奢侈品的各種規範，我們也需要學會區分二者。奢侈品與超頂級的差別不在於追求水準的差距，而在於追求的目標並不相同。

對超頂級汽車而言（奧迪、凌志和富豪），即使具有品牌的魅力，最重要問題仍是實用性：我們購買奧迪A6是為了在各種天氣、路況、旅程中駕駛，而這並非是購買奧斯頓．馬丁甚至藍寶堅尼的車主所期望的事。超頂級產品是努力工作的回饋，本質上仍是為了工作，因此它被歸納在資產階級範圍內，在架構和象徵上與無需工作、盡情享受財富、炫耀身分、恣意享樂的權貴階級相對立。它並不影響白手起家的金童購買法拉利：我們在此討論的是奢侈品品牌的符號能力（semiotic power）。

超頂級品牌希望它們是因為產品的優越性而被客戶理性地選購。奧迪A8的價格與它的卓越性並駕齊驅。閱讀率第一的《汽車雜誌》（*Automobile Magazine*）曾經問：這是世界上最棒的汽車嗎？奧迪A8或凌志的SR系列等車型的配備都為了減低駕駛者和乘客的壓力、不適、風險和安全上的顧慮。它們致力於多元化以實現汽車的根本功能：讓人移動到想去的地點。

超頂級品牌依然是有比較性的，奢侈品則是至高無上的。任何超頂級汽車的價格必須符合其性能。高價固然象徵所有者的社會地位，但更顯示出超越品質的追求（更高的安全性、更好操控、更高階的電子智慧、更高的連結性、更節能、更大的乘客空間、更舒適、更高的回收價值、更少汙染、晃動和噪音更小）。凌志便是利用和賓士汽車E級系列的比較式廣告，來宣傳它們第一代的汽車。

◎奢侈品汽車的創意、神話模型、社會聲譽

接著把目光轉向奢侈品汽車。奢侈品汽車以產品價格、品質上的稀有性及品牌聲譽廣受認可。它

們是神聖的產品或模範，是神聖品牌的後裔。這種神聖性來自何處？我們必須回顧現代奢侈品的基礎來理解這一點。

路易十四宮廷中的王公貴族必須透過純正的血統（必要的世俗標準）和奢華的吃穿用度、榮耀與英雄般的豐功偉績等工作以外的一切，來展示和證明自己的權貴等級。而勞動致富、以財富見長的中產階級，不斷地以權貴為標準衡量自己，儘管這些權貴對財富不屑一顧。現代汽車可以說是從古代騎馬延伸出的技術產物，也是一種象徵，因此奢侈品汽車可以代表兩種物品：鍍金的四輪馬車和純種馬。兩者各具專利般的高貴性，好比知名品牌和品牌中的神話化身。這個神話來自戰爭的英勇行為或太陽神本身（也就是至高權力）的化身。

在奢侈品汽車中，勞斯萊斯是鍍金四輪馬車的化身：並非那麼舒適，但對國王或王后伊莉莎白二世而言夠奢華，而這種鋪張和他們的地位相稱。而在美國，凱迪拉克是石油、鋼鐵甚至是電影大亨愛用的品牌。

對他們而言，法拉利或保時捷是純種馬的化身。純種馬由殊死搏鬥的騎馬比武聞名，為國家的英雄所駕，在競技場上衝撞，優雅而富有技術性：就像法拉利是義大利人的驕傲，保時捷代表德國，奧斯頓．馬丁代表英國。

奢侈品品牌這兩種神聖性的來源，解釋了超頂級產品一分為二的趨勢，即模仿奢侈品的規範準則，同時為潛在顧客提供比高級產品更好的理性選擇：

- 有些汽車可提供頂級的功能享受，就像是價格公道的勞斯萊斯。
- 超頂級品牌也提供雙門轎車，就像是奢侈品品牌雙門汽車的平凡版。

因此，超頂級是奢侈品的複製品，這有兩種意義：第一，它透過模仿、學習奢侈品的規範和準則實現複製；第二，它透過大量生產實現複製。

儘管頂級品具備奢侈品的規範，但本質上難免還是有著世俗和現實的味道。奢侈品，特別是奢侈品汽車，從神聖的地位來獲取額外價值，本質上它和時間、歷史、死亡與生命的關係密切相關。每種車款都展現、再創造、現代化或喚起該品牌的神話。這種神話歷久彌新：歷史造就了品牌的神話。

奢侈品汽車將時間融入理念。奢侈品汽車熱愛時間，並接受時間的考驗：透過不斷回顧品牌的起源，透過拒絕系列車型的標準化生產，拒絕受限於「最佳性價比」。

每輛勞斯萊斯Phantom汽車需要兩千六百個小時來完成，是福特汽車的十倍之多。時尚產業需要有計劃地揚棄過時的系統，重新燃起顧客的欲望，讓工廠維持運轉。但是奢侈品不同，即使在汽車裡加入先進的技術和進步因素，奢侈品汽車追求的依然是永恆。這是奢侈品汽車的卓越車款時常改裝的原因，例如法拉利的Testarossa。所以奢侈品產業對具備神話潛力，在歷史中誕生並茁壯成長，致力於復興歷史的品牌（例如瑪莎拉蒂、奧斯頓．馬丁、布加迪等）鍾愛有加。

我們可以從中觀察到兩個重點：

- 歷史無需悠久，真正的新奢侈品或許明天就誕生了。
- 光有歷史並不足夠，它必須有能夠創造神話、催生夢想的傳奇故事。這就是奢侈品品牌與一般品牌甚至頂級品牌的不同之處。凌志就是一個最佳的例子，只命名為凌志（近似英文luxe，意指奢侈品）還不足以讓它成為奢侈品品牌。

凌志有其歷史，並不悠久，但卻是靠著完美無暇的技術打造的真實歷史。一點一滴，年復一年，凌志建立聲譽，也就是雷克海（Reichheld）所提出的「終極問題」：它獲得客戶在親朋好友中的大力推薦。這已經超越了客戶的忠誠度，讓客戶也參與了品牌。凌志的客戶對凌志的產品非常滿意，品質和服務各個方面都讓他們歡欣愉快。然而，凌志有兩大缺憾：

● 它是由策略家和工程師所設計的，而非富有創意的天才所研發。凌志是日本設計的典型範例，以賓士汽車E系列為標準典範，並成功地青出於藍。然而凌志缺乏自身的身分定位。精進現有的產品是一回事，定位未來則是另一回事。奢侈品品牌的創造力源自何方？事實上，從外在而言，凌志缺乏個性：其外形令人似曾相識，水箱罩、車翼、行李箱的線條無不讓人聯想到賓士汽車。成千上萬的工程師（和建造波音巨無霸噴射機時的工程師人數一樣多）投入工作，但凌志並未展現改造這個類別、躋身真正領導者的能力，而蘋果和波音飛機則以它們的技術創造和獨特設計實現了這一點。

● 凌志不具備也並未創造任何的品牌神話。它是豐田集團成功占領賓士汽車市占率的發明，而非創舉。沒有競技、神話般的輝煌之舉、宮廷、國王或是王后參與其中，取而代之的是市占率和JD Powers衡量顧客滿意度的指標。

問題在於凌志的歷史沒有神聖的內涵，它建立的品牌理想並未超越功能性：凌志是很好的車，但沒有神話。超頂級與頂級的產品一樣致力於追求市占率，不惜磨平稜角；奢侈品則立足於功能之上，甘冒失寵的風險追求創新。

這些事實展現了凌志的真實特質，也間接顯示奢侈品的真實特質。美國的奢侈品研究機構為各個產業設定了兩個奢侈品指標，尤其是汽車業：

- 第一項指標是之前所討論過的「奢侈品顧客體驗指數」，用於衡量服務的優劣程度。凌志和BMW在這項指數上表現優良。
- 第二項指標稱為「奢侈品品牌地位指數」，用於定義品牌的魅力、聲譽、夢想潛力和讓擁有者感到與眾不同的潛能。這項指標用於衡量感受，包括是否感到品質優越，獨一無二，有提高社會地位的感覺，能讓所有者感到與眾不同。凌志在這項指數上略遜一籌，保時捷則領先。

比起品質，夢想是由品質以外的成分組成。美國的保時捷車主覺得下列因素造成了品牌階層化：

- 風格和動力振奮人心，刺激想像力。
- 製作精良，擁有卓越的造型和非凡的性能。
- 長久保值，維持青春活力的象徵。
- 自始至終處於同級車的領先位置。
- 融合神祕感、歷史傳承和競技精神於一身。
- 對價值觀極度忠誠，保持一致。例如九一一標誌改變，但核心價值不變。

保時捷致力提升以下三個層面，造就強大的品牌：

- 享有世界認可的感染力。駕駛保時捷就是在向世人傳遞價值資訊，為車主增添價值，也就是向旁觀者展示價值。
- 激發廣泛的敬意。超越時間的一致性、不斷追求進步的能力，是對德國優秀品格和獨特風格的詮釋，昂貴的車價也由此成就。
- 透過以往和現在輝煌的功績引發情感共鳴：神話般的競賽和賽車手，以及超凡魅力和名人效應。

奢侈品和科技間的關聯

隨著時間的流逝，凌志的地位已經改變。它成了好萊塢炫耀性利他主義的顯著象徵。名人們不再樂於駕駛法拉利：他們關心自己在網路上備受威脅的名譽。正如史黛拉・麥卡尼（Stella McCartney），她的時裝品牌著眼於永續發展，她自身也擁有一輛四輪驅動汽車。美國名流們意圖向大眾展現他們關注環保，並樂於高價購買採用先進技術降低碳排放的汽車，例如特斯拉（Tesla）全電動跑車和凌志混合式引擎車型。因此這些品牌如今確實滿足了奢侈品品牌的一項標準：扮演社會階層化的指標。它們是典型的炫耀性利他主義品牌（見第十六章「奢侈品與永續發展：兩者的交會與分歧」）。

由於技術過時、缺乏可靠度，即使籠罩權貴光環的Jaguar也難逃破產命運。法拉利的美麗不只是來自它的外觀，新款法拉利所喚起的情感和它先進的技術有關。

有些汽車品牌保留傳統，延續手工製作，例如英國摩根汽車（Morgan）繼續生產四輪驅動的木質底盤車型，但它並非奢侈品品牌。對奢侈品品牌而言，與傳統相關聯或是具備傳統價值是必要條件，但不是充分條件。現代奢侈品不僅僅是古董或具有收藏價值的汽車，它必須具備創造力和技術，不過它的技術不是完全透過功能性表現出來：人們為了享樂、生活的美學、純粹的藝術而生，所以為了能夠充分地欣賞，我們必須成為真正的奢侈品愛好者，培養欣賞有形或無形特質的能力。奢侈品為欣賞者預設了一種產品文化，若非如此，購買者難免只從外觀而非內在來尋求情感聯繫，這種客戶就是不穩定的。

奢侈品如何運用科技？在奢侈品業，科技有助於打破所有束縛，建立一個獨立的世界。它不僅透過高價創造客觀的稀少性，而且透過極端的方式，以技術創造罕見的品質。

- 藍寶堅尼Diablo跑車是一個科技「怪獸」。「怪獸」一詞本身就暗示著一種過度：在這裡，最高級就是規範。這是純情感的領域。
- 在勞斯萊斯中流傳著這樣一個傳說：在座位上立一枚硬幣能夠直立不倒，這是對這個品牌車內舒適度的誇張描述。誠然，它由稀有的皮革和珍貴的木材製造，所營造出的乘客空間價值可比家裡的客廳。我們可以由此發現手工藝的奧妙，每款車型都在展現傳統美學：置身一輛Phantom Dropheadd敞篷車內，如同置身頂級遊艇，上過油的柚木板環繞著車身內部。然而，必須使用乘客座位底下的科技裝置，才能讓這台重達二．六噸的龐然大物，毫無震感地達到時速兩百四十公里。

● 對任何一台法拉利車款而言，技術服務於競爭。競爭是一場和平而永無止境的戰爭，不斷超越他人，超越自我。

如上所述，在奢侈品業，科技不只用於保持距離感，還可以用來維持夢想：讓科技世界存在想像和昇華的無限可能。狂熱的車迷會整夜談論勞斯萊斯最新六．七五公升的獨特V十二引擎。

⋃奢侈品汽車的神話構成要素

除了科技上的想像以外，還有什麼組成了奢侈品品牌的神話創意成分？

● 需要熱情而富有創造力的天才創造者，而非單純的工程師。保時捷博士和安佐．法拉利就如同早期高級訂製服的大師級領銜人物。

● 創意深受尊崇和讚賞：高科技和高感度。奢侈品透過具備神話色彩的車款來建構神話，例如法拉利的Daytona、Testarossa、Dino。每種車款在享譽盛名的同時，也為品牌的神話書寫故事。這些車款有自己的名稱，它們必須在這場競速神話中獨樹一幟。它們堪稱藝術品，華麗而稀有。一輛停靠街頭的藍寶堅尼Countach引起路人駐足圍觀，這種美並非只有美感而已，也兼顧了人性。正是這種理性掌控著我們的日常生活，包括金錢和時間壓力下的各項抉擇。顯而易見的是，這類汽車不像BMW那樣容易被人刻意塗鴉和刮花車身，它們從內而外散發著不可侵犯的神聖性。

- 奢侈品的難以獲取性孕育了品牌的神話。奢侈品的價格高於一般，拉開了它與一般產品甚至於頂級產品的差距。由此看來，奢侈品的價格並非超頂級產品的延續，而是在不同的層級上。它是衡量品質以外的面向，超出的金額代表客戶對品牌的熱情。
- 品牌神話是由所有者的財富標準所塑造的，除了財富標準，還包括他們的名譽、權力、熱情，以及為了熱情願意放棄一切的能力。勞斯萊斯在全球只鎖定八萬五千四百位目標客群，也就是超級富豪，每人平均擁有三千萬美元的資產。二〇〇七年，此市場區隔便有超過三萬輛汽車以十萬美元以上的價格成交。在全球，售價三十萬美元以上的車裡，每兩輛車中就有一輛勞斯萊斯。
- 勞斯萊斯和賓利因為作為皇室的御用車而聞名於世，但這也是這些品牌沒落的成因，因為皇室成員日益減少，或趨於年邁，與時代脫節，有的則是自封為皇室〔例如伊迪・阿敏・達達（Idi Amin Dada）[5]〕。勞斯萊斯從世界頂級車輛的寶座上沒落，技術落後，與賓利如出一轍的車型，奢華而過時。如今勞斯萊斯和賓利的附加價值只有皇室正統的光環。這是它們吸引新買家的籌碼，這些新買家包括運動明星、俄羅斯寡頭執政者等意圖透過榮譽和金錢，搖身一變成為貴族的人。這些客戶轉變了這些品牌的形象（即車主的集體形象），影響了銷量也有損品牌的魅力。為挽救品牌神話和浴火重生，BMW和福斯汽車這兩家以頂級技術聞名的德國集團透過收購，升級最新技術、加上全新設計、保留珍貴的手工藝等，量身打造各自的身分定位和英國工廠。
- 品牌神話依賴品牌歷史和真實性得以存在：有八成的勞斯萊斯車主會親自前往古德漢（Goodham）工廠訂製專屬的座車，在交車前先進行試駕。這也讓客戶對品牌的真實性、奧祕和歷史有深入了解。

- 品牌神話建立在賽車場的榮耀之上：利曼二十四小時耐力賽（Le Mans 24-hour race）彰顯了保時捷的耐久度，一級方程式賽車則讓法拉利聲名遠播。
- 品牌神話有賴英雄人物創造：詹姆斯．狄恩二十四歲時在加州公路上駕駛保時捷時車禍身亡。一級方程式賽事中，在每一圈賽道上，賽車手都是敢於冒險的英雄。倘若沒有詹姆斯．龐德和〇〇七系列電影，奧斯頓．馬丁將何去何從？
- 品牌神話需要能夠創造傳奇的故事，無論是真是假，傳聞或是事實：傳說打開勞斯萊斯的引擎蓋是個禁忌，也有人說即使勞斯萊斯的四個輪胎都爆胎了，它的標誌仍會昂然挺立。
- 品牌神話傳遞神祕感：神祕版的勞斯萊斯有哪些名稱？Phantom（幻影）和Silver Shadow（銀影），這些通常也代表著車主的神祕感。

奢侈品和國家身分的表達

生活似乎充滿了選擇，我們必須從一系列的選項中進行選擇。我們要選擇傳統，還是現代？要注重物品的實用性，還是接受為藝術而藝術，並將設計、感官和美學作為選擇的標準？奢侈品的本質就在為人們避免這些選擇，因為它超越了這些局限，並為人們提供了一個稀有的綜合體。當然，這個代價非常昂貴。

5 一九七〇年代烏干達的前軍事獨裁者，因為喜歡蘇格蘭的事物，自封為「蘇格蘭王」。

實際上，奢侈品汽車之前的發展顯示了奢侈品會因為時間而更顯珍貴的特性，它們本身就認為自己是永恆的。頂級和超頂級汽車過一段時間便會被新技術超越，價值也會隨著易手次數的增加而貶值。相反地，二手奢侈品汽車的價格卻在拍賣會上屢創新高。這些舊車型使用的當然都是過時的技術，但卻能激發人們更多的夢想：一輛一九七一年的法拉利Daytona Spider價值一百三十九萬五千美元。它的稀有性和所代表的傳奇讓它值得這個價格：奢侈品喜歡少量生產，重視傳統價值，並在這個基礎上融合了當代的科技和品味，以及創造者當下的靈感。

我們可以用兩軸來描繪整個汽車業（見圖2-2）：縱軸從下到上代表汽車從純功能性到具有高度美感；橫軸從左到右代表汽車從非常傳統到極具創新和現代性。

這兩軸也讓人們注意到品牌附加價值中有形／無形的方面（縱軸）以及時間軸（橫軸從

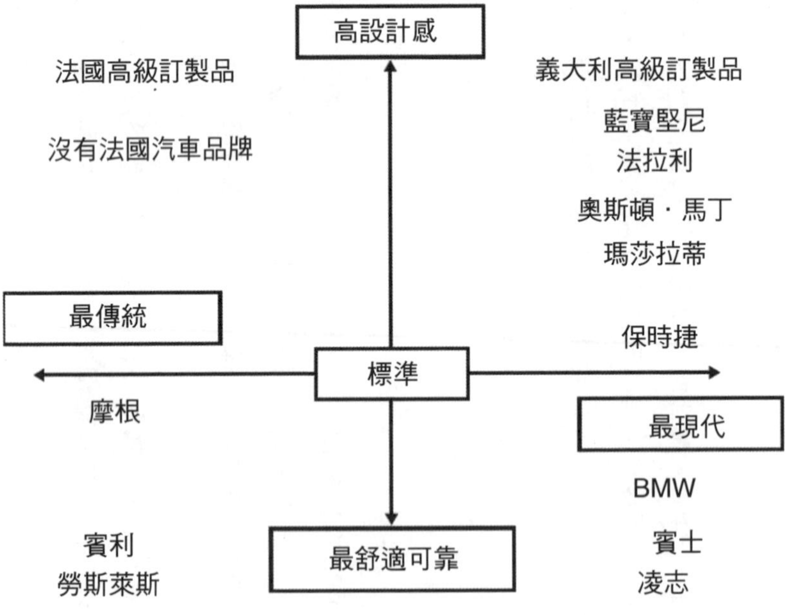

高設計感

法國高級訂製品

沒有法國汽車品牌

義大利高級訂製品

藍寶堅尼

法拉利

奧斯頓・馬丁

瑪莎拉蒂

最傳統

保時捷

標準

摩根

最現代

BMW

賓利

勞斯萊斯

最舒適可靠

賓士

凌志

圖 2-2　國家身分與奢侈品汽車

左到右也代表了時間的推進）。中間是原點，代表最普通、沒有任何特點、只作為移動工具的汽車。這樣的汽車價格也最低，例如定價在五千美元的雷諾Logan汽車，以及塔塔汽車公司專為新興市場製造的Nano汽車，定價只要兩千五百美元。

在這個全球化的時代，奢侈品品牌之所以神聖，其中一個強大的原因就是它們足以代表各個國家的特質，並能夠將國家的特質發揮到極致。即使賓利和勞斯萊斯（以及迷你汽車）迫於技術需求以及破產的壓力，都被收購轉入德國公司旗下，但這些品牌依舊保有英國的身分、歷史、輝煌歷史和獨特價值。即使利用了先進的現代科技，一輛BMW製造的勞斯萊斯也要尊重這條原則：一輛勞斯萊斯必須像一輛陸上快艇一樣。它必須在細節中彰顯傳統，而正是這些細節，讓它處處皆是珍品，稀有且獨特（例如高檔木料或持久的芳香），同時也提供愛好自行開車的車主（而非由司機接送）純然愉悅的駕駛體驗。

無論是珠寶或汽車，義大利的奢侈品品牌都將國家的特質發揮到極致：美的技藝、拉丁式的感性和不斷創新、不斷給人驚喜的創造力。藍寶堅尼是科技的藝術作品，它們的美能讓人停止呼吸，就像車身的流線外型能劃破空氣一樣。因此，它們並非單純的機械產品，更是一種藝術作品。每輛新車款都保持了義大利品牌的神祕特質：一方面，是情緒、敏銳的感知和純粹的感官體驗（車輪的設計能給人強烈的感官體驗），另一方面，是創意和源源不斷的創造力。

圖2-2的右下角代表的是汽車舒適度不斷進步的極致，它本身也代表了舒適內涵的變化（只有這樣，屬於這個區域的汽車才能和勞斯萊斯有所分別）：人們盡一切力量來提高駕駛、移動和運輸的方便性，增強靈活性。汽車與它們使用的技術，是人們的欲望與感官反射的延伸。引擎卓越的動力提供了可靠性、耐用性、主動和被動的安全保障、靈活的反應和足以滿足需求的速度。電子設備具有預

警危險、協助和推動的作用，並且不發出噪音。安靜便是這類車特有的旋律，相反地，在一輛法拉利裡，噪音將會大得讓你聽不到自己說話。在這類汽車中，你可以看到德國人所有的優點：一切都在超凡的掌控之中，發揮著功能，沒有一處是多餘的。有人會說，這種汽車缺少奢侈品所必須具備的感性因素，缺了感性就不能算是奢侈品，那麼「德國奢侈品」就是一種矛盾的說法了。德國在自己創造並主導的頂級產品領域中遙遙領先，在這個領域中，還有日本是它們的對手。

你會注意到，圖2-2左上角的區域內沒有任何汽車品牌，因為這個領域屬於法國的奢侈品概念，它是法國奢侈品聯合會旗下一系列的品牌所傳達的概念。這類奢侈品代表了由傳統和手工藝衍生出的生產觀念，因而被人尊崇。它們為自己的過去而驕傲，卻脫離現代大眾。

法國汽車在這個領域中未占據任何位置。法國大革命之後，平等主義思想出現在法國文化中，雷諾公司走向了國際化，「法國製造」的汽車品牌都銷聲匿跡，如德拉奇（Delage）、布加迪等法國奢侈品汽車品牌也退出了歷史舞台。相反地，法國奢侈品在時尚（服裝配件或餐桌用品）領域卻在世界上獨占鰲頭，航太技術也得到了國際的廣泛認可。由此可見，奢侈品是個複雜的課題。

超越產品本身：展示服務和特權

一七八九年八月四日的夜晚，法國透過革命的方式廢除了貴族與生俱來的特權，今日的民主社會即誕生於此。然而，雖然人們對特權的渴望並未消失，奢侈品汽車行業卻遲遲未意識到這一點。這次，是凌志這個超頂級汽車品牌改變了市場規則。在凌志純粹地表達日本的謙恭、對細節的注重以及對客戶關心的同時，凌志在美國進行了大膽的革新：將經銷店改造成了名流們真正的聚會場所，有別於普通的經銷店，反而更像鄉村俱樂部。凌志在羅德島州紐波特的經銷店和麗思卡爾頓酒店（Ritz-Carlton）有許多的相似之處，皆花了高達七千萬美元建造而成。在凌志的顧客吸引無數目光的同時，它的名聲也在比佛利山莊、聖塔芭芭拉以及洛杉磯等地口耳相傳：

- 當顧客需要定期車檢，在預約之後，便有專門人員上門取車。
- 若汽車故障送修，公司會為顧客提供備用車。
- 顧客可以透過手機和技師保持一對一的聯繫，享受個性化的服務。

在BMW和賓士的經銷店中，從未聽過上述這些措施、細節、考量和關心。

然而，凌志為客戶創造的優越感遠不及他們在經銷商所體驗的這些。在美國民眾熱愛並開車前往的運動盛會（例如美國網球公開賽、世界盃棒球賽等）現場，都有專門為凌志客戶提供的停車場。同樣地，經過兩年對加州奢侈品市場的觀察，豐田的研究人員注意到旅館外的停車場停放的順序：停在最前面的一定是那些不同凡響、代表奢侈品的奢侈品汽車（例如藍寶堅尼、法拉利、勞斯萊斯和賓利等）。值得說明的是，凌志的車主也都享有較高的地位，這不僅能給車主帶來無上的優越感，同時也證明他們選擇的車輛極致尊榮，因為那些只為奢侈品車車主泊車的小弟現在也幫他們停車。

最後，讓我們來談談傳統行銷在客戶關係管理（CRM）中代表的意義。在傳統行銷中，客戶關係管理通常和客戶資料庫、精確的行為區隔、目標行銷、客製化的關係建立活動以及客戶雜誌這些方面相關。

在奢侈品領域，我們要談的卻是社群認同管理（community recognition management）：要認同品牌信眾的社群，並給予他們特權。所以三萬八千位的法拉利車主就構成了一個社群，法拉利尊重且關心著他們。公司鼓勵他們將愛車送到總部馬拉尼羅（Maranello）進行徹底的檢修。這對車主來說，可能也是接近他們信仰核心的絕好機會。在勞斯萊斯，專門的博物館會在七月和八月的兩場特殊節日中對外開放，每年吸引二十萬的車主前去參觀。

凌志公司則會在各地舉辦專屬的活動，活動與車主的品味和生活方式相關，和汽車無關。公司也會為車主預留劇場的貴賓席，藉此培養品牌的文化多元性。

崇拜物件的魔力：授權和奢侈品店面

奢侈品能讓人產生一種宗教式的崇拜和情感，作為一種神聖的物品，傳播著它的價值和吸引力。在這個方面，奢侈品透過授權便可達到這個境界，讓奢侈品能夠存活而不至於流落街頭。哈雷機車（Harley Davidson）的配件（安全帽、服裝、各種配件等）的銷售額占總獲利的三分之一。保時捷設計的授權也繼續著類似的神話。法拉利也在它獨特風格化的（也就是紅色的）賽車服裝、鋼筆、手錶〔由沛納海（Panerai）創立〕等產品中開始了授權的經銷專案，這些產品都讓奢侈品品牌足以成立獨家奢侈品專賣店，例如法拉利授權台灣的宏碁生產電腦，在阿布達比成立一座法拉利主題公園。

法拉利的商業模式已經非常接近法國高級訂製服的商業模式。處於這個金字塔頂端的便是法拉利的一級方程式車隊，致力於創造品牌聲望，並引起大眾的崇拜。一級方程式賽車非常接近中世紀的騎士，暗地裡為了博得女性貴族的喜愛而進行的搏鬥（在今日的一級方程賽車中，仍然有很多世界超模的身影）。在每場比賽中，車手們皆盡力捍衛車隊品牌的名譽，這讓人們產生了擁有一輛來源於一級方程式賽車汽車的欲望。

典型的法拉利車主會擁有不只一輛法拉利，他們會在發布最新車款後的最短時間內訂貨。但是，法拉利的收入主要依靠全世界的奢侈品店中所銷售的隊服和配件。配件和汽車有著緊密的聯繫：皮帶與法拉利車的車內座位使用的皮革屬於同款材質和顏色，而廢棄的賽車引擎又被作為現代文化產品而出售。法拉利以奢侈品店為基礎打造的多樣化零售策略，讓每個人都可以對它進行膜拜。

第3章 奢侈品的反傳統行銷法則

在前兩章中大致介紹了奢侈品的人類學、社會學和歷史根源，並且可以看出，傳統的行銷方式並不適合直接應用於奢侈品業。本書探討的目的，是想要說明奢侈品是一種社會動態。另外，還要釐清在管理奢侈品品牌時，必須捨棄那些適用於一般品牌、頂級品牌甚至消費升級上，卻不適合奢侈品的行銷法則。

「消費升級」意指說服客戶選擇更高等級的商品或在頂級市場裡消費。事實上，這個概念經常用在人們為了使用更好、更貴的東西時，而尋找各種理由犒賞自己：一般的行銷方法在這種情況下非常有效。消費升級與奢侈品有著很大的區別，因為它不具備奢侈品的社會特性，它的功能並不是創造社會階層，而是為了增加利潤。

傳統的行銷技巧不僅不適用於奢侈品，反而會對它產生危害。實際上，傳統行銷手段能夠發生作用的領域，只有在奢侈品金字塔中的最底層，底層本身不賣奢侈品，而是賣奢侈品品牌衍生的產品。有些傳統品牌只能依賴品牌授權、銷售配件和香水才能存活，傳統行銷手段同樣適用。

在這一章中，我們將會介紹二十四條專屬於奢侈品業的管理法則，我們稱為「反傳統行銷法則」。它們與普遍適用於一般品牌甚至頂級品牌的行銷法則大相逕庭，但卻正確有效，是世界獲利最高的奢侈品企業所供奉並遵循的法則。

一、拋去「定位」，奢侈品不能比較

在客戶行銷中，你會發現每一個品牌策略的核心問題都在於品牌的定位、獨特的賣點（USP）和獨特且有力的競爭優勢（UCCA）等。每一個經典品牌都要確定自己的定位，並透過產品、服務、價格、配銷、溝通等管道向客戶傳達這種資訊。當某個品牌選定其他品牌為吸收新生意和新客戶的目標時，定位就是這個品牌的優異之處。在美國，可口可樂曾一度陷入與百事可樂的大戰。那時可口可樂的形象是「貨真價實的飲料」（這是它最顯著的特點），而一九三〇年代進入市場的百事可樂則將自己宣傳為年輕人的飲料（「新一代的選擇」），成功地將可口可樂定位成老人家的飲料。由此看出，經典品牌總是努力根據市場環境、主要競爭對手以及目標客群的需求，尋找關鍵的事實來定義自己。

奢侈品不需要這種行銷方式。對奢侈品來說，自身的獨特性最重要，不需要和競爭者比較。它表達的是品味、創意以及設計師內在的熱情。奢侈品直接宣稱「我就是我」，而非「我要看情況而定」，所謂的定位就是「看情況而定」。成就法國品牌克利斯瓊•拉夸（Christian Lacroix）的是它耀眼陽光般的形象、洋溢著地中海風情豔麗生動的色彩，而絕非它與其他設計師比較下的自我定位。「永遠不要與他人比較」是奢侈品的座右銘。

一個品牌的身分賦予了品牌強烈的獨特性、永恆性和必要的真實感，這份真實感加強了人們對品牌歷久不衰的印象。香奈兒擁有的是身分而非定位，而身分是不可分割、無法商議的——它就是它本身的那樣。

奢侈品是「最高級」而不是「比較級」。比起總是在與競爭者的比較中尋找自己的位置，它更喜歡忠於自己的身分。奢侈品擔心的是被複製，量產的品牌則害怕沒有特點和被忽略。在第六章，我會進一步介紹定義奢侈品品牌身分的模型。

二、產品擁有足夠的缺陷嗎？

這是個具有挑釁意味的問句。對於大多數人來說，奢侈品是最優質的手工藝產品。在一項針對全世界客戶如何看待奢侈品的問卷調查顯示，人們一致認為「產品的優質性」是奢侈品的先決條件。在我們的想像中，有兩個軸，分別代表了產品的價格和品質，最右側的頂端就是奢侈品的位置。然而，這樣的觀念卻與事實相去十萬八千里。

超頂級品牌的目標是為客戶提供完美的商品，是努力不懈地追求完美。但要成為奢侈品，它還必須加上一點瘋狂的因素。從功能面來說，精工錶（Seiko）比大多數的奢侈品手錶優良，因為它是石英錶，並且在電子錶面上顯示時間的方式能讓時間更加準確。但如果你要購買奢侈品手錶，會被告知每年會慢兩分鐘的情形。這個缺陷不但為人所知，也被眾人認可，這大概就是奢侈品的魅力和真實性的表現，因為這是由它獨特的運作方式所造成的。奢侈品手錶的工藝師們在追求為藝術而藝術的過程中，喜歡在製作中加入複雜的工藝，這正是那「瘋狂的因素」對完美的超越，也正是這一點，讓人們爭相收藏。

愛馬仕手錶的錶面只用十二、三、六、九這四個數字表示時間，如此一來你必須靠猜測來知道確切的時間，彷彿準確地知道時間是一件多麼微不足道、索然無味、不符合人性的事情一樣。這些名錶當然不能躋身於現代的精確計時手錶之列，因為奢侈品本來就無意在功能性和實用性上領先，它們主要是為了享樂和具有代表性的。它們的「缺陷」正是某種情感的來源。

在奢侈品的世界裡，設計與產品都必須具備與眾不同的特點或個性。在汽車領域，法拉利在駕駛的簡便性、流暢性和低噪音方面絕不能稱得上完美；而這也正是人們對它夢寐以求的原因，它的每一輛車都能讓車主接受它的缺陷。

當然，雖然奢侈品並非是一個完美無瑕的產品，這不代表它的反面說法就會成立：普通的產品加上一些缺陷，它仍然不會是奢侈品。

三、不要迎合客戶

BMW是世界上聲譽最好的汽車品牌之一。這個品牌持續地發展精進，成功地創造了一種群眾崇拜，培養了一群忠實的支持者。根據美國奢侈品協會的說法，BMW公司是「世界上最受推崇的汽車公司」之一。BMW成功的祕訣究竟為何？

- 明確的品牌身分，並且一直遵循它自一九六二年起一直沿用至今、從未更改並被翻譯成多國語言的標語：「純粹的駕駛樂趣」。
- 擁有穩定的家族股權。從一九五九年起，BMW一直為匡達家族（Quandt）家族所擁有。它的成員相信，讓產品有足夠的時間去研發會得到更好的效果。為了增加品牌價值，寧願在短期內失去少量的客戶。

● 濃厚的德國企業文化，這個特色尤其展現在機械設計和產品上。另外，由於它的前身是製造航空引擎的佼佼者，BMW對這個背景引以為榮。

對那些懂得欣賞的車迷們，BMW向他們銷售的是獨一無二的駕駛樂趣，BMW從沒有生產過開起來很無趣的車。BMW成為永恆和卓越的象徵標誌，一九九〇年代更是雅痞或事業有成的高階主管拿來炫耀自己成就的標準配備。很少人知道，BMW寧可忠於自我，也不願意遵循那些不符合公司遠景的客戶要求。當然，這不代表奢侈品品牌不在乎客戶的想法，或是不聆聽客戶的意見，奢侈品只是不做那些會損害品牌身分的行為。以下這個例子完整說明這種情況：BMW的大五系列每回推出新車款，客戶都會抱怨後座乘客伸腿的空間不足，認為這樣頑固的設計不合情理。BMW則認為自家車款設計時車內比例和空氣動力都經過精密的計算，不能因為客戶的要求隨意變動，否則會破壞當初的設計。有些人可能還記得，積架E系列車款在加裝兩個全尺寸的後座座位空間後，變得毫無美感。

BMW的案例完美地詮釋了上述這個不迎合客戶的原則。只有遵循這個原則，一個奢侈品品牌才能在它所有的產品系列中維持一貫的風格，並進一步保證它的真實性、吸引力、神祕感和吸引人的魅力。在傳統行銷中，客戶才是上帝。寶齡公司的整體身分不是建立在某一個人，或者某一類產品上，而是建立在一套把客戶的願望放在企業核心的方法論上：寶齡傾聽客戶的心聲或了解他們想要表達的願望，之後將這些願望轉化為全球或區域性的產品，之後透過大眾配銷通路販售到客戶手中。相反的是，奢侈品品牌是由設計者的大腦思考創造出來，背後還有一個長期遠景的推動。無論是對客戶完全置之不理，還是過於迎合客戶，都會導致企業破產。

這種客戶關係是後現代奢侈品的典型，它的歷史可以追溯到十九世紀。原來，奢侈品是非常有才能的工藝師在接到客戶或贊助人的委託之後，使用非常珍貴罕見的材料製作而成的。他們的名聲在當時很響亮，但無法長遠流傳。這就是當時的城堡和私人豪宅興建和裝潢的方式。在法國，到了十八世紀末期，有人想出了在作品被賣出之前把它們保留成模型的點子，自此，工藝師們便不再接受私人的委託。工藝師與上帝般的客戶之間的關係便發生了翻天覆地的變化：他們不再畢恭畢敬地去拜訪客戶；相反地，客戶會前往他們的工作室，參觀最新的樣品和創作。工藝師默默無名的時代結束了，取而代之的是富有創造力的設計師與他們的追隨者。至於設計師的聲譽，就更不必說了。

四、遠離缺乏熱情的客戶

傳統的行銷方式熱衷於從其他品牌那裡爭奪客戶，業績成長是管理者衡量行銷成功與否以及經理人績效的主要標準。這促使公司不斷推出能夠加強市場滲透度，並搶占市場先機的新產品。為了提升品牌的關聯性，也就是品牌所吸引的客戶數量，就不能使品牌過於特別或極端。

對於奢侈品而言，提升品牌的關聯性就等於稀釋它的價值，因為這不僅會讓品牌失去獨特之處，還會侵蝕品牌為菁英、想法獨到的領導者實現夢想的潛能。ＢＭＷ就是典型的例子，能夠在業績成長的同時保留自己獨特的特質。它的德國管理團隊經過計算，得出結論：ＢＭＷ的目標客戶只占了總人口中頂級客戶群的二〇％。這意味著另外八成的頂級客戶對ＢＭＷ的特質毫不關心。ＢＭＷ寧願捨棄這八成的客戶，從這些真心欣賞其價值的目標客群中追求成長。品牌的成長是倚賴打入新的國家市場、而非擴大客戶群體來實現的。為了達到相同的目的，ＢＭＷ還收購了另外兩個像它一樣有著明確客戶群體的品牌——迷你和勞斯萊斯，並致力維持勞斯萊斯的身分，和ＢＭＷ區分開來。

五、不要回應增加的需求

傳統行銷的主要目標是銷量的成長，它追求市場占有率第一，以便擴大在大眾經銷商、百貨公司及量販超市的影響力，並且在商品鏈中成為不可忽視的力量。只有這樣做才能保證產品能夠大規模配銷、提高能見度，並且有能力進行全國範圍的電視廣告宣傳。只要銷售量夠大，即使產品利潤很低，公司仍然可以因此獲利，這就是大眾行銷模型的本質。

所以，公司只用一個標準衡量產品經理的績效好壞與否：年成長率。在費列羅公司（Ferrero，旗下有健達巧克力、能多益抹醬（Nutella）、的答糖（Tic Tac）等品牌），這個數字不能低於兩位數以下。每位產品經理的工作就是提高市占率和提升每人的購買量（購買頻率），無論他們負責的是健達出奇蛋還是健達繽紛樂。如果需求提高了，公司就會擴大供應，這就是這類經濟模型的關鍵。如果沒有足夠的產品供應來滿足需求，經銷商便會不滿，因為客戶不願意等候，並且會因此對公司產生成見。他們會在餐桌上向人述說自己購買這個品牌時的不愉快經歷以發洩不滿。要買東西還要等，這是什麼狀況！絕對是管理不當的問題！

但是在法拉利公司，每年的生產數量被刻意保持在六千輛以下，它的稀有性讓銷售顯得更有價值，只要客戶明白該產品稀有的原因，並且做好了等待的準備。產品的稀有性可以像客戶關係一樣被管理，所以在這種情況下，它就不再是失敗的銷售預估，而是一種為了控制需求而有意抵制需求的專門策略。「當一種產品賣得太好時，我們就會停止生產它」，愛馬仕的CEO這樣說過。

這條法則對全球最成功的奢侈品品牌（例如LV和勞力士）來說，都是個巨大的挑戰，並且跟「管理奢侈品夢想的平衡」（圖6-4）相關聯。這是奢侈品在社會等級劃分中扮演的角色所導致的結果，這一點將會在第十一章中討論：知道並渴望得到一個品牌奢侈品的人數，必須大大地超過購買者的數量。

如果你暫時只是一個地方性的奢侈品品牌，走向國際化之後，可以在提高銷售量的同時避免市場滲透對品牌造成「夢想價值」的損害。對於歐洲的奢侈品品牌，美國和亞洲（先是日本，之後是韓國和台灣，現在又出現了中國大陸）市場為它們創造了銷售量成長的機會，但並未降低它們蘊涵的夢想價值。

但當你已經成長為一個國際品牌，便會到達一個瓶頸。這時，你可以堅持自己的奢侈品路線，停止提高銷售量，轉而透過提高產品的平均價格來增加銷售額（參考反傳統行銷法則十四），或是放棄奢侈品路線，改走頂級品牌或時尚品牌路線。這將會是第十四章所要探討的主題。

六、主導客戶

奢侈品是菁英制度的結果。它在過去專屬於貴族，今天則為我們所謂的「無階級社會」分出等級，但是不再簡單地依據人的出身，而是依據人的身價。所以每個人都在尋求提升自我身分的方法，此時奢侈品便成了一種榮耀和逐漸向上攀升的象徵。要想保持這種地位，品牌就必須能夠一直主導它的客戶。

這不是說品牌不尊重客戶：父母同樣也能主導孩子，但是這不意味著父母不尊重孩子。從另一個角度來說，如果父母完全平等地對待孩子，就像對待「老朋友」一樣，那麼父母在孩子眼中就失去了光環，這對下一代的教育是非常不利的。父母與孩子之間的關係，和奢侈品品牌與客戶之間的關係是非常相似的。結果是品牌與客戶保持一定的距離，既不傲慢也不疏離，同時還能保持一種神祕的氣質。

奢侈品處於文化和品味的主導地位。即使有些富裕的買主並不懂奢侈品，但他們透過無限購買某個奢侈品品牌，推斷出這樣的產品才能算得上奢侈品。奢侈品品牌必須足以擔當建議者、教育者和社會引導者的角色。從這方面來看，它也必須具有主導的力量。

七、不要讓客戶輕易購得

奢侈品是一種努力才能獲得的物品。得到的阻力越大（無論是有形的還是無形的阻力），想要得到的欲望就越強。大家都知道，奢侈品本身就伴隨著時間的消耗：人們得花時間尋找、等待、盼望……這些都在傳統的行銷理念之外，因為傳統的行銷就是要盡可能讓客戶更容易買到產品。它可以利用大眾配銷系統、自營店、自助購物系統、網路、電話中心和發放宣傳品等方式讓客戶迅速取得產品。奢侈品則必須了解如何在人們望眼欲穿的欲望之外，設立必要的障礙，並保持這些障礙。人們在克服重重障礙之後，最終的確能享受到奢侈品帶給他們的樂趣，而這些障礙，一定包括經濟方面的障礙，但更多的是文化的障礙（要懂得如何欣賞、穿戴、使用奢侈品）、操作的障礙（如何找到奢侈品店）和時間的障礙（例如要等兩年的時間才能得到一輛法拉利或一串御木本（Mikimoto）的珍珠項鍊）。

奢侈品必須擅長於稀有性的分配，而且不能出現真正的供貨短缺。這是很自然的：就像供貨短缺會影響成長一樣，缺乏稀有性同樣會導致人們欲望消失，當人們想得到一件奢侈品時，就不再需要等待了。等待時間對於奢侈品來說是必須的，為了阻止客戶快速購物，就必須讓客戶等待，就像對於那些難以得到的珍品都要耗費時間一樣，時間因素是奢侈品中重要的一環。這個反傳統行銷法則也暗示了奢侈品品牌在利用網路的時候要小心謹慎（見第十章），因為網路能夠解決一切不便的因素。

八、隔離客戶與非客戶，大客戶和小客戶

現代的奢侈品遵循「開—關」的原則。如果過於開放，會有損品牌的社交功能，勞夫·羅倫（Ralph Lauren）銷售POLO衫的成功，對於吸引歐洲專業人士卻造成傷害。穿POLO衫本來能讓他們看起來與穿頂級鱷魚品牌的衣服不同，勞夫·羅倫就是由鱷魚品牌得到靈感，並在美國創立自己的時尚王國。另一方面，如果過於保守，就會限制品牌的發展，並會導致經濟上的困難。

在實際的操作上，這意味著品牌必須扮演隔離主義者的角色，並且放棄所有的民主原則。例如，在店內進行一些必要的隔離措施：一樓和二樓分別為不同的客群服務。亞曼尼的許多副品牌就採用了分開的銷售管道，雖然廣告和促銷是為整個品牌規劃，但公關部分是仔細挑選目標客群，就像CRM是針對特權階級一樣（私下邀請貴賓與設計師、品牌的香水設計師、首席美酒採購家會面）。

現在，航空公司也致力確保頭等艙的旅客不用與其他艙的旅客碰面，無論是商務艙旅客還是經濟艙旅客。這不僅僅是在飛機上的一小段時間，還包括了從他們走出辦公室到達目的地的辦公室之間的整個過程，就像乘坐私人飛機一樣。要辨別一個俱樂部是否頂尖優越，就要看它的員工在防止新會員接觸老會員的方面做得有多成功了。

九、廣告的目的不是為了銷售

豪雅錶（Tag Heuer）的廣告看起來如何？廣告的一邊是一個男模或女模的照片，另一邊是手錶的照片。上面沒有評論，沒有關於手錶的介紹，也沒有宣傳文字，只有一句神祕的話：「什麼造就了你？」

ＢＭＷ美國分公司的行銷總監在接受採訪，被問及他所扮演的角色時回答，隨著客戶消費的升級，年輕駕駛者購車的動力十足，ＢＭＷ當年度銷售目標已經自動達到九成。這難道意味著他接下來就無事可做了嗎？他的回答簡潔、直接、深具啟發性：「我的工作是讓美國十八歲以上的年輕人都下定決心，日後一有錢就要買一輛ＢＭＷ。我要保證他們晚上入睡之後也夢想得到它。」

在傳統行銷中，這種論調再陌生不過，因為傳統行銷首先要做的事是找出獨特的賣點。每次打完廣告之後，人們都會從銷售數字觀察廣告是否發揮效用。在奢侈品行銷中，夢想總是排在第一位，奢侈品銷售人員的解說只是事後的合理化。如果你走入豪雅錶店內，他們會給你一本像書一樣厚的產品手冊，上面詳細介紹了關於品牌的一切：從它的起源、精細的製作工序到一些獨特的設計等，之後再逐一介紹各種款式。

如果你去保時捷的經銷商，那裡的員工會和你談論跑道、抓地性，還有成就賽車英雄傳奇的一切，之後他們會以事後合理化的方式告訴你保時捷汽車的可靠性。即使奢侈品真正的賣點不在品質，而在於它所代表的夢想，但美國社會還是需要舉出可以公開展示的奢侈品特質，來證明它高貴的價格是合理的。印象派畫作的買主還可以說他做了一個很好的投資呢。

當然，廣告不是ＢＭＷ夢想的源頭，而是助力。廣告幫忙維持神話、神祕感、魔力、競賽、高度人性化卻又私密的表演、置入性行銷、藝術，我們從前面已經可以看到，這些都是奢侈品品牌中極為重要的元素。

二〇〇四年，BMW邀請幾位好萊塢知名導演，每人製作一部關於BMW的電影，這些電影不是在電視頻道播放的廣告，而是真正的微電影，並且給予這些導演完全的發揮空間。這些電影後來只在網路上播出，一上映就引起轟動。這些所謂的病毒式傳播電影，迎合了每個熱愛和憧憬BMW，以及對BMW感興趣者的心聲。這一切讓BMW更熱門，並且賦予品牌全新、充滿現代感的形象。即使是最經典的品牌也需要這種形象。

夢想必須持續地製造和維持，因為現實會讓夢想失色。現實中的人們每買一次奢侈品，便摧毀一點點它建築起來的夢，因為這讓它走下神聖的位置，變得更容易接近，並且隨著它公開展示，就變得更加庸俗。在日用品行銷上正好相反：市場的領先者、市占率最高和最為人知的商品享有優勢，因為購買這樣的商品會讓人更加放心。

十、和非目標客群溝通

奢侈品有兩個價值面：個人奢侈品和他人奢侈品。要想維持第二個價值面，就必須保證熟悉特定品牌的人，要比真正買得起的人多出許多。在傳統行銷中，關鍵字是效率，但比效率更重要的還有投資報酬率。例如在廣告活動中，廣告必須完全集中在目標客戶群上，花在目標群眾之外的任何一分錢都是浪費。

對於奢侈品而言，如果看到他人使用的奢侈品而不能辨別出品牌，品牌便失去部分價值。在目標客戶群之外提高品牌的知名度是至關重要的，但是還得用積極的方式，也就是說，奢侈品光有知名度還不夠，還要有聲譽。

要達到這樣的效果，最好的方式之一就是請名人在重要盛大的場合中使用你的產品，就像奧斯頓・馬丁在〇〇七系列電影中的亮相一樣：當然，觀看這部電影的人裡幾乎沒人能夠買得起這輛車，但是這樣一來，他們會認識這部車，並且羨慕擁有它的人。這個策略與「反傳統行銷法則十六」的出發點是一樣的。現在，傳統行銷中使用的「置入性廣告」就是複製這種策略，但兩者有很大的區別：一般品牌需要付費，奢侈品品牌卻不用，反而還需要授權，想要在電影或戲劇裡使用LV的手提包或行李箱，還需要經過品牌的同意才行。

十一、推測價格永遠高於實際售價

有個事實說明了一切：通常，在奢侈品的廣告上只展示商品，沒有商品介紹，當然也不顯示價格。在奢侈品的世界裡，人們從來不談論價格。試想，當你在頂級餐廳裡用餐時，你會根據價格來點菜嗎？再說，這類餐廳的菜單上根本就不會標明價格。

一般來說，奢侈品的推測價格總高於實際價格，在傳統行銷中則恰好相反。雷諾汽車在推出Logan車款時，最初定價五千歐元，但是全套的設施加起來卻高達七千五百歐元。每個商家都試著用較低的價格（入門價）來吸引客戶，接著努力說服客戶消費升級。例如，易捷航空（EasyJet）推出的從倫敦盧頓機場到巴黎的往返機票是七十英鎊左右，但這個價格的票很快就銷售一空。

在奢侈品界，商品的推測價格高於實際價格時就能夠創造價值。原因如下：

- 某個人配戴著卡地亞Pasha的手錶，週遭的人或多或少都知道它的價位，但一般會因為它散發的奢侈品氣息而高估價格，這能讓擁有它的人更有面子。
- 當奢侈品被當作禮物送人時，由於價格被人高估，接受者會更加感激這個舉動。
- 廣告中的標價往往是最高的。

十二、奢侈品需要定價，卻不能根據價格定義奢侈品

金錢不是劃分物件類別或等級的好方法，除非它帶有文化符碼。

這個反傳統行銷法則意味著，奢侈品是屬於「供應導向」，這就是傳統行銷在奢侈品領域行不通的原因，因為傳統行銷完全是「需求導向」。在奢侈品界，是先創造出產品，再觀察要以哪種價格出售；客戶越把它看做奢侈品，它能賣的價格就越高。這和傳統產品行銷或消費升級的情況剛好相反，傳統行銷人員還需要考慮哪個價位還有推出新產品的空間。

奢侈品的銷售過程能帶來一個重要的結果，銷售人員會幫助人們理解和分享物件內在的傳奇、精神和投入其中的精力，這一切都可以說明其價格的合理性。買不買，都由客戶自己決定（見第九章「奢侈品的定價策略」）。

十三、隨時間調高價格以提高需求

在標準的市場模型裡，當商品價格下降，需求就會上升。但在奢侈品界，價格和需求的關係正好

相反。

一九五〇年代，庫克是規模最小的香檳酒莊之一，它所生產的香檳極負盛名，為當時的大藝術家和演員所愛，在英國尤其受歡迎。一九五〇年代末期，當酩悅香檳（Moët & Chandon）的領導者發現庫克香檳由於過於珍貴而必須限量供應時，便推出一款新產品Dom Pèrignon香檳，試圖要改變現狀。Dom Pèrignon香檳的定價比庫克香檳高出了三倍，為了加快這款新香檳的接受度，部分的產量被送到了英國女皇那裡。一九六一年，在第一部〇〇七系列電影中，詹姆斯．龐德就只喝Dom Pèrignon。

庫克將如何應對挑戰，奪回它在香檳金字塔頂端的地位呢？

- 什麼都不做，相信自家的產品自然會表現出優越品質嗎？
- 還是模仿Dom Pèrignon，然後改進產品且做得更好（就像凌志的策略一樣）？這似乎不是這個由同一家族的五代人、經營了一百六十年、有著明確的使命感的酒莊所應該採取的策略。

庫克絕妙的反擊（有人可能會稱為庫克的冒險策略）並不是生產一款品質上乘、價格不菲的香檳，而是從價格最低的產品開始，大幅地提高現有產品的價格。在十年內，從價格最低的十九美元提高到一百美元。同時，它決定從葡萄園的某個角落釀造一款十分珍貴的葡萄酒，「Clos du Mesnil」便由此誕生。加上準備土地、採收葡萄和發酵的過程，「Clos du Mesnil」的製造要花費十年的時間。現在，一瓶「Clos du Mesnil」能賣到整整八百歐元。

庫克絕處逢生的案例是對下面這條反傳統行銷法則的精彩詮釋：對於奢侈品而言，價格只是技術層面的細節問題。一旦價格在傳統的「價格－需求」關係中成為重要的課題，產品就不再屬於奢侈品的範疇，即使產品還掛著奢侈品的品牌。我們身邊處處都有這樣的例子：奢侈品要靠提高價格在這個領域生存（當然，還要把這多餘的利潤重新投資在產品品質和廣告活動中）。

想要在奢侈品界生存，你必須高人一等，而不是做到「合理」，無論是價格上的合理，還是合乎一般人認為的常理。一個合理的價格肯定符合人們接受的常理，這樣的價格一定是透過比較而定的。請回想第一條反傳統行銷法則所提到的：奢侈品是「最高級」而不是「比較級」。要追求合理的標準，就是看物品的具體面，而否定無形的價值。

提高價格會讓你失去一些次要的客戶，但對於那些之前對產品沒興趣的客戶，產品會突然變得很有吸引力。

關於持續提高價格策略的最後一個重點，就是它能讓整家公司都充滿責任感。價格是改變人們心態的一個決定因素；實際上，我們的確能看到人們內心狀態的強大變化，因為這樣一來，每個人都會努力以自己的方式為客戶創造更多價值，所以一切都是靠價格而存在的。

十四、不斷提高系列產品的平均價格

在傳統行銷中，產品新上市時採用吸脂訂價法（skimming price）[6]，之後當有競爭產品出現時，才會降低價格。奢侈品剛好相反，奢侈品品牌必須一直保持和其他產品之間的距離、創造等級，就像菁英管理的化身一樣。

6這種策略常用於新產品上市之初，因為沒有競爭對手，業者可以任意抬高價格，以獲取最高利潤。

當品牌只能透過推出平民化的產品來增加銷售量和利潤時，它就不再屬於奢侈品的範圍。例如，賓士汽車已經改用新名稱「梅巴赫」（Maybach）來推出超高檔的車款時，這說明它已經計劃性地改變策略：從現在開始，賓士汽車將會轉型為一般頂級轎車的生產者，而奢侈品車款系列將歸入「梅巴赫」旗下。

這意味著，儘管為了一兩個新客戶而推出一些入門產品是必要的，然而經營一個奢侈品品牌意味著必須徹底轉變發展的眼光。它的成長不是靠取悅那些不夠富有的客戶，而是抓住全球經濟成長在各地創造出的成千上萬新富豪。這些富豪們正在尋求一種方式來獎勵自己（透過奢侈品），和一種象徵（奢侈品品牌本身）讓自己躋身「富豪圈」。他們還要確認這些都是私密的團體組織，因為他們不想和錯誤的人混在一起。這就是為什麼奢侈品的平均價格要不停調漲的原因，當然，同時也要提升產品和服務自身的價值。

十五、不要推銷

這根本不是自大。奢侈品的行銷策略跟以量取勝的銷售策略本來就是背道而馳的。

如果你採用持續提高價格的策略，就像庫克所做的那樣，你就要承擔銷售額下降和失去客戶的風險。大多數品牌都不敢做這樣的嘗試，而會盡力爭取客戶；這時我們所談論的就不是奢侈品，而是大眾消費品，大家都知道，它的利潤會非常豐厚。

庫克確實失去了一些業務和進口商。在整個過程中，如果不是得到了人頭馬君度集團（Rémy Cointreau）的支援，提高價格的策略恐怕早在第一個大客戶離開的時候就要宣告終止。在奢侈品界，不能過度推銷是處理客戶關係時的根本原則，關於這點我們會在第十章關於配銷的內容中詳細談到。你可以向客戶介紹產品，講述產品的故事，但你不能強迫他們當場就購買。

前面我們提到了BMW在美國進行的網路推廣活動，邀請一些著名的導演分別製作幾部關於BMW的微電影，讓他們自由發揮，而不是以廣告的方式。這些電影被上傳到網路上，引起了強烈的迴響。BMW美國分公司的行銷總監在談到這個策略時說：「對於奢侈品，讓產品接近頂級富豪最好的方式，就是讓他們主動上門。」快速消費產品的品牌要主動獵取客戶，奢侈品品牌正好相反：客戶被產品吸引而自動上門。

十六、廣告焦點不在人

在傳統行銷中，電視或舞台明星經常出現在廣告中。拍攝太陽眼鏡或刮鬍膏的廣告，再沒有比貝克漢（David Beckham）更適合的人選。雀巢（Nestlé）公司也開始使用這項策略，旗下的頂級品牌Nespresso就請了喬治．克隆尼（George Clooney）拍攝廣告，雀巢咖啡（Nescafé）則請了知名的英國足球員伊恩．萊特（Ian Wright）代言。身為全球食品行銷市場中的領軍品牌，雀巢知道自己在做什麼。

但是，利用明星來推廣奢侈品是非常危險的。明星追逐奢侈品，就像記者和狗仔隊會追逐這些明星一樣。我們之前已經談過奢侈品與客戶之間的特殊關係：它要尊敬客戶，但同時也要主導他們，即使是名人也是如此。尋求明星的幫助就等於是在表明，這個品牌需要借助明星的聲望才能生存，並且承認自己沒有什麼聲望。對於奢侈品品牌來說，這是嚴重的策略性失誤，因為它會被客戶的關係所主導。只有擁有像神一樣高高在上的主導權才是對的，品牌不能表現得像個凡夫俗子。如果請明星拍攝廣告，奢侈品就成了配件。LV雖然請過前蘇聯總統戈巴契夫拍攝廣告，但並不觸犯這條原則，因為：第一，戈巴契夫並非時尚名流，他是改變世界的人物。第二，他的LV產品並非英雄，只是見證了某個歷史性的時刻（戰略協商）。

十七、為入門者培養藝術氣息

在傳統行銷中，品牌想要吸引客戶，建立情感聯繫，經常會利用最流行的音樂推廣，或至少要使用目標客群喜歡的音樂。這些品牌追隨著人們的品味。奢侈品像藝術一樣，是品味的推廣者。如前面所講的，奢侈品和藝術關係密切，但是奢侈品不是追隨者，它具創造力，是大膽的。這就是為什麼奢侈品最好與非主流或非常小眾、仍未吸引大眾目光的藝術保持密切的關係。

例如LV長期贊助當代音樂會，它曾邀請鋼琴家毛利齊奧．波里尼（Maurizio Pollini）到法國羅瑤蒙修道院（Abbaye de Royaumont）演奏尚未出名的作曲家路易吉．諾諾（Luigi Nono）的作品，而非演奏莫札特或蕭邦等偉大作曲家的作品。同樣地，卡地亞率先成立當代藝術基金會，首開先例，如今各大奢侈品集團紛紛跟進，以這種方式，這些集團成了新藝術趨勢的贊助者，並且塑造一種為他們的目標效力共生的關係，他們製造的是奢侈品，同時也是藝術品。這也是為何培養奢侈品業的工作者對當代藝術抱持好奇心，並且鼓勵他們參觀畫廊、雙年展和當代藝術展變得如此重要的原因。

十八、不要搬遷工廠

降低商品售價在大眾消費品和時尚領域非常重要，但這通常意味著要搬遷工廠。奢侈品管理不用這樣的措施。奢侈品是沉浸在特定文化背景或國家特質中，保留這種地域淵源性可以提高客戶所認定的價值。BMW就是成功遵循這個奢侈品策略的品牌，所有汽車都是在德國製造（除了入門款的三系列），並且將迷你留在英國製造。將車體和引擎都留在德國生產是BMW品牌的核心，這樣一來，每輛BMW都是德國文化的產物。況且，這樣做也沒有什麼阻力，因為客戶並不介意原產地製造所衍生的額外費用。

BMW在美國確實有一個工廠專門生產現在的三系列車款，在泰國和其他地區也會製造一些。雖然這些在別處製造的汽車不再屬於真正的奢侈品，但它們可以當成入門款（引導客戶了解並喜愛一個品牌）的角色，就像LV小皮件的作用一樣。當三系列的車主有能力時，都會想買「真正德國製造」的BMW。在第八章我們會更深入地探討這些策略。

不遷廠的做法不僅僅與生產有關，還與創意有關。當產品的製造廠不在原產地附近，創意就會一落千丈，因為無法接觸到原料，看不到加工過程，也就無法將這一切昇華為一件奢侈品。法國成衣的生產設備被轉移到海外之後，法國的高級訂製服就漸漸走下坡。但另一方面，將生產轉移到中國會推動當地高級訂製服的發展，特別是在中國幾千年以前就開始為宮廷製作奢侈品服飾和生產高級織料（主要是絲綢）的歷史背景下。

一旦品牌放棄這個反傳統行銷法則，即使它還在奢侈品品牌名下，也象徵著它已從奢侈品的商業模式轉變成時尚或頂級品牌的商業模式。二〇一一年七月，Prada宣布它將把一部分製造轉移到中國進行，也是在同一天，該品牌在香港股票交易所首次公開募股，二者有意安排在同一天。博柏利在很多年前就做過類似的舉動，關閉它位於英國歷史悠久的Trench工廠。但是博柏利毫無隱瞞，自己並非奢侈品品牌，而是時尚零售商。

遷廠只有在一種情況下才有必要：當一種稀有的生產工藝只有外地的工藝師才能完成的時候（例如喀什米爾的木匠工藝、尼日（Niger）的圖阿雷格人（Touaregs）為愛馬仕製作皮帶金屬配件的工藝），但品牌必須讓這些資訊公開透明。

對於想要進入新市場的公司而言，有時會有另外兩個原因促使它們將工廠遷移，這也是合理的：

- 第一個原因是為了降低關稅。例如，如果在印度生產保時捷Cayenne，關稅將會從一一〇％降低到四〇％。印度一向熱衷於保護它的經濟獨立性，透過提高關稅的方式，讓投資者望之卻步便可實現。
- 第二個原因是品牌想要接近國家菁英領導階層。為什麼奧迪在中國銷售成功？因為中國的高級官員、共產黨的高層領導只能使用在中國製造的汽車。自從奧迪開始在中國的福斯汽車工廠裡進行生產，並且跟福斯汽車分享同一個生產平台，中國的政治權貴們就可以購買奧迪Ａ６，但不能購買賓士或ＢＭＷ。

但是，以上兩點原因對於奢侈品品牌而言是不成立的：保時捷並沒有在印度生產保時捷Cayenne，奧迪在中國走的也不是奢侈品而是頂級汽車的路線，也就是福斯汽車（擁有奧迪副品牌）的升級。想要買奢侈品汽車的中國人會買ＢＭＷ、賓士或是保時捷。

所以，這兩個常見的原因都不是遷廠的好理由，其他的原因其實也都是藉口，難以掩飾品牌想要利用遷廠當地的廉價勞力來降低生產成本的事實。這些都顯示公司經營者想要降低成本，實行著在任何其他產品領域都可以運用的策略。這樣的品牌雖然仍然具有聲望，但已經不是奢侈品品牌。這也帶出了下一條反傳統行銷法則。

十九、不要聘請顧問

顧問們販售的是「和別人一樣」，這就是所謂的標準或「最佳策略」。顧問是由全世界的ＭＢＡ課程所教授的普遍管理準則所培養出來的，聘請他們會傷害一個奢侈品品牌的獨特性，以及品牌維持特定價格力量的能力。

讓我們來看一個戲劇性的例子：非奢侈品的汽車製造商都會執著於降低成本這件事。這就是主張分享所有運作成本的平台策略會如此受歡迎的原因。同樣的道理，對於大眾品牌甚至頂級或超頂級的品牌來說，遷廠是再正常不過的事。在購買奧迪汽車時，你所花的每一分錢都是為了得到回報：你買的是能真正得到的東西（也就是更好的性能）。現在，讓我們回到第二章中所舉的例子，看看同樣的理論在奢侈品品牌（例如Jaguar）身上是否行得通。

在Jaguar被福特這個管理良好的傳統企業收購之後，它很快就高價聘請了顧問，而他們引進的方法摧毀了Jaguar所代表的夢想。當人們從《富比士》（*Forbes*）或《財富》（*Fortune*）雜誌上讀到福特在Jaguar的部分車款上使用福特Mondeo的結構和零件，他們怎麼可能仍然願意將Jaguar當作奢侈品汽車來購買呢？就這樣，福特毀掉了Jaguar的夢，讓它再也不能恢復奢侈品的地位，而且不得不將它賣給印度塔塔公司。塔塔公司現在正在將Jaguar帶回奢侈品的路線，重振它的雄風。

顧問運用的是適用於一般經濟模式的方法，就好像將一切都平庸化的毒藥。奢侈品的價格力量不是建立在降價，而是建立在附加價值和特別感之上。

當然，愛馬仕在購買鱷魚皮的時候也會尋求最優的價格，但是它永遠只購買最上等的鱷魚皮。

當奢侈品品牌雇用快速消費產品行業的顧問來做廣告宣傳時，也會發生類似的風險。在快速消費產品中，行銷是建立在需求上。所有的理念、方法、技巧和框架都遵循以客戶意願為主導的概念。在不少廣告公司給奢侈品公司的建議中，一翻開就是「了解目標客戶」的章節，也就是說，必須深入分析目標客戶的消費動機和意願。結果就是將奢侈品品牌當作一個試圖取悅客戶、滿足客戶需求、提升客戶的利益和採取定位策略的品牌來管理。漸漸地，妮維雅（Nivea）和歐蕾（Olay）使用的方法也延伸到蘭蔻（Lancôme）的行銷策略當中。

如果回顧第六條反傳統行銷法則（主導客戶），你就會理解為什麼這是一個嚴重的錯誤。當品牌的目標是消除客戶的不滿和解決問題時，以需求為主的行銷是適合的。這種情況下，行銷人員要先問問客戶問題在哪裡。例如，人們擔心一般可樂含過高的糖分會導致變胖，於是健怡可樂應運而生。奢侈品的運作恰好相反：它的目標是創造夢想。你難道會根據別人的願望而去創造一個菁英的夢想嗎？當然不會。奢侈品會傾聽客戶的意願，這能讓品牌成長。但奢侈品不能被客戶主導，這一點也能讓品牌成長。

二十、不要事先測試

奢侈品公司不會在客戶中進行產品測試。如果進行測試，就表示你是個平價奢侈品公司。就像所有使用傳統行銷的公司一樣，蔻馳確實進行許多產品測試：實際上它八〇%的產品都經過測試。LV、香奈兒或愛馬仕從不進行產品測試，因為這意味著品牌的策略要服從客戶的品味。如同反傳統行銷法則十九（不要聘請顧問）所說的，快速消費產品是透過解決客戶的問題發展而成，找出現有的問題，並保證廣告明確地表明已經解決這些問題。像起瓦士（Chivas）和SKⅡ這樣的平價奢侈品確實會進行測試，這很正常，他們廣告的目標就是促進銷售、快速獲利。

奢侈品是品味的教育者。它應該塑造明日的經典，而不是今日曇花一現的潮流。要做到這一點，它就不能依賴人們當下的喜好。奢侈品向人們傳遞的神祕、難以了解的資訊，加強了它做為先鋒者的地位。這同樣適用於藝術，而一個平價奢侈品總要確保它選擇的音樂是受目標客群歡迎的。奢侈品品牌致力於塑造以品牌身分為基礎的價格力量，這個身分就是菁英品味的傳播者和教育者。

關於產品測試，另一個問題是如何選擇受訪者，這關係到一個非常重要的問題：哪些人應該被當作奢侈品客戶？在絲芙蘭（Sephora）購買一瓶香水可以證明你是奢侈品客戶嗎？哪些人會願意抽出時間來回答關於廣告的問題？在調查的相關性問題之外，大多數的調查和研究已經表現出一個趨勢，那就是受訪者的人數在人口中所占的比例越來越大，所以有的品牌認為，調查先進國家中較富裕的一半人口是很正常的。他們顯然有能力買一瓶香水、一支口紅或是一個小配件，但如果是一個要價五千歐元的背包呢？人們越來越傾向於接受這種樣本：因為這些人本來就是鱷魚、優客（Hugo Boss）或勞夫．羅倫等高級品牌的客戶，他們何必要考慮奢侈品呢？

然而，奢侈品品牌經過選擇後，針對部分現有的老客戶進行新產品的測試是合理的，尤其要在店內進行，才方便和客戶當面交流。這樣的做法不僅是因為這些品牌愛好者與品牌有著同樣的夢想，因此他們的意見較有參考性，還因為這能夠讓客戶更能感受到自己「屬於這個俱樂部」，同時加強他們對品牌的忠實度。

甚至還有更進一步的做法，Nespresso曾透過網路徵求人們對於電視廣告的意見。更確切地說，是請觀眾在兩支電視廣告之間投票選擇。這樣的做法在加強品牌與客戶關係的同時，還能做出正確可靠的決定。

二十一、不要尋求共識

進行產品測試就意味著尋求共識：普羅大眾選擇的結果一定會執行。實際上，如果與奢侈品的決策者接觸就不難發現，巨大的成功會成為一種規則，能夠引發公司的諸多討論。這可以視為奢侈品管理的實行原則，關鍵的問題是：如何領導指揮？一致的決定象徵著永恆的成功還是短暫的熱潮？有趣的是，在已經由市場策略主導的香水產品領域中，近二十年來最成功的產品要屬天使香水。雖然天使香水當時產品測試的效果非常不理想，但就是有少數的受訪者狂熱地喜愛它從藍色瓶中溢出的全新香氣。這就像所有宗教的起源一樣：它們的成功是從創造一小部分死忠的支持者開始的。

二十二、不要尋求集團合作

品牌進化的最終結果，進行合作是再明顯不過的規則。但是，就像福特在積架，或通用汽車在紳寶（Saab）身上看到的一樣，對於奢侈品，沒有什麼能比這更徹底地摧毀一個品牌的夢想。你雖然可以省下一些錢，但由於品牌失去了價格力量，反而會讓你損失更多的錢，而這原本是奢侈品策略中最有力的一點。這個事實在奢侈品領域廣為人知，因為已經有很多品牌驗證過。集團收購品牌之後，就開始進行全盤的合作計畫，力求快速地改善財務狀況，這幾乎讓這些品牌瀕於滅亡。

這樣的情形不只發生在奢侈品市場，每當一個因走奢侈品路線而成功的品牌被不懂奢侈品的集團收購之後，結果也是這樣。類似情況在戴爾（Dell）電腦發生過，也就是它在二〇〇六年收購Alienware（戴爾旗下的頂級遊戲電腦品牌）之後。一九九六年，Alienware在邁阿密成立，在奢侈品路線的引領下成功地經營著先進的遊戲型筆記型電腦和桌上型電腦。二〇〇五年，淨利已經達到一億七千萬美元。為了提高這已經非常可觀的利潤，戴爾決定降低成本。Alienware原先採用供應商提供最好的元件，不管價錢如何，只要適合產品即可。品牌與它熱情的客戶有著一對一的聯繫，而且從不提供折扣。戴爾為了施行「集團合作」，取消了與原本供應商一切的合作，將製造轉移到波蘭的工廠，發展新的配銷管道，並且在官方網站上進行折扣優惠活動。雖然Alienware現在仍然是一個頂級品牌，但它已經失去光環和價格力量。這就是為什麼像LVMH這樣的大型集團會盡力維護品牌的獨立性。

二十三、不要指望降低成本

創造價值是奢侈品的座右銘，但並非透過降低成本獲得，而是必須透過附加價值。只有創意還不足以維持產品價格的持續提升，這正是奢侈品的重要課題。在低成本產品的領域，同樣需要豐富的創意來降低成本，開發新的商業模式，將價格壓得比競爭者更低，同時還能獲利，而這些都只是CEO的工作。在時尚領域，你仍然需要豐富的創意來保持產品價格的一致，而這只是設計師的工作。但在奢侈品領域，你必須讓公司的全體人員都融入創造價值的過程：奢侈品價值的創造並不僅僅依賴於創造者的才能，它需要公司每位員工的努力。

- **製造人員：**許多新點子都源自於工廠。這就是為什麼奢侈品公司必須自行製造產品，而不能將工廠遷移，創意團隊與工藝師本來就是共生的。
- **銷售團隊：**新點子也源自於客戶，但這不是意味著品牌要迎合客戶的願望，而是要理解他們的夢想。因此，你必須要有自己的銷售團隊（必須完全隸屬公司），並且必須是當地人，唯有與客戶有著相同的文化背景，客戶才能用自己的語言和他們交流。
- **當然，還有高層經理們也很重要。**

二十四、慎用網路銷售

網路銷售在這幾年相當普遍，似乎每個人都在考慮使用它，好像如果你不在網路上賣東西，你就落伍了一樣。在網路銷售中，將奢侈品市場的知名品牌所採用的奢侈、時尚、頂級等不同策略區別開來是很重要的。網路銷售對於時尚和頂級品來說極為適用，但對奢侈品則不然。那些自稱為「網購達人」的人抱怨部分奢侈品公司沒有提供網路銷售的服務，而他們忘記了（或者是忽視了）一個事實，那便是網路銷售的所有優點（即時性、永遠都在變化更新、方便性、易接近性、優惠的價格、自動化服務、群眾外包（crowdsourcing）[7]等）對於奢侈品來說都是缺點。

奢侈品需要花費時間和精力才能得到，奢侈品只有真正的價格，而沒有建立在抬高價格上的折扣。客戶與銷售人員必須產生一對一的關係，而非對著一台機器交易。奢侈品要客戶感覺屬於一個頂端的「富豪圈」，而非置身於一群匿名者之中。網路可以作為一種輔助的方式，為現有的客戶服務，或向潛在或被挑選出來的新客戶介紹品牌故事或產品概況。除了品牌中的非奢侈品，例如時尚系列或入門級產品以外，網路不能拿來當作銷售奢侈品的工具。我們會在第十章和第十一章中詳細地討論。

7 新的商業模式，企業利用網路將工作分配給非特定的大眾網路，參與者多半沒有報酬。

第4章 當代奢侈品面面觀

奢侈品吸引著來自全球各地的客戶，也吸引企業家們尋求一種運用成功便能帶來豐厚利潤的商業模式，本章要討論的是後者。

每個人都知道奢侈品的關鍵字是什麼：價格、稀有性、獨享、完美、歷史、藝術、時間、夢想等。我們必須對這些關鍵字逐一地進行深入的了解，以防陷入「奢侈品是由高價和好萊塢明星所組成」的刻板概念，或是過於傳統和過時的奢侈品概念中。崇尚傳統的奢侈品概念在歐洲十分普遍，它的確可以將不懂裝懂的外行人攔在門外，但同時也會讓遵循這種概念的品牌裹足不前，因為它抹除了所有改革的必要性。舉例來說，過去對於非常富有的客戶來說，「頂級」美酒的概念看起來比奢侈品的傳統概念更先進。這並非偶然，因為奢侈品的傳統概念總讓人聯想到在溫暖的壁爐邊喝著舊式的酒，抽著雪茄，腳邊蜷縮著一隻的拉布拉多犬。這種表達方式已經固定了奢侈品的靜態形象，但富有的年輕買主卻渴望尋求一種更有活力的表達方式。

新的奢侈品品牌，或至少有此志向的品牌會不斷出現。它們可能會來自新興國家（例如印度、中國、俄羅斯），也可能會來自美國和歐洲。這一章主要針對奢侈品品牌的管理者和有意成為該角色的人所撰寫，目的是接續第一章所提到關於奢侈品特性的深入探討，透過考察奢侈品和許多相關概念

（例如商標、稀有性、獨享性、與時間的關係、傳統、歷史、手工和複雜性）之間的聯繫來做到這一點，並且重新審視奢侈品在當今後現代的社會背景與時尚、創作和藝術之間的關係。

商標的重要性

如果奢侈品有吸引目光（或耀眼的）的一面，那就是它的商標和品牌的明顯特質。這句話主要針對服飾，但是，由於服飾是奢侈品的主要代表，我們必須把商標當成顯露一般奢侈品身分的要素。

事實上，我們看到香奈兒在皮包、手提包和T恤上大大的標誌，博柏利的菱格紋讓人在東京街道上一眼就能辨別。然而，值得注意的是，只有在配件（更多的人買得起）上才會有如此醒目的品牌標誌：主要產品低調許多。人們需要具備一雙專業的眼睛，熟知品牌知識和文化背景，才能一眼認出香奈兒特有的風格和它套裝或裙裝獨特的外觀。因為配件較小、價格較低，通常只是系列商品的一小部分，比較看不出設計師創作的痕跡，所以必須倚賴展示品牌的商標來彌補這些劣勢。商標在較小的物品上會更加明顯可見，甚至是刻意這樣設計。就像「Logo」（商標）這個字是源自於希臘文，原本就有品牌的意思。

這是很正常的，奢侈品是成功的象徵和犒賞，因此也是權力的取得。奢侈品透過它的商標和品牌的高辨識性和能見度，扮演著勝利者贏得的獎牌或獎品，或是帶回的戰利品。所以奢侈品必須顯而易見，因為它的報償來源之一就是所有人眼中的聲望，特別是在同儕眼中。商標的能見度（代表品牌的支持）重現了在法國國王路易十三和路易十四時代的宮廷「禮儀」功能，這是一種消費和展現的義務。今日的勝利者自然不再是王子或軍事領袖，因為戰場已經轉移到經濟領域，勝利者是經濟領域的菁英、老闆、跨國企業的高階主管、白手起家的男人或女人、商人，當然也有藝術家和藝人、歌星、體育明星。奢侈品是他們自身稀有性的顯著標誌。至於系列產品上的品牌商標，它們賦予了產品額外的靈魂，並且可以作為一種輔助的手段，讓客戶拉抬自身身價。

在傳統社會中，社會等級是不容質疑的，印度的種姓制度目前依然如此。在君主時代的法國，奢侈品是權力的義務：「禮儀」便是將宮廷中可見的購買行為和開支制度化的準則，以便人們保持在宮中應有的地位。在法國舊制度[8]（Ancien Régime）和「禮儀」的環境背景中頒布「禁奢令」，要求「只有紳士才能按紳士的模樣穿著」，為人們的穿著設立規矩是有必要的。

然而，「禮儀」在舊制度的末期逐漸式微，規定社會的穿衣規範「禁奢令」也隨之瓦解，也就是提醒每個人穿著符合個人地位和位階的服裝。這個規範一旦消失，服裝立刻成了人們的競技場，爭取社會認可的競賽，可能有些人會說是賣弄風情的手段和自大的表現。商人和中產階級終於可以與作為權力階層的貴族相抗衡。雖然規範正式地消失了，但這種競爭或表達自身社會等級意識的需求並沒有消失。

在我們這個民主、平等，甚至看起來沒有等級之分的社會中，奢侈品與菁英制度有關，它象徵著他們的獎牌。況且，它顯示了我們從「禮儀」改用奢侈品品牌，從惹人注目的標籤展現奢侈品（法語的「étiquette」一詞翻成英語就是「標籤」的意思）。這標示保有它首要的功能：維持階層以及階層的能見度，因此它必須引人注意，就像社會印記一樣。雖然當今確實有一些非主流的客戶要求品牌的標誌不要那麼明顯，但這也是為了與那些入門商品的客戶區分開來，以顯示他們與那些喜歡炫耀品牌標誌的人之間的距離。

法國大革命廢除了特權，產生了新的統治階級（這次是經過選舉的）和平等意識。更重要的是，英國工業革命帶來了商品的大規模生產。如果需求高，價格自然就會下降，所以人們需要刺激需求。新興的資本主義以及和殖民有關的貿易全球化創造了新的財富，經濟實力不再是繼承而來的權力，而是需要自己爭取。藉由工作變得富有，我們可以購買品質更好的產品。人們對權力的模仿帶動了更昂貴商品的發展，但也讓市場出現象徵權力的複製品。在奢侈品市場中，配件越來越重要，「accessories」在詞源學上是來自「access via series」（從系列產品接觸）。對權力的模仿讓人提升地位，獲得愉悅和感官上的享受，最後不再只是模仿，而是成為一個大人物，成為真正擁有權力的人。為了存在，你必須提升自己。

這就是奢侈品市場誕生的原因：為了給每個人一個暫時甚至是虛幻的提升，一種轉瞬即逝的愉悅。我們可以不必真正富有，但可以模仿財富的象徵，對服裝來說尤其如此，對配件也是一樣，只要它們能夠展示那個必要的印記（也就是品牌）。只要這樣做，每個人都可以看起來很富有！

這樣看來，亞洲國家人民瘋狂愛好奢侈品的行為便不難讓人理解。這些國家過去世襲的社會階級演變成今日的「階級制」，但並沒有用太多社會學的概念來評價自己和相對於他人的地位。然而，不管有沒有階級，都不要過度地追求獨特。

奢侈品的產品和品牌

當我們思考奢侈品時，分析的核心單位就是品牌。當你想到某品牌時，如果腦海裡同時出現其他

8 法國歷史上的一個時期，從文藝復興末期開始，直到法國大革命為止。

一系列奢侈品品牌，那麼它就是奢侈品。比起冗長的解釋，這樣舉例更能說明問題。反過來說，產品只要掛上可以稱為奢侈品的品牌，它就是奢侈品。正如泰爾（Teil）所說，這是個循環論證，因為對於「什麼是奢侈品品牌」這個問題，我們通常會回答，「製造奢侈品的牌子就是奢侈品品牌」。在奢侈品業，是先有產品，後有品牌，我們顯然應該從前者問起：是什麼讓產品成為「奢侈品」？產品需要何種資格流程，才能到達奢侈品的地位？

公關公司和廣告商現在掀起一股趨勢，將產品看做次要的部分，認為客戶本身的資格才能讓產品成為奢侈品，因此吸引明星客戶，並讓他們熱情地參與品牌變得非常重要。如果你閱讀過羅哈．切哈（Radha Chadha）和保羅．赫斯本（Paul Husband）的著作，就會驚訝於兩位作者（他們都在廣告公司工作）如此強調公共關係、名人、品牌代言人、贊助者和針對「對的人」舉辦活動的重要性，將焦點放在「用對的人」為品牌帶來「魅力」，讓產品受惠於品牌所創造的光環。他們幾乎沒有談到關於產品本身的內容。根據我們在第一章中的分析，雖然奢侈品是創造社會過程的部分原因，並代表了社會不同等級之間的差距，但它也預先假設產品本身，以及它展現的想像力和美感可以讓人感到親密感和強烈的滿足感。正因為這些優點，人們才會購買它們。這種滿足感將那些能真正深入欣賞並體會產品美感的人區分出來，有別於那些有能力購買並追隨他人品味的人。品味是金錢買不到的。

相反地，那些在奢侈品的吸引下，有多少個由極富熱情的年輕設計師創立的小品牌在困惑著？為什麼他們追求品質和完美的努力從來得不到回報？這個問題有兩個答案：

● **第一，奢侈品是超越品質的：**借用瑞美．庫克（Rémi Krug）[9]的話：「因為感動，讓奢侈品和其他優秀的產品有所區別。」就像汽車品牌凌志的廣告活動所說的「不斷地追求完美」是不夠的。在奢侈品界，情感才是應該追求的最高境界。為了超越凌志那樣的完美，奢侈品必須在細節中找尋瘋狂的蹤跡。

- **第二，這些小品牌沒有它們自己的「凱莉包」（Kelly bag）**：凱莉包是好萊塢明星出身的摩納哥王妃葛麗斯・凱莉（Grace Kelly）所挑選，是財富與榮耀、美貌與魅力、舊制度與新世界、傳統與傳奇的終極結合。

俗話說「民意即天意」，但在奢侈品界正好相反。為了成為品味的大師，除了必須擁有天賦與靈感，還需要一位能夠引領大眾潮流的客戶認可。在路易十四的時代，人們常說取悅伯爵夫人就能夠打開區域市場，但取悅皇后則能打開整個法國市場。威爾斯親王（即日後的英皇愛德華七世）曾經稱讚卡地亞為皇帝的珠寶商，珠寶商中的皇帝。產品沒變，如今變的是作為客戶的伯爵夫人、皇后和國王。今天，類似的角色不再由貴族扮演，而變成了億萬富翁的妻子、產業大亨、具有經濟影響力的大家族，或者新經濟裡年輕有為的執行長、文藝明星，他們之中最具代表性的就是來自夢工廠好萊塢的明星。

所以，以上兩個因素的結合才能創造成功，單有產品本身是不夠的。從這點來看，我們不能小看新品牌公布名人買家這樣的舉動：一九九九年新推出的瑞士奢侈品手錶品牌理查德・米勒（Richard Mille），售價可達四十五萬歐元，就公布客戶中有現在的西班牙國王璜・卡洛斯一世（Juan Carlos I）。今日莫斯科流行的很多品牌都是沙皇時代就進入宮廷，例如凱歌香檳（Veuve Clicquot）：雖然沙

9 庫克的第五代傳人。

皇統治者被蘇聯政權推翻，但他們在民眾心中並沒有失去威望。

奢侈品的組成要素：複雜性和工藝

奢侈品的普及是利用大眾對明顯商標的渴望來穩定它的高價，讓客戶透過不斷提升的購買力讓自己擺脫默默無名的現狀。但是那些菁英不可能僅僅停留在這樣的出發點，對他們來說，奢侈品必須是真正的奢侈品。所以我們可以注意到，就像泰爾所強調的，奢侈品要經過「雙重資格認定」：

- 產品本身必須是真正的奢侈品。
- 奢侈品要被推薦給真正有能力欣賞它的客戶，而這些客戶能夠了解它。

在這兩個層面上，只有金錢是不夠的，產品表面塗再多銀粉也不足以讓它進入奢侈品之列。除此之外，一個人即使再富有也不一定能夠成為奢侈品的鑑賞家。奢侈品的重點是懂得如何花錢，而不是具有購買能力。

第一章介紹過象徵價值，它的本質是純社會性的，除了象徵價值，物件的價值還來自另外三個方面：使用價值、交易價值和工藝價值。對於奢侈品而言，只有第三種價值是重要的，然而現實中大部分的產品都沒有展現這種價值，管理者們反而在弱化它（遷移工廠）或壓制它（自動化生產）。

物品的使用價值是和產品的使用有關，所以就和機能性相關。從這一點來看，愛馬仕手提包和coach手提包不會有太大分別，但我們還可以根據誰的功能性較佳來排名，這樣的比較更適合套用在高級的產品上，而不是奢侈品。

從歷史來看，奢侈品意味著它的買主已經超越了日常生活的界線，進入一個更尊貴的世界。進入這個世界的鑰匙不再是注重功能性，而是注重美學、感官、享樂、文化、受崇敬的程度等因素。作為產品，凱莉包並不沒有比coach包好多少，兩者並沒有什麼關係，無從比較，這當然是在世俗的實用性層面而言。在這個層面上，所有物品都被降低到了功能的層次。奢侈品是不同的，它是距離感的另一種展現。

如果從交易價值的角度出發，奢侈品的等級將會由價格決定。我們經常聽到人們談論最昂貴的物品。在他們的時代裡，尚．帕度（Jean Patou）開發了當時最昂貴的Joy香水，亞倫．杜卡斯（Alain Ducasse）在紐約開了最昂貴的餐廳。極為昂貴的物品不一定就很奢華（例如稀有的郵票），這個方法對於不那麼在行的人來說卻十分奏效。離開標價，他們便不能判斷一個物品的價值，這說明他們自己還不具備獨立判斷的能力。

室內設計師就是靠這個致富的，他們提供客戶最昂貴的材料以證明是奢侈品。奢侈品的品質並不是靠數量的堆積得來的，你不能用卡地亞珠寶上的鑽石數量來判斷它的價值。

所以，最後就只剩下工藝價值：它從一系列高品質的流程中催生出奢侈品奢華的特質。就像馬里恩（Marion）所說，這種方法很少關注客戶或他們的需求（也就是產品的使用價值）；法拉利不是為了能夠讓買主成功抵達辦公室而製造出來，而是把它視為傳承獨特技術的化身，展現獨特的設計，因此它是產品文化的展現。文化在產品中進行了成功的表達，人們可以從中體會和研究它。所以奢侈品是一系列無形特質（血統、傳承，以及從品牌創立者傳承下來、必須仔細遵守的單一概念）睿智神祕的融合，再加入令人讚嘆的生產過程：利用稀有的成分，加上祖傳的技術，遵守品牌獨有的標準流程製造以及點石成金的工藝師傅。

產品的奢華展現在嚴格把關的製造方法，以及製造過程中足以彰顯產品的超凡品質、無可取代和稀有性。庫克的頂級香檳「Le Clos Du Mesnil」（每瓶約八百歐元）來自特定地區的單一葡萄園，經過長時間的醞釀，遵循庫克酒莊的古法釀造。採收和釀製都是根據世代相傳的知識，釀酒師每次都是在創造一種奇蹟。奢侈品手錶的特質是不斷追求更複雜的工藝，但同時也保持手錶使用的簡便性。

因此，奢侈品需要專業並富有熱情的銷售團隊，他們必須花時間去解釋產品的一系列製造過程，這樣才能保證奢侈品無可比擬的價值能夠為人欣賞：這種價值並非由客戶帶來的，而是還沒有客戶以前便存在著。

物品的奢華還可以從欣賞它的客戶的名望和品味中展現出來。在認可這些愛好者的同時，我們同時也認可了他們熱愛的物品，並且讓物品從被人推崇的光環中獲益。

最高級，從來不做比較

將一個物品打造為奢侈品的這一系列方式，必然會使它以自我為中心。奢侈品從來不和別的產品比較，除了自己，以及那套為自己設立的、每個產品都努力達到的精益求精的標準，它沒有別的參考標準，所以才會有傳承、尊重傳統、忠於價值觀與技術等概念。為了能夠欣賞產品的真正價值，人們必須了解它，否則它就只是一個商品而已。

你可以比較保時捷和法拉利嗎？車迷們會回答，它們屬於兩個不同的世界。如果你非要這麼做，那便是在展示你的無知，也就是說你無法理解另一種狂熱的基礎。你會以每天禱告者的人數和宗教儀式的長短等因素來比較兩個宗教嗎？這就是為什麼豐田集團的汽車品牌凌志，即使有響亮的名字，也不能算是奢侈品的原因：凌志在美國的首次廣告活動中就宣傳說，有史以來第一次，人們可以用低於賓士E系列的價格，買到一輛性能更好的車。

人們不可低估奢侈品「無從比較」的層面：因為這說明了它的商業化和傳播方式，奢侈品和所有的競爭者之間要有一定的距離，這個目的可以透過下列方式來實現：

- **專屬的配銷途徑**：品牌完全掌控專賣店，規劃產品的感官和戲劇化呈現來展現品牌身分（落實品牌）。
- **慎重選擇配銷通路**：確保周圍沒有其他可比較的品牌並列。
- **向客戶介紹品牌的起源**（或是產品和設計）：需要一位對於品牌創立、傳承的價值極度忠誠的專屬銷售員，信奉著讓品牌獨一無二、無可比擬的品牌內在信仰，讓產品像聖餐餅一樣崇高。
- **透過廣告溝通**：在跨頁廣告中大量留白，目的是為人們留出對產品的想像空間。

奢侈品的文化調和

強大的品牌應該有能力創造一群崇拜者，一群熱情且推薦他人加入的客戶。金錢不能買到一切，法國菩依樂（Pauillac）產區的慕同酒莊（Chateau Mouton Rothschild）[10]生產的葡萄酒，價值超過它的

10 法國波爾多五大酒莊之一。

價格：產品壯麗的傳說、歲月、技術、儀式、品牌傳奇、聲望等因素讓奢侈品成為文化的焦點。奢侈品還是需要和這些方面產生共鳴。

因此，文化層面的原因是奢侈品消費中最大的因素（見第五章「客戶對奢侈品的態度」）。這也是那些非頂級富豪卻輕易花下大筆金錢購買的原因，文化提高了人們對獨有性和稀有性的理解。

在所謂的「新奢侈品」中，產品的價值往往透過媒體來傳達。如果去掉了特定的簽名或商標，它們就沒有什麼神秘性或鮮明的特點可言。對這樣的產品來說，文化調和就比較沒有效果，甚至沒什麼用處。因此服飾、配件和化妝品成了支持奢侈品品牌擴展的手段，這些物品本身不算是奢侈品，只算是平價奢華（大眾品牌，或像有人說的大眾消費升級）。因此，品牌名下的流行服飾就不能那麼有效地彰顯距離感。所有人都可以買到它們，甚至創造者或設計師的作品也是如此。就連年輕的中國經理人都希望穿優客或亞曼尼，它們是這些新世界征服者的新寵。這就是為什麼奢侈品的距離感需要量化的原因：最昂貴的物品能讓它的追求者無法企及，它們代表了更大的成就。

YSL的執行長皮耶．貝爾傑（Pierre Bergé）曾說過，奢侈品的義務是為人們提供物品而非產品，是成為一種享受而不是購物。實際上，這樣的物品需要學習才能欣賞，這就把那些有能力欣賞的人與其他人區別開來。高級料理之所以存在，是因為我們既有大廚又有真正的美食愛好者。美食學展現了人們追求享樂主義的現象，高級料理不僅是感官的帝國，更是一種藝術、想法和被激發的創造力。這時，它們的意義已經不僅僅在於讓人填飽肚子了。

要欣賞一件奢侈品，人們需要具備一定的文化背景知識。事實上，有兩個要素最能說明奢侈品的購買率：第一是產品的文化資本，第二是人們的收入（見第五章）。LV在日本的成功絕非偶然，背後有諸多原因，但其中有個原因卻鮮為人知。在日本菁英的眼中，「LV」絕對足以成為珍貴物品的象徵。一八九二年設計的經典字母組合帆布圖案中，包含了一般西方人認為沒有什麼意義的幾何圖形，而它們實際上是紋章（Mon signs），和日本的家徽有關。在一八九二年，歐洲掀起日本文化的熱潮，日本的美學理念也影響了這個圖案的設計，日本人立刻將它視為內在價值的標誌。奢侈品酒店集團羅萊夏朵（Relais & Châteaux）名字中的「châteaux」在法語中是城堡的意思，因此該名稱是對這種歷史悠久建築的直接影射。它為品牌決定了定位，建立了歷史淵源，雖然這類型的產品只占它所有服務的二〇％。

奢侈品的歷史淵源

為什麼現在中國有自己的流行品牌，卻幾乎沒有奢侈品品牌？「文化大革命」砍斷了它的根源，同時又讓中國經濟在購買欲望的膨脹和生產力提高的推動下，保持兩位數的成長。但是如果從生產者的角度來看，中國的奢侈品會有何種模樣？它應該凌駕在商業之上、尊貴且源於永恆的物品，應該找尋它的根基和歷史。中國人有著輝煌的歷史，但目前為止還沒有充分地挖掘出來，也沒有自豪地重申和承認它是自己的一部分。這種做法不是為了複製過去，而是為了找尋古老、神聖的傳統，而它們都應該在當代的工藝作品或物品中呈現。

中國人一旦恢復了對自己和文化的信心，毫無疑問，卓越的中國奢侈品品牌必然會出現，重新建立和過去的連結。「上海灘」就是一個先例。它的管理是跨文化的（在上海灘擔任多年創意總監的黃明翠（Joanne Ooi）出生於新加坡，但是在美國辛辛那提長大。上海灘於一九九八年被瑞士歷峰集團（Richemont group）收購〕，它還不完全是純中國式管理。在上海只有像優客、博柏利、Prada和亞曼尼這樣的西方奢侈品品牌和平價名牌，這種現狀是多麼令人失望。用切哈和赫斯本的話，新一代的中國人不認識莫札特和貝多芬，但卻了解LV和Prada。

奢侈品品牌一定要有根基，要靠歷史賦予品牌非商業的一面。這個歷史書寫了神話，創造了一座獨特和無與倫比的聖殿。這一切構成了一個輝煌的寶藏，同時又是每個新產品賴以為生的純正血脈之源。

歐洲的奢侈品品牌誕生於歷史，從中汲取大量的自信、獨有性和一種對品牌所傳承價值的信仰，並將它轉化成實踐其價值的產品。所以，讓有意進行投資的中國富豪著迷的是麥森・羅斯柴爾德（Maison Rothschild）家族七代銀行家的歷史，即使這個集團並沒有在中國進行宣傳。

值得注意的是，真正重要的並不只是歷史本身，歷史周邊能創造的神話也很重要，這是品牌社會理想化的根源。宣稱「創立於一八八四年」並不能讓你成為奢侈品，這只能讓你看起來古老。你必須傳達一些額外的人物與物品的特質。凱歌夫人（Madame Cliquot）在丈夫去世之後，本來可能會變成一個沉溺於悲痛的寡婦，但她打破了當時的風俗，毅然地扛起公司的營運，並繼續供應凱歌香檳給沙皇。就這樣，一個傳奇便誕生了。歷史必須和人的力量結合起來。

如果本身沒有歷史，奢侈品就必須創造歷史，現代的美國或義大利品牌就是如此，因為歷史可以反轉品牌與物品和客戶之間的關係：擁有歷史的品牌不是和當下有關，而是關係到血緣和傳承。在任何一家勞夫・羅倫的店內，你都會被那些記錄著一九五〇年代美國人生活方式的黑白照片所吸引。勞夫・羅倫在當時還是個十幾歲的少年，本名勞夫・利夫席茲（Ralph Lifschitz）。這種生活方式以及這些人物、汽車、房屋和娛樂活動（例如馬球）本身是十分典型的：充分展現上層的白種盎格魯薩克遜新教徒世界的真實寫照，離勞夫・羅倫很遠。但是他借用這個世界的神話，在日後創立了自己的品牌，並改了自己的名字。高級鞋製造商陶德斯（Tod's）在建立之初也曾利用影星的名聲做廣告，例如卡萊・葛倫、奧黛麗・赫本、大衛・尼文（David Niven），就好像他們真的穿過該品牌的鞋子似的。該品牌還縱容著一個謠言的傳播，一級方程式賽車手〔可能是胡安・曼努埃爾・范吉奧（Juan Manuel Fangio）〕也穿這些楔形的軟皮平底鞋。這在歷史上根本不可能，但它也開創了品牌建立傳奇的神話。

人們通常會認為，生長於美國這個年輕國家的公民，往往會否認兩件事的價值：歷史與發源地。因為經濟上的需要，他們必須這樣做。他們本身就是移民的後代，國家的歷史並不悠久，美國的企業家們要怎麼才能創立有價值的品牌呢？他們選擇了貶低歷史的價值，並創造屬於自己的故事：這就是好萊塢的天賦。這個影視製造者所創造的傳奇故事、塑造的形象能讓整個世界都陷入夢想之中。同樣的道理，新興的葡萄酒生產國會強調葡萄的品種，而貶低葡萄原產地作為品質標準的重要性，因為後者會讓它們置於不利的競爭位置（只有法國在知名葡萄園這部分擁有獨占的優勢）。

歷史讓品牌有了深度，並讓它的產品變得經典。歷史讓品牌更加有魄力、有創造力和大膽。它不意味著拘泥於過去，而代表著一種傳承和連貫性。卡地亞的例子就很有說服力。二〇〇七年，卡地亞慶祝創立一百六十週年紀念日。卡地亞的每件珠寶和手錶都有背後的故事，保留著一小段歷史：

- 卡地亞第一個美洲豹珠寶（Panthère）可以追溯到一九四九年，一九三〇年代豹在法國開始流行，紅極一時的女星莎拉・貝恩哈特（Sarah Bernhardt）曾在家裡拴著一頭美洲豹歡迎客人到家裡參觀。這個造型成了一系列的產品，由二十五位設計師持續地翻新。

●三環戒（Trinity ring）的靈感來自法國詩人尚・考克多（Jean Cocteau），一九二四年推出，至今仍不斷地翻新。

●附螺絲起子的LOVE手環，誕生於一九六九年。

●卡地亞品牌的創立是由一支有著皮質錶帶的手錶開始的。它是送給飛行界的先鋒山度士・度蒙（Santos Dumont）的禮物，以確保他能夠在控制飛機的同時準確地知道時間。

●坦克系列（Tank）是卡地亞手錶中最著名的一款，上市已有九十年的歷史。它是對第一次世界大戰中協約國坦克車的致敬。

如果你只是一個新興的品牌，沒有像珠寶商麥蘭瑞（Mellerio dits Meller）那樣可以追溯到一六一三年的歷史，也不像庫克那樣歷經了一百六十年的風霜，甚至不像香奈兒一樣從二十世紀初便開始書寫自己的傳奇（五號香水一九二一年問世），這樣的情況下，你該如何締造奢侈品品牌呢？有一點是確定的，最有活力品牌的眾多特質中，一定有著祖傳的歷史性特質：一段真正的、名副其實的歷史，它能夠賦予品牌自省力、深度和內外相符的一致性。討論至此，我們必須區分三種類型的歷史，它們都是想像力的源泉。

●**真實且足以衍生出現代神話的歷史**。我們已經討論過，事業開始於一八八六年這個事實是多麼不夠：你需要一個關於品牌創立的神話，就像凱歌香檳一樣，經常透過每年頒發肯定年度女創業家的「凱歌獎」，定期更新這個品牌的神話。

●**在新興品牌中重新運用真實的歷史元素**。Dom Pérignon香檳雖然是現代的發明（一九五〇年代），但是它借用那個商品名稱充實原本的神話歷史：修道士皮耶爾．培裏儂（Pierre Pérignon）在一六六五年意外釀造出了氣泡白葡萄酒，後來成為凡爾賽宮的宮廷用酒，傳說女性喝了可以養顏美容。此外，根據這個傳說，這種香檳杯的外型曲線是模仿龐畢度夫人的胸型。另外最近推出的所謂奢侈品品牌也借用了歷史元素，例如瑞典的絕對伏特加（Vodka Absolut），或是荷蘭的坎特一號（Ketel One）。

●**創造新的當代傳奇**。Gucci品牌暗示它與文藝復興時期的貴族相關。勞夫．羅倫將自己當作現代版《大亨小傳》裡的蓋茨比先生（Gatsby），他的店鋪布置得像英國的貴族宅邸，並展現了相似的生活方式。義大利手錶品牌沛納海一八六〇年創立於佛羅倫斯，標語來自於「受歷史啟發，為未來建造」。但是，這歷史不一定必須是品牌自身的歷史，它也可以展現在品牌傳遞領域的歷史，有些新興品牌就是使用這種方法。例如，上海灘的靈感來自一九二〇和一九三〇年代的舊上海，那是一個風流社會和各式新潮優雅混雜的社會，就像上海灘品牌的網站所說的：鏤空裝和鮮豔的旗袍便由此而來。

㈠奢侈品的時間呈現

全球奢侈品干邑白蘭地品牌軒尼詩最近的廣告引用了理查．軒尼詩（Richard Hennessy）的話：「我們必須讓時間滲透目前無法穿越的一切。」奢侈品代表著時間：這是其價值根本的來源。奢侈品總是慢工出細活，它有的是時間，就像愛馬仕的廣告裡謹慎地陳述：「愛馬仕手錶永遠不缺時間。」雖然這句話是對那些生活節奏快速的人所說的。這就是奢侈品和那些注重產業生產力的觀念之間的分別。在產業中，效率才是衡量優良管理的標準，「時間就是金錢」這句話意味著「更快且更高速地工作」。在奢侈品界，對同一句話的解釋卻是相反的：不用急，它意味著要根據品牌理念，精雕細琢出最好的產品，而這個理念本身就是經過時間的培育和沉澱慢慢成形的。

時間首先是展現在產品的成分中：上乘的木料是奢侈品的最佳選擇，為了得到它，你需要花時間來等待它成材，或是花時間到世界各地去尋找。你需要給大自然充足的時間來完成它的奇蹟。即使人工合成的材料不易被人發覺，但它們會有損產品的魅力。你需要用你的從業年數所代表的資深經驗來證明自己是出色的工藝師（或證明你的能力）：上乘的佳釀不是精確的科學，而是一系列工藝綜合的產物，就像香水製作師所運用的工藝一樣。艱辛卻神奇的製造過程所花費的時間，就像上等干邑白蘭地或威士忌的釀造一樣，在稀有的原木桶中熟成也需要時間。品牌本身所蘊涵的時間也不可忽視，它匯集了品牌所傳達、傳承、尊重和推崇的價值。就像之前所說的，新興的品牌可以為自己創造歷史，無論真假，以便將寶貴的時間注入產品和它的意義之中。

奢侈品品牌的時間還可以由新的創造者們傳達出來。有一個事實非常重要，奇安．弗蘭科．費雷（Gian Franco Ferré）和之後的卡爾．拉格斐評價自己為香奈兒所做的設計時，都會回顧歷史，似乎可以看見可可．香奈兒（Coco Chanel）在一九二〇和一九三〇年代設計的影子。實際上，當他們將自己的名字冠在個人系列產品或為其他品牌的產品做設計時（卡爾．拉格斐為芬迪（Fendi）或H&M設計過產品），這些作品與他們為香奈兒設計的作品就完全不同。無論他們的設計如何大膽，甚至極具爭議，都沒有偏離香奈兒的風格，他們抓住了品牌的靈魂、設計和樣式。在拉格斐出任香奈兒的藝術總監時，為了讓自己用香奈兒的語言表達，他必須更理解它的語法和符號，他帶著他著名的素描本，花了很長時間待在品牌的檔案室裡。

最後我們應該認識到，時間是銷售和購買的一部分。客戶為了得到一輛法拉利而等待的兩年就屬於這個範疇，銷售人員與客戶交流的時間也是如此。人們花費時間去接近奢侈品：為了得到它，你必須過關斬將。這一層層的包裝紙本身就像背景和銀幕，它們襯托或投射出著名的品牌和才華橫溢的藝術家，即使它們減緩了人們發現的過程，之後便會被立刻丟掉（沒有浪費，就沒有奢侈品）。

在奢侈品中，時間的最後一個層面是購買所需的時間。偉大的廚師是當代的藝術家，因此星級大廚做的菜餚需要花時間等候，客人也要花時間等每道菜上桌，其中可能還包括品酒，這也解釋了為什麼有的酒稱得上奢侈品，有的則不能。白蘭姆酒肯定能讓人感到愉悅，但對於大廚手中的大餐，這些愉悅就有些褻瀆的意味，因為它過於注重製造轉瞬即逝的興奮感。

在奢侈品界，時間是被頌揚的：品牌博物館就是獻給品牌創建者的頌歌，他們的靈魂和箴言一直被後人尊重，全球巡迴展覽追溯著往日的輝煌（例如卡地亞的高級珠寶展），舊的設計一再地被發行，最經典的作品會持續熱銷〔例如香奈兒五號香水、蓮娜麗姿（Nina Ricci）的比翼雙飛香水〕。品牌累積的時間塑造了它的獨有性和神話。如果能與現代相結合，和現今的客戶發生共鳴，時間更是塑造了品牌的價值。

奢侈品對永恆的追尋也和產品本身有關。在克利斯瓊•拉夸推出首批作品時，缺少耐心的LVMH執行長伯納德．阿諾特（Bernard Arnault）就問設計師，作品中「永恆」的要素在哪裡。在奢侈品界，人們關心的不是最暢銷的產品，而是最長銷的產品。

最後，讓我們總結對於奢侈品時間要素的討論。值得說明的是，這是奢侈品最大的矛盾之一，因為奢侈品必須同時保持永恆和時尚感。當然，二者是可以相輔相成，這樣就可以彌補風格過於永恆

（變得乏味）和過於時尚（流於膚淺、曇花一現）所造成的缺失。所以，發行限量和特別版本的產品就很重要，而且都要經過配額供應。

當奢侈品品牌被捲入「傳統」的漩渦時，對潮流的運用就變得非常重要。品牌一旦跟傳統有關，就會讓人有僵化和裹足不前的感覺。如果奢侈品沒有進行必要的創新，並保持距離感（這兩者皆為奢侈品應有的特點），就會自我重複，並與當今的世界脫節。

❸傳統不等於保守

起瓦士兄弟（Chivas Brothers）創建了頂級威士忌皇家禮炮（Royal Salute）。它的第一個產品RS 21是獻給伊莉莎白二世女王的禮物，為了慶祝她在一九五三年六月的加冕。「皇家禮炮」的名字由此誕生。至於這款威士忌二十一年的釀造時間，它代表著在那個盛大的日子，由皇家海軍所鳴放的二十一響禮炮。皇家禮炮的優點在於，它知道如何在對於今天非常遙遠的事件，和當今全世界成功的年輕企業家（尤其是亞洲）之間建立一座橋樑。在他們看來，這個品牌象徵了至高的禮遇，既是獻給女王，也是獻給他們自己的，它象徵著權力。該品牌所有的宣傳活動都在不斷鞏固這種形象，例如在英國前首相約翰．梅傑（John Major）到中國召開關於世界局勢的特別會議時，與中國的執行長會面。所以這個品牌也和「年度中國最佳商業領袖獎」關係密切，該獎項定義著新世界的征服者。

歷史與傳統只有在與現代發生關聯的時候才會有價值，溝通則在傳統與現代的平衡之中發揮著重要的作用。在手錶品牌DeWitt的平面廣告中，手錶的形象下面有一句很簡單的話：「DeWitt，二十一世紀的製造者。」百達翡麗（Patek Philippe）的廣告標語：「開啟你自己的傳統」，廣告中還有一對打扮入時的父子。寶珀錶（Blancpain）對自己的描述是「一七三五年以來的創新傳統」。

正如現代的高級品牌標榜自己技術的先進，並且追求成為「最好的產品」一樣，奢侈品品牌標榜自己對歷史的傳承，並把自己置於傳統的框架之中。「傳統」並不意味著危險的停滯，而代表尊敬源遠流長的價值觀和禮俗。這也是奢侈品離不開手工技藝的原因。

奢侈品仰賴手工製作

在奧斯頓．馬丁DBS的廣告中，這款汽車被宣傳為「英國手工製造」。然而，純手工製造並不是奢侈品的極致追求。今天，誰還會夢想得到一輛純手工製造的車呢？雖然這代表著工藝，但奢侈品並不是一種工藝，它是一種藝術。印度有最好的奢侈品工藝師，這是舊時的印度大君遺留下來的現象，這些富可敵國的王侯旗下當時供養著一批隨時候命、技巧精湛的工藝師。印度政府現在非常困惑，印度有這樣的優勢，為什麼還不能在世界的奢侈品市場上嶄露頭角？答案是，印度還沒有進入後工藝階段（生產和配銷的組織，以及產品的平民化）。它在這方面沒有真正的藝術家，有能力扭轉自己與本國或世界的富豪客戶之間的關係，不僅能創造富有創意並被認可的作品，還能利用高曝光率的知名客戶來為自己打造一層光環。奢侈品展開改革，奢侈品真正的市場正式出現，工藝師必須成為發號施令者。如今的印度工藝師們仍然屬於工人，雖然是高水準的工人，但他們還未擁有高於客戶的支配地位，就像那些十九世紀法國的女裁縫家出名後，像藝術家一般創造了自己的帝國。

儘管如此，每個奢侈品都應該有一些小而精美的部分是手工製造的，這個部分可以讓它從所有的奢侈品和工廠的量產世界中脫穎而出。就像百達翡麗針對現代設計的金鷹系列錶款（Nautilus）文案所說的：「它有兩百六十五個手工單獨製造的零件」。我們可以想像一群工藝師們的身影，他們與藝術家相去不遠。即使是在今日，他們仍然是傳統的象徵。

就像勞斯萊斯的水箱罩一樣，豪華遊艇廠牌天鵝（Swan）遊艇或沃利（Wally）遊艇的組裝都是手工完成的。這樣的情況甚至非常普遍：蓮娜麗姿每瓶比翼雙飛香水瓶的蜜蠟封瓶技術，也都是手工完成的。每瓶皇家禮炮威士忌酒瓶上的紋飾都是由金匠手工雕刻而成。這種手工是一種儀式的象徵：那就是對細節的注重，讓產品越來越稀有和珍貴。

真實或虛無的稀有性

稀有性是奢侈品身分的核心。既然現代社會中的財富代表著傑出人才的素質和成功，那麼為他們提供與其財富和鑑賞力匹配的稀有產品和服務，這是再自然不過的事了。在這一點上，比較極端的例子是為那些富豪們量身打造的產品（見第五章）。他們的錢已經多到不知道如何花了，奢侈品業者發明了「超界」（outside the range）這個詞，指的就是那些富豪們渴望擁有的私人物品：潛艇、飛機、高級訂製服，可能還會加上知名藝術家的畫作。所有的奢侈品都會談到稀有性：稀有的材料、工藝師、技術，這些最終都指向品牌和它所尊崇價值的稀有性。

然而，奢侈品市場的出現開始於人們開始放棄稀有。那些所謂的奢侈品品牌在全球的暢銷證明，對於像LVMH、PPR、歷峰、保樂力加（Pernod-Ricard）等占領奢侈品市場的大集團來說，稀有性已經不再是奢侈品定義的一部分。這背後主要有兩個原因：

●世界上富裕或非常富裕的人越來越多，因此法拉利的需求量前所未有的成長：在原來的美國、南美洲和歐洲市場之外，現在又多出了俄羅斯和中國市場，那裡掙脫束縛的創業階層和娛樂界培育了很多億萬富翁。於是法拉利加倍生產量，在今天既保持著客觀的稀有性（例如維持總部馬拉尼羅的生產限額），同時又保持著主觀的稀有性（保持奢侈品的特性）。品牌可以在開發亞洲市場這個金礦的同時，同時保持客觀的稀有性嗎？

●在亞洲國家社會的一致性相當重要，每個人都願意花大錢購買「速成的階級」。在亞洲，日本是第一個宣稱價格高的產品也有高銷售量的市場，因此所有西方奢侈品品牌爭先恐後地進駐亞洲的購物中心和百貨公司。人們排起長長的隊伍，就是為了學習國際化的生活方式，並且買個象徵性的商品，證明自己也屬於那個階級明確的世界。即使所有的日本女性上班族都提著同樣的LV包，她們也不會在意。在日本，奢侈品是融合社會的奢侈品：如果太稀少，反而會破壞品牌的價值。

現在，各大奢侈品集團的商業模式是銷售貼著奢侈品品牌標籤的大眾消費品，儘管這些產品已經不再屬於奢侈品，但它們希望奢侈品大廈能夠巍然不倒，並且希望奢侈品的光環能夠透過宣傳和優越的產品繼續維持。要支撐這種對品牌資本的大規模利用，就必須維持奢侈品品牌崇高的地位。

對於經濟、演藝和文化界的菁英來說，他們享受著一種特別待遇，那便是稀有產品。它們的稀有性可以從緩慢的設計過程充分展現，傳達奢侈品的所有工藝。這種菁英式的購買透過公關進入媒體的眼中，一步步進入大眾（主要是女性）的視野。

由於明星在媒體上的曝光讓品牌變得神聖化，人們也開始對這些品牌的產品趨之若鶩，那些價格比較親民的產品便大肆流行，尤其是當時尚明星穿著這類產品的照片被女性媒體曝光的時候更是如此。全世界的人們陷入了對名人的癡迷，他們渴望自己也成為名人，關心這些神一樣的人物每天買什麼、吃什麼或穿什麼。套用一句名言：「對於大人物來說普通的事物，很可能成為普通人眼中了不起的事物。」一個真正的市場便由此誕生。奢侈品品牌不再將自己禁錮於銷售量小而價高的產品，例如百達翡麗，而是開始銷售大量而低價的產品，例如豪雅錶。為了讓讀者對奢侈品有更好的了解，我們必須深入探討稀有性的概念，而不只停留在傳統少量的概念上。

事實上，稀有不只一種。客觀來說，在建立一個可獲利的奢侈品品牌過程中，「有形的」稀有在某個階段是必要的，但不是在所有階段都是如此，否則奢侈品就沒有業績和獲利了。配件雖然是奢侈品中最缺乏稀有性的部分，但這無法否定它們創造了大量利潤的事實，因為這些產品含有非常少的主觀稀有性，製作成本較低。要增加它的價格必須靠虛無的稀有，在產品上充滿那樣的稀有感才行。卡地亞執行長伯納德．佛納斯（Bernard Fornas）在被問及他所扮演的角色時回答說：「我必須控制品牌在人們心中激發的欲望，必須維持產品的易得性和稀有性之間的比例」。在易得性方面，卡地亞在一九七三年發明了「必備」（Must）的概念，它的高級珠寶則是象徵和創造稀有的概念，好和前者相互平衡。

所以我們必須區分兩種主要的稀有：一種是最廣為人知的、關於材料和製造過程「有形」的稀有；另一種是「虛無」的稀有性或概念上的稀有性，由宣傳活動本身傳達、創造或維持。第一種稀有是真正的奢侈品所具有的。

巴黎高等商學院的校友伯納德．凱翠（Bernard Catry）從有形到虛無，將稀有性分成五種。他將稀有的等級和對製造量的控制，以及與對所謂的奢侈品公司關鍵的管理技巧相互連接起來。

第一，製作材料的稀有性限制著銷售量。在這裡，買主是關鍵人物，因為要透過他們的購買力來保證最稀有材料的供應無虞。法國品牌多美（Dormeuil）是奢侈品布料的專家，它發掘稀有且特殊的布料，主要供應給男性奢侈品業裡最頂尖的裁縫家和專家。最近，該品牌推出「Royal Qiviuk」布料，要穿用這種布料製成的西裝，你要付出一公尺一千八百四十歐元的代價：它是由一種生活在加拿大北部的麝牛內層毛皮製成。伊努伊特人（Inuits）手工收集這些短而細緻的毛，並在製作過程中與Super 200s羊毛和羊絨混合，製成了這種珍貴稀有的布料。

化妝品主要從科學研究得到稀有的物質，這就是科技的稀有性。蓓麗（La Prairie）以魚子精華霜聞名，每五十毫升售價三百二十八歐元。二〇〇七年，它還推出一款二十四K極緻金露，在醫學上已被用做抗炎藥品，每三十毫升售價五百一十四歐元。

第二，技術的稀有是透過對完美的極致追求所創造的稀有印象。《新聞週刊》（*Newsweek*）中，勞力士蠔式恆動手錶的廣告強調是「純勞力士」的：它介紹了勞力士的專用鑄造車間，純度百分之百的奢華合金就在這裡鑄造而成。同樣，理查德．米勒在官方網站上誇耀著它煉金的技術：「金屬合金、陶瓷、奈米碳纖維、矽，像這樣的手錶不用標準零件。」美國運通發行的黑卡強調的也是技術，卡片是由鈦金屬打造而成。類似的情況是，在一九九八年以後引進美國的高級伏特加都開始追求高純度的路線。他們多加了一道蒸餾工序，讓酒能更透明純淨，就像在尋找神話中的純淨聖杯一樣。法國的奢侈品伏特加品牌灰雁（Grey Goose）是價格最高的伏特加（每公升三十七美元），經過四道蒸餾工序，過濾所有雜質，已經接近精華液的純度，這是一種類似想像層面的稀有，還標榜芝加哥某機構贈予的「全球味道最好的伏特加」的稱號。因此關於它的一切都彰顯著稀有性，但這並不妨礙銷售量的增加，在這個領域中它的成長率最高，每年可以賣到四百萬桶。有人說，要訓練出一名合格的卡地亞手錶製作工藝師需要十年的時間，它的稀有性從此而來，但卡地亞無需透露究竟有多少位這樣的工藝師。

第三，生產數量的稀有。這是對需求量的主動限制行為和發行限量產品背後的邏輯，祕密地傳達給菁英預購的訊息。在這個同階層彼此競爭以展現個人優越的世界裡，比別人更早展示產品，會讓其他人競相模仿。法拉利限制它的製造數量，因此出現等待名單，進一步煽動人們的欲望。

第四，稀有的配銷管道也能創造品牌稀有的印象。法國鱷魚牌在中國是奢侈品品牌，是因為最近才在中國展店，只在最頂級的百貨公司和北京、上海少數的奢侈品專賣店中才可以看到。在日本，情況正好相反，鱷魚牌早已將專賣權委託給當地公司，所以在一般的商店都可以買到，很難有奢侈品的感覺。夢特嬌（Montagut）的例子是對配銷管道稀有性的極端展現。這個品牌獨有的「亮絲」（Fils Lumière）製成的毛衣透過巨幅廣告海報（這在當時還非常便宜）塑造了在中國的名氣，毛衣當

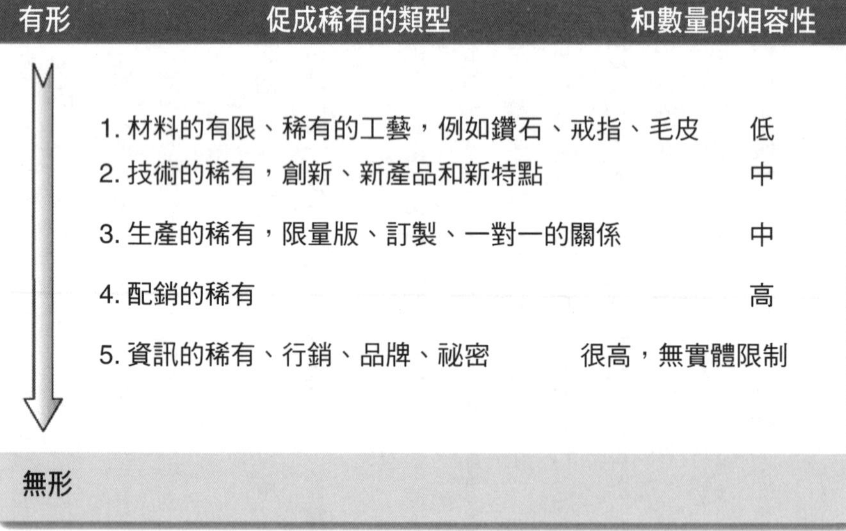

有形	促成稀有的類型	和數量的相容性
	1. 材料的有限、稀有的工藝，例如鑽石、戒指、毛皮	低
	2. 技術的稀有，創新、新產品和新特點	中
	3. 生產的稀有，限量版、訂製、一對一的關係	中
	4. 配銷的稀有	高
	5. 資訊的稀有、行銷、品牌、祕密	很高，無實體限制
無形		

資料來源：B Catry，二〇〇六年。

表4-1　稀有的五種類型

時在中國還無法銷售，配銷自然也還不存在。透過在沒有配銷管道的情況下創造知名度的方式，夢特嬌創造了人們對買不到的物品的夢想。

第五，資訊傳達的稀有，這不是建立在產品本身的稀有，而是建立在那些名人用戶的稀有，或是宣傳某位名人經常光顧豪華飯店、SPA或餐廳。那些持續不斷的獨家報導、小道消息和虛假秘聞等，都是透過傳播我們原本不知道的事情來提高虛無的稀有。媒體所傳播的獨家報導也有同樣的效果。資訊傳達的稀有性還展現在產品標籤中對「稀有」詞語的運用，以及產品標示和名稱上（例如蘭蔻的立體緊膚抗皺「Rare Cream」）。有傳言說，在巴西只有十個人擁有美國運通黑卡，這樣的謠言也可以讓人感到它的稀有。表4-1列出這五種稀有的類型。

所以，在現代的奢侈品業裡，我們必須懂得如何在產品並不稀有的情況下分配稀有。稀有性可以管理，甚至可以被激發出來。在一九九一年的波斯灣危機之後，香檳產業便陷入危機，購買量下跌，庫存量越來越大。結果，當時LVMH集團的任務就是提高銷售量。正如我們在第三章中談到的，奢侈品價格必須時常往上調升，這與推動銷售量的策略背道而馳。如果酩悅香檳將價格提高一〇%，銷售量便會立即下跌一到二成，所以它不是奢侈品品牌。奢侈品品牌Dom Pérignon香檳同樣有著降低庫存量的壓力，於是它決定用配給方式供應給所有主要客戶。當這些客戶正準備在年度會議上抱怨經濟不景氣和產品價格過高時，公司告訴他們要調降每個人的配額，每個經銷商簽約的配銷量比當年的銷售量還低，除了價格提高二〇%，並附加了一些條件和限制外，他們還告訴經銷商，能分配到銷量就算幸運了。於是，Dom Pérignon成功實現了系統化的價格調漲，而且還沒有降低銷售量。

稀有性和持續性

我們提過，稀有是奢侈品身分的核心，但是我們同時要確保這樣的稀有是具有正面意義的。從物品的審美角度來講，這是顯而易見的，一個稀有但醜陋的物品當然算不上是奢侈品。但在更為重要的一點上（對於所有與生命和生物多樣性有關的產品），我們仍要遵循這項原則，必須警惕惡性循環的產生。拿稀有動物來說，它的毛皮屬於奢侈品，物種越稀有就越珍貴。所以，被屠殺得越多，它們就越稀有，就越屬於奢侈品。如果材料的取用超過一定限度，這當然是不可取的。對於奢侈品來說，正面的社會形象比稀有重要。正如我們在第一章所說的，純粹的刺激行為與奢侈品策略相違背，在人際關係中是如此，在人與自然的關係中也是如此，而且隨著人口的增加，這部分變得越來越重要。我們將會在第十五章和第十六章深入探討這個主題。

現在我們只討論，對於奢侈品來說，稀有在本質上是不夠的。在過去，象牙、犀牛角、虎皮或麝香鹿，只要相關的動物數量還很多，就是真正的奢侈品。但今日剛好相反，這也顯示了人類的愚蠢。這個層面的考量，對於想要利用這些原料或類似原料的奢侈品品牌來說相當重要。這些品牌與野生動物組織《瀕臨絕種野生動植物國際貿易公約》（CITES）保持密切聯繫，該組織關注動物的國際貿易，並且尋求得到這類原料的新方法，例如飼養這類動物（飼養鱷魚和鴕鳥以獲取它的皮、為製作魚子醬飼養鱘魚以得到魚子），如此還可以創造新的商機和工作機會。

奢侈品的獨有性

奢侈品的獨有性展現在兩個方面：「我是唯一擁有它的人」和「別人都得不到」。奢侈品讓買主成為特別的人。

對挪威經濟學家韋伯倫（Veblen）來說，奢侈品是社會意義上人們最想得到的物品，因為它可以將你置於金字塔的頂端。這個因素推動了被稱為「炫耀財」（Veblen goods）的產生：這類商品的價格上升，需求也會跟著上升。今天昂貴的商品，明天自然會變得更加昂貴。這就是億萬富翁都熱愛藝術的原因：一件畫作一旦被自己擁有，別人就不可能得到。對於聖托培（St Tropez）和格斯達（Gstaad）等地的高級別墅來說也是同樣的道理，只有特殊的一小群人可以住在那裡。所以藝術品和奢侈品家具的價格不斷上漲，沒有盡頭。世界上的富豪越來越多，爭相加入金錢競賽的圈子。

從稀有性的角度來講，奢侈品市場只能透過降低獨有性的方法來實現成長。如果某物品是我們望塵莫及的，我們根本不可能對它產生渴望，只有富豪才會。就像加百利．塔爾德（Gabriel Tarde）早在一八九〇年就指出，障礙存在讓獨有性正式化，如果有了障礙，人們就不會渴望特定人群的購買和生活方式。只有讓它們變得更容易得到（透過降低價格或取消購買的法律限制，例如禁奢令），才可能開啟人們對於他人所擁有事物的渴望。

在關於奢侈品最吸引人的特質調查中，即使獨有性從未上榜，品牌仍必須盡全力讓自己看起來獨特尊榮。實際上，也很少會有人承認自己買某件產品的原因是因為它的獨有性，在受訪者的回答中，購買的理由通常是美麗、品質上乘、充滿魅力、品牌聲譽極佳等。

關於這一點，我們必須做一些說明。獨有性雖然不是獲得價值的首要因素，但是缺乏獨有性卻會貶低價值，這和一般物品的行銷有關。另外，一切都決定於調查的樣本：菁英們重視獨有性，一般人則不然。奢侈品向大眾打開了大門，奢侈品市場也隨之成長。現在西方世界或日本幾乎每個人都有能力購買少量的奢侈品。這與他們的愛好相結合，無論是室內裝飾、日常服裝或成套的護膚品。奢侈品漸漸地由少數人獨有變成了多數人共有。

對於新興的奢侈品品牌來說，比較困難的一點是要懂得何時開放、減少獨有性，以達到獲利的目的。在開放之前，品牌就應該製造了購買產品的障礙，這是人們欲望的來源。克利斯瓊・拉夸在與LV執行長阿諾特第一次共進午餐時就告訴他，自己想要設計一般人負擔得起的成衣。他曾經在尚帕度品牌擔任設計師，在一九八七年，這個設計天才第一次舉辦自己的高級訂製服發表會時，女性雜誌《*Elle*》向他詢問，人們如何才能在資金有限的情況下穿著克利斯瓊・拉夸風格的服裝。阿諾特說當他看到這篇文章的時候感到十分丟臉〔《電視全覽》（*Télérama*），二〇〇七年八月十五日〕。對他來說，這顯然為時過早。這樣的做法或許適合經典品牌的「創造者」來開創，但不一定同樣適合年輕的奢侈品品牌，它需要先建立一個神聖的地位。

人們對於獨有性和面子的需要，導致今天的奢侈品越來越往服務業發展。所以我們可以看到，全球的航空公司都在重新整頓頭等艙。航空業過去忙著應對白熱化的商務艙之爭，頭等艙曾經消失了一段時間。如今頭等艙成為跨國公司的高階主管和平與寧靜的天堂。

這個關於航空公司的例子清楚地說明了第一章所提到的奢侈品演化模式，奢侈品的需求被今天的民主化和所謂的無階級社會擴大了。在今日，同一架飛機的不同艙位之間如此懸殊的價格差異是前所未有的，這當然也是因為航空公司需要提供少量的超低價座位，來留住那些被「廉價航空」〔例如瑞安（Ryanair）和易捷航空〕所吸引的客戶。然而，現在的服務也越來越複雜精細，這類服務可能是從經濟艙分出的消費升級的市場區隔，例如維珍航空（Virgin Airways）為付全額價格的乘客推出「豪華經濟艙」。也有所謂的頂級商務艙，例如西班牙國家航空（Iberia）的「Business Plus」和英國航空公司的「Club World」，最後，還有絕對舒適的新頭等艙。頭等艙代表奢華，舒適屬於商務艙，精打細算則屬於經濟艙。頭等艙的裝潢就像奢侈品服飾一樣，是委託著名的設計師完成的，例如英航是請泰倫斯・康藍（Terence Conran）設計。顯然，頭等艙和商務艙之間的差別不是在產品上，現在一些商務艙甚至為乘客提供臥椅。

讓我們再來回顧一下第八條反傳統行銷法則「隔離客戶與非客戶，大客戶和小客戶」。頭等艙的乘客所享受的第一種樂趣就是要真正地遠離人群（實際上或比喻上皆是如此）。新加坡航空公司被稱為是世界上最好的航空公司，它的資深執行副總裁馬士強對頭等艙的關鍵進行了簡單的總結：「頭等艙必須為乘客提供絕對的獨有性，一個黃金的隔離地帶……頭等艙的乘客必須享受與其他乘客完全隔離的奢華體驗。頭等艙的機票就像進入高級俱樂部的門票。」

所以，一切設計都應該為加強他們相對於其他乘客（特別是商務艙）而言的獨特感（可以稱為優越感）而服務。這一切開始於用豪華大轎車將乘客從他們位於市中心的辦公室接到機場，機場還有專門為乘客保留的休息室，泰國航空公司和英國航空公司還會提供私人SPA服務，有一家公司甚至還用賓士將乘客運送到飛機的登機口，這種待遇原本只專屬總統，但現在也向那些渴望得到這種榮耀的人開放。這是對他們傑出成功的嘉獎。

為了總結這個關於獨有性的單元，我們不妨談談那些買得起所有東西的頂級富豪。他們只和享有同樣富有、社會地位相同的人社交，這點非常重要，他們從不與其他人打交道。

進入專屬俱樂部：平常是奢侈品的敵人

正如生活中所看到的，大眾品牌也開始在模仿奢侈品法則，所以奢侈品必須重新創造並彰顯二者之間的距離。奢侈品就像軍服袖子上的金色軍階條紋，代表著佩戴者的級別和與之對應的英勇和成功。對於這種榮耀，奢侈品賦予的是豪華的服務：專人司機、上流人士專屬的俱樂部、在公共場所受到至高禮遇。在老百姓的世界裡，汽車和手錶是男人的軍階條紋，每個人都知道它代表的價格和意義；女性的手提包則展現擁有者的文化、專業和收入水準。奢侈品發揮著柵欄的作用：它傳達並重建了階級差異。奢侈品除了不能遵循以需求為導向的行銷方式（永遠追求賣得更多），從社會層面來看，還必須是難以取得的。所以奢侈品品牌就像俱樂部，從字面意義來理解：它們將客戶安排進入不同的精選社團。平等是奢侈品的敵人。

天鵝遊艇讓擁有者進了私人俱樂部的大門。美國運通的黑卡一開始只以邀請的形式發行。現在，你必須證明自己有資格才能使用這種卡：每年的消費額至少達到二十五萬美元（這是進場的門票），第一年繳納五千美元的年費，之後每年繳納兩千五百美元。這就是得到「美國最尊貴的簽帳卡」的方式。黑卡的名稱「百夫長」也是對持卡者的勝利與成功的直接致敬：他們是現代的百夫長[11]。

私人場所和俱樂部也帶給人們獨享尊榮的感覺，無論是巴黎的傳統馬球俱樂部（必須有人擔保，等待五年時間才能加入），還是北京七九八藝術區的餐廳和俱樂部。在這個區，原先廢棄的工廠被改造成藝術家的工作室和極富時尚感的高級場所，以及融合了超現代和古典元素的私人俱樂部。現代的年輕富豪、企業家以及成功的藝術家都在這裡聚集。重點在於你要在普羅大眾的同類型人之中找到自己，遠離其他人，顯示與他們的距離。

大家可能還記得凌志是如何利用奢侈品的這個典型特質。舉辦美國網球公開賽的法拉盛草坪公園（Flushing Meadows），凌志大張旗鼓地為該品牌的車主安排了兩個專用停車場，還有代客泊車的服務，還有人一路護送車主到體育場內。在澳洲，凌志還成立「Club Encore」，讓車主享有使用歌劇院、餐廳，還有最近停車場的優先權。

奢侈品和時尚截然不同

即使奢侈品品牌要具有現代性，並且要從時尚中汲取它必要的氣質，我們還是要記得，這二者是完全不同的（見第一章）。企業家們要從二者之中挑選其一，因為它們的商業模型相差甚遠。韋伯倫就強調過，如果社會結構一成不變，時尚就沒有意義了：時尚是以社會競爭為前提。奢侈品和時尚都是展現個人差異化的方法，但是今天，只有奢侈品是與社會潛在的階層有關：時尚成了社會大眾排除異己的工具。所以，時尚不只一種；時尚的類型多得足以讓每個人都獨樹一格，並讓自己融入屬於自己的群體和部落，即使是用很低的價格。

奢侈品和藝術：創造神話，減緩商業氣息

奢侈品與藝術一直以來關係密切（見第一章）。如果一九八五年普普藝術教父安迪・沃荷（Andy Warhol）沒有在瑞典品牌絕對伏特加開業時設計瓶身的圖案，這個品牌現在會是什麼樣子？香奈兒在世界七個國家的首都舉辦現代藝術的巡迴展覽，為了這個目的，品牌邀請時尚女建築師薩哈・哈帝（Zaha Hadid）設計一個原創的移動展館「流動藝術展」（Mobile Art）。這是一個充滿未來風格的膠

11 古羅馬軍團的百人隊指揮官。

囊狀物體，與品牌有關的現代藝術和菱格紋包作品將會在世界各地展出。這強調了奢侈品與藝術之間在結構上一貫的相近性，尤其是與現代藝術，因為它也渴望成為驚世駭俗、美麗和永恆的。它們是明日美好潮流的源頭。

今天，在卡地亞率先成立卡地亞當代藝術中心後，其他的大型奢侈品集團都透過建立基金會（例如威尼斯的Gucci基金會和巴黎的LV基金會）支持各類藝術的發展。促成這些密切關係背後的因素和動機為何，運作方式又是如何？

奢侈品對於億萬富翁來說，意味著他們有能力購買最稀有的物品，他們可以為了獨享的樂趣而擁有奢侈品。現今藝術品價格的持續上升，代表世界正在變得越來越富有，並且這個趨勢也帶動了富豪對最獨特、精緻、美麗、永恆和著名藝術作品的需求。

億萬富翁們也渴望能夠在世界留下他們的印記。於是就有了各種各樣的基金會和贊助行為，就像古代王公貴族們總是透過禁奢令鼓勵藝術家。他們慷慨的贊助證明了他們的權力，讓作品得以完成。一旦完成，這些作品就會被所有人看到，尤其是畫作或建築裝飾之類的作品，通常和宗教、對上帝的讚頌、皇家或公共建築相關。許多文藝復興時期的藝術家對他們的贊助者心懷感激是有原因的：除了金錢，客戶也為他們帶來名氣。現在，贊助者們仍然扮演著推薦藝術家和作品的角色，贊助者是「守門人」，他們為開啟藝術家上流社會的大門。為了避免被排擠，上流社會的人士總會跟隨贊助者的選擇挑選作品。

奢侈品大亨們對於藝術的偏愛是建立在他們的身分上，這種偏愛讓以下這個觀點歷久不衰：奢侈品的功能是美化社會，精神重於物質，透過美和藝術升級。簡而言之，物質財富的累積應該鼓勵大家透過無形的財富（這裡指藝術）讓人們提升自我。另外，奢侈品的神話應該得到維繫：它需要一個神殿。我們現在討論的是塑造奢侈品品牌的傳奇：工藝師的傳奇，也就是製造奢侈品的代表人物。如果企業的發展壯大依靠的是工業化和產品系列，這樣的企業創立的奢侈品品牌越多，那個奢侈品產業就越敬重獨特、真實的作品。它透過過藝術將這種足以成就傳奇的推崇傳達給媒體。

奢侈品的普及和系列產品的概念催生了奢侈品市場，這讓工藝神話的維繫、手工勞動、按規定生產、尊重傳統變得比以前更重要。奢侈品品牌和純藝術家建立關係並提供經濟支援，是種融入這個崇高群體的方式。

以歷史上來說，藝術在本質上是宗教的，有權勢者下令修建或裝飾神聖的建築來讚頌上帝的榮光。藝術與宗教儀式是形影不離的，宗教用品本身就是藝術品，展現的是時代所允許的藝術和科學所能達到的極致。在這個方面，透過靈魂帶來的昇華，藝術神聖的層面得以保存。

但是在現代的概念中，藝術已經失去神聖的內涵，它仍然是一種文化的象徵，代表人們有鑑賞無形事物的能力。人們不能僅僅滿足於透過累積財產來得到這些藝術品。奢侈品品牌也希望創造這些垂直的多樣性。另外，雖然生產系列產品促成了奢侈品市場的出現，但藝術仍然是單一作品的市場，奢侈品與藝術的交流也可以維持這個神話。

藝術還培育了奢侈品和時間之間的特別關係，時間讓奢侈品與時尚有所區別。奢侈品培養著關於自己永恆的神話，就像時尚（迎合經濟體系的要求）在女性雜誌的幫助下，每年都在進行著大規模的汰舊換新一樣，所以奢侈品將目標鎖定在追求永恆。法拉利隨著時間會增加價值，它在義大利馬拉尼羅的製造廠，有一部分空間就是專門用來保養它在世界各地賣出的三萬八千輛、各個年分的法拉利。從本質上來講，藝術的目的是永恆：作品在創作者逝去後依然不朽，甚至超越他的時代。所以奢侈品總在努力證明自己不是簡單的商品，藝術大大地減輕奢侈品業的商業氣息。

㈠奢侈品和慈善：展現道德價值

在鉅資成立自己的基金會後，比爾．蓋茲的形象大幅改善，這就是美國文化，人們可以靠著努力、上帝的幫助，再加上一些運氣，將命運握在自己手中。一旦他們累積財富，這些富豪又將會重新分配部分的財產，例如捐給他們的學校、故鄉或基金會等。

奢侈品也是如此，現在有數不清的慈善晚宴和基金會。要參加皇家禮炮的慈善晚宴需要進行一萬美元的捐贈。萬寶龍（Mont Blanc）是聯合國兒童基金會（UNICEF）的贊助者。

實際上，奢侈品也付出非常多。因為奢侈品展現出明顯的不平等，長久以來成為社會譴責的目標，所以這些慈善的活動究竟是出於羞愧，還是想要挽回聲譽？或者這是富人原本就需肩負象徵性落實道德格言的義務？

無論是因為哪種原因，奢侈品品牌必須投身慈善事業，而且必須公開行善。有著積極和尊貴身分的人不應該忘記窮人，這是全人類社會的道德根基之一。它應該達到的效果，是讓人有種天下一家的感覺。參加一次慈善晚宴，或預訂一整張桌子的席位所要付出的代價不是固定的，而是由拍賣決定，那些富人會競相進行捐贈。這就是富人應該具備的道德標準，對於奢侈品來說也是一樣。

第二部

奢侈品品牌，需要特殊的管理策略

第5章 客戶對奢侈品的態度

誰是當今的奢侈品客戶？他們在社會專業或社會文化層級上的特點是什麼？奢侈品關係的類型有多少種？為什麼新興國家的客戶如此熱衷奢侈品？中國、印度、俄羅斯的奢侈品市場是否不同？如果是，又是如何不同？日本是未來奢侈品的領導者嗎？

一 奢侈品策略vs.奢侈品市場和奢侈品客戶

在回答這些關於奢侈品客戶的重要問題之前，首先要說明，正如第二章說過，奢侈品有許多種可能的定義。本書講的是奢侈品策略，這是一種新型的特定策略。只要某種產品和服務滿足奢侈品的定義，就適用這種策略。要定義和解釋奢侈品策略，我們就必須先精準地定義「奢侈」一詞。如果定義不夠精準，就無從討論它的市場或客戶，因為任何人都可以成為奢侈品產品或服務的客戶，接著我們也無法討論相關統計數字，但這卻是我們必須要做的事。

本章我們所說的是廣義和一般認知的「奢侈品」，也就是融合奢侈、時尚、頂級的昂貴產品。使用廣義定義的原因，是因為缺乏運用奢侈品策略公司的全球市場資料。

使用廣義奢侈品的定義來探討全球市場的資料是有原因的。正如第二章提到的，奢侈品策略最初是為了奢侈品市場而存在，在奢侈品市場上是使用最頻繁、事實上也是最有效的策略。在其他市場的運用上儘管可能非常有效，但卻很少用到，例如蘋果和Nespresso（只有部分運用）就是很好的例子。還有一個原因是長期以來，在市場沒有變化的情況下，部分身居高位的品牌所使用的策略，在奢侈、時尚和頂級產品之間不斷變換：

- 一九九〇年代，Gucci從奢侈品策略轉換為時尚品牌策略，由湯姆．福特（Tom Ford）掌舵，而現在又回歸奢侈品策略。
- 迪奧正在嘗試從時尚品牌策略轉換到奢侈品策略。
- LV任用馬克．雅各布斯擔任創意總監，舉行高級訂製服發表會，將奢侈品策略加入部分時尚的觀點。
- 一九九〇年代，賓士汽車從奢侈品策略轉型為頂級策略（發表賓士A系列），如今又回歸奢侈品策略（二〇〇七年銷售的克萊斯勒系列和二〇〇二年梅巴赫系列）。但是二〇一二年梅巴赫停售，顯示要回到奢侈品策略並非易事。
- 奧迪和凌志正在從頂級品牌策略轉換成奢侈品策略。

奢侈品的市場規模有多大？

據貝恩策略顧問公司估計，奢侈品市場在二〇一二年估計超過兩千億歐元，較二〇〇九年大幅回升。奢侈品市場曾在二〇〇七年達到頂峰，價值一千七百億歐元，到二〇〇九年由於金融危機跌到一千五百三十億歐元。二〇一一年，美國是當仁不讓的領導者，市值四百八十億歐元，其次是日本（一百八十億歐元）和部分的歐洲國家。中國大陸只有九十二億歐元，但呈兩位數成長。此外，中國遊客在國外消費的總額相當於中國大陸奢侈品市場。因此許多專家預測，中國的奢侈品市場將在八年內成長為世界第一。奢侈品市場在全球的發展為什麼如此迅速？

首先是因為亞洲金磚國家有越來越多的有錢人和富豪，這一群人成了奢侈品品牌汽車、遊艇、度假勝地、奢侈服務、私人飛機、手錶和珠寶新的目標客群。如果一個品牌的銷售目標並非富豪們，即使有奢侈品的外表，也不能稱為奢侈品品牌。凱捷（Capgemini）和美林（Merrill Lynch）已確定了奢侈品市場的客戶主體，也就是最具潛力客戶的身分，這群人在全球被稱為「高淨值人士」（High Net Worth Individuals，ＨＮＷＩ）。他們擁有的資產超過一百萬美元，包括主要住所、收藏品、消耗品、耐用消費品（例如汽車、家具）。這些高淨值人士在二〇〇五年有八百七十萬人，二〇〇六年有九百五十萬人，二〇一一年一千零九十萬人。其中三百四十萬人在北美，三百一十萬人在歐洲，三百三十萬人在亞太地區，五十萬人在拉丁美洲，四十萬人在中東，還有十萬人在非洲。如果將高淨值人士的標準上升到資產淨值超過三千萬的話，這一群超級高淨值人士將下降到九萬八千人，占高淨值人士人數的〇．九％，卻掌握著ＨＮＷＩ總資產的三六．一％。

奢侈品市場成長的另外一個原因是富豪們的生活型態。富人和一般消費者生活型態之間的差距越來越大。《富比世》的資料顯示，奢侈生活成本指數離市價越來越遠（表5-1）。

這些數字顯示了奢侈生活需要越來越多的資金，遠超過目前物價水準的收入。這一點非常重要，因為如果奢侈品品牌過度迎合那些為數眾多但只是偶爾購買的客戶，就會失去高淨值人士的信任，而

表5-1　一般生活水準和奢侈生活水準比較

	1976	1983	1994	2000	2007	2011
奢侈物價指數	100	200	400	500	772	950
一般物價指數：消費者物價指數	100	160	250	300	385	410

資料來源：《富比世》，二〇一一年。

這些人才是奢侈品市場的潛在客戶。對他們來說，與普通客戶保持距離的品牌才具有吸引力。

當然，現今的奢侈品品牌也向不那麼富裕的客群敞開大門，這些人被稱為入門買家，購買的是入門級產品或者負擔得起的奢侈品。這樣的做法擴展了奢侈品的潛在市場，但可能會降低品牌的奢侈性。因此，易普索（Ipsos）集團「世界奢侈品追蹤調查」（World Luxury Tracking Survey）的樣本只包括日本在內的已開發國家富裕人口的前五〇％，香港三〇％，南韓二〇％，巴西、墨西哥、俄羅斯的一〇％，中國五％，印度二％。

富裕和現代感哪個重要？

研究奢侈品客戶的購買行為和動機長達十五年的RISC機構，認為奢侈品客戶不是由他們的社會人口統計定義，而是由他們的行為，也就是購買奢侈品品牌的行為定義而成。二〇〇九年，RISC估計全世界奢侈品客戶的核心有八千萬人：三千兩百萬人在歐洲，三千六百萬人在美國，一千兩百萬人在中國。有趣的是，決定客戶購買奢侈品的頻率有兩個因素：收入水準和客戶的「現代感」，現代感指的是客戶願意改變、受外界影響的程度。RISC發布的資料顯示：收入較低的客戶，如果具有現代感，仍會購買奢侈品。相反，富有但沒有現代感的客戶（例如將金錢投資於家具或藝術），成為奢侈品客戶的機率較低。

接下來看看這份針對歐洲一千兩百萬名最常購買奢侈品的客戶所做的全球性調查（表5-2）。

- 六一％的奢侈品大戶是高收入族群，但三九％的購買者並不是最有錢的。
- 社會文化的現代感（是否活躍、是否願意改變）與資金因素一樣重要，六〇％的奢侈品大戶在社會文化方面十分先進。

再看看表5-3，說明奢侈品的滲透率，每個社會文化層級的比率代表奢侈品大戶在這個人口區隔裡的比重。我們將歐洲人口分為四類：富裕和不富裕、先進和保守，可看出客戶的現代感會增

表5-2　奢侈品大戶的人口結構

富裕（61%）	25%	36%
不富裕（39%）	15%	24%
	保守	先進

表5-3　奢侈品在各個人口區隔的滲透率

富裕	5.4%	11.3%
不富裕	2%	5%
	保守	先進

加奢侈品的購買率。調查研究者杜柏（Dubois）表示：「如果提升現代感，富豪在奢侈品的購買率會加倍，從五．四％增加到一一．三％，不富裕的客戶購買率會從二％上升到五％。」

從這些社會人口統計因素的分析中可以得到什麼結論？這些因素是否和奢侈品的購買率有關係？可支配的收入是購買奢侈品的主要決定因素。收入越高，越有可能購買奢侈品。在美國，五％收入最高的群體占奢侈品購買總額的三分之一。五％收入最高的群體占六〇％。事實上是可支配的收入，而不是收入。這就是一九七八年日本掀起奢侈品熱潮的原因：單身且和父母同住的職場女性，能夠將大部分的收入花在購買奢侈品上。在這個案例中，還有一個因素和奢侈品策略息息相關：這些職

場女性主要購買知名奢侈品的手提包（從LV、香奈兒到愛馬仕），手提包展現出這些女性現代的一面，擁有一份好工作，不像母親那一輩一樣整天待在家裡。這些現象說明了收入不是很高的人也有購買奢侈品的強烈欲望。相反地，收入很高的人，如果不夠現代，購買奢侈品的可能性就很小。史丹利和丹科的研究（Stanley and Danko）顯示，部分非常富有的美國人仍然駕駛豐田Celicas，日常也喝著平價的酒。他們還是習慣繼續過著變有錢之前那種草根的生活，事實上他們還會將大部分的收入存起來。他們的收入或許不是很高，但資產卻相當可觀。教育程度是購買奢侈品的另外一個因素：教育水準越高，購買奢侈品的可能性越大。這是奢侈的文化面向，藉由奢侈品，從美學和冥想中得到快樂的能力，超越了物體的實用功能。

年齡也和購買奢侈品的習慣有關，但不是呈直線相關，而是呈現鐘型的曲線。針對歐洲一萬兩千五百名客戶所做的研究顯示，購買奢侈品的曲線頂端是三十五到四十九歲的年齡族群。

購買奢侈品的大戶和散客

二〇〇〇年以前，全球奢侈品市場不斷成長，主要是因為我們所謂的散客。這些客戶不那麼有錢，但具有社會文化水準，偶爾會為了放縱自己、讓自己快樂，或者為了紀念某人或某個時刻，而購買一件有著奢侈品品牌的產品，這就是奢侈品的普及化。但到了今天，情況卻並非如此，奢侈品市場的主力已經變成那些經常購買的人。為什麼會出現這種相反的趨勢？

自二〇〇〇年代起，西方中產階級已經開始擔憂自己的財產，缺乏樂觀心態，認為資產的增加不一定會讓人幸福。他們擔心孩子以後的生活會不如自己，於是克制了他們偶爾購買奢侈品的欲望。的確，西方人的所得比中國人多十倍，但是他們的收入是停滯的。隨著房地產、能源價格、服務、醫療成本等費用不斷攀升，讓他們可以支配的收入變少。因此，他們覺得自己很窮。相形之下，中國的年輕人看到自己的收入不斷增加，心態更加樂觀，覺得自己很富有。在中國，新興階層在經濟方面的發展沒有阻礙。印度則不同，種姓制度讓人民難以透過致富爬上更高的社會階層。因此，印度的奢侈品市場遠遠不如中國活絡。

值得注意的是，組成奢侈品市場主體的富有客戶（占人口的二〇％）卻保持著樂觀的心態。RISC調查顯示，他們甚至和中產階級的差距越來越大，因為中產階級擔心著未來，反而向不富裕的層級靠攏。二〇〇一年以來，這種市場的兩極化趨勢越來越明顯。雖然中產階級仍有野心，但對未來感到憂心忡忡，因此導致了「平價奢侈品」的誕生。這個新名詞指的是價位比較平實的奢侈品品牌。業者深知人們對於平價奢侈品的需求，提升中階產品的形象，以滿足這種消費升級的需求。傳統的中階商品則被拋棄，取而代之的是便宜的低成本商品，或是形象更好、品質優良的商品。巴黎萊雅就是平價奢侈品的典型品牌，它模仿名牌的元素，同時和大眾進行交流（例如電視廣告），因為它不是透過特別的配銷通路銷售。亞曼尼之類的義大利品牌也知道如何滿足這種消費升級的需求，它們推出的產品價位很廣，還有許多副品牌，以滿足客戶的需求，適應市場環境。

四大奢侈品客群

除了社會人口統計和社會文化層面的變數，奢侈品吸引客戶的原因為何？客戶沉迷於奢侈品的原因為何？客戶能從奢侈品中獲得何種個人化的好處？下面這項調查針對全球高收入的年輕管理者，詢

表5-4 奢侈品客戶的四種類型

界定奢侈品的要素	體驗的真實	創新的小眾奢侈品	保值和聲望	突出的品牌標誌
物件的美感	**97**%	63%	86%	44%
產品的品質	**88**%	3%	9%	38%
魅力	76%	50%	**88**%	75%
獨特性	**59**%	10%	3%	6%
傳統和技術	26%	40%	40%	38%
創意	35%	**100**%	38%	6%
產品的感官享受	26%	**83**%	21%	6%
特殊感	23%	23%	31%	31%
永不過時	21%	27%	**78**%	19%
國際聲譽	15%	27%	**78**%	19%
工藝師製作	12%	30%	9%	3%
悠久歷史	6%	7%	16%	13%
天才設計師	6%	7%	10%	13%
少數人擁有	6%	3%	2%	**63**%
買家稀少	0%	3%	2%	**69**%
時尚先進	0%	17%	36%	31%
受訪者眼中典型的代表品牌				
	勞斯萊斯	JP	LV	起瓦士
	卡地亞	高堤耶	保時捷	賓士
	愛馬仕	三宅一生		

資料來源：J N Kapferer，一九九八年。

問他們所認為的奢侈品主要特質，確定了奢侈品的四個概念（表5-4）。此外，每個受訪者都列出了他們眼中最能代表奢侈品的品牌。從他們的回答中，我們可以確定每種奢侈品概念的典型代表，以及奢侈品對他們的意義。

- 第一種類型最重視產品的美感、品質和獨特性。調查樣本是來自世界各地的年輕管理者，他們十分富有，購買力強。從他們的回答中我們可以總結出第一種奢侈品類型，這種類型最接近我們研究中出現的一般階級。這種類型最具代表性的品牌是勞斯萊斯，其次還包括卡地亞和愛馬仕。這種奢侈品一般需要訂製，有著深厚的文化內涵，崇尚產品本身。
- 第二種推崇創意和產品給人的感官享受。代表人物有尚保羅．高堤耶（Jean-Paul Gaultier）、三宅一生（I Miyake）、馬克．雅各布斯等，這些設計師喜歡大膽的創意。但顯然我們在此談論的是時尚品牌，而不是奢侈品品牌。
- 第三種追求永恆和國際聲譽遠遠多於其他方面。代表品牌有保時捷，其設計風格穩定，還有LV、Dunhill等。這些品牌都是可靠的選擇，不會出錯。購買這些品牌的客戶尋求的是一種上流社會的歸屬感，他們會選擇知名品牌以降低風險。
- 第四種重視購買和擁有產品時的稀有感。在他們眼中，只有少數人才會購買這類產品，代表品牌就是起瓦士或賓士。擁有這類品牌清楚地表明你已經「成功」了。賓士是第四種類型的代表，這也就解釋了為什麼該品牌在不同時期會遇到困難。僅僅在幾年前，賓士的潛在市場還是追求奢侈品的客戶，而不是追求私密和感官享受的客戶，地位對這些人來說才是最重要的。品牌標誌才能代表他們屬於富裕階層，他們享受著品牌帶來的聲望、形象、吸引力甚至誘惑力。在中國、印度、巴西或俄羅斯，價格昂貴、聲名顯赫的賓士S、M或E系列車款的銷售量最高，那才是難以獲得的車款。購買者想從其他階層脫穎而出。這就是為什麼他們喜歡奢華和炫耀。因此，第四種類型意味著一種量化的奢侈品態度，客戶購買最昂貴的產品來彰顯自己的成功，分享這種快感。

第一種區隔：對商標的敏感度

上述四種客戶類型能夠透過一個關鍵的面向定位他們之間的關係：是對產品敏感，還是對商標敏感？是尋求象徵性的品牌，還是精緻傑出的工藝品？對商標非常重視，還是不要太顯眼的商標？

客戶和商標的關係這個面向，在區分客戶，甚至進行國家間的比較時，這個標準都非常重要。奢侈品重視商標並非偶然，商標可以說是宮廷著裝準則的符號版。這種對外展示隨著環境的不同而不斷改變，從顯眼到不顯眼。但即使再低調，商標還是需要一定的顯眼度，這樣才能向旁人表明擁有者的獨特身分。

上述四種類型中，第四種客戶非常喜歡商標，他們購買的就是符號。他們需要知名品牌標誌來顯示自己與眾不同，表明自己的成功。值得注意的是，賓士曾經有一段廣告詞說道：「像你一樣成功的汽車。」第三種類型的客戶也深受顯眼商標的影響。他們享受名牌的魅力，因為這些全球的知名品牌而肯定自己，正如同我們穿上晚禮服時會更加自信一樣。相較之下，第一種類型的客戶視自己為行家、審美家，能夠欣賞產品的卓越之處。他們喜歡真實，對無形的東西、少見的分享時刻很敏感。第二類客戶更加關心產品能否彰顯他們的風格，他們選擇富有創意的設計師，讓自己從其他人當中脫穎而出。喜歡商標的客戶多半出現在社會流動性高的國家，奢侈品的商標顯示出他們的成功。

從大商標到小商標的趨勢

今天，關於奢侈品品牌商標的大小和顯眼程度問題還存在著一個疑問。有些人尋求的是低調的奢侈品，例如配件上不應該出現大商標，而部分的年輕人喜歡大商標。對待商標大小的態度可以用以下的分類來解釋（圖5-1），態度主要和兩種獨立因素有關：客戶的財富和地位。

那些已經擁有財富和地位的人（主要是一些「老財主」）並不想將自己的財富暴露在他人眼前。他們不需要向不同階層的人證明自己，只需要謹慎地保持在同階級中的地位。他們傾向於低調的奢侈品，討厭明目張膽的炫富象徵（例如大商標）。他們位於圖5-1的左下角。他們認為，奢侈品只有在自己學習辨識它的過程中才應該被看見。

相反地，那些缺乏財富和地位的人希望能夠融入前一種人群，他們模仿這些人的價值

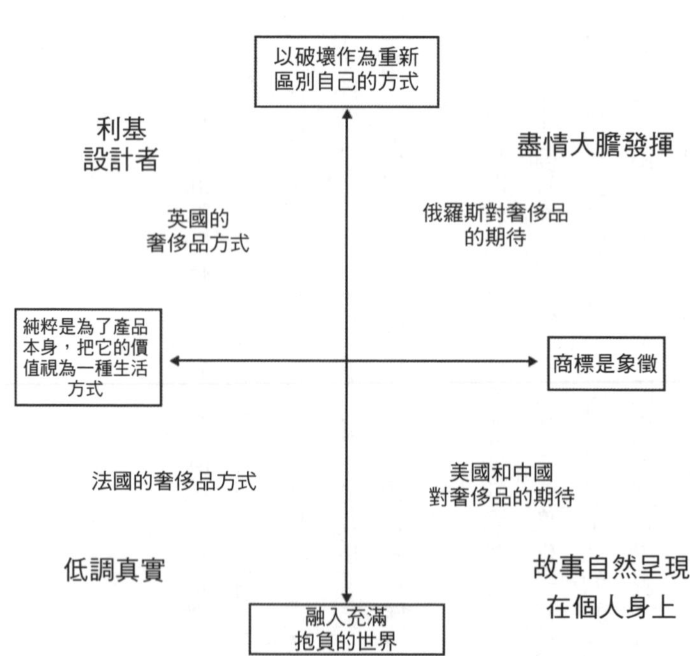

圖5-1　以奢侈品品牌區分自我的四種方式

觀。這就是他們推崇勞夫．羅倫的原因，這位設計師並非出身於上流社會，卻非常著迷英美上流社會的生活方式。他的所有服裝設計都是模仿上流社會的衣著。你很容易發現，勞夫．羅倫發明了POLO衫上超大號的標誌（大馬衫系列）。第二類人群位於圖5-1的右下角，他們需要一種清楚的標誌，表明他們屬於自己想要生活的那個世界。這一群人喜歡顯眼而知名的商標，以顯示他們屬於這個世界，能夠負擔奢侈品，圖5-1的右上角是高收入低地位的客群。他們希望透過毫無上限的購買和無所顧忌的財富，展示獲得的地位和名望，期望人們尊重他們的經濟成就，所以他們大量購買極度奢華的品牌。圖5-1的最後一個象限是地位高但是財富少的人群，他們的地位建立在高等教育的基礎上，有些人是從網際網路發跡的新貴。他們追求的不是財富的物質象徵，而是強烈的個人體驗，或者是無形的資產，例如富有創意的設計師新秀、工藝師或者創新的高科技設備。

圖5-1還能夠解釋仿冒品吸引人的原因，仿冒品通常能夠吸引第二類人，即位於右下角既無地位又無收入的人群。仿冒品在日常用品和配件上都有巨大的商標，所有人都能看見。

最後值得注意的是，品牌商會減少價格較高系列產品的商標尺寸和顯眼程度，配件品牌更是如此。在二〇一〇年最近的調查中，賓士汽車車蓋上的商標直徑每增加一公分，汽車價格下降五千美元。商標最大的是A系列，在賓士車系中體積最小、價格最低。

第二種區隔：是否具有悠久歷史？

奢侈品客戶期望奢侈品能夠壓縮時間。前述奢侈品的四個概念涵蓋了「傳統」和「技術」。進一步地說，第二種和第三種奢侈品客戶都希望品牌擁有「悠久的歷史」。事實上，即便是最近的奢侈品品牌也壓縮了時間。奢侈品是長遠的事，即使銷售計劃是短期的，奢侈品給自己的時間也比時尚品牌長久許多。

正如我們在第三章所說的，品牌的時間面向是歐洲奢侈品的特色，這點在美國奢侈品品牌身上較難看見。許多歐洲人和中國人認為，沒有時間的沉澱，奢侈品就不會純正。悠久的歷史能讓奢侈品品牌變得更加權威，但這並不是說奢侈品一定要復古、傳統。軒尼詩的商標是代表其歷史形象的人物軒尼詩先生，但這個品牌還是知道如何展現超現代感，凱歌香檳也是如此。但是年輕人和大多數的美國人並沒有這種時間情結，對他們來說，真正的奢侈品品牌並不一定需要年分或歷史悠久。一個奢侈品品牌如果能講述精彩的故事，讓人懷抱夢想，就能獲得客戶的認可，獲得品牌地位。此外，奢侈品還是需要經過判定是獨一無二的。在這種文化中，通常的做法是測試和比較產品，這會讓原本無從比較的奢侈品變成像頂級產品。因此，對於品酒家羅伯特．派克（Robert Parker）來說，就算是擁有極具歷史的特級葡萄莊園品牌的酒，也要和其他的品牌一樣受到評分。

研究奢侈品品牌策略就會清楚發現打造品牌的兩種模式。第一種模式追求極致的產品品質，推崇產品自身和真正的歷史傳統，認為品牌是歷史的現代化身。第二種模式源自美國，沒有悠久歷史，但是敢於創造歷史。這些「新世界」品牌重視實體店的作用，利用店面製造氛圍，打造純正權威的品牌形象，讓品牌價值觸手可及。美國創造了迪士尼和好萊塢，它們是奇幻世界的建立者。

第三種區隔：個體化還是融入性？

最後，四種客戶類型還能用第三種經典的區隔加以區分：個體化還是融入性。個體化的客戶購買奢侈品是為了顯示自己的不同。例如，某些人不會購買知名的香檳品牌，而是尋找創意、大膽的新品牌。另一些人會更進一步彰顯自己的不同，例如釀製水晶香檳酒（Crystal）的知名香檳酒莊便清楚地表明它們不買Dom Pérignon。

這條區隔線的一邊是個體，一邊是社會。後者代表著融入世界的渴望。融入的方式可以低調，甚至是私密的。只有一定文化程度的人才能欣賞庫克香檳，了解它的傳奇。正因為客戶這種融合的渴望，奢侈品才能獲得公認的美譽，它們是有名和安全的象徵，連結了社會禮節和卓越感。客戶在品牌的決定上，遵循著社會多數人的選擇。

不同國家的態度差異

奢侈品管理面臨世界的多元化挑戰，有一些國家的消費社會剛要發展，而有一些國家已經飽和。當然，這就影響了不同的國家對於奢侈品這種極致購買的態度。

首先，我們來看看奢侈品在全球的吸引力。全球市場研究公司易普索專注於研究客戶行為，在採訪不同國家有能力購買奢侈品的客戶時，會問一個簡單的問題：「你喜歡奢侈品嗎？」答案從一到十中選擇。在不同的國家，天差地遠的答案讓人驚訝。中國最高（八・二），其次是墨西哥（八・〇）、印度（七・三）、英國（七・三）、美國（六・八）、南韓（六・四）、德國（六・一）、義大利（六・一）、法國（五・七），最後是日本（五・六）。

值得注意的是，歐洲國家和日本排在最後。這並不意味著這些國家的人不買奢侈品，只是他們對於奢侈品的態度不像新興國家甚至美國那樣積極。或許有很多原因可以用來解釋這些歐洲國家的態度。我們來看看每一個國家，例如法國和義大利是最多奢侈品品牌的發源地，二者都是天主教國家，重視善行，頌揚幫助窮人、克制欲望，儘管實踐起來會有出入。德國人一向不太熱衷奢侈品，他們談論本國汽車品牌時都會討論品質，不太重視無形的東西。

以上是針對客戶對奢侈品態度的三種區隔方式的分析，顯示我們根據不同的奢侈品態度，對不同的國家進行定位。法國確實是因為許多奢侈品品牌的發源地而聞名，但是奢侈品市場卻遠不能依賴法國客戶。事實上在法國，低調才是主流，財富必須隱藏。法國人買寶獅汽車（Peugeots），不買積架。法國人習慣私密的奢侈品，產品本身是其次，歷史、技術和細節才是消費重點，行家才會欣賞。對於法國人來說，奢侈品是一種享受，所以他們有高級料理。義大利受到藝術和潮流的啟發。美國將追求快樂視為權利和義務。簡單地說，購物讓人更快樂，只有更加舒適、更加優秀、更佳的效率，生活才能更美好。美國是白手起家者建造的國度，每一個事物都必須附帶實際功能。鑽石代表永恆，所以除了能表達愛意，購買鑽石還是一種很好的投資。保時捷不僅很美、可靠性高，同時還保證了高貴的轉手價格。天鵝遊艇有著出色的航行品質。總之，奢侈品必須具備卓越性，可以讓人討論才行。

俄羅斯、中國等新興國家對奢侈品的態度則大不相同。他們和美國一樣，人們可以透過致富而提升社會階級。一旦提升社會階級，就會想讓家族沾光，讓全世界都知道自己的成就。這種奢侈品態度更加注重享樂，注重感官享受，奢侈品的標誌必須顯眼且聞名。你品嚐著特殊的名牌香檳，彷彿這是一場誇富宴。在這裡，奢侈是現代的，是知名品牌的熱情分享。因為奢侈，所以你存在。

但是，讀者和管理者不能因圖5-1產生誤解。對於奢侈品的第一個誤解和奢侈品的深度功能有關。記住，奢侈品不是頂級品。奢侈品的功能是重新創造距離，拉開差距，象徵財富、地位和文化的不平等。將奢侈品的這個主要功能只局限在四個象限中的其中一個是不對的。事實上，四種奢侈品類型中的每一種，都尋求用自己獨特的方式拉開距離。因此，對於奢侈品品牌的創造者和管理者來說，向客戶提供絕對距離的方式有很多種。庫克香檳和Dom Pérignon香檳屬於不同的象限。我們可能需要創造出四種奢華的香檳品牌，每個象限一種。

但是，隨著時間發展和品牌成長，這四個象限不能視為絕對的。如果一個品牌形成於某一個象限，後期它就必須融合其他象限的特點，否則就有可能停滯不前，陷入單一的奢侈品模式裡。此外，如果要吸引新客戶，就要根據不同的客戶和等級不同的表達方式，每個品牌皆是如此。卡地亞的高級訂製珠寶手錶和「Must」系列手錶的表達方式就不同。同樣地，起瓦士十二年、十八年、二十五年產品所採取的表達方式也大不相同。

美國、日本和法國不同的奢侈品概念

在比較研究不同的國家對於奢侈品的看法時，巴黎高等商學院的同事杜柏從美國、日本和法國選取了相似的客戶樣本（圖5-2）。受訪者必須回答問題中的選項是否和奢侈品有關。如圖5-2所示，三個國家的情況非常接近，但是仍有一些明顯的差別：

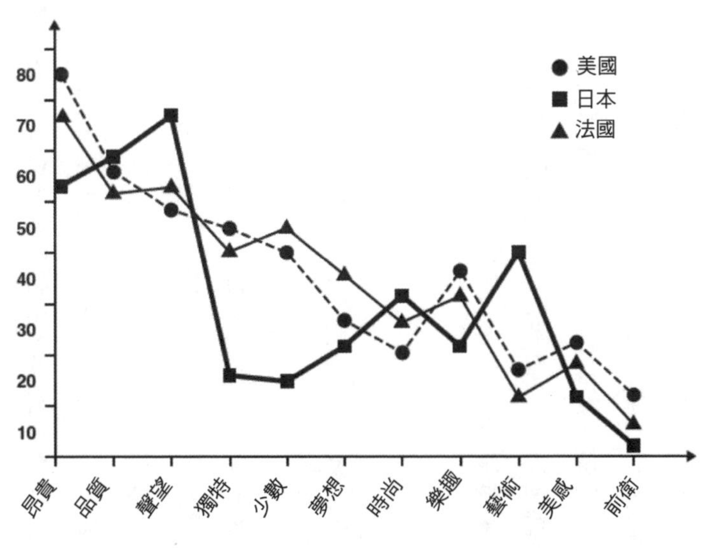

圖5-2 在美國、日本和法國的奢侈品意義

●所有受訪者都認為奢侈品和高價格有關聯，覺得奢侈品一定非常昂貴。

●優良的品質位居其次。

●日本客戶遠比其他國家重視品牌聲望，聲望比品質和價格更重要，奢侈品品牌必須享有盛名。

●相較之下，日本客戶不認為獨特或少數是奢侈品的標準，這一點不同於其他兩個國家。這項調查的奢侈品客戶樣本大部分是散客，他們顯然並不想和其他人不同，只是想追隨潮流。根據統計，在東京二十至三十歲女性中，有六成都擁有LV的產品，顯示出亞洲人民必須追求一致的壓力。在美國，減少銷售管道並不能讓客戶獲得專屬感和提升地位，應該是以商品的取得來肯定客戶的獨特個性和地位。

●日本客戶重視奢侈品的藝術和時尚感，這點和其他國家不同。但是，以上只是每個國家的平均數據，一國的平均值可能會把國家內部不同的客群混在一起。

這些資料能夠解釋日本客戶未將凌志視為奢侈品品牌的原因，因為它缺乏品牌聲望這個重要因素。這個日本本土品牌沒有高貴的出身、悠久歷史和文化，只是豐田汽車的高階車款。美國雖然看重品牌歷史，但是程度不及另外兩國。沒有歷史不要緊，品質卓越就夠了。美國社會是一個開放、包容、菁英導向的社會，適用於人的規則，同樣適用於品牌。美國不像歐洲，缺乏悠久歷史並不是無法克服的困難。對於美國這種功利的社會來說，購買奢侈品是一種投資。美國人喜歡討價還價，顯示自己不管在商店還是在網路上都達成了最划算的交易，買到的商品一定物有所值。美國人希望所有的品牌都打折，但是奢侈品品牌是不會有折扣的。

日本人和中國人對待財富的方式非常不同，日本人對於財富的顯露較為低調，中國人比較外顯。事實上，過去很多年日本人都曾使用「zeitaku」這個詞，意思是「揮霍的生活方式」。現在，日本處在一個經濟停滯、國民心態消沉的階段。這一階段始於二〇一一年十一月海嘯引起的福島核災。這就是為什麼日本客戶和其他發達國家（如金磚國家）比較起來，對於奢侈品的熱情最低。日本在這方面曾經是先驅，例如LV在一九八〇和一九九〇年代曾經風靡日本。博柏利在日本是在來自美國的執行長蘿絲瑪莉．布拉芙（Rosemary Bravo）讓公司徹底改變設計時才開始獲利。現在，日本客戶和年輕人已經先於其他國家一步，進入了後物質主義階段。他們仍然想購買奢侈品，卻是更有意義的奢侈品，更加注重心靈層面的奢侈品。

三 西方奢侈品品牌的全球化

周遊全球，你會驚訝地發現奢侈品品牌（更準確地說，是西方奢侈品品牌）無所不在。奢侈品商城隨處可見，奢侈品琳琅滿目。現在，所有的奢侈品品牌都在亞洲進行競爭，大力拓展零售店和旗艦店，將此作為贏得亞洲奢侈品市場的有力武器。其他新興國家也是如此，不管是「金磚國家」還是「靈貓六國」。但原因為何？為什麼這些國家（也許不包括印度）對西方奢侈品品牌如此著迷？

為何新興國家如此著迷西方奢侈品？

首先是因為金磚國家富裕階層的掘起，它們是一個極其富裕的階層。經濟的成長造就了這一批超級富豪，其中主要是經商者。凱捷和美林全球財富報告統計，歐洲、美國和金磚國家有七萬名超級高淨值人士（VHNWI），有六千七百萬名高淨值人士。這兩類人都是私人銀行典型的業務目標。但是，美林認為奢侈品品牌的核心目標是七千九百萬人（歐洲三千一百萬人，美國兩千六百萬人，金磚國家兩千兩百萬人）。這個廣泛的定義表明，現代奢侈品的目標不只有富人而已。首先是因為許多富人並沒有在購物上花很多錢。史丹利和丹科的研究提醒我們，我們的鄰居很有可能是百萬富翁，但仍然喝著便宜的酒，開普通的車，而非賓利。相反地，很多不那麼富裕的人喜歡享受揮霍的時刻，例如每年在米其林三星餐廳吃一次飯，或者展示知名品牌飾品上的商標。

新興國家的客戶對於奢侈品的需求不斷成長，顯示出西方國家強大的軟實力（文化、價值觀、意識形態等間接影響力）。然而，不管在政治方面如何鄙視西方，部分國家仍然被西方的生活方式、創意和創新的速度所吸引。中國也許已經成了世界工廠，但是仍需提高自己的吸引力。

奢侈品品牌代表著西方文化的精髓，此外還有科技。以法國為例，法國一方面以奢侈品品牌聞名，另一方面以高科技高速列車、核能源、戰鬥機和公共設施（包括城鎮和國家的水處理設施）聞名。

西方品牌之所以成功還有一個被忽視的原因，那就是缺乏本地競爭（除了印度）。事實上，大多數國家已經放棄了本國的文化，融入全球文化。日本在第二次世界大戰戰敗後，迅速開始支持征服國的生活方式，並且樹立了一個目標：成為世界上第二大工業國，來實現形式上的復仇。這就是為什麼日本公司占領了全世界，生產滿足全球需要的商品（豐田、裕隆、東芝、佳能、理光、三菱等）。需要注意的是，日本從來沒有出口過本國的奢侈品（例如絲綢和服）。他們認為自己的文化應當保持獨立，不能出口。此外，他們尤其不喜歡和「gaijin」（非日本人）分享。

韓國人也是如此，朝鮮戰爭結束後，他們立刻融入駐紮在當地美國部隊的習俗。中國自一九七八年鄧小平改革開放以來，逐漸成為世界製造工廠。但是中國人並不崇拜本國歷史，除了文化大革命時期外。中國人崇尚當下，喜歡能讓他們實現理想的世界奢侈品品牌，也就是西方奢侈品品牌。但是，隨著中國實力在全球不斷的成長，這個情況將會改變。

西方奢侈品在新興國家盛行還有另外一個原因。第一章提到，過去奢侈品是現有階級或種姓制度的結果，貴族的責任就是揮霍，以保持自己的地位。

在新興國家，情況正好相反：奢侈品創造新的社會階級系統。在研究中，我很欣賞某位中國受訪者針對奢侈品的作用所做的結論：「我喜歡奢侈品是因為它很昂貴。」顯然沒有任何中國本土品牌敢和西方奢侈品品牌賣同樣的價格。這就是為什麼愛馬仕創立了一個中國本土品牌「上下」，價格水準低於愛馬仕。不同的消費能力劃分出新的階層。由於沒有人想落於人後，即使是不富有的普通人也想展示能讓他們受人尊重的標誌（奢侈品品牌商標）。花錢就是進入這個世界的代價，即使是表面上進入也行。一份奢侈品全球調查顯示（只採訪各國奢侈品客戶），最有可能花高價購買奢侈品的人來自新興國家：印度六六％，巴西六二％，中國五五％，阿根廷五一％，墨西哥四二％，相較之下，法國只有三一％，日本二九％。

缺乏品味導致的混亂

在已開發國家，兒童從父母那裡學習識別奢侈品品牌，但新興國家沒有這種教育。這就是為什麼出現新財富階層的社會，人們往往分不清楚奢侈品品牌：將西班牙成衣品牌Mango看作和優客同級，甚至可比擬寶格麗或大衛杜夫（Davidoff）。最近ＲＩＳＣ在《時代》雜誌二〇〇七年的調查顯示，中國奢侈品客戶心目中的奢侈品代表，首先是香奈兒（四二％），然後是勞力士（三六％）和法國鱷魚牌（三三％）。在印度，同樣的調查得到的結果是林蔭大道（Park Avenue）、威爾斯生活（Wills

Lifestyle）、勞力士和歐米茄（Omega）。前兩個是當地品牌，第一個是印度紗麗服的品牌，第二個是香煙品牌威爾斯旗下的紡織品事業。威爾斯香煙在當地非常著名，在印度人看來跟萬寶路一樣貴。這就是為什麼在印度的西方奢侈品品牌銷售員一方面要做銷售，另一方面要做公關。他們得花大量時間解釋和教育民眾為什麼價格如此昂貴。昂貴的商品不一定是奢侈品（見第一章），在成為奢侈品前需要進行文化轉型，轉變成社會區隔和階級化的工具。為了欣賞奢侈品，你必須先了解它的文化，所以需要教育。目前在印度的富裕階層，有三〇%的人已經了解奢侈品文化，七〇%的人只想藉由奢侈品來展示成就，這就是新興國家的特點。

中國奢侈品市場的現狀和未來

所有人都預測，中國會在十年內成為奢侈品最大的市場。日本曾是第一大奢侈品市場，中國會是下一個日本嗎？從銷售額來看是肯定的，但是在中國銷售奢侈品和在日本一九八〇年代的狀況截然不同，兩者在文化和社會方面有很大的差別。奢侈品在日本取得成功有三個原因：

- 家庭平均收入高（每年六萬六千美元），中產階級規模大（日本是一個同質化的社會）。
- 個人必須服從於群體，有種勢利心態讓民眾都傾向購買銷量高的知名品牌。
- 越來越獨立的女性，現今女性都在工作、晚婚、可支配的收入高。

以上幾點都不適用於中國。中國是一個異質化的社會，GDP位居世界第二，但是平均家庭收入在第一百位。中國也許有三十萬名百萬富翁，但還有一億人年均收入不足八百元。

中國的富人大部分都曾經是窮人，他們需要的是一種清楚明白的著名標誌，需要真正的品牌來贏得尊重（和他人眼光）。他們沒有產品的專業知識，但是他們購買奢侈品以彰顯自己的成功，在他們的眼中，西方貴族都使用奢侈品。他們不像日本人那樣在乎產品的文化。

在中國，你能透過奢侈品成為大人物。你需要一種直接顯著的標誌。中國億萬富翁的數量成長最快，他們想要和自己的成功相匹配的認可。

中國已經成為世界工廠，到二〇一五年，中國應該會成為世界上第三大奢侈品市場。顯然，這兩件事之間有一個聯繫，那就是經濟成長。鄧小平曾說過「致富光榮」，可以發現他將光榮和財富相提並論。這是因為只有富裕沒有光榮不會產生號召力。鄧小平的目標是建設經濟發達的國家，而不是錢奴組成的國家。

我們能理解奢侈品（尤其是奢侈品品牌）在經濟發展過程中的重要性。奢侈品品牌眾所周知的價格，可以向有足夠支付能力的人傳遞一種資訊。客戶把奢侈品當作對自己工作的獎勵，讓其他人爭相仿效。為了表現自己的成功，好好滿足一下自己，客戶會購買這些價值被認可的商品，也就是外國奢侈品。每一件外國奢侈品都代表著一個國家的最高工藝水準。在中國，奢侈品並非多餘的，在前領袖鄧小平領導的二次改革下，建立成功的階梯是必要的手段。

我們需要記住的一個重點就是，高達一百七十億歐元的中國市場應分為兩個部分。一個是內部市場，二〇一〇年價值九十二億歐元，僅相當於紐約市的市場價值（貝恩策略顧問公司二〇一一年調查）。另一個是中國人在海外的消費，價值八十億歐元的旅遊市場。

據估計，二〇二〇年將有一億名的中國人在海外旅遊消費。對於他們來說，「這個東西是從香港、巴黎或者倫敦買的」這句話能提高他們的地位。在亞洲，禮品市場是必需的。

在今日，中國有九十六萬名富豪（門檻是一千九百萬人民幣），還有六萬名超級富豪。但是每人平均收入還是很低。中國的中產階級團體快速壯大，但在二〇一〇年只占奢侈品市場一二%。奢侈品市場現在主要由年輕的富人構成：低於四十五歲的占七三%，低於三十五歲的占四五%，主要是年輕男性。

奢侈品對中國客戶仍是「韋伯倫導向」（Veblen oriented）。KPMG顧問公司針對客戶購買的動機所做的調查，發現：

- 七二%同意「喜歡奢侈品的卓越品質，而非只是想要追求品牌」這種說法。
- 六二%表示「購買奢侈品是為了犒賞自己」。
- 六〇%表示「奢侈品能彰顯成功和社會地位」。
- 六〇%表示「奢侈品讓我更加自信」。

對這些客戶來說，購買奢侈品就像獲得獎品，獎勵自己透過辛苦工作獲得成功。奢侈品必須是國外製造的，表明「我不想要中國產品，我想要最好的產品」。因此，奢侈品正在塑造中國社會（造成社會分化）。此外，奢侈品的普及化讓富人呼籲奢侈品的價格應該更高，如此才能拉開和仿效者的距離，這就是奢侈品價格昂貴的原因。中國的富豪永遠不會購買仿冒的奢侈品，仿冒品配不上他們的地位。此外，如果被發現購買仿冒品，他們會覺得很丟人。只有無知、不會識別正版奢侈品或是外國人才會買仿冒品。只在專賣店購買奢侈品，享受ＶＩＰ等級的殊榮禮遇，這可以保證你買的絕對不是假貨。

奢侈品在中國有雙重影響。首先能夠拉開距離，尤其是和低下階層民眾的距離。其次還能產生歸屬感，購買外國奢侈品能夠神奇地讓客戶進入全球化、全球品牌的世界，也就是現代化的世界。奢侈品同時也是進入理想生活的通行證。日本在第二次世界大戰戰敗後，急於模仿西方國家的生活方式，但中國對西方的態度不同：透過奢侈品，中國人獲得通往世界的通行證，而不是通往西方國家。

為了發展中國的奢侈品市場，所有品牌都投資於產品通路，在所謂的三線城市開店。近來，成都的富有買家比底特律的更多。中國買家變得更加成熟，喜歡在奢侈品店購物，他們熱愛這種優雅的體驗，喜歡商店提供的服務和關注。奢侈品集團PPR從二〇〇五年到二〇一〇年成長了一〇三五%。此外，網路也是一個重要部分。中國沒有臉書，但是有六個本土社交網站提供相似的服務。因此，對於奢侈品品牌來說，提高網路影響力十分重要，因為在這個充滿獨生子女的國家，一代又一代的成年人急著透過網路和其他人交流。

奢侈品在中國的未來

這個問題可能問得有點早。中國人才剛剛開始享受國際品牌，為什麼要馬上停止呢？九十六萬名百萬富豪和六萬名超級富豪都會繼續前進。他們想要最先進、最昂貴的產品，所以奢侈品品牌必須不斷提高價格。其他客戶（年輕人和非富人）則喜歡大商標（例如勞夫．羅倫的大馬衫系列），因為他們想顯示自己在社會階級上的晉升，或者想讓身邊朋友看到自己正在努力往上攀升。

二〇一二年，在電子商務方面，奢侈品在中國面臨巨大的挑戰：

- 當地物流和基礎設施的不普及是很大的問題。
- 很難辨認位址，或者根本不能顯示位址。

●網路能夠提供什麼真正的奢侈體驗呢？從北京向烏魯木齊（俄羅斯邊境）寄送包裹，DHL和UPS快遞只需要五個小時飛行時間便可抵達，但是客戶完全沒有享受到奢侈體驗。

現在，最後的問題是，中國是否會出現本土奢侈品品牌？答案是肯定的，因為有一些行業有著悠久歷史，例如瓷器、絲綢、漆器。但是中國要建立奢侈品品牌還需要一定的時間，因為許多過去的事蹟已經遭到遺棄或毀壞。從管理層面來看，中國缺乏成熟的奢侈品品牌管理者和有創意的設計者，而二者都是實施奢侈品策略所必須的要素（見第十二章「奢侈品企業的財務和人力資源管理」）。

此外，時間也是奢侈品重要的構成要素。這個要素並非開啟奢侈品品牌，而是需要時間來發展。投資者會等那麼久嗎？愛馬仕贊助「上下」是一個值得追蹤的案例。事實上，中國的時尚品牌會比奢侈品品牌出現得更快。中國現在是世界紡織工廠，學習新技術的速度飛快成長。歐美的時尚品品牌在中國建廠，將「舞台讓給中國人」，而中國人學習速度非常快。相較之下，奢侈品品牌仍在原產地生產，不用和中國本地競爭。但是，換個角度思考便衍生出一個問題：「戰利品會是中國的嗎？」

中國面臨的最後一個挑戰就是偽造。在中國，偽造不同於賣假貨。假貨是不好的，但是偽造可以有正當的理由，不論是對於偽造者還是對於被偽造者而言。這一區別不容小覷。事實上，中國現今山寨文化正在發展壯大。西方往往將山寨文化總結為「假冒」，這是錯誤的。因為山寨事實上融合了對菁英和當權者的嘲笑和批評，山寨是窮人的聲音。山寨文化對經濟、文化和社會的各方面都產生影響。再談到仿冒奢侈品，仿造的品質越來越高，仿冒品吸引著從鄉村到大城市的許多人。這些人可能不知道Lacoste、Cartelo和Crododile Garment的區別，這些品牌都在城市開設店面。此外還應記住，在漢語中，「學習」的「學」也有模仿的意思。做得和大師一樣好，證明學習的能力好。從文化角度來說，中國人眼中的仿冒和西方人不同。現在，富人也有可能被仿冒品吸引，但大多只是玩玩而已。例如，深圳販售上乘的仿冒品商店就有許多香港女性喜歡逛。

為什麼印度抵制西方奢侈品？

奢侈品在印度的表現是矛盾的。從人口方面來說，印度是和中國一樣的大國。印度經濟正在快速發展，儘管速度比不上中國，但印度的奢侈品市場據說比較落後，至少西方人認為如此。為什麼呢？畢竟，印度擁有世界上最多的勞斯萊斯，大部分是為印度貴族特別訂製的。但是為什麼沒有迪奧、卡地亞這些品牌？基於我們的研究和對印度的深入理解（我們經常在印度舉行講座），可以得出以下假設：

- 印度是一個奢侈品的國度，但卻是本國奢侈品。我們所說的印度奢侈品市場落後，只是西方人自己的看法。事實上，西方品牌很少有可供印度學習的地方。印度工藝師比西方先出現，就算不談品質，數量也遠遠超過西方國家。
- 印度工藝師在品質和數量上的優勢，也是西方奢侈品無法攻入印度市場的原因。奢侈品在西方大行其道，一是因為當地工藝師稀少，甚至正在消失。此外還因為有一小部分工藝師統治客戶（大部分奢侈品品牌是家族品牌）。這些工藝師不只是為宮廷製作產品，他們甚至被宮廷人士競相追逐。
- 印度有著根深蒂固的服侍傳統，印度人喜歡被服侍。這就是為什麼印度工藝師是執行者，而不是創造者。在奢侈品方面，印度還未進入後工藝師時代。由於印度有眾多優秀的工藝師，找一個工藝師幾乎不需要什麼成本。因此，西方奢侈品「手工創造價值」的基本信條在印度行不通。手工製品在這裡失去了價值，但是工業產品還沒有，例如勞力士。

●這也是為什麼富有的印度人在被問到「聽到奢侈這個詞會讓你想到什麼品牌」時，首先回答的是工業製造品牌。他們的回答往往是（二〇一一年的調查）：索尼一三%，BMW一二%，賓士一〇%，派克筆一〇%，愛迪達八%，Reebok八%，諾基亞七%。相較於中國人的回答：LV三三%，香奈兒二四%，BMW一七%，迪奧一三%，法拉利一二%。再看看韓國：Gucci五八%，香奈兒五七%，LV五六%，博柏利一三%，費洛加蒙一一%。

●由於印度有大量優秀工藝師，富豪們不明白為什麼要以更貴的價格購買西方奢侈品品牌，正如某位受訪者所言：「人們不明白為什麼要花四十五萬盧比（九千一百美元），買一件迪奧的法國雪紡長裙，他們明明可以花六百美元，從印度奢侈品設計師那裡買到同樣的產品。」珠寶商也是如此。許多珠寶公司總部設在巴黎凡登廣場，特別訂單卻是交由印度製作。印度人深知，直接從本地工藝師珠寶商處購買會更划算。此外，在珠寶市場，黃金的重量、寶石的大小和工藝技術比品牌更重要。最後，印度人都是天生的生意人，他們喜歡討價還價，這一點西方奢侈品品牌無法接受。

●西方品牌實現全球化是因為許多國家放棄了當地文化和遺產，甚至連日本都是如此：日本街頭穿傳統服飾的人越來越少。此外，許多新興國家沒有真正的奢侈品傳統，只有工藝傳統。印度正好相反，印度人從未放棄歷史，並且引以為傲。印度總理穿的都是印度風格的服裝，女性穿紗麗服飾，只有在跨國公司工作的商務人士才穿國際化的服裝。結果就是，正如RISC奢侈品調查所顯示，印度是唯一一個受訪者聽到「奢侈」這個詞，就會立刻想到本國奢侈品品牌（例如女性會想到紗麗品牌）的民族。

●印度人不僅對本國文化和傳統感到自豪，還會捍衛文化傳統。印度獨立後，總理尼赫魯

（Nehru）大力宣揚第三世界的力量，設立高額關稅以保護印度避免遭受後殖民主義的侵蝕。這些向進口商品徵收的高額關稅至今仍然有效，讓印度成了一個封閉的國家。結果，在外旅遊的富有印度人傾向於購買海外的奢侈品，而不是購買本國奢侈品。印度另外還有其他的保護政策，避免受到全球化的不良影響，例如為了發展零售貿易，外國公司必須和本國的公司策略合作，這個政策產生的負面效應，就是印度地方的基礎設施並不健全。這就是為什麼奢侈品品牌必須在孟買或德里的皇宮酒店開設商店，而不是在商街。

●在印度這種充滿新貴和超級富豪的國家，做生意又是印度人的天賦，他們必須充分展示自己的財富實力：買私人直升機後，再現金支付購買遊艇。這是一場實實在在的競標大戰，爭奪眾人對自己的認可，首先是從同行和鄰居開始比較。其次是因為他們有大筆資金急需脫手，那些都是非法取得的錢財，也導致了他們肆意揮霍的心態。在新德里，每天晚上都會有數不清的私人煙火表演，還有揮金如土的派對，花費數千萬。新德里的賓利汽車展示中心，在開幕的前三個月就售出十八輛汽車，即使當時新德里大街還路面不平。

印度人矛盾的一點是，他們會在十歐元的日常開銷上猶豫不決，甚至錙銖必較。但是一旦要在鄰居面前炫耀地位時，就開始揮霍無度，一花就是一百萬美元。對這些人來說，迪奧還談不上是奢華。

㈠俄羅斯的寡頭心理

俄羅斯人也愛上了奢侈品品牌，起因是共產主義倒下所導致的經濟改革。改革所造成的直接影響有二：一是許多之前依靠福利補貼的俄羅斯人迅速陷入貧困，二是出現了一批超級富人，而且幾乎是突然憑空出現。莫斯科是世界上億萬富翁最多的首都。這些人到世界各地旅行，部分地方便成為俄羅斯新貴們的最愛。他們更喜歡國外，而不是莫斯科。這導致了一個奇怪的現象，位於法國阿爾卑斯山的庫爾舍維勒（Courchevel）是俄羅斯人都愛去的滑雪勝地，但是由馬爹利（Martell）或者軒尼詩干邑旗下的俄羅斯子公司管理。

人們往往會蔑視這些新富豪的行為，而這只是傳統富豪們的一種自衛機制。他們喜愛有文化累積的事物，並且想顯示出他們認為金錢不能代替文化，而他們會區別兩者。在圖5-1中，俄羅斯寡頭位於右上象限，代表浮華的享樂主義者，原因為何？

社會學研究提醒我們，如果能夠理解一種人的歷史及其家族的歷史，就能理解這種人的態度。寡頭往往憑空出現，他們既不是富二代，也不是官二代。他們知道飢餓的滋味。但是透過許多物質和道德冒險，他們已經掌握了這個前國營經濟的重要部分。結果是他們到處樹敵，日以繼夜地工作，永遠不知道能不能活到晚上。

在和奢侈品關係的第一個階段中，他們會大肆揮霍，這很好理解。短時間內致富的人往往如此：一旦進入商店，就想買下整個商店，不是為了自己，而是為了得到身邊人的愛戴和尊敬。但是寡頭之間也會有競爭。在象徵階段，他們購買的標準是品牌的名氣要高，這和價格息息相關。品牌聲望能讓購買者獲得尊重，這就是為什麼他們會買上千箱名貴的水晶香檳，而不是酩悅香檳。

為了贏得尊重，他們還喜歡購買新科技產品和汽車。由於是稀有產品，購買它們能顯示出買家也是稀有人物。

由於新富豪們經歷過計劃經濟時期的苦難，他們相信擁有能讓人快樂。他們的財富來得很快、很不自然，所以他們有一種生活脆弱感。他們不停地工作，但休息時（短暫的休息）會盡情享受生活，向命運致敬。他們覺得自己有未來嗎？他們的態度可以總結為「享受吧，盡可能擁有」。就像小孩進了玩具店，但是只買最好的玩具。

計劃經濟導致了對西方奢侈品的崇拜。在計劃經濟時期，禁止所有的西方物品，奢侈品因此成了資本主義的代名詞，也成了欲望的代名詞（無法獲得的快樂，愛恨的對立與融合）。今天，新貴們有了強大的購買力，他們只想擁有極致。

想像俄羅斯的未來，一旦這種模式到達極限，下一步要怎麼做？金錢買不到愛，能買到幸福嗎？就算能買到最貴的酒，卻不了解品牌和價格又有什麼意義？在今日，影響著俄羅斯富豪的三種變化主要有：

- 他們以俄羅斯文化為榮，記住俄羅斯從未輸掉任何對西方的戰爭。
- 現在全世界的焦點都在俄羅斯的天然氣供給和聯盟號（Soyouz）運載火箭，因此出現對本土奢侈品品牌的國內需求。
- 俄羅斯富豪正在進入奢侈經驗階段，追求心靈滿足。例如，他們可能參觀瑪歌莊園（Chateaux Margaux Winery），會見莊園園主本人，睡在酒莊走道裡，參加教學講座，聘請品酒師到明年的生日晚宴。這就是後物質主義的奢侈，包括購買藝術品。

第6章 塑造品牌價值

想像一下，如果沒有品牌，奢侈品將會怎樣？品牌是奢侈品和體驗它不可或缺的部分，是夢想結晶的代名詞。此外，在奢侈品界，品牌的地位最為崇高。客戶通常會先選擇品牌，接著才會從品牌中選擇產品。假設你要買個禮物送給朋友，首先你會選定一個品牌，例如愛馬仕，接著你要走進愛馬仕專賣店，在店中選擇愛馬仕的產品。這也是為什麼在過去的三十年，越來越多的品牌模仿LV的模式，也就是「只在自己的專賣店銷售商品」。最後，品牌便可展現它的價格力量。

沒有品牌就沒有奢侈品

有哪個奢侈品沒有自己的品牌？如果沒有，原因為何？以歷史性來說，奢侈品是沒有品牌的。在佛寺或教堂裡使用的金箔是給神明的獻禮，展現在金箔的昂貴、稀有和手工製作的精細程度上。

很多時候，「奢華」這個詞給人的感覺與品牌無關：奢華是一種充分享受特權的生活方式，例如擁有加勒比海地區的私人島嶼、私人飛機、遊艇、鑽石或黑珍珠項鍊。原則上，當某類產品成為統治階層生活方式的一部分時，它就擁有了特別的光環，並不需要品牌的經營。因此，在二十世紀初，法國的汽車總數還不到兩千輛，因為只有富人才買得起。在當時，擁有汽車就是奢華生活的典型象徵。

後來，汽車逐漸走入大眾階層，中產階級崛起，汽車需要分類，標明是否屬於奢侈品。凱迪拉克和雪佛蘭算不算奢侈品？因此，品牌誕生了。在今日，品牌帶給擁有者光環，對於永遠都不會購買這類汽車的大眾而言，品牌讓此類汽車脫穎而出，讓大眾熟知。在大街上，人們已經可以辨識出奢侈品，為擁有奢侈品汽車的車主創造了額外的價值。想要發展成奢侈品的產品必須具有珍貴性（內在的奢華），還要提供高品質的愉悅享受。同時，品牌需要具有一種標誌性。前兩個特性可以被模仿，但品牌自身代表獨一無二的特性，卻是完全無法複製的。

還有另一個原因可以解釋品牌對於現代奢侈品的重要性。奢侈品的全球化（也就是在地域上的延伸）讓奢侈品企業要將自己的理念，滲透到奢侈品尚未普及的國家。即使在日本，也無法在日語中找到一個詞可以準確地表達「奢侈品」這個西方概念，也無法與當地文化完美地融合。那麼，當地居民如何區分奢侈品和大眾產品呢？

一般而言，人們是透過具體的例子來理解抽象概念，生動活潑的實例勝過枯燥的解釋。他們無法清楚解釋奢侈品到底是什麼，但是他們知道有些品牌將專賣店設立在最繁華的商業區，或是商品售價出奇昂貴的購物中心裡，剛開始的時候只有少許客戶光臨。這群新客戶並不是從上一代那裡學會了「奢侈品」的概念（這是歐洲的情況），他們是自己從品牌本身的表現中體驗了奢侈品的意義。坊間流傳的說法是，最有名的奢華品牌就代表了奢侈品。因此，對於像中國這樣的國家而言，擁有一個好唸或容易辨識的品牌十分重要。對中國的富裕階層來說，拉菲酒莊（Château Lafitte）是最著名的葡萄酒品牌，因為「拉菲」很容易發音，除此之外，售價也是最高的。中國人並沒有具備葡萄酒地中海文化的傳統，通常用來佐餐的除了啤酒就是酒精濃度高的酒，「國產葡萄酒」和葡萄酒有很大的差別。

中國人雖然無法理解葡萄酒一瓶為何可以賣到一千美元，但到了餐廳還是會點拉菲葡萄酒來喝。拉菲葡萄酒代表著與眾不同，這正是他們想讓受邀的賓客和鄰桌的客人感受到的目的。

全球的統計資料都顯示了品牌的重要性。有趣的是，儘管國別不同，但無論是開發中國家或是已開發國家，人們都同意以下這個論點：「對我而言，奢侈品首先就意味著品牌。」在對物品狂熱崇拜的地方，中國對這句話的認同度高達九二％，在所有國家中排名第一，緊隨其後的是韓國（八五％）、香港（八二％）、俄羅斯（七五％）、法國（七一％）、西班牙（七〇％）、義大利（五七％）、德國（五七％）、英國（五五％）、美國（五三％）以及日本（四三％）。德國、英國和美國都是信奉新教的國家，人們相信每件事物的價值都應該從它的功能性和表現來決定。

藉由品牌管理奢侈品

全世界的公司都有一個共識：品牌對成功至關重要。這種說法運用在奢侈品品牌上最真實、最適合不過。奢侈品策略的目標就是獲得價格力量，這不僅能夠保證高利潤，同時也讓品牌可以在漲價過程中不斷成長，有時甚至可以增加平均售價（見反傳統行銷法則第十四條：不斷提高系列產品的平均價格）。經由品質、創意和地位費心經營而來的品牌象徵力，也是價格力量的一種手段。

象徵作用是指品牌的價值是無形的，是一種非常容易被毀壞的資產。在寶鹼和聯合利華，品牌意味著一種承諾：品牌的管理很容易授權給他人。類似這種情形的還有快速消費產品行業的品牌，它們也可以賣給其他公司使用。在希望集中發展核心競爭力的公司之間，品牌的交換司空見慣。「露依餅乾」（Lu biscuits）這個品牌毫不費力地從達能集團（Danone Group）轉到了卡夫（Kraft）旗下。奢侈品界的情況剛好相反：奢侈品品牌具有悠久的歷史、身分的象徵和員工創意的神奇魔力。奢侈品品牌具有高度的象徵性，無法授權給他人。當然，出於發展的需要，沒有哪個品牌可以親力親為所有發展工作；但奢侈品公司可以將品牌的盈虧控制權下放到具體的地區、國家或是分部。對資產負債表的控制本身是一種特權，因為資產負債表記載了公司最為獨特的資產，對於長期的價格力量有著關鍵性作用，長期價格力量是品牌的價值。

比較愛馬仕和H&M，二〇一〇年，愛馬仕的銷售額為二十四億歐元，與H&M的一百四十億歐元相比較低。然而，二〇一一年愛馬仕的品牌價值（「愛馬仕」這個品牌本身的價格）據明略行公司計算達到了一百二十億歐元，是它全球銷售額的五倍、盈餘的二十八倍。H&M的品牌價值為一百三十億歐元，是其銷售額的〇．九倍、盈餘的六．五倍。二〇〇九年（經濟危機肆虐的一年），愛馬仕和LV是唯一兩個奢侈品品牌，透過提高售價大幅提高銷售額，其他大部分所謂的「奢侈品品牌」都選擇了降價和大規模特賣。這正是因為，愛馬仕和LV具有卓越的象徵性和長期的高品質保證，這些都展現在它們的品牌價值上。

這只是奢侈品界轉型的一個結果：在過去，價值主要是由精緻的原料和出色的工藝所創造。如今，價值是由品牌創造的。當然，昂貴珠寶（標價五萬歐元以上）的買家通常是行家，他們熟知這些產品的價值，也渴望買到頂尖之作。然而，他們也想購買著名品牌生產的珠寶，這些珠寶有著自己的歷史。優良的傳統意味著產品的可靠。有歷史的品牌可以減少交易成本，因為它們可以贏得客戶的信任。如果珠寶的定價不高，例如一枚訂婚戒指，品牌會給這枚戒指加上一層含義：它代表了夢想的實現。這枚戒指可能放在卡地亞精美的紅色盒子裡面，這只盒子本身就是品牌象徵性的聖殿。

產品、體驗和品牌

奢侈品是一種奢華的體驗，奢侈品就是奢侈品品牌的代表。唯一一個不需要任何品牌的奢侈品就是鑽石，衡量鑽石品質的標準是大小和純度。對其他的奢侈品而言，沒有品牌就沒有奢侈品，即使是綠寶石也要標明是「來自哥倫比亞」、紅寶石要標明「來自緬甸」，魚子醬要標明「來自伊朗」。奢侈品品牌的意義超越了產品本身：品牌的塑造來自於上流社會的菁英對物品和服務的喜好。正因為奢侈品的物品和服務在美感和獨特性兩個方面受到大家的認同肯定，所以奢侈品品牌具有特殊的重要性，它與潛在的社會和文化階級相連，讓擁有奢侈品的人可以與眾不同，即使他們並不是唯一的擁有者。奢侈品用這種方式達到了基本的辨識功能（重新創造距離），這種功能是讓奢侈品有別於頂級品的關鍵。當然，這隱藏在其他明顯的動機之下，就像享樂主義隱藏在產品對美學的追求之下，或是釀酒的傳奇故事隱藏在精釀的獨特風味之下一樣。值得注意的是，如果向人們詢問香檳帶來的感受，人們很少提到香檳的口感。品牌是一種視覺形象。

品牌是社會通行證，是「明星製造者」，可以成就產品，也能成就個人。奢侈品不只是高價產品，它必須刻上大家認定可以作為社會分級標準的文化標記。當品牌本身就具有文化、政治和經濟地位，這個品牌就成了一種分級標記。這讓奢侈品和優質工藝區分開來：就像正品愛爾蘭康尼馬拉（Connemara）套頭衫、英國的摩根汽車，它們顯然都很稀有，充滿歷史感，純手工製造，帶來享受，品質非常可靠，但這些產品並沒有劃分社會階層的功能。它們讓購買者的身分得到肯定，但並沒有提升他們的社會階層。這樣的產品並沒有得到那些具有決定意義的社會群體認可。

奢侈品品牌首先是一個品牌，然後才是奢侈品。這是奢侈品和工藝的另一個區別。這說明了為什壓印度擁有歷史悠久、製作優異的工藝傳統，但目前還沒有奢侈品品牌的原因。缺乏基礎設施（例如缺少道路和供電不穩）讓工業無法充分發展。而且，還需要進一步加強對於品牌的理解。這意味著：

- 新德里有許多縫製高級紗麗服的工藝師可以挑選，但同一尺寸的紗麗，袖長和領口都有著些微的不同，並不是所有的三十六號紗麗都是一模一樣的大小。創造奢侈品品牌意味著要創造一個品牌，所以首先要向客戶確保所有的三十六號紗麗都是真正的三十六號，而同樣設計的三十六號紗麗都是一模一樣的。奢侈品的這個面向和產品的多重感官帶來的體驗（外型、觸感、味道等）以及連帶的呈現方式（原料、最後的修整和剪裁等）有關。
- 如果你在印度購買一枚鑽石胸針，商家可能會把它放在一個塑膠袋裡交到你手上。當地的商人還沒有意識到為珠寶設計高檔包裝的重要性，這可以進一步展示珠寶的美麗，延長客戶拆封的時間，創造更多的預期。
- 客戶還沒有充分理解「品牌」的概念，顯眼的品牌標誌很重要，證明產品是出自某創作者之手。

奢侈品品牌是鮮活的生命

奢侈品品牌是由設計師創立，品牌一般也是用創始人的姓氏命名，在創始人過世後延續其精神，例如香奈兒、希爾頓飯店和嬌蘭。你還可以為奢侈品塑造傳奇性的始祖〔例如Dom Pérignon香檳、慧納香檳（Dom Ruinart）和凱歌香檳〕，這些品牌的歷史也因這些人而改寫。在第二種情況下，品牌的功能就像神話的奠定和社會的英雄一樣〔例如荷馬和薄伽梵歌（Bhagavad Gita）等〕。

正如人的性格一樣，品牌的世界內涵非常豐富與複雜。與任何一個人類似，品牌並不是憑空而來：大眾品牌可以憑空創造，奢侈品品牌不能。它的創建是一個漸進的過程，逐漸建立起自己的名望，擁有堅定的支持者。因此，品牌的創立者為品牌的發展開拓了道路，後來逐漸變為品牌特性的一部分。

奢侈品品牌有其根源

品牌就像一個生物，擁有自己的祖先、歷史以及文化和地理上的起源。它有著堅實的基礎，並不是憑空捏造的。因此就像我們之前說的，了解品牌起源地的歷史和文化非常重要。對鱷魚牌而言，令人遺憾的是，目前世界上仍然有很多人不知道溫布頓網球公開賽的冠軍雷尼．儂格仕（René Lacoste）是法國人，更少人知道這個品牌誕生於一九三三年，代表著這個品牌產品的持久性。國家是一種環境、文化、生活的藝術，這並不意味著奢侈品品牌的溝通應該從過去找到定位。相反地，悠久的歷史讓你必須要勇敢地面對未來。沒有任何事物比奢侈品品牌更接近當代藝術。

奢侈品品牌必須聲名遠播

如果一個品牌要實現存在的意義（重新創造社會階層、劃分不同人群），它必須讓客群以外的人也認識它。它需要聲名遠播，在實際和象徵意義上，要成為較高品味的象徵。這是奢侈品品牌與傳統品牌的重大區別。傳統品牌只關注真正的目標客群和潛在的客戶。奢侈品品牌是社會指標，它重新創造了社會階層。為了實現這個目的，奢侈品品牌必須讓非客戶也認識它的階級性質。

勞力士打廣告的目的並不是為了販售勞力士手錶，而是讓沒有能力購買這些手錶的人了解這個品牌，讓真正的客戶因此感到高興。根據品牌風格和策略的不同，品牌的名氣要宣傳的具體範圍也不盡相同。

國際化的奢侈品代表的不同階級為全世界所知（例如Dom Pérignon香檳、迪奧、BMW、香奈兒、勞力士和卡地亞）。這就像穿著一件晚禮服，全世界都可以辨識出它的社會意義和價格。這種奢侈品的名聲已經傳遍了大街小巷。

所謂的「低調奢侈品」或是「訂製奢侈品」的目標客戶是那些僅僅希望了解該品牌的人識別出其價值的人們，這些品牌的名氣就沒那麼廣（例如百達翡麗、庫克香檳和天鵝遊艇）。

奢侈品品牌沒有生命週期

奢侈品品牌的不同生命

首先，奢侈品沒有「誕生」可言。奢侈品是沒有「出生日」或是「首發日」的，因為奢侈品品牌的產生並不是靈光乍現下一瞬間完成的。奢侈品的產生是一個漸進的過程，從發現目標客戶群開始逐漸精緻化（回顧前文提過奢侈品的重要特質之一：純粹、私密的一面）。不可否認，可可．香奈兒〔本名嘉柏麗．香奈兒（Gabrielle Chasnel）〕出生於一八八三年，五號香水則於一九二一年問世，這些年分是廣為人知的，但香奈兒這個品牌誕生於何時呢？也許你會說，這個品牌是在上述兩個年分之間慢慢塑造出來的，然後就沒有更多資訊了。事實上，品牌並沒有一個「開始」的人，這個事實經常被投資基金的企業主遺忘，它們想提供資金給奢侈品創業公司，但很快就失去了耐心，無法看著這些公司慢慢發展，它們追求的是投資的迅速回報。

非線性的生命週期

奢侈品品牌的生命鮮少風平浪靜，我們已經發現，這些品牌必須不斷創新，保持和其他產品的區隔，這並非易事。社會在進步，經濟環境在變化，品牌管理可能會出現失誤，在這些情況下，客戶的興趣可能會發生重大轉變。品牌越靠近時尚和配件行業，變動就越大（例如Gucci），但變化會影響到所有產業（例如奧斯頓．馬丁和瑪莎拉蒂）。

有時，整個行業類別都必須重新自我定義，才能繼續以奢侈品的身分生存下去，對於數十年前的毛皮商來說就是這樣：露華濃（Revillon）因為找不到其他領域進行轉型而一敗塗地，但芬迪靠著提供製作精緻的皮革產品和紡織品而存活。我們甚至可以在品牌的「奢侈程度」和危機應變能力之間找到相關性。當打火機失去市場地位，法國都彭（ST Dupont）轉而生產鋼筆，成功地保住作為奢侈品的定位。相反地，中階品牌弗拉米奈爾（Flaminaire）卻因為無法轉型生產其他產品而退出市場。類似的情況還有，當手錶業受到石英錶的衝擊時，天美時（Timex）失敗了，但瑞士所有大型鐘錶商不僅生存下來，還發展得更好。

沒有徹底消失這件事

嘉柏麗．香奈兒於一九七一年過世，但香奈兒品牌仍然存在。香奈兒品牌一直沒有消失，但有些品牌曾經被人們認為已經徹底死去（例如布加迪）。但是，就像鳳凰一樣，奢侈品品牌永遠都可以浴火重生。想要做到這一點，必須要認清奢侈品品牌的「夢想定位」是針對哪些人（也就是潛在客戶和非客戶），然後從這一部分入手，才能讓人再度燃起夢想。很多投資人都願意讓古老的品牌再生，就像灰燼下隱藏的火苗一樣，重新滿足人們的欲望。這種現象不僅存在於巴黎世家（Balenciaga）、浪凡、蓮娜麗姿的發展歷程中，對布加迪、奧斯頓．馬丁和瑪莎拉蒂而言也是如此。

奢侈品源於權威、階級和創意，不受專業局限

奢侈品有個獨特的關鍵因素是，奢侈品是先有產品之後，才有奢侈品品牌，因為品牌的建立是個漸進的過程。然後，品牌逐漸從第一個著名產品中脫離出來，即使這個產品停產，品牌也能存活下去。只要奢侈品有著優秀的策略管理，就算品牌大幅度地擴張產品的領域，也不會有損品牌本身。Gucci是以皮件聞名，後來經營範圍遠遠超出了這個領域。想想香奈兒和她的「整體形象」，包括時裝、精緻的皮件、鞋子、香水、手錶、珠寶等。現在沒有人會認為香奈兒的產品只局限在最開始的服裝領域。相反地，一般的大眾消費品品牌則受到更多限制，局限在某種類別或單一專業有關。

奢侈品品牌的財務價值

奢侈品是無形階梯的極致，可轉化成奢侈品名稱的財務評估（見表6-1）。

奢侈品獲利的關鍵在於極度集中在它們具體表達的無形資產上。事實上，在所有品牌中，奢侈品品牌與無形資產收益的關聯程度最高。明略行將它稱為「品牌貢獻」，也就是由品牌自身力量創造的

表6-1　奢侈品品牌的財務評估

（單位：百萬美元）

LV	24,312
BMW	22,425
賓士汽車	15,344
保時捷	12,413
愛馬仕	11,917
Gucci	7,449
香奈兒	6,823
卡地亞	5,327
勞力士	5,269
軒尼詩	4,997
蘭蔻	4,617
酩悅香檳	4,570
奧迪	3,808
凌志	3,648
芬迪	3,422
博柏利	3,379
勞夫．羅倫	3,378
雅詩蘭黛	2,592
優客	2,445

資料來源：明略行Brand Z，二〇一一年

獲利占總獲利的比重。這些從創意、傳承和獨特銷售點培養的無形資產，帶來了成本價和銷售價之間的巨大差異。而且，以印度、中國和巴西為例，當地的經濟成長讓這些經營有道的奢侈品品牌，財務前景一片光明。

㈠奢侈品品牌的核心：身分

在傳統的市場行銷中，決定品牌的是它的定位：品牌的目標就是成為給特定群體（目標客群）帶來比某些競爭對手（商業活動的來源，想要一較高下的對手）更大的預期效益（承諾或客戶利益）。這種定位成為品牌管理的核心，長期以來，企業就是從這個角度在市場上競爭，以獲得更大的市占

率。對於頂級品牌而言也是如此。

在奢侈品界，我們討論的不應該是定位。奢侈品品牌具有強大的特性，可以透過創造夢想來吸引和保持客群。這些品牌建構了自己的世界，客戶希望沉浸在這樣的世界裡：為了進入這個世界，成為其中的一分子，他們寧願花錢。奢侈品品牌培養了自身的獨特性質，它更願意守住這份特性，而不是考慮如何去戰勝競爭對手（競爭優勢）。即使客戶會進行比較，奢侈品品牌就像藝術家一樣，不是透過與其他品牌比較進行管理。你認為高更會想要和同期的藝術家比較嗎？當時的所有藝術家都是以各自的方式創作，具有個人的風格。特性在當代尤其重要，因為有幾百萬四處奔走的人口，靠著擁有某個品牌的商品或服務定義自己的社會屬性，這些商品和服務讓他們的自我得到了延伸。

品牌只能透過一致性來建造。為了實現這個目標，你必須認清自己的特點並堅持下去。當品牌設計師主導經營的時候，他們是基準，是奠定風格和品味的創意來源。設計師離開以後，品牌有必要找到自身的特性，才能長久地延續下去。本書其中一位作者就曾在這樣的關鍵時刻參與品牌的管理：這時需要釐清品牌身分，讓它成為內部的指標，而不是約束。

身分代表了品牌有形和無形的具體特質，這些特質塑造了品牌，如果失去這些，品牌就會走樣。身分是無法隨便套用的，它來源於品牌的起源、傳承，以及所有在特定價值和收益範圍內，賦予品牌獨特的權威和正統性。身分是品牌的「ＤＮＡ」，是品牌的「基因」。它整合了品牌的專業技術和永恆不變的符號：這些具體、清楚的元素定義了品牌，展現在商品中、商店裡、舞台上、廣告和溝通中。品牌也是無形的特質：如果討論的並不是具體的商品，那麼你在談論什麼？奢侈品品牌首先是一個史詩般的傳說，由很多故事組成：講故事是品牌的表達方式。

因此，奢侈品品牌的身分也促成客戶建構自己的身分。正因為這個原因，品牌必須整體分析：它就像文化上的稜鏡，可以用來解讀世界，發揮創造。這種「身分稜鏡」將品牌的象徵分成幾個根本的面向，把它們串連起來（見圖6-1）。

「身分稜鏡」的頂點定義了品牌的源頭，或者代表的東西：它的實體特質和個性特質分別是什麼？

首先，**品牌的實體面讓它界定品牌內必要的家族相似性**：反映這種相似性的規範、標示、手勢、姿態、顏色或是特質有哪些呢？有了它們，即使在時裝展上看不到雙C標誌，我們也能認出香奈兒系列。我們看到的是羊毛衫的柔軟和絲綢般的外表、經典的設計以及創新衣料的高品質。產品的象徵性、社會性和文化性功能越明顯，非語言的意象就越重要。所以奢侈品品牌需要自己的符號語法，以多種方式表達自己，例如香奈兒的山茶花、菱格紋、金屬鍊帶。品牌身分的實體面也包括那些具有象徵性地位的產品或目前最具代表的功能，例如YSL將男性時裝元素運用在女裝上的黑色晚禮服，是完美的剪裁。

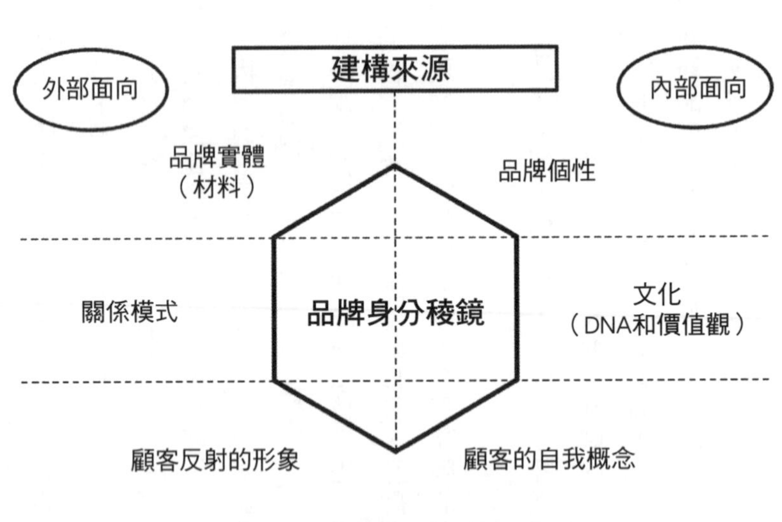

圖6-1　奢侈品品牌的身分稜鏡

第二，如果品牌不是個性的展現，那至少也具有一些個性元素。在奢侈品界，品牌就像是一個活生生的真人，也就是設計師本人，具有強烈的個性和性格特點。品牌繼承這些特性加以發展。品牌的個性展現擬人化的品牌，這在奢侈品行業展現得最為明顯，因為奢侈品品牌充分顯露出設計師的風格。如何描述品牌的個性？就像在描述一個真人的性格一樣。因此，YSL品牌個性酷似其創始人聖羅蘭先生：傲慢、挑逗、充滿魅力和難以親近的特質。

「身分稜鏡」的另外兩個面向與品牌建構的接收者有關。我們堅持使用「建構」這個詞。事實上，品牌的溝通並沒有說明目標在哪裡，而是提出理想客戶的代表。這並不意味溝通中會出現人。我們是以品牌表現自我的方式來思考。

第三，任何奢侈品品牌都是透過創造自我的反射來創造價值。即使我們從沒在廣告中看過客戶，人們還是可以用他們的「客戶印象」來說明奢侈品品牌（這就是所謂的「反射」，即品牌的「外反射鏡」）。保時捷就是這樣的例子：廣告中從來都沒有出現過駕駛者的身影（這與奧迪、福斯大不相同）。保時捷希望將駕駛者的形象留給人們去想像，在客戶與品牌間建立直接的親密關係，而不是介入一個第三者，不管這個第三者有多麼知名。香奈兒令人想到的是優雅女性，誘人、成熟、具有吸引力，喜歡受人矚目。YSL刻劃的女性則是統馭自己的形象、富有掌控力，從不畏懼與男性競爭，具有魅力而難以接近。

品牌通常是透過反射產生出不同的代表類型。勞夫．羅倫的產品線眾多且各不相同，每個不同的產品線皆有特定的目標客群，但是每個目標卻又明顯地顯示屬於同一個家族，有著明顯可以辨識的價值核心。

第四，品牌的個性是深入內心的（mentalization），這是作者凱費洛「身分稜鏡」的一個面向，

通常翻譯成「客戶的自我概念」。這裡探討的是「內照鏡」，可能和外反射鏡不同。客戶是如何透過品牌建構自身形象？例如，客戶會自覺地認為，持有美國運通黑卡的人可以滿足所有願望，可以得到一切想要的東西。

每個奢侈品品牌都為客戶提供了一種自我概念：這不是指奢侈品相對於他人（反射）的關係，而是「我和奢侈品的親密關係」。因此，YSL的女性客戶會這樣想：「我不需要名牌來肯定自己或是從中獲得權力，我覺得自己性感又有魅力。」喜好香奈兒的客戶會想：「我覺得自己很特別，因為我穿香奈兒，我感覺自己高雅、經典，又跟著上流行。」勞夫．羅倫的客戶則想著：「我擁有美國優越的特質，富有權勢和品味」。

「品牌身分稜鏡」的兩個中介面分別是關係和文化。

第五，透過「文化」這一面，奢侈品品牌創造了一種崇拜，吸引人加入。品牌最深刻的價值源自於此，這種價值為品牌所深信不疑。對我們而言，這是奢侈品品牌身分的根本面向。我們常用一些通用的詞彙，例如浪漫、古典、優雅、義式風格等表面的文字，或上流階級的價值觀（例如香奈兒）來定義品牌的價值。然而，為了長期良好地管理品牌，有必要深入了解。品牌的DNA在哪裡？是什麼培育了它不斷創新的精神？因此，勞夫．羅倫選擇POLO衫作為自己的標誌性產品。馬球除了是僅存的貴族運動外，還有什麼別的象徵意義呢？而「義式風格」又是什麼意思？除了簡潔的刻板印象以外，Prada固有的「義式風格」與費洛加蒙或Gucci的「義式風格」又有什麼差別？

為了探索文化層面的基礎，我們必須仔細審視各個品牌的身分標誌。例如，蓮娜麗姿商標上的三個女人分別是誰，有什麼含義？探索這些問題不能靠詢問孟買、布宜諾斯艾利斯或是巴黎的客戶。品牌身分是長期創意的源泉。因此，我們要問的是瑞奇先生（Mr. Ricci）從這三位女性身上看到了什麼，這源自希臘神話時期農業異教文化，這三位女性是仙女。作為全世界唯一一個以三位仙女為標誌的品牌，這代表了什麼價值體系？蓮娜麗姿的本質不就是展現女性特質嗎？

第六，品牌的「關係」面定義了品牌與接收者之間的關係。因此，香奈兒解放了女性，而YSL賦予女性權力，提升女性，讓她們深獲肯定。

這六個面向組合起來便定義了品牌的身分和獨特之處，建構了品牌與客戶之間的情感聯繫，讓客戶成為品牌的死忠追隨者，宣傳這個品牌並貢獻熱情。如果想在某個國家創造這樣的客群，那麼必須讓他們理解到品牌深層意義和創意表現，而不是單純地炫耀品牌的標誌或商標。透過源自於歷史或傳奇的豐富內涵和身分，品牌將記憶和文化注入產品中，與客戶建構了親密的聯繫。

奢侈品的「身分稜鏡」絕不能平凡。它應該掌握到品牌最細微的獨特之處和魅力。但是，「身分稜鏡」也是管理工具，應該具實用性，有一致性，否則就沒有品牌（無論是不是奢侈品）。最後，品

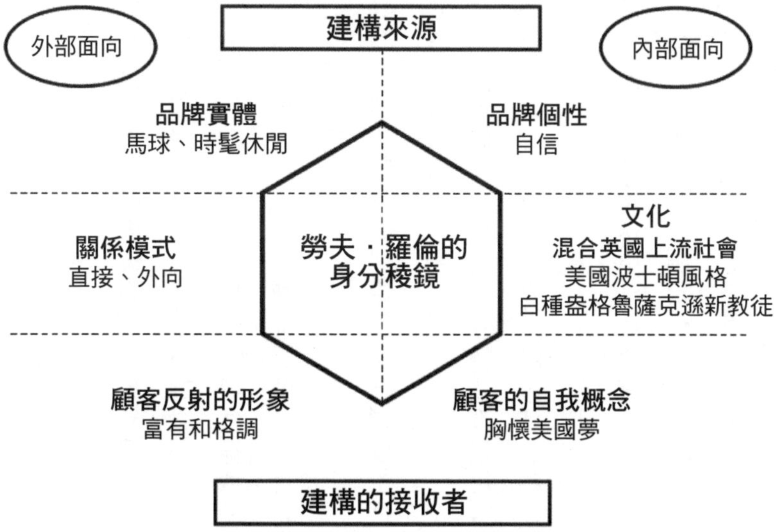

建構來源
外部面向
內部面向
品牌實體
馬球、時髦休閒
品牌個性
自信
關係模式
直接、外向
勞夫．羅倫的身分稜鏡
文化
混合英國上流社會
美國波士頓風格
白種盎格魯薩克遜新教徒
顧客反射的形象
富有和格調
顧客的自我概念
胸懷美國夢
建構的接收者

圖6-2　勞夫．羅倫的身分稜鏡

牌的服務是發揮創意的跳板。圖6-2是勞夫．羅倫的「身分稜鏡」範例。

塑造一致性：核心和非核心的身分特色

世界上沒有品牌，只有品牌的表現。客戶並不知道身分稜鏡，他們接觸的只是產品和服務。因此，客戶是透過這種體驗深入感受到品牌。所以，這是品牌觀感只能透過一致性塑造的原因。然而，在奢侈品界，品牌的成長需要創新，需要給客戶帶來驚喜，但要保持一定的特性。這種多樣性和一致性的矛盾表現得尤其明顯，因為無法鼓舞客戶就無法讓人渴望。所以，如何確保品牌的一致性長期展現在所有產品和服務中呢？這必須尊重「身分稜鏡」的核心才能實現。

為此，必須查詢「身分稜鏡」，並找出核心和非核心的面向。核心面向是指品牌賴以生存的特徵，因此，這樣的面向不會太多。其他面向則會根據環境的不同發生變化。

核心和非核心面向的不同來自於代表的心理。這就像是一個家族：不是所有的特徵都表現得特別明顯，或是能讓人一眼看出某個人是否屬於這個家族。我們是用身高、長相、鼻子的形狀、動作還是語氣來判斷？對品牌來說也是如此。

找出這些根本的面向後，就要確保品牌能夠以各種方式強而有力地表現出這些特質。以起瓦士為例，起瓦士的核心價值是活力、魅力和奢華，所以以「起瓦士」命名的三個銷往全球的產品（十二年、十八年和二十五年起瓦士）都必須在產品、瓶身、商標、盒子、廣告，或是為了在各國推出產品而規劃的社交活動，都要展現出這三種價值。但是，各個產品會使用不同的方式表現這些特色：

●起瓦士十二年描繪了「起瓦士生活」（The Chivas life）的形象，由飲用起瓦士的活力男性代表。這個產品重點展現了「活力」的特色，但也沒有忽視魅力和奢華。

●起瓦士十八年強調的是魅力。

●起瓦士二十五年非常稀有，重點是用推崇奢侈品的方式溝通。

強調特色的目的不是為了約束各個產品的創造，而是要確保所有產品都統一在同一個品牌之下。品牌旗下的每一種產品都有自己的個性，但風格是一致的。

兩種建構奢侈品品牌的模式

要記住，建構品牌就是建構一種獨特而強大的理念。在奢侈品界，品牌的建構必須富有靈感和讓人夢寐以求。對奢侈品品牌策略的分析表明，主要有兩種建構品牌的模式（見圖6-3，第五章曾提到這一點，這裡會詳加闡述）。

●第一個模式以品牌價值為基礎，將品質發揮到極限，重視產品和歷史傳承。這種模式格外重視歷史，認為品牌正是歷史在現代的展現。它也強調要忠於創辦人的理念，這種理念會由新的設計師展現出來，並將自己的個性傳遞下去，讓品牌最初的精神再次煥發生機。

●第二個模式起源於美國，歷史較短，十分鼓勵創新。例如勞夫·利夫席茲創建的品牌叫勞夫·羅倫，展現了《大亨小傳》裡蓋茨比先生一樣的個性特點。他的祖父輩出身波士頓上流社會，追求時尚和雅致。這些「新世界」的品牌認為，在商店中營造氣氛、真誠待人並彰顯品牌價值非常重要。美國造就了迪士尼和好萊塢，二者都是想像力的創造者。這種品牌十分重視經驗。

如今，這兩個模式正在融合。最近勞夫．羅倫創造了黑標和紫標兩個服裝系列，以廣受歡迎的材質在義大利生產，旨在服務歐洲客戶和在更加正式的場合穿著。同樣地，所有的歐洲奢侈品品牌都開始重視奢華在銷售和購買層面的重要作用。例如軒尼詩推出了迷你酒吧供人們飲酒和交流，這就是一個例子。圖6-3說明了兩種建構品牌的模型。

建構奢侈品品牌：夢想方程式

公司一般會衡量自己的品牌資產，或稱為「品牌價值」。為了衡量這個資產，公司會問

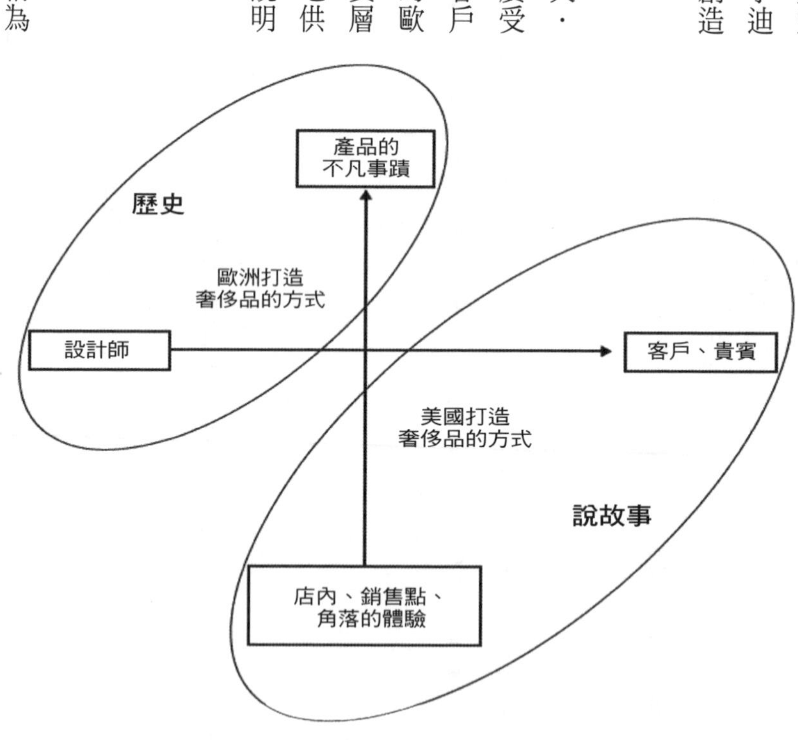

圖6-3　建構奢侈品品牌的兩種模型

四個層面的問題：品牌知名度、考慮的程度（下次購買這類商品時你會選擇這個品牌嗎）、行為（你是否已經購買了該品牌的商品）和培養熱愛者的能力。

在奢侈品界，情況有所不同。奢侈品行業不關心考慮的程度，而是夢想。然而，奢侈品本身的一大矛盾在於，夢想使人們購買，但購買會粉碎夢想。

奢侈品可以滿足人們追求與眾不同的願望。回想一下這個夢想的面向。首先是社交面：奢侈品可以立刻劃分社會階層，至少人們認為如此。奢侈品將社會不同的階層變得涇渭分明。在民主社會，人人生而平等，但在菁英主導的社會裡，人們並不能成為平等的人：工作、天份和人際關係讓一些人能夠成功、獲取榮譽和金錢，而金錢是衡量成功的標準。另外，夢想的另一個面向和奢侈品提供的感覺有關。奢侈品帶來了內在的愉悅，因為它經過精心設計，極度刺激多種感官，這讓奢侈品有別於注重功能性、性價比和使用價值的其他產品。

夢想的概念必須照字面意義去理解，所有品牌都要找到代表自己的獨一無二夢想。夢想是可以衡量的，所以我們可以標出品牌夢想的進度，也可以去判斷奢侈品界的夢想決定因素。以下是「奢侈品夢想方程式」，它非常簡單：

夢想方程式：夢想＝－8.6＋0.58知名度－0.59購買

夢想是透過詢問像以下這樣的問題來衡量的：「想像你在比賽中贏得了一個非常具有吸引力的獎品，哪個品牌的獎品能夠帶給你最大的喜悅？列出前五名。」這個方程式消除了價格障礙，因為夢想就是排除障礙達成所願。針對這個問題答案做統計分析，結果顯示夢想是由品牌知名度和用戶比率之間的差額決定的。這裡，我們再次發現奢侈品的根本概念就是區隔（包括區隔社會階層，以及產品、卓越和價格）。知道奢侈品和買得起奢侈品的人之間的差距可以提振奢侈品的夢想。夢想方程式的運作結果非常重要，應該一再重申。

第一，沒有知名度就沒有夢想。品牌要廣為人知，才能開始煽動渴望的因子。太多的年輕設計師永遠無法跨越追夢的門檻，因為他們缺乏知名度。所以，設計師必須熟悉媒體。這同時也導致了奢侈品品牌會用很快的速度推出香水，所有的香水都需要廣告，廣告可以立刻提升知名度。而且，第一款香水是對品牌特徵的表達：泰尼・莫格勒（Thierry Mugler）的全部特色都展現在「天使」香水中，而梵克雅寶（Van Cleef）的特色則展現在「初遇」（First）香水中。

第二，如果知名度很高，夢想就是知道這品牌的人數和真正購買品牌的人數之間的差距所創造。這是奢侈品特有的因素。因此，我們的調查顯示，美國大眾夢想的品牌是耐吉或愛迪達。這些品牌成了他們的

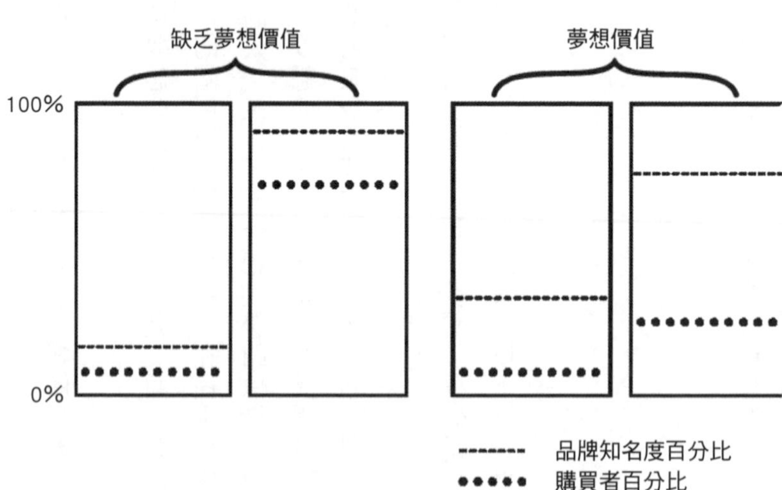

圖6-4　管理奢侈品夢想的平衡

夢想，因為透過穿著這些產品，他們感覺和喜愛的運動員有了共同點。對耐吉和愛迪達而言，產品的普及並不與夢想的理念相悖：他們並不是奢侈品品牌。此外，耐吉和愛迪達的生產線非常分散，幾乎各自獨立。

儘管對奢侈品品牌來說，產品的普及化會讓奢侈品失去了獨一無二的特性，也就失去了社交驅動力和他人渴望的衝動，因此會扼殺夢想。因此，奢侈品必須減少產品的普及，為購買奢侈品設置障礙。這可以透過大幅提高價格實現，可以把真正的奢侈品客戶和不斷轉換購買品牌、追趕潮流的客戶區分開來。另外也可以減少配銷，提供客戶獨一無二的感覺，達到減少普及化的目的。最後，在溝通時，應該區分「為更多人設計的品牌」和「每個人都適合的品牌」。

圖6-4說明根據品牌知名度和滲透度說明塑造夢想的方法，這也可以說是在太封閉和太開放的品牌之間尋找平衡。

◆奢侈品品牌指南針：產品角色的建構

奢侈品品牌管理是在所有產品和服務的四個方面取得平衡：與歷史根源的關係；追求地位和聲望；給品牌帶來活力、情感和創意的現代感；可獲得性（見圖6-5）。

在這四個方面中，有一些是彼此相反的，例如歷史和創造流行、提升普及率和追求獨特感。在這些概念之間達到平衡需要長期的管理，為了實現這個目的，奢侈品列出了以下一些常見的規則。

奢侈品經常討論象徵

奢侈品品牌對強大而真實的價值有一種近乎虔誠的尊重，那是一種文化的源頭，對一些人來說甚至成了一種狂熱崇拜。與其他信仰類似，它需要主持宗教儀式的人、大師、神聖的場所和被崇拜的物件。象徵就是一種神聖的符號。奢侈品品牌有一兩個象徵性的產品，代表著該品牌的價值觀。這種象徵長期存在，發生在品牌的早期階段，因此位於圖6-5的左側，靠近根源的一端。例如安迪．沃荷為絕對伏特加創作的繪畫清晰地表明，這個品牌的象徵是酒瓶。香奈兒五號香水是香奈兒的招牌商品，由可可．香奈兒創造，展現了她對女性的觀點，有劃時代的意義。

象徵性產品是受人尊崇的。為了不斷發展和創新，香奈兒的所有香水都有

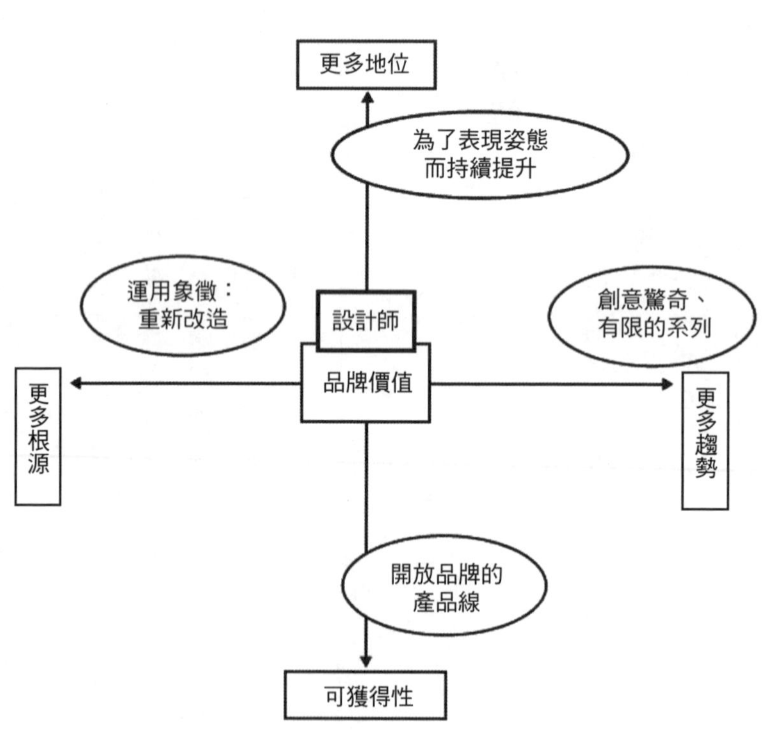

圖6-5　奢侈品品牌的建構：產品角色

不同的特點和沿革。例如，在推出「傾城之魅」（Allure）香水之後，又推出了「感性步伐」（Allure Sensuelle）。香奈兒五號卻從來沒有改變，只有一款，這並不意味著經典象徵僵化。每隔十年，香奈兒都會對瓶身和標籤的設計進行細微的調整。當然，整體形狀的簡潔被保留了下來，確保它可以與眾不同。但透過這種細微的調整，這個產品也在緊跟時代的腳步。象徵性產品傳遞的資訊也在不斷變化，它不一定是最暢銷的，正如香奈兒五號一樣，但它有明確的價值。

奢侈品品牌維持過往的傳統，善用過往的優勢、沉著，以及對品牌持久價值的信心。這也是為何奢侈品品牌要規劃展覽，不時喚醒人們對創辦人的記憶。誰是「香奈兒小姐」？對此，香奈兒網站可以讓人們一睹她私人公寓的面貌。

奢侈品品牌在現代產生共鳴，成為潮流的引導者和未來品味的先驅

奢侈品品牌要不時推出現代感的產品和行動，讓人們驚奇，即使目的並不是為了提高銷售額。香奈兒的做法是推出衝浪板和滑雪板。這並不是為了延伸品牌（它可能決定授權生產掛著香奈兒商標的衝浪板或滑雪產品），這是為了提升品牌的存在感，展示對特定運動的興趣，這種運動劃分了不同年齡的人群。

奢侈品品牌必須有入門產品

我們會在第八章深入探討這個問題。產品的目標有兩個：一是開拓新客戶，即「未來的忠實客戶」，這些客戶之後會購買更高級、昂貴的產品；二是滿足所謂「散客」的需求，這些客戶偶爾購買奢侈品，但並不限於某個品牌。

如果奢侈品品牌沒有增加忠實客戶的數量，就不能將自己的理念提升到「信仰」的高度，只是一個小派別而已。如果奢侈品品牌只有忠實客戶，那麼它就沒有足夠的名氣，甚至危及派別的存在，這樣就無法成為正面的社會標誌。教堂的大門必須向所有循規蹈矩的人敞開。所以，儘管有著特定的目標客戶，奢侈品品牌也會借助大眾傳媒的宣傳，讓更多人熟悉和購買自己的產品。

奢侈品品牌必須持續提升地位和聲望

如果奢侈品品牌的經營模式是靠低價商品獲利時，奢侈品品牌將有可能失去特別感，在上流社會和菁英階級中失去影響力，導致品牌受到威脅。在第十章討論配銷和第十一章討論溝通時，我們會分別探討這兩個行銷組合的要素在這個領域裡扮演的關鍵角色。目前在中國，鱷魚牌被視為奢侈品品牌，它是在最近進入中國市場的，對於銷售點也非常挑剔。鱷魚牌也是全新上海網球大師賽的主要贊助商。而且，亞洲的知名記者也受邀參加了紐約時裝週，時裝週上鱷魚牌與其他時尚和奢侈品品牌一同推出了下一年的新系列。

因此，奢侈品品牌應該在明星產品上不斷創新，明星產品的作用就是象徵品牌至高的地位，強化其在菁英階層和主流媒體中的地位，而這也是聲望的來源。儘管人人都強調要限速，一旦超速就會被拍到，駕照也會被扣留，但保時捷發售的限量版（或是故意以昂貴的定價達到限量的效果）跑車在煞車馬力、動力和最高時速等方面都做到了頂尖水準。這種對極限的追求是無止境的，這也是保時捷的特色。這種追求也培育了夢想和品牌的至高地位。

數位時代的奢侈品品牌價值

網路像是一波巨浪，將社會和經濟生活的各方面悉數淹沒。奢侈品也是社會和經濟生活的一部分，所以網路對奢侈品有著極為深遠的影響。奢侈品界並非一下子就站到了網路浪潮的前端，它也不能這麼做（奢侈品是創造而不是模仿，是獨特的而不是群眾的），也因此受到了部分人士的批評，這些人膚淺地認為，奢侈品是一個保守的行業。

網路配銷商和顧問在奢侈品行業尋求獲利的機會，即使會損害這些品牌也在所不惜，因而讓奢侈品品牌利用網路、社交媒體的方式發生了巨大而迅速的變化。在美國或是中國，一些弱勢的奢侈品品牌在人們的推動下展開了線上銷售業務，從中獲利，將全部產品（至少是絕大部分產品）放在網上出售。

在本書的第一版（寫於二〇〇八年）中，我們解釋過「強勢的奢侈品品牌」在回應迫切需求時，必須採取非常謹慎態度的原因（反傳統行銷法則第五條「不要回應增加的需求」，事實上可以叫做「抵抗需求」，因為奢侈品必須總是抵抗需求）。

所有這些壓力都源自對奢侈品策略的完全誤解。倘若你不了解這個策略，就無法理解真正的奢侈品品牌的行為。假設你將奢侈品策略與時尚或頂級產品的策略混為一談，那就大錯特錯了，網路確實是一個銷售時尚品和頂級品的好地方，但用來銷售奢侈品則是非常魯莽的舉動。

不論是考慮網路還是任何其他的銷售工具，最重要的是要記住以下這點：「什麼對奢侈品品牌長期發展是有利的？」自本書的第一版以來，網路以及隨之而來的事物（例如臉書和推特（Twitter）這兩個社交網站）迅速地發展著，但這並沒改變我們推薦的做法，因為網路總是一樣的，只不過變得更加複雜和流行。不過，網路的快速發展確實有助於我們對此書進行改版。對我們而言，網路是很棒的溝通工具。但倘若品牌要採取奢侈品的策略，在使用電子商務這個工具時應該有所節制。

數位世界對奢侈品構成挑戰的原因和方式

奢侈品商業模式的關鍵點就是控制。奢侈品品牌對於產品品質要求非常嚴苛，它要完全地掌控價值鏈。在過去，奢侈品還要在與客戶的關係中保持掌控，有人稱此為距離感。到最後，雖然奢侈品旗下的配件飾品會讓新的客群走進商店，但奢侈品本身還是有差別的，因為價格昂貴。網路（尤其是Web 2.0）帶來的卻是完全相反的效果：任何人一年三百六十五天，一天二十四小時，每週七天，隨時都可以接觸到奢侈品；消費力、即時點對點溝通、對品牌的輿論，成了強大的影響因素。更不用提最初從電子零售商做起的電子商務的發展，其中有很多電子零售商都有低價銷售和折扣拍賣的傾向。

模仿其他行業的巨大壓力

各行業在網路新環境中的適應能力，很快就出現了衡量的標準，奢侈品界反而在這方面顯得有些緩慢。數位時代的顧問開發出網路流暢度的各項指標，藉此指出哪些奢侈品品牌已經在網路上大肆銷售，哪些品牌又是相對落後。不過，要記住的就是，奢侈品創立獨一無二的商業模式靠的不是模仿其他行業，而是在於它不盲目地隨波逐流。這也是奢侈品擁有不可思議的價格力量的原因，奢侈品有別於其他的產品。

反傳統行銷法則第十九條說過「不要聘請顧問」。顧問往往將某個行業中的最佳做法轉移到其他所有的行業，並認為這就是管理的做法，結果卻削弱了奢侈品商業模式的特質和效果。這些顧問自稱代表著新興客戶一致的心聲，所有的調查都顯示，這些新興客戶要求奢侈品品牌在網上增加銷量、提供更多的折扣等諸如此類的要求。不過，反傳統行銷法則第三條「不要迎合客戶」告訴我們，客戶沒有正確的長期遠景，可以確保他們的想法有利於奢侈品品牌的價格力量。

新標準〔例如夢寶星（Mauboussin）〕的出現作為奢侈品發展的必要過程，這讓人相當吃驚，也點出了問題所在，是該把奢侈品看作一個行業、還是一種策略。雖然說夢寶星是法國奢侈品行業聯合會的成員之一，但卻因財務原因被迫放棄奢侈品的商業模式。在失去最主要的客戶後，夢寶星的獲利讓它無法繼續承擔維持奢侈品品牌策略的成本，因為奢侈品策略獲利性很高，但維持成本也很高。因此該品牌新上任的管理者明智地決定利用該品牌的傳統和知名度，開發了優惠的珠寶產品系列。夢寶星只是眾多奢侈品品牌中被迫或是主動決定放棄奢侈品品牌策略中的一員，第十四章將會詳細分析這個重要的問題。

離開奢侈品行業並不是一件讓人覺得不光彩的事，相反地，這通常是個明智的抉擇，離開總比待在奢侈品行業中虧錢好得多。市場上各種不同的商業模式都有它的生存空間，而且這些模式也都挺有趣，例如在配銷方面有家樂福、連鎖超市利德爾（Lidl）以及哈洛德百貨（Harrod's），它們分別採用的是大規模超級市場商業模式、硬折扣商業模式以及奢侈品品牌商業模式。這本書講的是奢侈品的策略，但我們並非說這個模式就是所有商業策略的全部。

保持網路上需求的缺口

毫無疑問，奢侈品也從數位革命帶來的非凡機會中獲益良多。不過奢侈品從中獲利，靠的不只是仿效其他行業所採納的做法，奢侈品界最忌諱抄襲仿製。奢侈品必須保持和那些大眾口碑良好的品牌之間的區別：體驗這一區別的關鍵地方就是實體零售店，而非網路商店。例如萊雅這樣有良好口碑的大眾品牌，會花鉅資聘請網路配銷商。為了保持這種需求的缺口，奢侈品必須維持欲望障礙的模式。這對完全開放模式的支持者而言是個挑戰，這種完全開放的模式因為能完全自由連結網路而大為流行。對於奢侈品而言，儘管某些特定產品有可能採用電子商務模式（例如電子商務可以作為提供給現有客戶的一種服務，或用來吸引新的客戶，或者用來維護品牌的權益，在網路上和非法配銷商抗衡），但它所占的比重是相當小的（總是低於該品牌銷量的五％，或者該品牌一家普通實體店的銷量）。然而，倘若與客戶的關係發生破裂，對品牌造成的損失就會很大。

對於電子商務的兩方對立

對於電子商務這個問題的討論，大家向來各執一詞，不肯退讓。大部分最新的商業創新都是由電子零售商（例如eBay和亞馬遜）發起的。這些公司開創了新的市場，為客戶創造了價值，也開創了新的商業模式。但奢侈品這個行業則不然：網路零售點和奢侈品沒有任何關係，只有內曼．馬庫斯（Neiman Marcus）這類專業的奢侈品零售商管理的情況除外；不過在這種情況下，它們並不是「純粹的賣家」，純粹的賣家銷售時尚產品或者頂級品，但所賣產品中沒有真正的奢侈品。它們其中有很多賣家都利用客戶的無知而大發橫財，仿冒者的做法便是如此，有些小品牌的目標定位在奢侈品上，使用的卻是非原產地的供應商，這些供應商向電子零售商提供直接送貨服務，通常提供的都是品質更加低劣的產品，這成了部分賣家利用小品牌弱點發財的另一條途徑。

就奢侈品品牌而言，網路和數位世界不是銷售工具，而是獨一無二的溝通和客戶服務工具。它們提供了絕佳的機會向潛在客戶傳達品牌的內容，並讓更多的人加入品牌喜好者的大家庭中。要是使用得當，網路可以成為品牌建構以及在奢侈品商業模式內進行區分的策略泉源。要是像其他行業那樣利用網路，只會破壞奢侈品品牌本身不易維持的平衡。最主要的挑戰就是產品的大量普及，如果真的大範圍普及化，那麼這些品牌就會慢慢轉向以社會感染為基礎的時尚商業模式。

網路如何有助於塑造奢侈品品牌的價值

關於網路我們已經著墨許多，接下來討論奢侈品品牌在思考未來和當下應該謹記的事項。

數位時代的含義

- 這是個講求即時的時代：網路二十四小時開放，不像商店有營業時間。奢侈品品牌必須邀請人們即時體驗其產品，一週七天、一天二十四小時。品牌變成了媒體，這是入門模式的終結。
- 人們渴望獲得資訊（例如今晚的新聞），而且更渴望在網上獲得對奢侈品的深刻體驗。
- 新的溝通規則絕不是那種「讓我們談論我們的奢侈品品牌以及你們客戶」（快速消費品品牌就是如此）。相反地，新的溝通能讓你對品牌的奢侈體驗透過網路得到提升。
- 由於網路是開放的，奢侈品品牌已經成了遊戲場地，對於那些能夠講述故事，並能將獨特的美夢視覺化的品牌而言尤其如此。
- 數位化意味著社交網路。有同樣興趣的人會加入到同個地方。因為奢侈品品牌在創造激情，有能力先吸引粉絲，再創造購買者。當一切都是為了擺出一副高傲的樣子時，就忘掉距離吧，還有就是在任何能接觸到客戶的時候都要向他們灌輸情感。

●必須整合數位活動，尤其是和網路商店。不能把這只當作一種由專家或部門控制的技術。這種整合應該能夠串聯公司的各個部門，而且各個部門都要注意增強數位服務的品質以及感官體驗。

●數位有很多種管道。平板電腦很快就會占人們使用電子設備的二〇％，iPhone的應用程式也和奢侈品相關。

●暫時忘掉網站和搜尋引擎。很少有能熟練上網查詢的時尚愛好者會透過Google來搜尋。創建一個網站就像是在一條無人知道的街道上開一家商店。Google是搜尋引擎，而不是一個社交媒體網站。中國這麼大的一個市場就等於西方的臉書或亞洲其他相當大小的市場。在今日，你能接觸到大眾，但你要透過社群來接觸。

行銷策略大不同

在過去，品牌的目標是各種群體的人（不論是聚集在一起還是分開），現在它們擁有數以百萬計的潛在客戶群。

在傳統的行銷中，關鍵字總是「電子……」（電子郵件、電子化客戶關係管理、電子商務、電子橫幅、電子網站）。行銷人員總是跟在客戶後面跑，努力嘗試調整傳統行銷技巧以適應現代科技。他們並未從根本上修正與客戶的關係，他們和客戶沒有話題，一切只是為了賣出產品。

相反地，奢侈品品牌必須充分發揮其品牌歷史、專業技能以及神祕客戶講述故事的強大力量。它們應該實現從注重溝通到注重品牌的滲透度和參與程度。它們考慮的不應該是目標客戶，而應該是品牌傳播的受眾。它們需要在自己品牌愛好者的大家庭裡互動、交流和娛樂。

在這個新世界裡，產生了各種新的影響因素。除了《*Vogue*》雜誌部落客的撰寫人安娜・溫圖爾

（Anna Wintour）外，你現在會發現許多其他的部落客也將自己建構成為品牌。現在全中國的女性無人不知美妝教學達人「Michelle Phan」，她提出許多關於如何使用化妝品的建議，在網上吸引了數以百萬計的跟隨者。

這真的是一場前所未有的革命，負責網路活動的奢侈品品牌員工很快就會成為該品牌的行銷副總裁，但相反的情況並不成立。

數位時代對於獲利和虧損的影響

奢侈品品牌的成功有以下幾個衡量標準：品牌價值、品牌價格力量、品牌成長以及獲利和虧損資料。談論品牌的獲利和虧損並不等於談論電子商務，零售商才會將二者視為相同。就品牌而言，還有很多與數位時代相關的其他問題。數位時代提供了增強服務品質和滿足個性化需求的獨特機會：這個時代注重的是關係，因此也就注重是獲利還是虧損。現在，不論透過哪種管道，品牌都能毫無阻礙地連結它們的客戶。我們不應該將數位世界和零售世界分開來思考，二者應該結合起來統籌規劃。數位世界可以提供客戶資訊，把他們帶到實體商店裡來。把奢侈品品牌當作一種媒體來思考，在網路上廣泛散播品牌的視覺描述（這些描述極具創意，生動有趣，令人愉悅，讓人身臨其境），提供了機會將未來的客戶囊括到品牌愛好者的大群體中。這就是網路發揮效用的一張大網，將大家聚集起來。

透過溝通來管理夢想

我們將會用一整章的內容（見第十一章）來討論這個非常重要的問題。我們也會探討品牌內容

（品牌扮演媒體的角色）在網路上維持奢侈品獨一無二特性的方法。

〔〕維護品牌不被仿冒

仿冒對奢侈品品牌構成很大的威脅。這種做法提高了品牌的滲透率，卻削弱了人們對獨特夢想的渴望度。而且，這也讓該品牌進入了非目標群體，非目標群體的形象會讓先前固定購買的客戶不再購買這種品牌的產品。仿冒就像是奢侈品特有的寄生蟲，仿冒行為的經濟基礎非常簡單：正如我們之前已經看到的，奢侈品既有功能性也有夢想性的一面，客戶付錢是為了得到這兩個方面的價值。因此，仿冒品可能對這兩個方面都進行欺騙。

從產品變成奢侈品的時候，它附帶了很大的夢想，透過兩種機制的共同效果，開啟了許多仿冒的空間。

所有用於夢想的投資，尤其是用於配銷和溝通上的投資，僅僅在視覺上轉化成一個產品上簡單的商標。要模仿這個商標非常便宜（在T恤上印上香奈兒的「雙C」圖案，或者在帆布包上印上「LV」商標）。而且，品牌以劃分社會階層為目的，向非目標客戶傳達品牌內容，讓仿冒者只仿冒明顯的面向，例如產品的標誌或一個特別的造型（例如勞力士蠔錶）。

雖說如此，只有在品牌達到了一定的知名度（有獨特的和普遍認可的圖示，例如LV；或者形狀，例如勞力士手錶），而且人們極其渴望擁有的時候，才會發生仿冒行為；我們甚至可以這麼講，除去極少數在技術上無法仿冒的情況（例如汽車）外，倘若一個品牌沒有仿冒品，那是因為它還不算是奢侈品品牌。瑞士歷峰集團在收購蘭姿（Lancel）後就準備快速將它變為奢侈品品牌。歷峰集團旗下還有卡地亞品牌，是全球被仿冒最嚴重的品牌之一。對歷峰來說，蘭姿還沒有仿冒品似乎是個好消息，但也表示蘭姿想要成為奢侈品品牌的道路還很長，而且花費巨大。

因此，仿冒品的存在（在一定限度內）證明奢侈品品牌仍正常發展，正如疼痛感的存在證明我們還活著！珍．浪凡（Jeanne Lanvin）說過：「仿冒是邪惡對美德的致敬。」

為什麼產品仿冒行為有增無減？

許多因素都促成了仿冒的增加。首先，奢侈品行業正在朝著一種商業模式發展，利潤是透過配件獲得的，大多數是一些帶有商標的小物品。簡而言之，這些產品都算不上是奢侈品，只是打著一個聲譽良好的品牌名稱，由獲授權的人以低廉的成本生產，並在奢侈品品牌規定的獨家專賣店和特別挑選的商店銷售。這是一個消極的趨勢，偏離了奢侈品商業模式的初衷。由於這些配件並不需要什麼特別的專門技能，複製是很容易的事。此外，對年輕人而言，對奢侈品的崇拜就如同他們對紋身的崇拜，二者都能表達他們的身分。這也就是他們喜歡購買有醒目商標的時尚物品，並混合搭配其他衣物的原因。勞夫．羅倫很快就意識到這一點（見大馬產品系列）。玩這種圖示遊戲，實際上並不需要真正的配件，尤其是當那些配件不是由品牌原產地生產，而是由那些獲授權的人生產的時候。

如今人們可以說仿冒行為是觸犯智慧財產權的做法。毫無疑問，每個人都同意仿製畢卡索的畫作等同於竊盜，因為仿製的贗品常常被當作真品賣給不識貨的外行人，但仿製一雙經過授權、印有皮爾卡登（Pierre Cardin）品牌的襪子，可能只是他自己所造成的負面結果的延伸，因為是他自己決定靠銷售自己的名字賺錢，只要賣得出去，可以把他的名字印到任何所能想像到的任何產品上。這種做法便是奢侈品的終結，也是極度非物質化的表現。這還算是公平的商業行為嗎？這還是道德的做法嗎？

另外一個因素就是網路。從需求面看，對於那些和網路一同成長的年輕人，音樂應該是免費的，其他任何形式的藝術也應該是免費的。為什麼要為了一個產品的標誌而付費呢？從供應方來看，eBay已經被奢侈品公司連續起訴好幾次，因為它對中間商在其網站上銷售產品的來源不加管控，而eBay上大多數奢侈品都是仿冒的。

全球化也促進了仿冒行為。從需求方來看，如果一個普通的中國人連西方的文字都讀不懂，例如無法辨識光學店裡的護目鏡和仿冒品的區別，他又如何能夠識別「真正」的原裝正品呢？隨著仿冒品製作得越來越精良，乍看之下實在難以察覺它們和真品間的區別。亞洲的傳統和當地文化中從來都沒有保護智慧財產權的觀念，也不鼓勵創造性。在學校，學生最高的成就就是模仿老師，達到老師的水準，以至於和老師的作品相差無幾。而且，部分品牌因為想追求低廉的生產成本，而在非原產地開設工廠，結果它們自己為這些國家興起的仿冒行業創造了條件，有時候製造仿冒品的組織者就是那些被授權的生產者。

最後要考慮的一點就是，在所有的違法犯罪行為中，製造並銷售仿冒品要安全很多，但其牟利卻和交易毒品沒有太大的區別。

誰買仿冒品？

有研究已經發現許多有意識購買仿冒品有關的因素。這種行為是基於品牌而非產品。那些明知自己購買的是仿冒品的客戶，覺得買仿冒品比買真品要划算得多（仿冒品的價值確實很低，但它們給客戶帶來的開銷也比較低，客戶覺得以低於真品的價格買到這麼好看的產品是很不錯的選擇）。通常，仿冒品的購買者覺得真品的售價過高，他們或許還不夠崇拜這個品牌，要不就是買不起真品。要是有在場的朋友也買了仿冒品，這會促使他們做出同樣的決定。就個人特質而言，購買仿冒品的客戶通常缺乏自信、社會地位低下，出生於不富裕的家庭，受到名人和物質主義價值觀的影響。他們並不十分尊重法律，所尋求的不是一件長久耐用的產品，較多的原因是為了商標。

那麼仿冒品到底有哪些影響呢？它們會嚴重損害品牌的聲譽，我們必須嚴厲反對仿冒品，原因至少有以下四點。

- 仿冒品會毀掉奢侈品品牌創造社會階層的作用。奢侈品對於那些購買奢侈品並公開穿戴奢侈品的人的特質很敏感。
- 仿冒品的存在增加了流通中產品的數量，這是超過生產者計劃之外的產品，這會導致產品貶值，就如同發行過多的鈔票，貨幣就會貶值。如果說奢侈品行業已經放棄了那種純粹靠產品的稀有性作為價值來源的策略，那麼某種奢侈品品牌有一個門檻絕對不能越過，那就是在街上不能出現太多品牌的產品，在盲目從眾並不是標準價值觀的國家裡以及菁英階層中尤其如此，因為菁英們覺得只有在一小部分人能擁有的時候，才能彰顯奢侈品的價值。
- 仿冒品的品質沒有真品高，所以傳達出品牌負面形象的風險很大。事實上，客戶拿著LV或愛馬仕的皮包去維修，卻發現自己買了仿冒品的事時有所聞。現在中國銷售的佩楚酒堡（Petrus）比過去歷史上實際生產的數量還要多。
- 仿冒品讓奢侈品品牌進入惡劣的零售環境中。
- 仿冒品的製作通常是涉及犯罪組織的業務。

矛盾的是，仿冒品卻是衡量品牌地位的標準。沒有被仿冒的品牌其象徵力量很小。那些明知是仿冒品卻依然購買的人，表達了他們與品牌間的不同關係。透過經驗，我們發現了以下四種關係。

- 有些消費者渴望這個品牌，希望自己能成為這個「品牌愛好群體」的一員，但又不想付這個價格，因為他們買不起（例如在非洲購買仿冒LV產品的人）。這些買家的理想就是有錢後能立即買一件真品。他們崇拜品牌，卻無法面對產品的高昂價格。在我們劃分的四種奢侈品客戶類型（見第五章）中，這種消費人群通常處於右下角的象限。他們是一些從眾的人，需要憑藉著那些突顯高貴品味和與眾不同的標誌來融入上流社會。他們很渴望獲得社會地位，財力卻不夠。現在他們需要確保沒人會知道他們實際上穿的是仿冒品：他們最害怕丟臉。
- 第二群人買仿冒品的原因是因為他們覺得真品的品質根本不值那麼多錢（他們認為一個LV包只不過是一個有象徵符號的塑膠包而已），不過他們很有品牌意識。
- 第三群人對品牌持負面看法，並以此作為購買仿冒品的合理原因。畢竟，他們會問，難道授權本身是道德的嗎？舉例來說，在馬德里購買一件定價八十五歐元的皇家馬德里隊T恤，難道不算要價過高嗎？當然或許有年輕的小男孩會願意支付這個價格買件真品，那樣每當他穿上這件T恤時，他所鍾愛的英雄們的氣息便能圍繞在他身邊。但理性的成人會被昂貴的價格所嚇跑，不願助長這種奢侈的不良習氣。相反地，他們會問，為什麼不買一件十歐元的仿製品？
- 第四個群體本身並不是品牌的客戶，只是購買仿冒品當作禮物送人的「客戶」，他們希望能騙過收禮人，讓他們以為是真品。因此，有必要將購買仿冒品的客戶和穿戴或使用仿冒品的人區分開來，因為並不總是同一個人。穿戴仿冒品卻自以為展示的是真品的人是品牌的喜好者。他們才是真正潛在的客戶。管理品牌的人在對這類人解釋說他們使用的是仿冒品時，一定要小心謹慎：使用仿冒品的人首先對於贈與者會產生理所當然的憤怒，但這種憤怒很可能像迴旋飛鏢一樣發洩到品牌本身。

自然，仿冒品的傳播也有文化的因素在裡面。在中國，據說購買仿冒品的人大多是外國人和從農村來的人，不過也有一些有錢的專業人士或白領。對於遊客而言，參觀那些二十四小時營業、每週七天都開放的百貨商店是正常遊覽的一部分，那些百貨商店只賣仿冒品。他們買那些仿冒品作為禮物，要不他們在中國還能買什麼其他的東西帶回家呢？

有些到訪深圳的香港富婆也是這麼做，為的只是獲得樂趣。在今日那些成功的中國人眼中，對奢侈品的興趣就是所支付的價格。他們對仿冒品不感興趣，因為買仿冒品並不能彰顯他們的身分（見第五章），在他們看來，仿冒品是給那些沒有身分的人使用。

然而，那些從農村來到城鎮沒有受過多少教育的人，他們沒什麼錢，害怕要是他們沒有穿一些有標誌的衣物，就會受到排擠或象徵性地被降級。仿冒品讓他們能夠和周圍的人保持同樣的步調。另外，他們也不知道哪些品牌和產品是原產的，哪些是仿冒品。

對於品牌最關鍵的一點，就是不能把所有仿冒品的穿戴者和攜帶者自然而然地視為仇敵：如果他們穿戴仿冒的產品，通常是因為他們喜歡這個品牌，也許他們以為自己用的是真品（尤其是他們穿戴的是別人送的禮物時）。還要考慮的一點就是，由於經濟原因，許多仿冒品的消費者現在買不起真品，不過等他們變得富裕些，就會是品牌忠實的客戶。最後一點，倘若產品的具體附加價值太低（例如掛著商標的簡單T恤），仿冒只是在懲罰這樣簡陋的設計。

即便對穿戴仿冒品的客戶，也應該得體對待，讓仿冒業者無法立足。事實上，這些仿冒業者非常清楚自己在做什麼事，他們通常都隸屬強大的犯罪集團，不僅走私仿冒品，甚至還走私毒品和武器。對有組織的犯罪集團來說，仿冒行為帶來的風險要小得多，運輸一箱偽造鱷魚牌男裝和走私毒品的刑罰是天壤之別。而且，由於仿冒活動並不會給消費者帶來任何身體上的傷害（不像毒品會傷害身體），加上人們通常認為奢侈品客戶的夢想不符現實，而且很勢利眼，所以被抄襲仿冒的品牌在打擊造假的鬥爭中，很難獲得當局的真正支持。

✔用仿冒品判斷品牌策略是否奏效

仿冒品的存在除了可以證明對於品牌渴望夢想的生命力，也可以用來檢驗品牌策略在生產和配銷上的品質。

配銷網路太少

仿冒品的存在通常都是暗示配銷體系太少，也意味著要開設更多的銷售點。那些不容易買到真品的客戶不能辨別真偽，而且產品的價值（不論是金錢還是象徵價值）都不值得他們路途遙遠地趕去現有的銷售商那裡購買。

相反地，要是一個國家完全沒有仿冒品，這表明人們完全沒有購買這種產品的欲望，因此開設銷售點也是枉然。品牌應該先投資在溝通上來創造購買欲望。

配銷體系太廣或未經管控

在這種情況下，真品和仿冒品混合出售。數年前，LV在日本發現了一種與仿冒有關的銷售策略。當地的一些日本零售商透過遊客在巴黎購買真品，並將真品展示在店中，賣給客戶的卻是仿冒品，客戶全然沒有察覺。這些零售商會解釋說他們不能販售展示在櫥窗裡的產品，例如他們會說展示品受到了長期燈光投射已有損害，就會從存貨中另取一件仿冒品給客戶。

生產流程管控不當

如果奢侈品品牌將部分生產任務授權出去，被授權生產者便會面臨一個巨大的誘惑：想要生產更多的產品，然後小心謹慎地將這些產品賣出去。賣出的產品可能是真的，但是是在品牌的指定場所之外賣的（在這種情況下，只有品牌會受到損害）。另外一種情況是生產出來的產品劣於真品，但具有真品所有的外在特徵，在這種情況下，客戶和品牌的利益都受到了侵害。

授權的弊端

由於授權很昂貴，獲得許可生產的人可能經不住誘惑，想用品牌來生產合約中未標明的產品，或者是銷售品質較差的產品。

仿冒與網路

我們之前就提到過網路在銷售仿冒品的過程中扮演的危險角色。品牌一旦同意在網上銷售，仿冒的大門也就隨之打開。在網路上，二三％的垃圾郵件都跟仿冒品有關，通常只是換了個說法，叫「複製品」。在eBay上，許多賣家事實上賣的都是仿冒品，這也是為什麼已經簽署Vero認證機制的品牌，看到網拍上的奢侈品無法確定來源時，仍然可以要求站方將產品下架。

隨時維護你的權利，經常與客戶溝通

在那些還不承認或者只是部分認可智慧財產權的國家裡，想要維護你本身的權利並不容易。品牌必須持續地透過法院反擊仿冒業者，也有必要讓仿冒事件登上新聞媒體，即便這只是為了讓客戶能夠安心。這是卡地亞長期以來的成功經驗，他們曾在電視上播出用推土機碾壓仿冒手錶的壯觀場面。

二〇〇八年六月，LVMH集團控訴有太多透過eBay出售的產品都是仿冒品，結果eBay敗訴，必須賠償LV三千八百六十萬歐元。

第7章 奢侈品的品牌擴張

如同第六章所說，根據奢侈品策略，品牌應在特定領域發展：勞力士生產手錶，法拉利專攻汽車。若在該領域之外，品牌就會失去它的優勢和合理性。然而，每天都有一些奢侈品品牌超越原有領域，將聲譽擴展到其他領域：以頂級水晶工藝著稱的法國品牌巴卡拉（Baccarat）即將把業務擴展到頂級奢侈品的度假旅館領域，寶格麗和亞曼尼也已經做出了類似舉動；法拉利則推出了自己的手錶，和由台灣品牌宏碁製造的法拉利個人電腦。

品牌擴展和品牌延伸

事實上，當今的奢侈品市場中，大部分品牌都透過跨越原領域而發展壯大。芬迪原是皮貨商，Gucci和費洛加蒙原本是優質的皮件公司，先將業務轉至鞋類，之後又跨入高級成衣界。卡地亞是知名的珠寶企業，將其業務擴展至名錶、名筆和精緻皮件上。國際知名玻璃和水晶用品業者萊儷（Lalique）現在也涉足珠寶領域。有些品牌的業務從高級訂製服跨入成衣，接著又推出配件（例如香奈兒、迪奧等），有些品牌的發展方向剛好相反（例如愛馬仕、LV）。

一開始所有的狀況看起來好像很複雜，但這混亂的起源其實非常清楚，即今日「奢侈品」這個詞的多樣性。在本書，尤其是第二章和第五章，強調了「奢侈品策略」和「奢侈品市場」中「奢侈品」的不同意思。在「奢侈品品牌擴張」中，類似的混淆也會發生。內行人可能會知道品牌延伸和品牌擴張的區別。品牌延伸意味著奢侈品品牌將自己的奢侈品策略運用於新的領域，例如卡地亞將珠寶策略運用於手錶，LV將行李箱製造策略運用於皮革製品，愛馬仕將皮革製造策略運用於絲綢製品。相反地，品牌擴張意味著奢侈品品牌不將自己的奢侈品策略運用於新的領域，而是採用時尚或頂級產品的策略，例如卡地亞和愛馬仕對香水的策略，以及LV對成衣的策略。

第一種情況下（品牌延伸），奢侈品品牌透過逐漸掌控整個流程，成為新市場的完全參與者，就像香奈兒為生產五號香水購買了格拉斯（Grasse）的茉莉花田，愛馬仕為了絲綢業務而收購了里昂（Lyon）的供應商。這種方法固然好，但需花費大量的金錢和時間。第二種情況（品牌擴張）很類似於獲得基本許可，和奢侈品策略無關，只需要聘請設計者和尋找供應商。

這兩種策略差別很大。然而，就像在之前說的那樣，為了簡潔，我們使用的是廣義的「奢侈品」。本章中，「擴張」這個詞指的是「擴展」，也指純粹的「延伸」。在一般的客戶眼裡，二者並沒有太大區別，至少短期來說是這樣。但在品牌管理中，二者的區別至關重要。那麼，這些到處擴張的習性起源於哪裡呢？

透過發展副線品牌和延伸產品領域，實現奢侈品擴張

貝恩策略顧問公司的調查表明，一九九五年奢侈品的市場價值是七百七十億歐元，二〇〇七年金融危機之前，市場價值增加至一千七百億歐元，很快地，這個數值將達到兩千億歐元。如此快速的成長前所未

有，原因有兩點：一方面是產品供應的擴展以及品牌自營商店的增加。產品供應的擴展主要有兩種形式：

●**第一，發展副線品牌。**所有的高檔服裝品牌都在優勢一線品牌外發展了第二線甚至第三線品牌，價格逐次降低，以達到平民化的效果。例如，杜嘉班納（Dolce & Gabbana）創建D&G，亞曼尼建立Emporio Armani、AJ（Armani Jeans）和A/X（Armani Exchange），BMW的一系列也是如此。

●**第二，延伸產品領域。**這讓客戶透過新的產品進入品牌領域，這些新的產品通常比核心產品更容易接近。例如，亞曼尼品牌旗下產品有香水、眼鏡、護膚品、手錶、皮革製品、鮮花、巧克力、餐廳、手機、酒店和家具。法拉利旗下有運動服飾、休閒服飾、香水、皮質配件、電腦以及位於阿布達比的主題公園。

從策略上說，這兩種形式（發展副線產品和延伸產品領域）都可以說明品牌找到新的方式去接近新的客戶，這些品牌過去從沒有注意過這群消費者。事實上，二十一世紀初，奢侈品產業是否成功的測量標準是全球對奢侈品的需求，目前這些需求的來源不僅有富人，還有新興國家可支配收入不斷增加的人群。有趣的是，儘管可支配收入差別懸殊，如今所有人都認為自己有獲得奢侈品的權利。

奢侈品領域的水平擴展也有局限性：可滲透的國家數量有限。發展副牌可讓它的價格下降到何種程度？當它們和像Zara和H&M這類快速時尚零售商或折扣網站競爭時，這種向下貿易就將停止。

俗話說，「大樹高不過天」。之前提到過，貝恩策略顧問公司認為奢侈品界可以是任何品牌和策略的混合，只要這些品牌在高檔的零售環境，以高價販售優質產品。名為「Altagamma」的義大利時尚和奢侈品品牌集團，意思是「高檔」，便展現了這樣的現象。

事實上，有些非嚴格意義上的奢侈品品牌，因為品牌延伸程度過大，讓這些品牌正在離開奢侈行業，因為它們已經失去了價格力量。相反地，它們的商業模式逐漸地轉變為時尚商業模式，或者說是頂級商業模式。但是，一些品牌希望重返奢侈品，並逐漸採用本書中的純粹奢侈品策略。這個策略要求公司整合上下游（掌握與客戶的關係及體驗），並盡可能限制授權，以重新實現對產品的完全控制，保證高品質的零售。這種策略是大勢所趨。一旦人們厭煩了品牌的延伸品（就像現在的日本人），他們便會回歸沒有欲望的生活或回到奢侈品的本質，或者從未放棄純粹奢侈品策略的品牌。

一、奢侈品品牌擴張的起源

在二十世紀初以前（見第一章），奢侈品才在專業人士（例如今天的律師、醫生）和工會（例如金匠）所建構和隔離的環境中發展起來。當時，有名的工藝師（例如御用工藝師）或知名的公司（例如鏡子製造商聖戈班）只做某一行，有時甚至只做單一產品〔例如哥白林（Gobelin）的掛毯〕。這種模式一直持續到第一次世界大戰前的美好時代。在當時，愛馬仕經營馬具，LV是行李製造商，昆庭（Christofle）是金匠。

但第一次世界大戰後，發生了翻天覆地的變化。大型的奢侈品公司開始製造它們之前並未涉及的產品，或是把品牌掛在另類的商品上。女裝業者在當時和現在都是這方面的先驅。從一八五八年開始，裁縫大師查爾斯・沃斯（Charles Worth）就會將自己的謝瑞維斯（Je Reviens）香水贈送給最好的客戶，而直到一九三二年，這款香水才開始銷售，這已是香奈兒推出五號香水的十一年以後。這是第一例有規劃且公開承認的「品牌擴張」。事實上，它是「品牌延伸」，因為香奈兒經營這款香水時遵守了所有的奢侈品策略準則，這也解釋了香奈兒五號香水歷久不衰的成功。第二次世界大戰結束後，隨著市場需求激增，這種品牌擴展策略開始蓬勃發展，成為「品牌擴張」，讓獲利變得更加容易。

事實上，品牌擴張的做法也改變了奢侈品市場。之前提到過，奢侈品市場的誕生是因為經濟和法律上的條件讓更多人可以獲得奢侈品，而不是因為奢侈品更加普及化，而是把業務範圍拓展到本業以外。例如，LV的經營領域從行李箱轉變成賣精緻皮件（手提包是都市女性的手提行李）；愛馬仕因之前的業務沒有前景，而從馬具商變為精緻的皮件商。

很久以後，當這些公司變為「知名品牌」後，它們開始試圖擴張自己的品牌，以拓展名氣。我們將這段時間稱為奢侈品市場的青春期，此時很多品牌都試圖往各方面發展。

在大眾消費甚至是產業行銷中，品牌擴張也成為常態，例如萬寶路（Marlboro）香菸的經營領域擴展至男士休閒服（萬寶路經典）。山葉（Yamaha）賣摩托車也賣樂器。品牌擴張有規則可言：每個品牌以技術能力為特色，這個能力界定了品牌擴張的合理範圍，讓他們的改變都是源於相同的技術。

若想合理進行品牌擴張，就必須讓原本領域和目標領域的品牌理念及技術一致。奢侈品行業的品牌擴張有其自身特點，它似乎不受限制。這是可以預期的：奢侈品代表著品味和優越感的傳播者，需要創造的熱情比一般消費品有著更高的標準，還需要完全掌控製造和配銷的過程。如果說擴張領域的選擇必須考慮到品牌的能力，品牌的成長會逐漸依賴奢侈品品牌的無形面，而奢侈品在這方面並不缺乏。

(一)奢侈品擴張：改變奢侈品行業的做法

品牌擴張讓奢侈品公司更快速地發展壯大，而不是局限於其內部成長或受到本業衰退的影響（例如愛馬仕和馬車的消失）。很多公司已經完全脫離了奢侈品行業，開始生產普通產品。

加速這場變革的是資金因素。一方面，打造一個奢侈品品牌需要花費大量的時間和金錢，對於金錢的需求，會讓品牌開始透過授權快速地擴張。另一方面，奢侈品品牌價值高，股東為了提高「股本回報率」，會要求奢侈品品牌將價值分攤到其他產品上，造成很大的壓力，尤其是當創始家族在品牌裡已經不再為握有大權時。

談到奢侈品品牌擴張策略時，我們有必要區分奢侈品行業內的品牌擴張（愛馬仕和絲綢製品）和超越奢侈品行業外的品牌擴張〔愛馬仕和萊卡（Leica），LV和時尚〕。前者通常比較合理，後者通常較為危險。

為什麼這種擴展模式如此誘人？因為它不需要金融資本，只需強大的品牌資產：只要有創新的聲譽和維持它的能力即可。授權也可促進成長：充實品牌，讓它成長更加快速，而不需要投資，也無需花時間掌握所有必要的技術。

- 香水因為打廣告而提高品牌在大眾市場的知名度。
- 配件可以帶來獲利（因此它們在品牌擴張時的順位很重要），提高品牌的能見度（手提袋上的商標引人注意），促進品牌的現代化（透過時尚）。
- 化妝品和ＳＰＡ可以和客戶產生親密的實體接觸。

集結這些品牌擴張讓奢侈品商店的開設成為可能，客戶為了買一種產品走進商店，離開時就可能帶走整套產品，或者多買幾種同品牌的產品，進而提高了客戶每次進店帶來的消費額，同時給了更多客戶更多理由再度光臨。

當奢侈品品牌像宗教一樣，在國際都市租金昂貴的大街上建立現代的「教堂」或「金字塔」（超級旗艦店）時，廣泛又獲利良好的產品範圍相當重要。品牌擴張也可以平衡風險：例如露華濃堅持專攻毛皮事業，當市場需求減少時便一衰不振，不像芬迪跨出了原本的經營領域。

義大利和法國品牌延伸模型比較

奢侈品文化的兩個主要發源地法國和義大利，選擇了不同的品牌擴張方式。鑒於品牌策略應該維護品牌的獨特性，法國的品牌並沒有發展很多不同的價格路線。相反地，法國的品牌發展得小心謹慎，擴張的前提條件是具有合理性、創造性，且尊重奢侈品策略的嚴格規則，也就是向下和向上整合。例如，香奈兒在自己的瑞士工廠中生產手錶，愛馬仕也擁有生產香水的工廠。所有的品牌都在自己的品牌專賣店中銷售自己的產品〔香水和護膚品是例外，通常是在像道格拉斯（Douglas）或絲芙蘭（Sephora）等多品牌商店或免稅店銷售〕。事實上，這些奢侈品品牌選擇了專賣店來促進品牌延伸。批發業務對品牌延伸來說是個噩夢。

相反地，義大利的奢侈品品牌採取了線性延伸的策略，創造了很多品牌和副牌，像亞曼尼就有六個副牌。每個品牌都有自己的價格點、配銷商和競爭者。這種分散的、金字塔似的模型讓品牌能夠在不同的商業和城市環境，以不同的價位銷售時下流行的服飾，積極地促進銷售。

如今，義大利模式有其局限。法國模式和義大利模式正在融合。當今的世界混搭和搭配是潮流，女士們會用愛馬仕高檔的絲質圍巾去搭配Zara的牛仔褲，那麼這些二線、三線品牌的未來會如何？其次，由於副牌過多，每個副牌獲得的投資減少，需要特殊的投資方式才能成功。此外，在網路上，品牌也無法過度分割。亞曼尼的每條副產品線都應有臉書專頁，講述不同的品牌故事嗎？零售的因素最終讓義大利的品牌線匯集於直營店，通常是旗艦店，也就是說匯集於一個品牌之下。旗艦店的零售整合需要空間和同品牌的體驗，所以只賣單一的品牌。

兩種品牌擴張模式：垂直或水平

若想生存，奢侈品品牌就必須發展壯大。過去，市場通常較小且處於當地，品牌延伸是發展壯大常用的策略。然而，經濟全球化和新興大國（主要是金磚國家）的發展，經濟和民主制度的發展，向我們證明了普及對奢侈品策略是必需的，可以提供機會讓奢侈品品牌在自己的領域內成長，這是目前來說最好也是最安全的策略，勞力士就是很好的例子。

然而，如果出於某種原因，品牌擁有者要求品牌進行擴張，有兩種方法。

- 第一種方法是透過發展副牌，降低絕對價格，讓價格更加平民化，吸引廣大的客群。這種方法越常用，就越要求品牌向上擴張，以重建夢想。
- 第二種方法是平行擴張，不改變價格水準。例如勞夫·羅倫起初是一個男裝品牌，因為其創始人勞夫・利夫席茲一開始賣的是男士領帶。幾年後，他開創了女裝副線，時間剛好，避免了優客的麻煩（優客的副線太晚展開，男性品牌形象在人們心中根深蒂固，很難改變）。最近，勞夫・羅倫將副線擴展到了客戶的其他生活領域，旗艦店也開始賣家具，款式齊全。客戶也可以去勞夫・羅倫飯店，享受美好盛宴。

第一種模式叫作垂直擴張，可以用金字塔代表。品牌可向下擴張，例如很多高級訂製服品牌，也可以向上擴張，例如說美國勞夫・羅倫推出在義大利生產的高級服裝系列，或是信用卡公司使用的消費升級模式（例如美國運通黑卡）。

第二種模式圍繞一個核心，這個中心即品牌精神，通常是以在世的設計師為名。品牌的所有延伸都是品牌價值差異化的表現，由設計師和其接班人表達出來的品牌價值。這兩種模式不只是品牌擴張模式，也是商業模式，長短期皆獲利的兩種方法：金字塔或星系（見圖7-1）。二者主要的不同在於：在金字塔型

金字塔型

神秘的、
有真實性的
自創品牌
純創造、
獨特、昂貴、
高級訂製服
全系列商品營造夢想
根源
小系列
獨特性
大系列
授權
廣告
創意減少
大眾市場

星系型

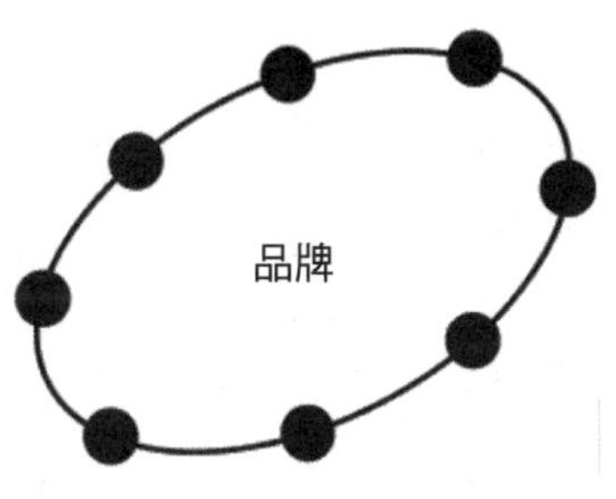

品牌裡的各個商品都是對等的，
都代表品牌的一個面向。

它們必須一樣有創意。

圖7-1　奢侈品品牌擴張的兩種模式

中，所有產品可以在同一處（商店）販售，顯示品牌的一致性。星系型中，品牌涵蓋不同的領域，一致性由品牌的設計師自己決定。

◉金字塔型擴張策略

由高級訂製服發展而來的奢侈品品牌把自己定位在金字塔裡，從策略和財務業績可看出它們占據（或不占據）幾個層級（見第十三章）。有些品牌選擇留在高層，即使是配件也是。

香奈兒就是選擇留在高層的例子，它的手提包和配件價格昂貴。唯一例外是該品牌眼鏡的配銷經過精挑細選，但比較偏大眾市場（例如Optic 2000）。

很多由高級訂製服發展而來的品牌都留在了金字塔的頂端，但業績主要是來自比較普及的產品，迪奧就是這樣。有些品牌離開高級訂製服領域，但透過成衣事業的翻新來保留品牌記憶和神話，例如被克蘭詩（Clarins）收購的泰尼．莫格勒曾有高級訂製服的業務，現在仍重視其傳統，香水業務十分成功（例如天使香水）。

亞曼尼之類的義大利公司也採用了金字塔模式。但以前這個金字塔頂端沒有高級訂製服。所以我們可以看到Giorgio Armani，然後是Armani Collezione，接著是針對年輕人設計的Emporio Armani，接著是休閒的Armani Exchange或Armani Jeans。這些產品線都遵循品牌的價格層級、目標客群和專賣店的獨特性。每條產品線有自己的專賣店，以避免客群的混淆（奢侈品品牌是隔離主義者，必須嚴格區分客戶與非客戶，並保護自己的客戶）。每條產品線都有自己的配件（皮件、鞋子、手錶），這些配件在多品牌的商店裡還有更擴散的產品線（眼鏡、化妝品、香水）。因此，這個系統很有階層性，但以設計師亞曼尼的品牌氛圍、風格和名字（亞曼尼）統一全部的商品，亞曼尼的個性透過媒體和藝術界廣泛傳播。近期，亞曼尼為自己的品牌金字塔補上了缺乏的頂端：巴黎的高級訂製服Armani Privé。

在金字塔模型中，副牌的名字要謹慎選擇，以彌補其創造性和合理性上的缺陷。例如YSL的副牌名為左岸（Rive Gauche），以增加不同的氣氛。相同地，香奈兒的化妝品副牌名為Chanel Precision，迪奧的化妝品副牌名為Dior Science，因為從裁縫專業轉進美容業並沒有明顯的合理性。

金字塔模型對於很多品牌和他們的股東來說是個很大的誘惑。副線產品因工業化量產而成本較低，但又因被籠罩在奢侈品品牌的光環下而售價較高，因此大大地提高了品牌的銷售額和利潤。因此這些入門的商品線就獲得了高額利潤：奢侈品手提包和香水的平均毛利大約是七五％。這種短期的獲利來源對於股票市場來說有很大的吸引力。

然而，風險是金字塔底端三個奢侈品要素的枯竭：創意、優越性和獨特性。這種降級銷售（trading down）很快就會破壞品牌價值，進而讓品牌萬劫不復。奢侈品是一種夢想，但是這個夢想有著脆弱而微妙的平衡。普及化減少了客戶與客戶之間的距離，而奢侈品行業本該創造他們之間的距離。一般客戶可能沒有這種需求，菁英客戶卻有。

所以一些強勢的奢侈品品牌不採用這種模型。這些品牌著眼長遠，試圖保持聲望。它們可能只會開發較少的產品線，銷售具有創造性的產品，小量生產，並在品牌直營的商店裡獨家販售。最重要的是，這些品牌嚴格控制生產，尤其是香奈兒，它收購六個即將消失的工藝坊，目的是保住它們獨特的技術，例如專門做羽毛用品的工藝師。

星系型擴張策略

這個模式是以勞夫·羅倫為代表，暱稱為「星系」模式。勞夫·羅倫的經營領域無所不包：高級成衣、配件、香水、化妝品、家具、油漆、還有掛他名字的咖啡館和餐廳。每一件勞夫·羅倫的產品都是合理進入品牌宇宙裡，它的生活方式適應每天、每週的不同時間，適應不同的使用場合和情境。勞夫·羅倫為了更清楚呈現這個宇宙，將旗下的產品分割為一致性很高的副牌，每個副牌都根據不同用途、場合提供一整個系列的產品：POLO產品線是休閒的運動裝、紫標系列滿足比較正式場合的需求（見圖7-2）。

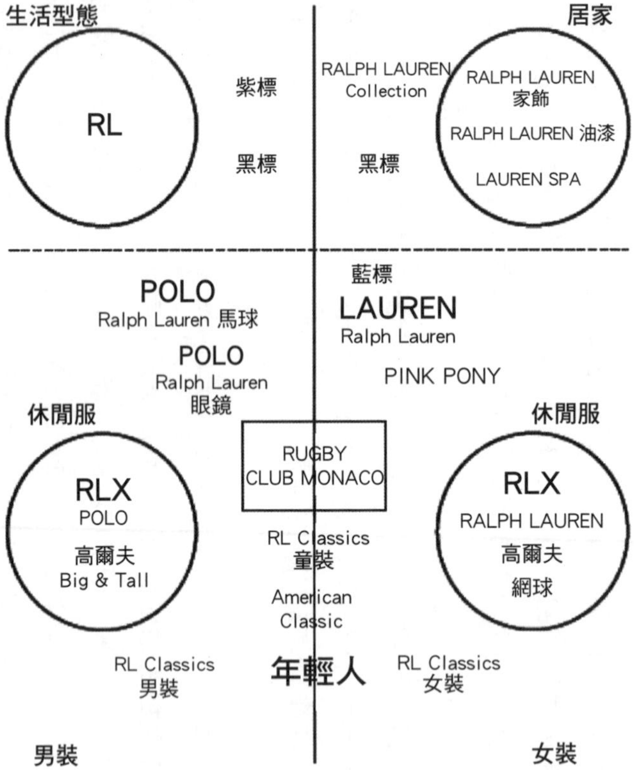

圖7-2　透過副品牌進行擴張：勞夫·羅倫星系

所以在產品的創造性和尊貴程度上，產品之間沒有太大差別。星系模型中，所有的副牌都是平等的：都是星系核心單一概念的衍生，僅有適用場合、時間或性別（男裝和女裝）不同。

奢侈品品牌延伸的成功因素

大部分介紹品牌延伸的資料，都以快速消費品為案例，但有一些和奢侈品相關。

- 品牌的無形資產越多，就可以進行越多延伸。奢侈品應該和藝術緊緊相連，這點很重要，因為這些奢侈品可以用風格為賣點，而風格可以應用在很多不同的產品種類。
- 品牌享樂性越高，越容易延伸。價值型商品與它的實用功能息息相關，只有在遵從實用性的前提下才能夠進行品牌擴展（例如寶鹼公司Mr Proper Car Wash的汽車美容業務，Easycar的汽車租賃業務）。奢侈品品牌銷售的是多感官享樂體驗和引人入勝的標誌性品牌領域。正因為如此，亞曼尼才進軍酒店。奢侈品品牌傳達的是對享樂和品味的激情。
- 發展副牌比品牌延伸更有可能毀壞品牌聲望。副牌屬於品牌生意的核心業務，例如義大利時裝品牌Zegna、Corneliani或者亞曼尼的服裝。由於發展副牌的目的是讓更多人擁有產品，產品品質因此下降，導致奢侈品品牌所謂的高品質理想破滅。
- 發展副牌還有另外一個風險：模糊品牌核心身分。時至今日，我們是否回答得出「什麼是亞曼尼夾克」這個問題？答案是否定的。因為這取決於你所購買的夾克屬於哪一個副牌，從最經典的

Armani Collezione到如日中天的Emporio Armani。

- 應該限制或者避免授權經營。羅薩奧蒂卡（Luxottica）集團的眼鏡製造工藝當然獨一無二，這也是香奈兒在授權羅薩奧蒂卡經營眼鏡時看中的賣點。但是除非謹慎行事，否則香奈兒眼鏡可能淪為羅薩奧蒂卡專賣店裡眾多產品中的一款，這有違奢侈品的第一原則：奢侈品永遠不能被比較。
- 「生活風格」是品牌延伸時常用的詞語〔例如勞夫·羅倫、湯米·席爾菲格（Tommy Hilfger）、鱷魚牌〕。但是奢侈品品牌銷售的不是生活風格，因為生活風格和持久性背道而馳，容易減少品牌價值。奢侈品品牌銷售的是風格，是對奢侈品擁有者個人性格的展現。Armani Casa並不是真的在銷售家具，它的商業模型的目標是銷售量身訂作的家居裝飾服務，裝飾展現了亞曼尼先生自己的品味與智慧。在許多國家（例如阿拉伯聯合大公國、韓國），奢侈品公寓往往是在配備一應俱全後售出〔安裝美諾（Miele）家電〕，由Armani Casa裝修。
- 在產品家族中，每樣物品都可以用來進行品牌延伸。例如，法拉利應該在新奢侈品店網路中銷售皮帶嗎？有人也許會覺得皮帶和法拉利品牌完全不搭調，不管是在外型上（產品的相似度），還是在品牌形象上（一條簡簡單單的皮帶怎麼能和世界第一的汽車品牌相提並論）。然而，如果延伸策略符合品牌定位，就另當別論。事實上，在新法拉利專賣店，客戶可以在買完汽車後至少花一個小時選擇琳琅滿目的相關產品，其中就有獨一無二的車內皮革。同樣的皮革就被用於法拉利皮帶，客戶可以買來送給朋友。

對於奢侈品行業來說，還有三個關鍵的因素：時間、文化和營運品質。

●香奈兒五十年前就開始經營珠寶首飾，後來又將業務延伸至手錶。香奈兒並不是創造一整個系列，而只是建立單一產品線，就像LV和愛馬仕仿效建立單一產品線。要贏得頂尖市場的市占率需要時間，Zegna要花多久才能成為女裝奢侈品品牌？答案很難說，除非它儘早從中國開始。

●只有經濟能力或者技術能力是不夠的，文化在各個方面都不可或缺。這就是為什麼授權經營會傷害品牌。試問被授權公司如何和授權公司分享同樣的文化？分享文化不只是要尊重品牌平台、整套的核心價值和情緒收集板（mood board）[12]。已經和客戶建立聯繫的銷售員有足夠的能力和文化來銷售這些副線產品嗎？副線產品的售後服務又要從何做起？

●最後，奢侈品展現在細節中。只有當整個公司從裡到外對品牌文化的了解達到癡迷的程度，才能實現品牌的奢侈性，即使是副牌也是如此。

品牌擴張的類型

向上或向下銷售的價格階梯

在奢侈品市場，最重要的參數是價格。有的品牌會延伸到更高的價格區域，還有的品牌透過更低的價格吸引新客戶。這種策略被稱為垂直向上或向下延伸。正如奢侈品品牌的建構所示（見圖6-5），

12指經由對使用對象與產品認知的色彩、影像、數位資產等的蒐集，可以引起某些情緒反應，作為設計方向與形式的參考。設計師運用它來檢視色彩和樣式，成為說服其他人的理由。

兩種策略都有必要。品牌必須向新客戶敞開門戶，還要抬高價格以保證對原有客戶的吸引力。為了在實施價格策略的同時保持品牌光環，勞夫．羅倫使用副牌，每一個副牌都有各自的價格區間。高檔女裝外套領域RL Collection系列價格從一千九百美元到四千美元，其次是Ralph Lauren系列，價格從一千美元到兩千五百美元，再往下是RL藍標系列，價格從三百美元到八百美元。最後，Lauren RL的建議價格是從一百美元到五百美元。歐洲是裁縫設計師的天下，勞夫．羅倫主打服飾線開拓市場，女裝稱為紫標系列而男裝命名為黑標系列。這些產品材料很受歡迎，風格非常優雅，在義大利製作，目標是提升品牌等級，向高級訂製服靠近。向下延伸策略方面的例子是皇家御用品牌麥蘭瑞，位於和平街（Rue de la Paix）已有四百年，為王室服務，但現在也有了平民能夠買的產品，價格約一千歐元。和Tiffany一樣，麥蘭瑞以訂婚戒指作為吸引客戶跨入門檻的機會。

從核心到周圍

第二個參數是延伸產品離核心產品的距離有多遠。巴卡拉製造小型水晶珠寶時，仍未脫離核心領域。萊儷和施華洛世奇（Swarovski）也是如此。但餐具品牌昆庭卻不是。法拉利和電腦之間有什麼聯繫？部分法拉利粉絲可能會想要在打開電腦時看到法拉利的顏色和引擎聲，外加一定程度的效能，但是這都象徵著法拉利史卡得利亞（Scuderia）引擎的機械效能。因此我們需要討論超越合理性的品牌擴張，更接近純粹的品牌化，甚至商標化。

第三個參數是奢侈品的維持。有一些品牌擴張脫離了奢侈品範圍，甚至算不上頂級品。香奈兒生產的T恤就算再貴，又代表了多少香奈兒的精神呢？

品牌能擴張到多遠？品牌合理性的概念

在傳統行銷中，任何品牌如果要實現合理擴張，和品牌的技術或無形概念有關。如果品牌擴張能夠增加品牌的現有實力，或者能夠脫離原品牌理念擴張到其他領域，那麼擴張就是合理的。但是在奢侈品市場，業者的業務都非常專精（例如珠寶、馬具、行李製造、精美皮件），而不是跨領域。然而部分奢侈品品牌幾乎可以毫無限制地做橫向擴張，所以品牌合理性的基礎是什麼？

首先我們要先談談奢侈品的社會學定義：奢侈品有兩個永遠存在的領域，其一是聚集場所（例如香波堡和凡爾賽之類的宮廷，以及其巴卡拉水晶的裝潢），其二是服飾。而服飾又分為服裝（高級訂製服）和首飾（珠寶）。這兩個領域讓其他領域合理化，而不是反過來。這就是為什麼愛馬仕或者LV在高級服裝領域發展不合理，因此它們較少在這方面成功。事實上，它們想透過時尚來更新品牌，讓品牌充滿活力。

某些品牌更專注於原有的技術領域而不是文化領域。為了保持一致性，同時出於謹慎，第一次品牌延伸往往都不超出原有領域。萊儷從原有的水晶工藝和藝術裝飾延伸到花瓶、餐桌、物品、人造首飾、袖扣等。此外，品牌延伸還可以超過實體的相似性，探索品牌的想像品質。梵克雅寶的第一款香水名為「初遇」，因為這是第一次由珠寶品牌生產香水。這個名字還強化了這家公司想在巴黎凡登廣場卓越傑出的渴望。

奢侈品品牌合理的擴張還有其他形式，其中之一就是品牌歷史。例如，巴卡拉在推出珠寶產品時引用品牌歷史，這個方法從一開始就存在。另一方面，巴卡拉還擴張到豪華度假酒店，這是源於品牌的「夢想生活」理念。水晶是品牌的代表，象徵著更加優雅的生活方式，其中就包括在豪華宮殿受到熱情款待。巴卡拉品牌還象徵著一種親密、稀有、純粹、珍貴的品質，超越了傳統奢侈酒店。這種擴張到旅館業的做法，利用和轉化了品牌的文化內涵。

亞曼尼咖啡館和勞夫．羅倫餐廳就並非如此。喬治．亞曼尼和勞夫．羅倫都還活著，他們的策略就是模仿。他們說：「想模仿我？當然可以，在我的世界拿走你想要的一切吧。」這一點兩位路易先生〔LV和卡地亞的創始人路易．威登〈Louis Vuitton〉和路易．卡地亞〈Louis Cartier〉〕都無法做到，因為他們已經不在這個世界上。

至於皮爾卡登，儘管這個人依舊迷人，國際形象依然美好，但是問題就在於品牌產品擴張太廣，以至於我們感覺不到產品之間的聯繫和獨特的力量。皮爾卡登將業務按領域和產品劃分授權。這就不再是一個星系了（星系是一群星星受重力吸引而環繞在黑洞周圍，彼此有一致性），而是成了一個星雲（無一致性無組織的群體），最終會瓦解。不過，皮爾卡登在經濟方面仍然運作良好，這要歸功於設計師無與倫比的才華，但是品牌目標現在更平民化。例如，在法國，皮爾卡登是男士襯衫、領帶和皮帶的高級品牌。在老佛爺百貨（Galeries Lafayette），皮爾卡登專櫃（襯衫、領帶、皮帶）的坪效收入最高。因此，皮爾卡登是大眾流行的指標。在中國，人們也想要購買皮爾卡登的產品，但不希望價格過高。

領導品牌擴張

品牌擴張有四個步驟。第一步，策略診斷。擴張本身不是結束，在開始之前，有必要問問自己對於品牌的長期想法是什麼。這就是所謂的「大計劃」。後續的擴張就像爬樓梯一樣，做每件事之前，你都必須問自己，品牌擴張要從品牌自身借助什麼，最重要的是，能回饋給品牌什麼，主要目標是什麼（知名度、征服崇拜者、忠誠度等）。

第二步，根據品牌的合理性來源（本業、原料、歷史、文化、生活型態）及它的資源來研究品牌擴張。

第三步，保持與品牌身分的一致性，與品牌所屬奢侈程度的一致性。這就是為什麼在開始品牌擴張前，你應該先進行品牌核心分析，以了解品牌的深層內涵，釐清品牌身分三稜鏡，尤其是要了解品牌的文化層面。這種身分核心必須受到尊重，但往往被忽視或沒人知道。例如，什麼是蓮娜麗姿的深層身分？這個深層身分一直伴隨著品牌，藏在三女神標誌後面，或藏在大衛•漢密爾頓（David Hamilton）拍的模糊影像背後。

這個深刻的問題是所有品牌擴張策略的前提，因為回答了這個問題，就能回答下面三個重要的問題：

- 新領域和品牌的本質相容嗎？
- 如果相容，我們能夠將品牌印在上面嗎？也就是說，我們可以用品牌明顯地區分自己與他人嗎？
- 擴張策略是否會導致新的銷售管道，進而改變品牌的地位？例如，LV不生產香水，並且只在專賣店出售產品。生產香水就需要新的銷售管道，包括絲芙蘭和其他的百貨公司。這就違背了品牌的長期策略。要記住，愛馬仕儘管比LV小很多，但是在香水、絲綢和手錶業務上並沒有遵循如此嚴謹的策略。LV發布的一款香水為了保證奢侈品的本質，只在LV專賣店銷售，這個案例很有趣，我們會在第十三章繼續討論。

回到蓮娜麗姿，擴張到餐具領域是否與品牌的本質相符？深入一點來說，蓮娜麗姿象徵著女性特質，這一點就足以排除擴張到餐具領域的可能性。

品牌必須在品牌擴張中注入自己的品牌精神。但是，光是把泰尼莫格勒的星星或者克利斯瓊拉夸的太陽標誌放在杯子或盤子上是不夠的，這樣並不足以做創意的轉變。這樣只是張貼標誌而已，就像瑪莎拉蒂汽車推出一系列外套一樣。

尊重品牌的身分非常重要，基於商業考量，已經有太多的品牌想要柔化品牌比較極端的面向，希望藉此贏得更多客戶，提高銷售額。這是錯誤的。品牌要有原來的模樣，帕洛瑪畢卡索（Paloma Picasso）香水就是生動、鮮紅的品牌，有著強烈的西班牙色彩，沒有必要為了吸引亞洲客戶，而用同樣的名字推出味道更淡的香水。而是應該專注於南美市場、德州和佛羅里達州。

第四步是風險評估。奢侈品重視實現，比其他市場都重視。因此要對品牌擴張進行SWOT分析（優勢、劣勢、機會、威脅）。每一次品牌擴張可能失敗也可能成功。更嚴重的是，在奢侈品市場，借用品牌資產很可能創造不了任何回饋價值。最後，品牌擴張往往伴隨著減少對創新、製造、配銷和溝通的控制，因此會脫離奢侈品商業模式。

透過擴張的成長：萬寶龍案例

萬寶龍就是一個經典例子，證明不背離品牌身分的情況下，靈活運用擴張策略是有可能的，讓品牌能夠成長，更重要的是能夠生存下來。從這個例子可以看出品牌擴張的四個步驟。

從診斷和目標的層面來看，一個只生產鋼筆的品牌會有未來嗎？鋼筆確實很珍貴，不過是傳統年代的產物，是一種藝術的文化，但現在全球優秀的管理者都只在黑莓機上寫電子郵件。品牌擴張應當透過其他產品來提高品牌吸引力和名氣，還應該提高品牌在女性心目中的價值，提高客戶來電的頻率。尤其，要透過產品擴張，建立自己專屬的銷售網路。萬寶龍最終擁有了規模可觀的直營店，銷售一系列可以獲利的產品。品牌擴張創造了贈送禮品、衝動購買、重複消費的機會。萬寶龍的品牌擴張策略讓品牌再次崛起，主要透過三個步驟實現：

- 理解品牌身分，尤其是無形面。
- 探索製造和市場潛力層面的可能性。
- 確定擴張領域和奢侈品本身以及品牌身分稜鏡的各種面向一致。

品牌擴張的前提是深入了解品牌身分。什麼是萬寶龍？品牌身分的主要面向為何？如果要保存特性就必須了解身分，將身分注入尚未實現的品牌擴張裡。

為了實現這個目標，業者應該先訪問客戶。

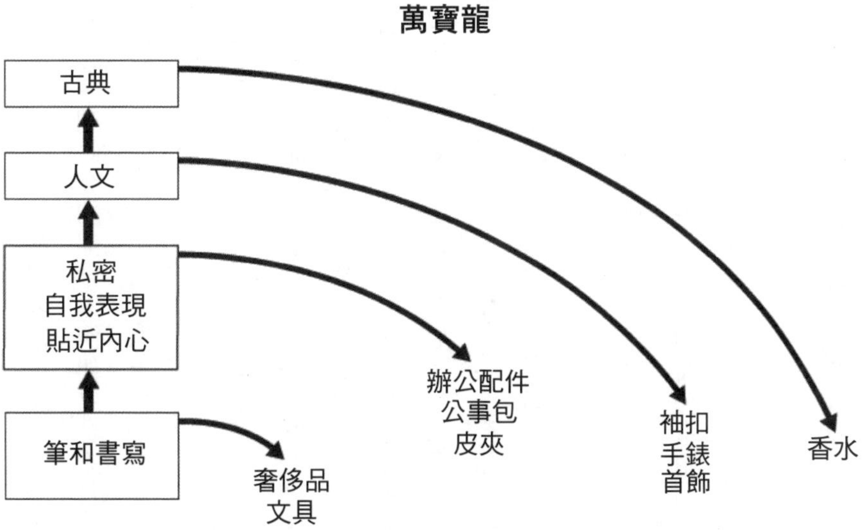

圖7-3　從近到遠的延伸

品牌的真理蘊藏於品牌裡，這就是奢侈品行銷和傳統行銷的最大區別。在訪問全球的客戶之前，首先必須考察品牌歷史。如果品牌有自己的身分，會隨著時間顯現出來，尤其會展現在產品、行為或個性中，這些元素構成品牌全球成功的基礎。這些元素才是你應該仔細研究的部分：例如萬寶龍有款鋼筆「Meisterstück」，筆上的星星代表什麼？為什麼黑色是品牌外形的特徵？為什麼生產鋼筆？「萬寶龍」這個名字的含義是什麼？為什麼你會掏出一支萬寶龍而不是其他的筆？

為了探索萬寶龍合理擴張的方法，我們首先要看一看萬寶龍的經典系列「Meisterstück」所表達的特性。為此，我們必須解構經典系列，以揭示其品牌特性的不同面向。鋼筆能透露許多資訊：體積小、私人的用品，男性往往會隨身攜帶，放在胸口的口袋裡。鋼筆能夠最真實地表達擁有者的個性，因為它是簽名時掏出的工具。它代表著書寫的象徵，品牌身分稜鏡的文化面，能夠一直追溯到人文和經典藝術。萬寶龍鋼筆顏色是黑色，名稱是白色（Mont Blanc的Blanc是白的意思），就像一件晚禮服，高貴而莊重。最後，Mont Blanc是白朗峰的名字，白朗峰雖位於法國，但和瑞士一樣相關，瑞士是奢侈品名錶的產地。奢侈品品牌擴張必須以同心圓的方式思考（見圖7-3），從近到遠延伸。

- 第一圈始於品牌的典型產品（鋼筆），並且圍繞它轉。在第一圈我們可以看到圍繞書寫展開的其他男士私人用品：皮製公事包、檔案夾、辦公室便條紙。萬寶龍提供了一系列辦公室用品。
- 第二圈在第一圈的基礎上往外延伸，但展現出萬寶龍品牌身分的所有面向。第二圈是小型私密的個人物件：袖扣、皮夾、iPod、iPhone或黑莓機的皮套。
- 再往外，品牌身分的某些面向展現得不是很明顯，但又確實存在。第三圈是男用和女用的手錶和首飾。

●第四圈，也是最「無形」的一圈，是香水。

這些做法的優點是它們緊緊圍繞一個明確的品牌特性而展開，語意上維持不變，高辨識度的標誌（星星、黑色）。在這些延伸策略的客戶溝通方面，萬寶龍通常會請藝術和影視界的名人做宣傳，他們的個性更加強化了品牌的特性。還要補充的一點是，從資本家的角度來說，第一圈，也就是任何品牌的私密技術，都應當對外部投資者保密。

品牌擴張：保持一致性，充滿創意和驚喜

所有品牌都建立在一致性的基礎上。品牌的所有標誌都必須表達品牌自身，即使看不見商標也是如此。但是一致性不代表著重複和單調。在奢侈品世界，驚喜是任務的一部分。奢侈品品牌要出類拔萃就必須保持創新。

不一致不代表沒有條理。不一致有時候是種優點。克蘭詩就是一個很好的例子。克蘭詩曾推出一系列鮮紅色的唇膏，廣告中黑人模特兒和鮮紅唇色形成鮮明對比。客戶大吃一驚，因為這個溫和的品牌一直都生產白色或米色的化妝品，這確實是真正的突破。

克蘭詩跨入這個類別是為了保證產品能在日本、韓國和中國百貨商場的一樓銷售。為了做到這一點，就必須不斷提高銷售額。由於化妝品銷售額成長還不足，就必須在同一櫃提供其他產品，這些產品不能搶食現有產品的業績，但同時要提升整體營業額，還要吸引新客戶。

如果要保證一致性，克蘭詩原本應該在推出這個新產品時強調它防過敏的特點。克蘭詩確實這麼

做過，但客戶其實不是那麼擔心過敏的問題，亞洲市場重視的是有趣、吸引人的元素。因此，克蘭詩遇到的這個困境其實很簡單：是要保持高度一致性，而有損品牌擴張的效果，還是接受較低的一致性，但能吸引亞洲年輕女性，而且不用等到她們的第一道皺紋出現。

然而，克蘭詩是頂級品牌，所以它的案例不能完全解決奢侈品品牌的特殊情況。事實上，在奢侈品世界，不需要產品保證，這一點是毋庸置疑的，不要改變品牌的世界就夠了。當然我們期望所有的產品都品質優秀，但是奢侈品品牌的本質是由它的世界、風格和想像組成的。

讓我們來看看以下這個相當成功的案例：泰尼莫格勒的天使香水。天使香水遵循真正的奢侈品香水策略，香奈兒五號和比翼雙飛香水當年就使用過這種策略，直到今天仍然相當突出。

克蘭詩集團和萊雅、寶鹼之類的巨頭相比規模很小。發布第一款泰尼莫格勒香水時，克蘭詩團隊知道自己的廣告預算有限。所以，天使香水是歷經一連串冒險和強烈衝擊後的成果，只為在一開始就吸引到一小群忠實熱愛者參與：

- 天使香水有很高的內在價值：香味成本高昂。
- 是真正的創作。由於有原創的分子，克蘭詩得以創造出全新的香水系列Oriental Gourmands。事實上，天使香水極具創新，氣味甜蜜，融入設計師的特質。產品測試顯示，客戶呈兩極化的評價，不是很喜歡就是很討厭。作為一個不輕易冒險的大公司，克蘭詩本來可以不推出這款天使香水，但是高層決定保留它。
- 瓶子非常精美，上面有星星，這是這個品牌典型的設計，和設計師泰尼莫格勒本人超凡的想像力有關。

- 名字和廣告都展現了泰尼莫格勒具想像力的個性，融合浪漫主義和星際的元素，營造一個夢境。
- 一開始的銷售管理十分嚴格，克蘭詩設定最低進貨量，只供貨給進貨量達到門檻的零售商銷售。因此，這些配銷商必須積極推銷產品，成為天使香水熱情的推廣大使。
- 天使香水銷售的象徵性環節激起了客戶強烈的情緒共鳴：「根源」。天使香水目標客戶是年輕人，香水用完之後他們可以再裝滿，而不是把瓶子扔掉。這是一個很環保的設計。因此每個銷售點都有放置「噴泉式香水填充器」，天使香水重視地球生態，並且化為行動。
- 價格很高，超過香奈兒五號。
- 包裝盒裡有張小紙條，邀請客戶分享產品使用感受並填寫個人住址。這是香水包裝史上第一次。公司可以因此建立起客戶資料庫，直接維持客戶對產品的興趣。奢侈品就是要和客戶建立直接、親密的關係。

天使香水以較低的廣告經費取得了策略上的成功：在法國超過香奈兒五號，成為最暢銷的香水，且一直保持領先，在歐洲居於第二。

因此，奢侈品品牌的擴張應該是品牌世界的擴散。但什麼是品牌世界呢？

- 首先，那是指品牌風格上的恆常性，不看品牌也能辨別出來的元素：例如麥蘭瑞的珠寶大小、梵克雅寶的隱形鑲嵌、三宅一生的皺褶設計、香奈兒服裝流暢的剪裁、手提包的菱格紋等。所以這是個可辨識的世界，品牌世界是一個可以不看商標就感知的領域：品牌商店是品牌多重感官的呈現。
- 第二，品牌世界是一切無形的東西：品牌的想像力，它的生命力，它所蘊藏的神話、價值系統，它的靈感泉源，它的象徵。例如泰尼莫格勒的宇宙，克利斯瓊拉夸的太陽，或者勞夫・羅倫的波士頓白人上流社會的貴族。

品牌世界給了我們兩個啟示：

●首先，要實施擴張策略，品牌必須已經定義自己的「夢想生活」。將自己定義為「時髦、休閒的運動服」不足以提供給全球客戶足夠的想像空間。這就是為什麼原產國在奢侈品領域如此重要的原因：原產國是根源，給產品帶來激發想像的力量。「在巴黎製造」的時髦休閒產品所激發的想像空間不會和「在蔚藍海岸製造」一樣。前者會讓日本客戶想像巴黎中產階級和法國貴族的夢想生活，後者則讓人聯想到義大利的波托菲諾（Portofino）、西班牙的里瓦斯（Rivas）、義大利電影城（Cinecitta）的明星。

●另外，由於在擴張策略中，往往忽略無形面裡的技術因素（奢侈品品牌很少只是一種產品承諾），我們有必要加倍它的語義恆常性。泰尼莫格勒的所有香水都保留了他典型的風格（星際宇宙）和象徵元素（例如星星）。愛馬仕的所有產品都有騎馬者的標誌，這個標誌還要追溯到產品歷史和最初的技術（製造馬具），還讓人聯想到有能力購買愛馬仕馬具者的社會地位。

保持副品牌的品牌特性：亞曼尼案例

喬治・亞曼尼建立了一個帝國，擴張到兩種價格和產品類別。根據經驗，這種策略可能導致混亂，淡化品牌特色，降低產品吸引力。但事實上並沒有發生這些情形。這是為什麼？亞曼尼是如何做到的？分析亞曼尼系統我們可以看出，亞曼尼有三個架構良好的品牌類別，以一種強烈的家族風格進行管理，以保持全球統一。

- 亞曼尼旗下有一系列多樣的品牌（Armani＋通用的產品名稱），給客戶帶來完整的體驗，讓他們親身感受到喬治・亞曼尼獨特的個人品味。這些品牌包括Armani Fiori、Armani Dolci、Armani Libri、Armani Bridal。其中部分還有授權成立的：亞曼尼咖啡館和亞曼尼飯店。
- 為覆蓋不同的價格點（見圖6-5），亞曼尼還建立了一系列副牌（Armani＋非通用名稱），價格從高到低：

＊Armani Privè（法國高級訂製服的一部分，與Prada或Gucci競爭）

＊Giorgio Armani（與愛馬仕競爭）

＊Armani Collezione（與博柏利競爭）

＊Emporio Armani（與D＆G競爭）

＊Armani Jeans（與Diesel競爭）

＊設在美國的Armani Exchange（與H＆M競爭）

- 有趣的是，這些副牌中有兩個品牌有自己的零售專賣店：Giorgio Armani和Emporio Armani。其他的品牌都可以透過批發管道銷售。此外，在新國家推出亞曼尼之前，這兩個副牌會先進入市場。只有當這兩個品牌穩定下來，才會相繼推出其他品牌。最後，亞曼尼還有一系列授權的商品（香水、美容產品、眼鏡）。

要注意到，無論是什麼系列，亞曼尼都保持著高度一致的創新風格，不管是產品還是客戶溝通層面（例如黑白主打色，相同的攝影風格）。一個品牌，一個網站。每個品牌都風格獨特，自成一體。這要歸功於家族管理，管理者是同一批人，時刻監控著整個系統，以保證用戶體驗的連續性。

在新領域打造聲譽：香奈兒案例

再回到奢侈化妝品的例子。考慮到這個市場的規模，以及客戶因為對美的永恆追求，而不斷購買更昂貴化妝品的欲望，我們就很容易理解這個獲利可觀的市場對其他奢侈品品牌的吸引力。但是，延伸到化妝品領域並不一定都合理。

為什麼服裝品牌要掛名在抗皺乳液上？服裝品牌在這個高科技領域往往沒有競爭力，原因就只能是奢侈品品牌的無形優勢創造了連結。奢侈品只能代表優秀，除非自己想要降級，否則奢侈品這個標籤只能要求產品必須優秀。此外，奢侈品是美麗的藝術，接觸到的一切人物必然提升他的層次，不管是產品還是人。然而，每一種品牌擴張策略都有自己的規則，化妝品承諾女性不管年齡如何成長都會擁有永恆的美。這就是最大的挑戰所在：這是科技的領域，要求產品能夠消除時間的痕跡。對所有的女性來說，購買化妝品都是一種具有風險的、與自己息息相關的行為：皮膚可能對某種化妝品成分有不良反應。並不是所有的乳液都有同樣的效果。你不能把自己的臉交給一種未知的乳液。

這就是為什麼香奈兒具有優勢。它的優勢在於它在高級訂製服的優越地位，為全世界女性帶來的自信，還有激發美的能力。但是工藝坊不是實驗室，香奈兒化妝品背後的實驗室不對外公開，以免破壞品牌營造的夢境。然而還是有必要讓客戶消除疑慮，因此香奈兒建立了化妝品的一系列副牌，這些品牌的名字都展現一種品質保證（Chanel Precision），或者展現出品牌之前所缺乏的科技（Dior Science）。

接下來也看看賽諾菲（Sanofi）保養品所採取的策略，其保養品由賽諾菲研究室研發。高效分子（例如瘦身）往往有嚴重的副作用，所以可以說是一種藥品。活躍但效力沒那麼強的分子，副作用要小很多，因此這種分子被用作化妝護膚品的基礎（賽諾菲概念系列），用於味道、觸感、使用樂趣上都要求非常出色的奢侈品，還應用於YSL香水系列。當時YSL還是賽諾菲的一個子公司，賽諾菲的名字只以小字標示（賽諾菲研發產品）。

品牌擴張的風險

品牌擴張對於奢侈品品牌來說算不上是太大的風險，但是往往利潤不高，因為品牌擴張規模太小、要求太高、成本太高。另一方面，品牌擴張從短期來看是一種很好的經營策略，但從長期來看很有可能會嚴重影響品牌形象。品牌擴張是多數大型奢侈品品牌拓展業務的重要手段。當然，還有許多品牌一直固守單一本業，例如百達翡麗、麗娃（Riva）、沃利（Wally）、庫克、歐貝羅伊（Oberoi）等。除了勞力士，這些專一的品牌往往規模比較小。

品牌擴張可以獲得成功，但意味著脫離原有的技術、本業的合理性，脫離最初你受人尊敬的工藝師的名望來源，而是尋找另一種作為藝術家的名望。因此品牌擴張確實有一定風險。

品牌擴張最大的風險是會破壞奢侈品的本質：創造距離。通常，進行品牌擴張是因為金字塔上層發展無利可圖，所以才往金字塔下層發展。此外，很少使用擴張策略的品牌往往需要金字塔往上獲利的商業模式，這樣的品牌才是真正的奢侈品品牌。

是什麼因素會導致品牌在這方面冒太多的風險？如何避免風險？

首先，可能降低品牌創新性是品牌擴張最大的挑戰。品牌越是往下延伸，短期經濟效應越明顯，層級越低。

這個風險是無法避免的嗎？不是。產品擴張策略的執行品質，對奢侈品基本元素的考量以及創意的管理都是決定性因素。香奈兒和亞曼尼都說明了這一點。在奢侈品品牌中，即使是入門產品也必須充分展現品牌特質，讓銷售者和購買者都引以為傲。這就可以要求產品價格不能低於一定限度。香奈兒就是這麼做的：香奈兒在金字塔頂端的產品價位很高，但最底端的產品價格也不會太低。香奈兒飾品沒有多個價位，而只有一個最高的價格。香奈兒簡單的夏日提袋價格超過一千歐元。相較之下，亞曼尼有好幾條產品線，從最貴到最平價依序是：Armani Privé、Giorgio Armani、Armani Collezione（還有線上銷售），一直到年輕的Emporio Armani，或者休閒A/X以及Armani Jeans。但是關於亞曼尼，有四點要說明：

- 即使是後面那幾個產品線，在同類商品中也屬於高價位。
- 產品都極具創意。甚至可以說它們比高價位的產品還要有創意，比較貴的產品線反映出喬治．亞曼尼本人的裁縫理念，以柔軟的質地、創新性的材料研究、簡約的風格、單純的線條、謹慎的態度而聞名，即使是最保守的美國人也深受吸引，因為亞曼尼服飾非常適合商務領域。
- 每個產品都有專屬的配銷通路，例如Emporio Armani專賣店，還有對這些有權銷售Armani

Collezione的商店清楚的介紹。

- 進入亞曼尼官方網站，你會為它的一致性感到震撼：每個產品線以共同的精神（也就是設計師的精神）為基礎，發展出自己的變化。

第二個風險是失去對品牌的控制，品牌控制和品牌內在組織息息相關。必須嚴格管理授權。被授權者就是獨立的公司，主要目標不是建立品牌，也不是投資於長期發展。為了控制被授權者，你需要有能力進行有效的管理、熟悉數字、深刻了解品牌內涵的優秀管理階層。你也不能過於依賴授權帶來的獲利。如果面對的是萊雅、科蒂（Coty）集團或者寶鹼這樣的大集團，你需要的就不只是管理者，你還需要品牌保證人，他們必須監控品牌本質是否被尊重，即使是在銷量很好的時候。

第三個風險就是搬遷會有質變的風險。組織模式仍然決定一切。帝凡黎（Devanlay）是著名法國鱷魚牌服飾的全球獨家授權商，它在法國當地生產的鱷魚牌招牌衫（被美國消費者評為「全球最好的POLO衫」）只占鱷魚總產量的比例不到五％，不過它卻控制著全球九〇％的總產量，製造廠遍布各大洲。鱷魚POLO衫事實上是鱷魚的象徵產品，凝聚著鱷魚品牌一切有形的和無形的優點，因此不能將它交給別人製造。

第四，配銷連帶擴張的風險。只在自家專賣店、購物廣場銷售擴張產品，和透過生產和配銷授權而出現配銷擴張有很大的不同。當然，合約規定授權的產品配銷應當慎重選擇銷售點，以免破壞品牌聲譽。但是如果當地經理人被要求選擇有多種品牌的銷售點，他們的觀點就和必須考慮全球一致性的國際管理者大相逕庭。

另一方面，因為要支付授權費用，被授權者必須保證獲利，所以他們會製造高階產品，他們可能會被銷售額所誘惑，而選擇人潮多的銷售點，利益衝突由此產生。我們都很熟悉卡文克萊（Calvia Klein，CK）和它授權的牛仔褲代理商華爾納集團（Warnaco）在法庭上的對峙。著名設計師卡文．克萊因指控華爾納在美國大型連鎖企業好市多裡販售CK的牛仔褲。華爾納的回覆是：設計師都對華爾納產品沒有實際的控制權。

的確，大多數市場研究都顯示，消費者沒有將奢侈品與稀有性聯繫起來。事實上，如果奢侈品沒有普及化，今天就不會有任何奢侈品市場。然而，這些調查結果都很有誤導性：它們往往專注於大眾市場的客戶，即使這些客戶非常富有。但是這些客戶只是追隨者，他們不是成就奢侈品品牌的人。這些人總是非常關注品牌散播的情況，這樣奢侈品就失去了創造距離的功能。

第五個風險是，品牌擴張可能導致廣告分散，所以品牌的談論也會分散。勞夫．羅倫有無數的廣告，因為它有許多副牌和延伸產品。但是這些廣告看上去都很具有勞夫．羅倫的特色，因為它們講述的是同一個故事。

如果你將香水的生產和配銷都託付給大眾消費品公司，你同時託付的還有廣告策略。萊雅和寶鹼獨特的競爭力來自於，它們懂得如何遵循需求導向的行銷策略來發布產品。需求導向的行銷策略以品牌身分為基礎，首先透過量化調查確定被品牌特性所吸引的客戶數量，據此確定潛在市場。然後將潛在市場分成不同的「客戶類別」，最後以每一類客戶所喜愛的明星為基礎，打造不同的香水廣告。

問題是這世上有這麼多的品牌，這些品牌多少都有相同的品牌身分，由此產生相同的客群目標。例如，優客和勞夫．羅倫表達的都是「成功」和「抱負」的價值觀。從廣告刻板印象（由每個客戶類別喜歡的國際演員決定）開始，到最後鎖定相同的客群進行溝通，但是它們和品牌根本毫無關聯，導致觀眾覺得廣告都差不多，可以彼此替換。此外，如果你將同個品牌所有香水的溝通訊息都放在一起時，你得到的並不是一個統一的客戶群體，而是給人一種多樣個性拼湊出來的感覺，毫無共通點。這和品牌身分要表達的正好相反。

第六個風險是品牌擴張會帶來服務風險，尤其是當被授權者既是生產商也是配銷者時。對客戶來說，任何一個有品牌名稱的銷售點都代表品牌本身。因此客戶期望在銷售點能被銷售員辨識出來，尤其是那些大客戶。要達到這樣的程度，銷售點的裝修、人員和服務品質都必須要有一定的水準，但你無法確定對方遵守這樣的條件。如果客戶感到失望，就會有損品牌地位。品牌擴張不僅託付品牌資產，也會託付客戶資本（client capital）[13]。

控制品牌擴張的「反彈效應」

品牌價值的來源之一就是它反射出的客戶形象，品牌身分稜鏡的這一面代表典型客戶的理想形象（見圖6-2）。奢侈品品牌必須給產品和購買者帶來與眾不同的感覺。但是，擴大品牌的購買範圍會影響到品牌反射出的客戶形象。品牌擴張（品牌標誌化和降低價格）會帶來這種危機。在英國，博柏利的流行使得英國酒吧和夜店拒絕身穿博柏利服裝的人進入，這是因為博柏利產品已經成了所謂的「Chavs」[14]（描繪某個社會群體的貶低性稱呼）的代名詞。在美國，有學院風的湯米．席爾菲格也遭到了同樣的待遇。

下一個問題是關於品牌擴張對品牌的長期影響，以及對品牌擴張的控制程度，尤其是擴充客群範

13 建立忠誠度和客戶滿意的組織能力。
14 通常用來形容喜歡次文化、穿戴粗俗首飾、穿著仿冒服飾、未受良好教育、出身貧困的年輕人或不懂事的未婚媽媽。

圍的策略。CK因失去品牌控制，又讓延伸產品在大眾配銷通路販售，導致品牌在美國不再被認為是奢侈品。它的製造和授權其實是品牌資產的下放。沒有任何東西比品牌聲望更重要了，品牌聲望是由神話、尊榮獨享、虛擬和實際的稀有性、魅力等培養而成，只要一擴充，品牌會走上「從奢侈到大眾」的不歸路。

問題是，這種對品牌聲望的侵蝕一開始是看不見的：奢侈品客戶定期調查也觀察不到這種現象。這是因為九五％的調查對象不是富人，而是所謂的「散客」。他們零星地購買不同品牌的奢侈品，往往出現在傳統市場調查中。但是這類人只是奢侈品的追隨者，他們並不能成就品牌，提高品牌聲望。成就品牌的是菁英、名流、權貴、藝術家、意見領袖這些人。如果品牌在意見領袖心中失去地位，客戶的行為會立刻跟著改變。透過傳統調查方式採訪不到這些意見領袖，但他們並非遙不可及。奢侈品公司必須經常定期打聽這些人的意見，才能夠了解他們對奢侈品品牌現在和未來的想法。

保證奢侈品的產品和服務品質

在奢侈品業，一切都是從產品開始。本書中，我們從更廣泛的意義上來看待「產品」一詞。產品可能指具體的產品，例如手錶；也可能是文化產品，例如音樂會；更可能指服務，例如在飯店住宿一晚；再或者是指產品和服務相結合的產物，例如諾基亞的Vertu手機。產品從本質上究竟需要成為什麼樣的物品才能激發世界上偉大人物的夢想？是作為一種親密快樂的泉源和他人渴望的物品嗎？

沒有服務就沒有產品

在奢侈品中，產品往往包含一個（或多個）物品和一項服務。奢華服務應該成為其中一部分，例如紀念品（離開櫃台的禮物）或交易物品（它包含了該服務，例如行動電話包含實際的服務，屬於遠距溝通）。奢侈品常常伴隨著服務，甚至是透過服務表現出來的。進一步說，奢侈品是一種多重感官的完整「體驗」，隨著時間透過客戶而存在。

舉個例子，LV的創始人路易．威登最初並不是一個製造行李箱的工藝師，他最初是到客戶家中幫他們打包家當，避免東西在搬運途中受到損壞。後來，他發明了平版的防水行李箱（在那之前，行李袋都是圓的，而且並不防水），讓行李箱更方便於搬運和堆放，這對當時「美好時代」鐵路和客貨輪船等新的運輸方式來說是重要的功能。他因此成了一名行李箱的製造師傅，開設工作坊，以行李箱製造者的身分聞名。但他始終為重要客戶提供打包行李的服務，直到瑪索大道的ＬＶ門市關門以前，重要客戶都可以將私人物品放在他們的行李箱裡。同樣地，奢侈品飯店在客戶的要求下也會保留私人物品，讓客戶一進房就有一種家的感覺。

物品和服務這兩個組成要素的相對重要性因市場而異，例如個人配件是偏重物品，休閒是偏重服務，餐館兩者皆重要。它們的共通點是在客戶於支付奢侈品的情況下，都很清楚他們是買這種「物品—服務」的組合配對。行銷組合的其他要素是外在環境，那不像物品和服務那麼重要。

當然，物品和服務也有一些重疊的部分，特別是在配銷方面：餐廳的服務需要付費，因此也成為產品的一部分；奢侈品專賣店的服務是免費的，所以不是產品的一部分。另一個關鍵的面向在於產品必須強烈人性化，也就是說，該物品必須是經過「手工」製作出來的，服務必須是由人提供的，客戶必須有一個真正的對話者。

奢侈品想要獲得成功，我們必須掌握三個概念：區別功能面與夢想面、全面了解競爭環境和時間關係的管理。

奢侈品的獨特夢想

奢侈品最特別的地方就在於它與獨特夢想的關係。

●基本產品相當於需求。需求必須儘快得到滿足（口渴或需要去醫院）。基本產品的作用就是以最低的代價，與最低品質的條件來滿足這種需求，例如用一杯自來水解渴或者以一種普通的交通工具去醫院。一旦需求得到滿足，也不需要產品了（關上水龍頭、下公車）。

●品牌產品相當於渴望和希望。我們渴了，我們更想喝萊福啤酒（Leffe），而不是自來水；我們想要擁有一輛車，想要一輛福斯的Polo汽車。渴望是人為的，它並不需要立即得到滿足（緊急情況下我們喝自來水或是坐公車）。渴望將會持續一段時間，但不會很久（我們放棄買車的主意，因為價格太昂貴），渴望也會改變（我們買雷諾Logan，因為它比福斯的Polo便宜）。因此，業者需要有系統地維持這股渴望，這就是廣告的功能，在維持產品（啤酒或汽車）渴望的同時，也維持了品牌（萊福或福斯）的欲望。

●奢侈品相當於夢想。夢想是人類不可或缺的部分，正如莎士比亞所說的：「我們是由夢塑造的。」夢想不見得一定要得到滿足：有時，夢想光是存在就會讓我們感到快樂。夢想不會被時間影響，經常會永遠持續下去（旅行的夢想並不會因為這次旅行還是那次旅行而熄滅）。夢想是超越需求或欲望的；奢侈品的作用就在於回應人們的夢想，而不是他們的需求或欲望。

透過以上內容我們可以看出，奢侈品包含功能面和象徵面（使用者看的是夢想，其他人看的是聲望）。從概念上來看，奢侈品最基本也最困難的事情就是要區分功能面（產品的用處必須值得購買，奢侈品也是如此）和夢想面。這種區分是很難的。功能是客觀的，是可衡量的，很容易去界定。但夢想是個人的，是主觀的，因此很難去掌控。根據潛在客戶的不同夢想，單一產品可能會成為非常不同的奢侈品。因此，在現有的市場中，在不與現有產品產生直接競爭，在不蠶食現有產品，僅僅是占有現有產品一部分市占率的情況下，業者是有可能創造新產品的。市場並不是完全有彈性的，但奢侈品領域的特點之一就是隨時都可能出現新的產品，不像消費品市場，它永遠不會飽和。

以書籍為例，書有精裝版和平裝版。因為書的功能在於文字的內容，平裝本是以平價獲得知識的最好方法。如果你已經買了平裝版，就不會再買同樣形式的書了。

但是，精裝書有一個非常大並且多樣化的市場，對應於各種不同的夢想：

- 展示你的文化素養，以界定你在訪客心中的價值。有多少百科全書或皮面裝訂的書籍在你家客廳的書架上，並且從未打開過？
- 活在過去（豪華再版）。
- 作為特權（限量版本）。
- 觸摸七星文庫（La Pléiade）[15]的書（聖經紙，皮面裝訂）所帶來的感官享受。

不同的夢想印在相同的功能上：閱讀書籍。所以不同的產品也有可能需要不同的奢侈品策略。而且，人們可能會買不同樣式的同一本書：擁有一本平裝版的《拉封登寓言》（*La Fontaine's fables*），並不會阻礙你去擁有一本或多本其他精裝的圖文版。

另一個很有啟發性的例子是與錄製節目相對應的「現場直播」。「享受威爾第歌劇」的功能，完全可以在高畫質家庭劇院觀賞齊費里尼（Zeffirelli）拍的《茶花女》（*La Traviata*）DVD時得到滿足。到米蘭史卡拉歌劇院（La Scala）或者去巴黎的加尼葉歌劇院（Opéra Palais Garnier）觀賞同樣的歌劇演出，為聆聽歌劇增添相當程度的享樂體驗和夢想。家庭劇院的發展並沒有讓歌劇院失去客戶，因為去歌劇院在金錢和時間上的支出，已經被其他方面彌補了，這些方面包括：

- 個人面向的奢侈品（獨特的建築，美麗的樓梯和走廊，外觀裝飾和雕像，宏偉的大廳，鋪著天鵝絨坐墊的座椅，聽音樂會和在現場看到演員的興奮感）。
- 他人面向的奢侈品（被別人看到你去歌劇院，或是在那裡看到名人）。

理性來看，就功能性價值而言，當歌劇院的現場表演不能達到你的要求時，你可能會選擇在家看能得到最好詮釋的影片。就舒適度而言，你選擇坐在家裡而不是坐在劇院的椅子上觀看。但是，每個人都會為了體驗和夢想，而希望能夠搶到位子，去歌劇院觀看現場表演。

功能和夢想遵循不同的經濟模式

功能和夢想不僅遵循不同的經濟模式，還依據相反的邏輯。

- 功能性部分遵循降低成本，進行規模經濟和降低投資回報的產業邏輯。因此，想透過對產品的投資來降低成本很快地成為泡影，因為這就有必要在不符合真正的奢侈品銷售策略的情況下，以增

15有法國文學的愛馬仕之稱。

加產品銷量的方式去獲得顯著的利潤回報。

● 無形的資產部分如果不是和成本邏輯無關（個人夢想），就是遵循人脈經濟的邏輯增加報酬（社會階層化）。因此，如果你只有一小部分客群，大量投資於客戶溝通和產品配銷上是無利可圖的，一旦你有大量的客群，投資在客戶溝通上就能增加知名度和充實夢想，這比為了降低成本而投資產品更有利可圖。在你擁有相當數量的客群前，品牌用平價的方式來提高自己的知名度就好，所以奢侈品一開始的「口碑行銷」（包括網路）很重要。

因此，我們可以得到這樣的結論，在開始階段，為了給產品樹立一個好的形象，為了征服第一批將會成為該品牌擁護者的核心客群，花費你全部的精力和資源是有必要的。一旦你擁有了大量的客戶，最好是穩定供貨，不再大量投資產品，而是把資金轉投資在客戶溝通和產品配銷上。

優良皮件領域奢侈品品牌（例如愛馬仕、ＬＶ）是上述這種發展方式的典型。最初，這些產品由工藝師製造，在一個處於不起眼位置的小商店出售。然後，一旦獲得成功，再經過十幾年致力於生產產品，滿足第一批客戶的需求，一旦達到獲利能力，該公司就會進入開設第二家店的階段，接著成立銷售網路。這些都需要大量的行銷溝通來支持，占用了公司所有的資源。這種發展方向的改變，伴隨著當務之急的轉變和公司經營模式的轉變，管理上相當困難。

奢侈品不是完美的，而是動人的產品

產品的功能面和造就產品成為奢侈品的特質常常出現矛盾，試想法拉利坐起來並不舒服，開起來有噪音，潛在速度用不到，或是要保養某些元件也很困難。這些實際的缺點在真正的客戶眼中卻是奢侈品的特性（經過路上的坑洞也不繞開，測試法拉利能不能平穩開過去），也是他們夢想的一部分。對於許多奢侈品利基的市場來說，尤其是奢侈品汽車，享樂總是優先於功能性（見第二章），這點和高級或頂級車剛好相反。

奢侈品另外一個非常重要的面向是它的整體特質。功能性方面或許只能滿足感官的一個需求，但是滿足夢想則必須滿足所有感官上的需求。在餐廳裡，食物必須美味，餐具必須精美。如果將餐桌和整個餐廳視為一體，桌布觸感必須與餐廳整體特質保持一致，周圍環境中的聲音都必須是讓人感到愉快的。

事實上，奢侈品應該被視為神聖的產品。神聖的意思是指物質世界和層級較高的精神世界之間有一座橋樑。與其他一般的購買行為不同，購買奢侈品是縱向的：人們透過高額的購買（遠遠超出合理的購買數目）尋找一種自我提升，從中得到精神上、文化上和社會上的自我充實。這就要求產品自身必須匯集精神鼓舞、美感享受、對表裡細節的重視，以及同時關心個人和世界。

奢侈品和競爭領域

在消費品行業，競爭有明確的定義：競爭就是具有同等功能的產品和另一種產品之間的競爭（例如雷諾汽車和福斯汽車之間的競爭，可口可樂和百事可樂之間的競爭等）。奢侈品之間的競爭與普通消費品完全不同。當然，LV和愛馬仕之間會有手提包之間的競爭，香奈兒和YSL之間會有洋裝和香水的競爭。但事實上，奢侈品行業的競爭更廣泛：這是夢想和禮物之間的競爭。

從這個角度來看，如果要當生日禮物，愛馬仕的手提包不只與香奈兒或LV的手提包競爭而已，也可以和在奢華的旅館度過周末一起競爭。

這也進一步解釋了為什麼奢侈品業者要聯合做廣告或是舉辦活動時，會按照行業（例如香檳）或者產業（例如法國奢侈品聯合會）來歸類：這是因為在它們和外界競爭之前，面對競爭對手的產品，首先需要擴大共同的潛在客群。進一步說，奢侈品有時是和「完全不買」互相競爭：客戶在沒有遇到符合夢想的產品或是他們夢想之外品牌的產品，客戶寧願什麼都不買。這就解釋了為什麼有人會為了買商品而排後補名單，這在奢侈品世界非常普遍，客戶都樂於接受這樣的安排。因為，這些產品並不是不可或缺，等待也是沒有問題的。等待雖不能增加你的快感，僅僅是幻想訂購到夢想中的產品，就已經讓你擁有了部分夢想。最後一點我要說的是，不管你是透過入會的方式（這需要時間），還是讓產品難以取得（候補名單的方式），奢侈品必須靠努力才可獲得。

ⓤ奢侈品代表長久與永恆

奢侈品的時間關係是它的根本特色之一。時尚是短暫和不斷更新的，奢侈品則是長久永恆的。奢侈品滿足夢想的部分與時間關係緊密，透過這種緊密關係我們可以成功地定價產品。還記得反傳統行銷法則第十二條「奢侈品需要定價，卻不能根據價格定義奢侈品」。這個價格是有待於解讀的：夢想可能沒有價格，但承載夢想的奢侈品卻是有價格的。記住，即使客戶買的是夢想，但不管是在購買前還是在購買後，還是會理性地去證明這種購買是合理的。

奢侈品中有一些基本的原則，最簡單也最明顯的原則就是考慮奢侈品使用的場合和使用頻率，客戶總是會私下計算「每小時的使用成本」。這種心態在美國非常明顯，在歐洲比較不明顯，但並不代表這不那麼重要。如今的高級訂製服或高級珠寶存在的問題在於穿戴它們的場合越來越少，因此產品的使用頻率比較低。幾十年前，餐具也存在相同的問題：生活方式改變了，人們的品味也改變了。

奢侈品的使用場合和價值觀感

量化奢侈品的使用頻率很容易，量化它的使用場合則比較困難。產品不只應該使用，使用的行為也必須讓人看見。例如，有件家具被放在地下室深處，即使它充滿了價值，也沒有被當成奢侈品使用，而只是把它當作家具，家具放在地下室裡的時間並不計算在內。因此，使用場合比使用頻率更有價值，因為使用場合給用戶提供了更多的大眾或者社交價值。這就解釋了為什麼女人會花很多錢去買手提包，男人會花很多錢去買名錶：這些產品可以整天隨身攜帶，是可以被看到的，這些例子充分展現了社會階層化。

永久延續的使用年限

當產品是耐用品的時候，答案很簡單：你必須找出最能長久使用的產品。最理想的狀態當然是可以永久使用（例如高級珠寶），但可用上百年的LV皮箱，或者可用至少二十年的愛馬仕或LV的手提包，驚人的使用年限讓人驚嘆，使用時間本身讓它們的價格顯得合理。這會限制產品的使用材料，更會限制產品的樣式，因為它必須帶有永恆的特質。更具體地說，奢侈品必須兼顧流行和永恆。要如何才能解決這個難題？透過兩個方面：細緻的設計和挑選耐用的材料。事實上，奢侈品就像一瓶上好的葡萄酒，價值會隨著時間增值。時尚很容易退流行，但高級訂製服會在博物館和展覽會上展出。二手香奈兒禮服有真正的交易市場。

Ⓒ延長尊榮時刻的喜悅

耐久性產品的「長期」關係比較容易讓人理解和管理，如果某項產品只能使用一次時，就需要有明確的特點，以某種方法去延長購物的快感或者單次使用的喜悅。有兩種產品銷售策略可能做得到這一點，一種是管理「售前」，一種是管理「售後」，理想狀態則是結合這兩種策略。

產品售後的管理

●首先，某些產品使用後為了作為回憶而被保留下來。對於這些產品，要讓實現夢想的價格變得合理並不困難，例如有許多女人在婚後會一輩子保留她們的婚紗，甚至將婚紗留給她們的女兒。

●如果產品本身並不能再次使用，至少要設計某個部分可以永久保留。你家浴室堆放了多少空的香水瓶？地窖放了多少名酒的空瓶，標籤還精心地保存著，或是把它改裝成檯燈？每回看見這些空瓶就讓你回味起品嚐美酒的快感，就像普魯斯特（Marcel Proust）筆下的瑪德琳蛋糕一樣，讓他重溫童年的時光。奢侈品就是在這個層面上展現了它的整體特質：因為所有的感官會在購物過程中全部被喚醒，因此記憶也會很深刻，可以輕易回想。

●如果情況並非上面說的那樣，奢侈品還是有必要找出能讓記憶繼續存在的方法；最簡單也是最實際的方法是送客戶紀念品。舉個例子，所有乘坐協和飛機的旅客將會獲贈一個很小的金屬物品，可以在日常生活使用（開瓶器或協和號客機樣式的菸灰缸），許多人會把它們放在咖啡桌上。奢侈品的服務必須克服其無形性質的絆腳石。在高級餐廳享用美食，這是美好的時刻，但是一旦結束享用，這個美好時刻將不能被傳遞或展示。儘管如此，它必須留下長久的回憶，所以展現的時刻非常重要，大廚師在客戶用餐的那一刻就是藝術家。

享受等待

產品售前的管理比較複雜。客戶必須有能力購買產品，還要讓客戶在等候產品時，能夠享受擁有的感覺。

最經典的案例就是葡萄酒。葡萄酒可以長久地儲存在地窖中，越陳越香（它們在地窖中儲存是一種提高價值的過程），直到葡萄酒不能繼續存放（例如葡萄酒已經很有價值，或者擔心葡萄酒會變質）為止。有多少酒被我們的父母數十年如一日地珍藏著，但當我們最後打開時才發現那不過只是難聞的劣質酒？

另外一個相似的案例是日本遊客將法國干邑白蘭地精心地運輸回家，他們永遠不會喝掉它，而是將它擺放在客廳。在這種情況中，酒瓶的美感價值比干邑白蘭地酒的品質重要得多。因為對於這些人來說，奢侈的特質並不在於喝酒，而在於一邊注視著它，一邊告訴自己只要想喝隨時都可以喝。

適應時代的變化

讓我們談談奢侈品時間管理另外一個完全不同的面向：適應社會演化。我們已經看到了量化使用場合來證明夢想價格合理的重要性。社會的演化意味著奢侈品的使用場合受到無情的限制：我們已經提過昆庭銀製餐具的案例，但是我們也可以拿愛馬仕馬具作為例子；它們依舊是奢侈品，但是市場已經逐步萎縮，就如同它們是市場這座監獄中的囚犯一樣。

但是，也有例子顯示奢侈品可以改變目標。讓我們回過頭看看LV行李箱的案例，這是一個很有啟發性的例子。

在法國的「美好年代」，旅行是上層階級的專利，洲際航行會持續很長的時間，尤其是海上航行，所以攜帶衣服很麻煩。因此行李箱不僅成為可以使用的物品，用於妥善保護運輸途中的衣服，與此同時，行李箱也成了奢侈品，可以在可見範圍內經常使用，例如在汽車裡、遠洋渡輪中或者是抵達和離開旅館之際。所以說，投資大量金錢在行李箱上是很值得的：使用場合高級，使用時間也很多，因此投下鉅資在行李箱上也沒有特別不合理。

如今，除了那些職業是需要經常旅行或是攜帶特殊衣服的人（例如歌手），攜帶眾多衣服旅行的時代已經遠去，取而代之的則是輕裝上陣。搭飛機時，我們的行李也是託運，我們看不到行李。更糟的是，旅行中的運輸部分，原本是一件很愉快的事情，也像派對，但如今在普通客機上卻成為一件苦差事，包括行李所有與之相關的過程也都變得不受重視。隨著使用頻率趨向於零，LV的行李箱或者硬殼行李箱的「每小時使用成本」也變得令人望而卻步。

LV在這種情況下，仍不讓這些作為房子的象徵和令人自豪的奢侈品，最後變成博物館中的展品。

由於行李箱通常作為旅行中的家具而使用（例如探險家薩沃尼昂．狄．布拉柴（Savorgnan di Brazza）的行李床和適合拿上遠洋渡輪使用一周的行李衣架等），現在部分客戶強調的是都市中的行動性。擁有一個或數個可以當作家具的行李箱，裝滿珍貴物品的家具，只要我們想出門隨時就可以帶走它。

在這樣的基礎上，行李箱在特殊訂製以及二手或古董市場裡發現新的商機。每個LV的旅行箱都有自己的編號，LV公司保留了所有的檔案：當你買一件舊的行李箱時，你可以發現皮箱原本的購買日期和購買的原因。因此，「Vuitton trunk」產品依舊流行且非常活躍，但這種流行與活躍只存在於都市家具市場中。

建構奢侈品品牌的範圍

我們已經提出了奢侈品品牌的典型架構（見第六章），這種架構必須在以下四個要點之間取得平衡：象徵、趨勢、地位和可接近性。

狹隘的範圍

奢侈品最主要的特徵是它的狹隘性，只集中在非常少量的產品中，甚至只集中於單一產品，幾乎沒有變化（例如愛馬仕的方巾和設計、LV的行李箱及其內部配置）。原因很簡單，因為奢侈品要獲得真正的成功是非常困難的，要結合用途、美觀與價格的獨特性。此外，只專注在單一商品可以讓行銷溝通和創造社會階層化的象徵變得更加容易，這類象徵也必須能夠被普遍輕易地辨識。

每種產品都有它存在的原因

由於奢侈品範圍比較狹窄，每種產品必須扮演明確的角色，發揮明確的功能，只有在這樣的方式下，才能讓奢侈品全系列的產品涵蓋所有的功能。

例如，在都市手提包系列中，你至少需要：

- 一個單肩包、一個單把手提包、一個雙把手提包、一個背包、一個晚宴包。
- 一個大型包、一個中型包、一個小型包。
- 一個旅行包、一個收納包。

奢侈品設計師或者產品總監的責任在於保證每項功能至少出現在一種產品中。在奢侈品中，一旦功能性需求得到滿足，使用反傳統行銷法則第三條「不要迎合客戶」便可以滿足客戶的需求：「你需要一個背包？沒問題，我們這裡有。這一個是我們為您設計的。」

每種奢侈品都有自己的個性

一個品牌下的奢侈產品就像來自於同一個家族的孩子，更進一步地說，每一種奢侈品都有自己的「名字」。每個產業都是如此。在小型的飯店裡，每個房間都有自己的名字。在大型的飯店則有號碼，但套房一定有名字，例如艾瑟尼廣場酒店（Plaza Athénée）的皇家套房、艾菲爾套房等。在巴里爾連鎖奢侈品飯店（Barrière）裡，每家飯店都有名稱和特質，例如度假小城拉波勒（La Baule）的修道院酒店（Ermitage）、坎城的奈格斯哥海灣酒店（Negresco）、巴黎富凱酒店（Fouquet）。

當然，奢侈品的很多細節會做些修改，但必須保證，無論如何不能改變產品本身的特點。例如，你可以依照客戶的尺寸，修改在高級訂製服秀展上展示的服裝，但你不能改變衣服的剪裁和質料。同樣地，你可以為法拉利底盤的顏色提供選擇。

產品間的價差明顯

因為每一種產品都具有自己獨特的個性，把價格的範圍劃定得太明確必定會適得其反，讓客戶產生混淆。

同範圍裡的產品價差應該至少控制在一五%，如果有可能的話三〇%，而且最好有個簡單的標準，而且是讓客戶能夠輕易了解的標準（例如，卡地亞的五線錶帶都是全鋼或全金的，或者兩線金搭配三線鋼，或三線金搭配兩線鋼）。

各系列至少有一個入門品

正如我們在第六章提到的，品牌會為兩種客群開發入門品：未來的忠實客戶和「散客」。在這裡，我們更感興趣的是未來的忠實客戶。入門級產品應該提供品牌夢想的精髓，來誘惑這類客戶購買產品，同時讓這種產品不能太普及（奢侈品是「隔離主義者」）。這些矛盾的特質讓奢侈品的設計變得十分困難。另外，不像那些為「散客」設計的入門級產品，都有非常明顯的標誌和高利潤，針對未來的忠實客戶所推出的產品利潤不高，不應該大量販售。

以新產品系列創新

如果在奢侈品行業，發布新產品是個困難的決定，那麼要推出一個新的產品系列就更困難了。通常，單一系列代表了品牌的精髓，很多品牌都樂於這樣做（例如LV的字母組合圖案），也的確常常這樣做（例如勞力士的蠔錶）。

發布新的系列產品是一個策略性的決策，包含奢侈品特有的面向：最重要的是呈現它的優勢（我以前做的事都很完美，現在也依舊美好，但在其他的領域，我甚至可以做得更好），而不是一種弱勢（我過去經常做的事已經跟不上潮流，或者在技術上已經被超越，同時過於昂貴，既然你不想要了，我就提供給你其他的產品）。推出新系列的目標應該是為了比現有的產品更具創新性、更完善、更強大，而不是去替代現有產品，反而應該盡力去豐富品牌的本質。

品牌核心系列和周邊系列

當把注意力集中在發布新系列產品的細節前，我們必須澄清很重要的一點：品牌的核心系列和周邊系列的區別。核心系列是品牌不可或缺的一部分，每個掛著品牌名稱的銷售點都應該展售它。品牌的周邊系列並不是品牌形象不可或缺的一部分，可以更廣泛地配銷（但還是要控制在一定範圍內）。

讓我們以卡地亞為例，因為「Must」系列的策略就是一個典範（見圖8-1）。卡地亞的核心系列產品是珠寶和手錶，它們必須在任何一家卡地亞商品銷售店裡展示出來；它的周邊系列是香水、皮件、打火機、眼鏡等，它們可以在卡地亞奢侈品店以外的地方出售，並且不會對品牌造成損害。

在品牌的核心推出新系列

接下來，我們將會繼續討論品牌核心，關於品牌的周邊系列，我們在第七章談品牌擴張和第十三章談商業模式時會進一步討論。這裡的重點是，在奢侈品品牌的核心推出新系列，可以展現公司的創新和優點。

推出新系列的正確和錯誤的理由

推出新系列，首先要檢查推出的理由是否正確。讓我們從錯誤的理由開始分析，它們非常普遍。一般來說，通常是按照以下的順序：

一、公司已經厭倦了現有的產品，因為看得太多了，或者認為該產品的成功已經讓它失去了「奢侈品」的地位。是該為產品注入一些新血的時候了。

二、新團隊的加入，一般情況下都會同意推出新系列，因為公司就是請他們來做這

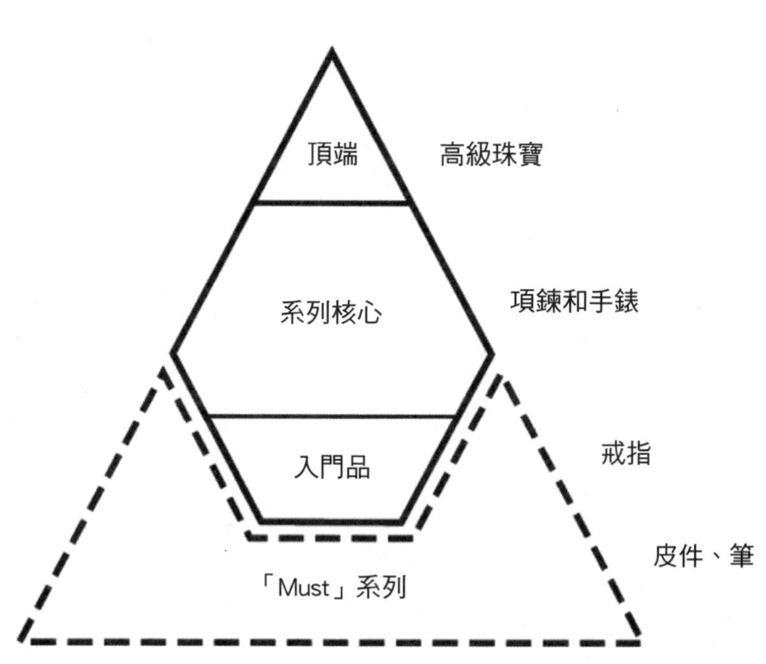

圖8-1　卡地亞核心事業和「Must」系列策略

些事，他們也想用新系列來展現自己的才能，最終的目的通常是為了推翻現有系列的地位，甚至取代原來的系列。

三、因為現有的產品系列會自己銷售，公司想用手上的現金推出新系列，採用所謂的「壓榨搖錢樹」（cash cow milking）策略。也就是說，把熱銷產品的廣告費用轉移到新產品上去。

四、如果這項策略失敗，有時會讓公司的旗鑑系列（獲利來源）大幅萎縮，導致公司破產。最常犯下這類錯誤、失敗最明顯的領域是香水，新香水其實算是一個新的系列品牌。

筆者在這個領域裡經歷過最不可思議的案例，是一九八六年LV和它的字母印花系列。在當時，兩大陣營在激烈地對抗：

- 主流陣營的人認為，帶有字母印花系列（印LV字樣的帆布）的成功讓這個系列變得平凡，而且到處都有仿冒品。為了保持LV的「奢侈品」地位，必須放棄字母印花系列，用另一種帆布或皮革來代替。他們還認為，公司必須遠離現在的核心產品（行李箱和精緻的皮革商品），發布一些新的產品系列（例如手錶、香水和圍巾）以跨出這個行業的核心。
- 另外一個陣營則占少數，陣營裡的人認為不該放棄一個正在熱銷中的產品。他們認為，奢侈品不再奢華的原因，不是因為曝光率太高，而是因為仿冒造成它的通俗化。

筆者認為，主流陣營在推出新系列上的理由是錯誤的。因為深信少數派的分析，筆者立即加入他們的團隊中，去努力尋找推出新系列的更好理由：

- 引進新創意，擴大品牌範圍，但是不破壞其他系列的產品：由卡地亞商製造的巴夏（Pacha）系列手錶並沒有破壞坦克（Tank）、山度士（Santos）或美洲豹（Panthère）系列。
- 強化現有系列產品：LV的軟式行李箱系列可以當成隨身行李，和傳統的硬殼行李箱互補。
- 接觸新客群，但也維持舊客群的存在：愛馬仕絲織品（方巾、領帶系列）被更年輕的客戶所青睞，他們是比較現代的客戶群，對愛馬仕精緻的皮革製品和馬具並不感興趣。
- 在品牌合理的範圍內制定奢侈品的價格，但此價位現有的產品系列無法達到。

在最後一點上，我想再舉例說明。讓我們回到一九八六年的LV案例上。在當時推出新系列有個合理的理由：LV的字母印花系列在售價高達五千美元以上，但這種帆布包在零售價格上從沒有超過一千美元的門檻，因為客戶認為這款手提包是時尚但休閒的城市包。因此，LV沒有打入正式的手提包市場。LV公司想透過新系列來跨越門檻，曾經以小牛皮和鍍金金屬包取代耐用但不夠講究的天然牛皮和黃銅包（對行李來說材質十分耐用），結果徒勞無功，因為客戶在這些比較講究的新材質中，看不到LV的行李箱透過帆布和樸素的原料所攜帶和傳遞的夢想。從中我們可以看到，LV的手提包其實可以標價兩千美元，只要不是字母印花系列即可，所以需要推出一個全新的系列。幸運的是，在「少數派」的推動下，這個系列已經開發出來了，命名為Epi。

LV決定特別強調這個系列的美感（明亮的顏色，幾何圖形，超現代的線條，堅硬的皮革，低調的LV商標，沒有帆布），這原本就是Epi系列的強項，與字母印花系列迥然不同（暗色，圓弧，經典的線條，柔軟的皮質，明顯的LV商標，使用帆布），這是為了避免瓜分字母印花系列的市場，並吸引那些在尋找現代美學的新客群。

LV內部也清楚地表示，會做出這種策略選擇，是為了寧可在新系列上失敗，也不要削弱舊系列。最後也成功證實當初的決定是正確的：字母印花系列繼續強勢發展，Epi系列在全球也獲得充分的迴響。

不僅如此，LV品牌也變得更豐富。為了與LV的夢想保持一致，必須推出Epi皮革製硬殼行李箱，所以LV製作並銷售這種產品。但並不是因為這些硬殼行李箱讓Epi手提箱合理化，而是恰恰相反：LV變成了一個真正的精緻皮件商，同時也是全球第一的行李箱製造者。

⓲不要為了未來而犧牲過去

成功推動奢侈品策略的前提是，不要為了未來而犧牲過去。為了保證這一點，需要遵守三項管理原則：

- 不持續地召募人才或團隊加入新系列，在奢侈品管理中，傳承和過往需要經驗的累積。
- 為舊系列設定有挑戰性的銷售目標，為新系列設定謹慎的目標（與一般消費品相反）。
- 用比舊系列高出許多的價格推出新系列，這是作為奢侈品公司的證明。

Epi新系列一推出，價格比字母印花組合系列高出五〇％，但這個價位並沒有影響它的成功。

請記住，所有的管理原則都與品牌的核心有關，不是和周邊系列有關。

滿足想像的生產方式

因為奢侈品（從廣泛的意義來講）是客戶實現夢想的核心，價值遠遠超過它的功能，所以生產是一個重要的環節，它必須促成夢想的塑造。為了達到這一點，有兩個條件是不可或缺的。

手工在生產中扮演重要角色

每一個奢侈品原本都是為客戶專門量身訂作的，由客戶認識的工藝師為客戶製造。由工藝師來定義奢侈品，而不是由客戶定義奢侈品。隨著奢侈品品牌的發展，大多數的款式是由好幾個人製造，然後標準化。因此，開始提前生產，保證有一定的庫存可以供應客戶。

如果奢侈品不再是為特定的客戶量身打造，也不應該採用匿名製造的方式。在生產的過程當中，客戶必須被當作是存在的。生產過程中的分工很重要，必須讓客戶知道具體的生產地點，這是相當重要的，因為這樣保持了與客戶的聯繫。

但這並不意味著不使用工具（甚至是一些複雜的工具），例如法拉利並不是手工製造的，奧斯頓·馬丁和勞力士手錶也不是。這些被利用的工具應該被看作是雙手的延伸，就像雕刻家手中的雕刻刀一樣。這些工具沒有自主權，不像中階車廠裡的裝配線機器人是自動的。同樣地，奢侈品必須有些部分是完全手工製成的。這些必須充分公開（讓每位客戶知道），並且證明是合理的。有些是因為手工品質優於機器品質的產品（例如奢侈品汽車座椅上的手工縫製座套），有些是因為手工的不規則性為它添加了靈魂（例如由手工吹製和刻印的法國巴卡拉玻璃）。

更廣泛地說，為了維持手工，同時保證一定的技術品質、精確製造、生產力（避免成本上升太多），必須是合理的手工生產。生產力是由條理化的組織（組裝步驟、模板等）來實現，而不是透過機械化。

這些只和經典的奢侈品有關：請試想一下，飯店裡的廚師扮演的關鍵角色，以及在餐廳廚房內做最後修飾就是一個好例子。所有的客戶都知道，整套餐點並不是廚師自己一個人完成的，更不用說是削馬鈴薯皮這種小事了。但是客戶們知道（或相信）廚師會一大早親自跑到菜市場採買新鮮的蔬菜和魚肉，他會參與餐點的製作，同時在客戶享受完美食後出來向客戶致意。

生產不能外包，更不能遷移

這是維持夢想的第二個條件。

- 外包意味著失去對生產過程的控制與熟悉程度。它切斷了製造產品的工藝師和客戶之間的聯繫，這個客戶關係又是奢侈品的根本。掛有品牌的公司變成了單純的仲介者，創作團隊和產品的製造地失去了聯繫。
- 遷移意味著否定了奢侈品的根本：文化性。這是區分奢侈品和頂級品很重要的一點。奢侈品和歷史有關，如果抽離實體或文化的領域，就會失去奢侈品的氛圍。頂級品和嚴格的技術規格有關，必須堅持品質，到最有經濟價值的地方生產。

我們可以從最近的一個例子看出，關於奢侈品和頂級品之間的運作差異。二〇〇六年九月博柏利關閉在威爾斯特雷奧西（Treorchy）的英國工廠。從此以後，這個品牌的產品將會在英國以外的地方製造。當被問及此事的時候，管理團隊回應說：「英國不像法國和義大利，不是以製造精緻服裝出名的國家，和上述國家相比，時尚成衣的出口很少。」對於這些高層管理者來說，博柏利顯然是站在時尚的一邊，因此並不需要遵循法國和義大利設定的奢侈品準則。

奢侈品和遷移的對立

奢侈品中特有的「夢想面」超越了產品本身，形成「夢想面」的所有成分都要保留下來，因為它們構成一個整體（奢侈品是整體性的）。由工藝師製造的產品是夢想不可或缺的一部分，而且在奢侈品剛出現時就是很重要的部分。工藝師不僅僅是一位工藝師，而是對這個產品瞭若指掌的人，他們也隸屬於同一個文化面。法國工藝師跟義大利工藝師工作方式不同，中國工藝師也不同於日本工藝師。他們不會以同樣的方式看待產品的外型、顏色、細節或者平衡。例如，這麼講可能有一些誇大，義大利人會犧牲嚴謹追求創意，德國人會犧牲創意追求嚴謹。日本人將會把產品的形狀美化到極端，中國人則是把細節變得極度複雜。當他們在不熟悉的文化環境中工作，沒有人會感到自在，全球化不僅不會改變這些文化特質，反而是鼓勵各個文化擴大自己的特色。

產品的生產地甚至比專賣店更重要，因為它更不容易到達，也不對外開放。那是創造產品魔力、品牌神話、狂熱崇拜的地方。對於品牌產品本身來說，它可以開放參觀，這一點很重要，例如LV的阿斯涅爾（Asnières）工作坊或生產法拉利的總部馬拉尼羅。但參觀時必須舉行盛大儀式。

為了更強調這個文化特質，不僅產品要置身於文化之中，生產的地理位置也是產品的一部分。它可以是在特定地點〔勒皮（Le Puy）的蕾絲〕，也可以是特定區域（裏海的魚子醬）。

生產外包是品牌已經放棄奢侈品地位的跡象，因為經濟原因而遷移所帶來的必然損失。我們需要注意的是，保留在原產地生產不只和世界頂尖的奢侈品品牌有關（例如香奈兒一直待在法國，防止刺繡之類精湛技藝的消失，為高品質的產品增加象徵價值），它也和一些不是非常有名的品牌有關（例如瓏驤（Longchamp）所有的生產都是在法國，並且非常成功）。

諸如「法國創造，別國生產」這樣的口號是不適合奢侈品的，其實反過來才是對的：創造是一個思考的過程，它不像生產，既不是受時間的影響，也不受空間的限制。創造必須盡量接近生產，以保持最強和最原始的感覺：偉大的畫家自己調配顏料；法國高級訂製服消失的最大原因是法國國內裁縫師的消失。相反地，義大利的優勢說明了義大利高級訂製服的經濟力和創造力的強大。

授權意味著脫離奢侈品

綜合前述因素，生產的授權會直接讓品牌脫離奢侈品界（即使非行家要花費一段時間才能意識到這一點），因為它破壞了創意和生產之間最密切的關係。但是這並不意味著奢侈品品牌永遠不能授權，一旦授權，這個授權產品不再是奢侈品，而是掛上奢侈品品牌標籤的「頂級品」（但不見得都是頂級）。即使被授權者是一個奢侈品品牌，但再也不能與奢侈品一爭高低。例如，YSL手錶由卡地亞品牌授權經營，是非常卓越的奢侈品，在外觀上特別取悅人心，但它不再是奢侈品。關於這一點，我們將在第十三章詳細討論這個主題。

不過，在這個主題上，我們的看法不是那麼絕對，我們的立場也不應該受到嘲笑。當你偏離純粹奢侈品的領域，來面對奢侈品產品服務的時候，情況就變得不那麼明確。例如，對於奢侈品飯店業，拒絕搬遷的概念就會變得沒有意義，因為服務是現場提供的，授權（或加盟）在這種情況下是合理的，而且是促進發展的一種有效手段，前提是有嚴格但友善的管理。在這種環境下，義大利的著名奢侈品品牌（例如寶格麗）進軍飯店業務是非常值得觀察的有趣個案。

奢侈品服務的挑戰：製造差距

關於奢侈品服務本身的討論很少。實際上，許多奢侈品的定義較常集中在奢侈品的產品上。因此，奢侈品服務似乎看起來很難定義。這是由奢侈品的雙重意義所決定的：它既是奢侈品產品的補充（兩者都融入了奢侈品品牌經驗），也屬於服務的範疇。我們已經在本章一開始分析了它的第一層含義，現在讓我們集中分析它的第二層含義。

純奢侈品服務是一個正在高速成長的行業。瘋狂地累積財產後，奢侈品的買家幻想著擁有奢侈品的美好時刻。能夠在哈洛德百貨買得起一切的俄羅斯金融寡頭，現在願意花費大量的金錢在晚上去凡爾賽宮逛一逛。

另一個象徵性的時刻是，當被問到「什麼是你最私密的奢侈品夢想」時，最多奢侈品客戶的回答是，把時間花在不一樣的事情上，例如，舒服地住在蘇格蘭高地上遙遠的城堡裡，或者在內克爾島（Necker Island）[16]上。在二〇〇五年，四八％的美國富豪認為，購買奢華的跑車、珍貴的珠寶或手

16維京集團老闆理查・布蘭森的私人城堡，可供出租。

錶是浪費金錢的表現。他們不會夢想購買一支昂貴的百達翡麗手錶，而是選擇麗思卡爾頓酒店（Ritz Carlton）、第六感拉姆飯店（Six Senses）的豪華套房，或智利阿塔卡馬沙漠（Atacama desert）的酒店，在那裡可以感受到最天然的景觀。

奢侈品服務提供我們機會，可以短暫地享受我們夢想中富人的生活方式。例如，在法國豪華的克里倫飯店（Crillon）享受美妙的一晚，或是到位於西班牙、全球最著名的鬥牛犬餐廳（elBulli，今已歇業）享用晚餐，又或者開著法拉利名車去兜風。所有這些夢想都需要更完善的服務組織、策劃以及傳遞，即所謂「服務生產」（servuction），這個名詞結合了服務和生產。

密西根大學品質研究中心劃分了服務的不同層次（好、較好、卓越），每一個層次都有各自的決定因素：

- 一般好的服務要求人性化和高效率。
- 較好的服務要求具有熱情和尊敬的文化，並賦予員工一定的權力。
- 卓越的服務不僅關懷客戶需求，還要將範圍擴展到公司專業以外，針對個人、利用客製化的方式，帶給客戶驚喜和愉悅感受。

只有前兩個水準都達到完美時，卓越的服務水準才能建立聲譽。例如，如果客房服務遲到二十分鐘，那麼在早餐時應該贈送客人最好的法國果醬。對客戶最高標準的服務應該是把範圍擴展到公司的日常事務之外，對客戶的服務擴大到每個個體，給客戶帶來驚喜和喜悅。最完美的服務水準需要完美的辦公室管理，以及整個「服務生產鏈」，包括擁有選擇和留住優秀員工的能力，因為他們能夠調整對奢侈品的態度，掌握最現代的資訊，具備強大的創造力。

我們強調科技的重要性是因為客戶對高科技瞭若指掌，這樣可以提高他們的期望水準。如果他們有時間或者願意，他們會付費給服務公司，外包他們已經做好的產品。

這樣，他們就會期望零失誤，在這一點上，與我們對奢侈品的猜測有所不同，奢侈品的些微缺陷就展現了不完美的人性化服務（見反傳統行銷法則第二條「產品擁有足夠的缺陷嗎？」）。

奢侈品服務不同的十個面向

作為一個奢侈品品牌，奢侈品服務都面臨著同樣的挑戰：如何製造差距。例如，讓奢侈品服務成為一種真正享受的區別在哪兒呢？在飯店方面，如何在從奢侈品旅遊公司和旅遊保險公司提供的飯店中製造差距？

這種區別主要展現在十個面向上：位置、環境、裝飾（籌劃）、伴隨服務的有形要素（由菲利普・史塔克（Philippe Starck）設計的銀湯匙）、員工良好的品行和他們自己的風格、因被員工認出而滿意的客戶（這就是為什麼奢侈品服務不喜歡員工離職）、客戶得到極端人性化的對待（「先生，跟往常一樣加一點糖對嗎？」）、禮儀、客戶有同理心、客戶對奢侈品服務的強烈渴望。

在第十章談配銷時，我們將會分別看到所有這些面向，只是奢侈品品牌在零售管理中的一部分。這就解釋了奢侈品零售環境重要的原因，這是因為它是奢侈品服務展現的主要場所。

一般情況下，奢侈品服務很昂貴，因為它保證了客戶的獨占性（因為這裡沒有所謂的社會融合）。品牌成為一個社會標誌。

當不顧一些風險和代價來迎合和滿足客戶時，奢侈品就變得有點過度、有些愚蠢。建立奢侈品服務品牌的困難之處在於它的持續性。當客戶知道這是一家奢侈品服務公司而自視甚高時，若能夠擁有一再滿足客戶的能力，這個奢侈品服務品牌的名聲也將不斷提升。

第9章 奢侈品的定價策略

每當我們提到「奢侈品」，「昂貴」這個形容詞便立刻出現在腦海裡，但真正讓人覺得深奧和驚訝的是奢侈品和價格之間的複雜關係。第三章中出現的許多反傳統行銷法則，也分析了奢侈品和價格的關係。

從概念上來說，奢侈品指的是象徵性價值很高的產品。這種象徵性價值對奢侈品來說是非常重要的，但又很難量化。由於我們不能給它一個確切的數值，所以這種象徵性價值只能是相對而言的。但在購買奢侈品的時候又必須支付一定的數額，所以才有了奢侈品的價格。

關於頂級和奢侈的困惑主要來自對價格的解讀，人們的解讀方式太過單一。昂貴並不等於奢侈品。關於價格的問題我們應該從多角度去理解，而不是找一種適合所有商品的方式去解決。

最後，由於購買奢侈品的機會不多，人們不會去記住它們的價格，而每一種奢侈品又都有它的特點，我們沒法去比較它們的價位，因此價格絕不是奢侈品策略的重點，這與消費社會的運作方式是不一樣的，在消費社會裡，產品在上市之前都會進行價格比較研究，以此來確定它的價格，並將產品與同類的競爭者區分開來。

與常理相反，奢侈品和價格並非密切相關。許多奢侈品沒有確切的價格，有的甚至是無價的（就像健康對於病人是無價的，休閒對於繁忙的經理人是無價的，清新空氣對於城市居民是無價的一樣）。即使在今天，有很多被我們認為「奢侈」的東西也是沒辦法購買的，例如美麗、藝術、幸福、自然和生態。但這些「個人奢侈品」只針對個人，它們不可能拿到奢侈品市場上去交易，因為目前奢侈品缺乏社會面。

價格被認為是奢侈品品牌策略的重要影響因素只是湊巧，正如布加迪威龍和Joy香水宣傳的一樣：「布加迪威龍，世界上最貴的跑車」；「Joy，世界上最貴的香水」。此外，它們還用了其他驚人的資料來支持它們的觀點，以Joy香水為例，它們強調每三十毫升是由一萬零六百朵茉莉花和三百朵玫瑰花提煉出來的。同樣，紐約的杜卡斯餐廳也是以「紐約最貴的餐廳」來宣傳自己，而世界頂級機械手錶理查德‧米勒在推出它的經典RM 008時，要價就高達四十一萬五千歐元。

即便如此，這種價格策略卻很少能成功，即使成功了，也不會持續太久，總有其他更貴的產品接踵而至。另外，這種價格策略急遽縮小了產品市場，也引起了客戶的懷疑。即使在奢侈品產業，「物有所值」的判斷標準仍然存在：這樣宣傳所創造出的象徵性價值是什麼？是展現了真正能支付這些奢侈品的人的價值，還是展現了被這種宣傳所欺騙的消費者的價值？只要對產品稍有不滿，便會在這個圈子裡引起口水戰。很自然地，這個產品的客戶都成了後者，認為自己遭到了「搶劫」。

關於價格彈性

接著來看看價格彈性，價格彈性是古典經濟學的基礎，價格上漲，需求就會下滑。事實上，這種價格和數量的關係是傳統市場經濟的一個重要影響因素。我們有大量的文獻介紹了如何利用古典彈性係數的方法去測量它，但這種傳統的價格彈性概念卻不適用於奢侈品，我們來看看具體的原因。

彈性係數可能根本不存在

定義彈性係數的前提是在價格和數量的關係中，價格的微小變化能引起銷量的微小變化，而且這種變化不能向兩種極端飛躍，也就是說，不能有銷量的急遽下滑或者銷量的激增。

儘管這種前提對普通產品適用，卻不適合奢侈品，即使是在它們已經有了可觀銷量的情況下（如香奈兒包包、卡地亞名錶）。這稱作「門檻效應」，如果奢侈品價格跌破了某一數值，目標客群將不再認為它們是奢侈品。也就是說，當價格在這個「門檻」之下，產品就銷不出去；抬高價格，產品便又開始熱賣，只要它們物有所值。

法國香檳就是一個很有名的案例，在歐元誕生之前，如果一瓶香檳的零售價低於一百法郎，客戶會覺得它就不是「真的」香檳。若價格從一百法郎降到九十九法郎，香檳的銷量就會停滯了，因此不得不進一步降低價格來尋找其他客群，而這些客群本來只不過是氣泡酒的客戶。

因為這個門檻效應，客戶總是完全忽略奢侈品和「平價奢侈品」之間有價格區間的存在，超過門檻，便被認為是奢侈品；而低於門檻，就被認為是平價奢侈品。平價奢侈品符合古典經濟學和傳統市場經濟的規律，但它們常常利用這種界定上的模糊性來誤導人們（例如香檳的製法）。

這種門檻效應是跟生理因素息息相關的，它不僅適用於同系列不同價格的商品，也適用於不同系列的商品。在奢侈品產業，價格和門檻效應的關係更像是一種質化的比較（太貴或者太廉價），而不是一種量化的研究（多少錢）。因此，對於價格的理解更應該從心理層面來分析，而不是合理性。價格的差異必須要達到一個生理的門檻才能被察覺（就像要察覺重量的變化，至少要有三〇％的變化一樣），多一點或者少一點都不會引起客戶的注意。

彈性係數可能是負的

在有些情況下，奢侈品和其他產品一樣，降低產品價格可以提高銷量，但這只是極少數的情況。對一般消費品而言，如果你的目標價格是一百元，你仍然只能標價九十九元，就算是頂級產品也不例外。但這種情況卻不適用於奢侈品，除了特別的例子外，如果一個品牌之前賣得很好，降價以後只可能出現銷量較之前下滑，壓低價格不會吸引更多客戶，你必須重新掌握產品的概念才行。

彈性係數可能毫無意義

在奢侈品產業有一種現象是很常見的：若產品找到了它的市場，就會存在一個相對寬廣的價格區間，在這個區間內，不管價格是升還是降，客戶數量都不會變化。

彈性係數可能是正的

需求量隨著價格上升而增加的產品或者服務都稱為「韋伯倫財」（又稱「炫耀財」），它是以挪威人韋伯倫命名的，韋伯倫是十九世紀初期研究「有閒階級」的理論家。「韋伯倫財」在奢侈品產業很常見，在某種程度上它是有違常理的，因為它與一般產品的情況矛盾。韋弗列德・阿麥爾道斯（Wifred Amaldoss）和桑傑・詹恩（Sanjay Jain）指出，附庸風雅者會因為奢侈品價格上漲而購買更多商品，因為價格過高可以阻止那些守舊的人或者盲目趕流行的人購買。

提高價格以增加需求和創造距離

一般情況下，奢侈品品牌必須要不斷提高平均價格，因為客戶數量的增加不是藉由降低價格來實現，而是藉由那些自願購買的客戶不斷加入而增加的。

很多品牌都透過推出價位更低的系列來吸引不那麼富裕的客戶，這些人稱為「散客」。這同樣也是奢侈品產業發展的辦法之一，而一旦這樣做，就展現了這個品牌的不足之處。如果這些產品線不是用奢侈品的規範管理，便是這個品牌將退出奢侈品業界的前兆。推出入門級產品並不完全違反奢侈品策略，只要這些產品具有很高的品質。奢侈品策略的目標並不是要賣掉很多商品（否則這個產品的平均價格就會自動下滑），而是吸引更多的新客戶加入購買。這就是LV出售小型皮件、Tiffany出售小型銀飾、Pierre Hermé出售迷你馬卡龍的目的。第十三章講商業模式的時候我們會再次提到這個問題。

不僅具影響力的品牌中會存在這種良性循環（銷量和平均價格同時成長），奢侈品品牌價格提高也會導致銷量增加，在某種程度上，這是奢侈品擁有的特點。

對於沒有弄清楚奢侈品和大眾品牌實質差異的人而言，這種韋伯倫效應看起來是自相矛盾的，而且在實際操作中也很難掌握。接下來我們來分析這三種常見情況，來討論提高價格的議題：

第一種情況：提升現有產品的價格

公司如果按照常規的做法去提升價格，並認為那些習慣「被宰的」客戶仍然會大量購買產品，這種做法肯定是行不通的。客戶的消費者都是行家，他們很清楚知道他們買的是什麼，值多少錢，不管是買給自己還是作為禮物送出去。

事實上，奢侈品產業和其他任何產業一樣，如果產品銷量好，表示它的價格適中。這種情況下韋伯倫效應是不適用的，除非有合理的理由，才能改變產品價格，而且必須明確告知客戶。這就是LV皮件在匯率變動很大時，在日本和美國都採用當地貨幣價格的原因。尤其在日本這個品牌和消費群體密切聯繫的國家，甚至需要在當地的報紙上登出新聞，來仔細地說明日幣與歐元的匯率變化。

然而，如果你想稍微提升價格，而銷量仍保持不變，你就得注意了，在你提升價格的同時，還要相對增加能被客戶認可的產品價值，而且確保這些客戶願意接受。僅僅在產品上加入更多的黃金或者鑽石，以此來向客戶索取更高的價格，是不可能增加銷量的。你要弄清楚客戶對產品的「夢想」是什麼，怎樣才能讓產品更符合他們的「夢想」。

更重要的是這種價格變化必須有持久的效應，並確保客戶會一直支持。庫克香檳就保持了十五年的良好銷量，這是法國名酒人頭馬（Remy Martin）旗下的產品，這家企業將重點優先放在產品的長期價值上，而不是銷量的短期增加，即使這意謂會失去一些配銷商客戶的支持，而獲得那些看重產品價值的客戶支持。

另外，在提升價格的同時，也得增加宣傳和溝通。向客戶解釋提升價格是十分必要的，因為客戶有時會忽視這個部分。最後，你必須知道你合理的價格區間，不能超越它的上限，不然客戶就會放棄這種產品，銷量就會大幅下降。

要讓產品價格系統化提升的另外一個結果，就是在產品生產過程中降低成本。奢侈品和其他產品一樣，都必須增加產量、降低成本。對於奢侈品，這樣做的目的不是降低價格，而是提高產品品質。同樣以LV為例，字母印花系列經典款銷量的持續成長，造成了相當大的規模經濟效應，如拉鍊材料的供應，同時也降低皮革的成本。最後，由於這些節省的成本超過了價格的成長，這些產品的價格就降低了。

ＬＶ最後還是選擇維持產品的原價格，並有效地改進了拉鍊的特色，ＬＶ與日本的拉鍊供應商ＹＫＫ公司一起開創了新的技術，讓拉鍊滑動更順暢，ＹＫＫ拉鍊公司還專為ＬＶ設計了一台機器。

第二種情況：在品牌的核心領域推出新的系列產品

這裡首先要說明一個問題，我們並不是指將產品拓展到其他新的領域（其他產業常常採取這種手段，稱為品牌擴張），也不是指讓產品的覆蓋面更廣，以此來招攬那些「散客」。我們所指的是在品牌的核心領域推出新的系列產品，目的是吸引那些品牌的忠實客戶。

在奢侈品品牌核心領域創新，最主要的特點就是新推出的系列產品必須比之前的更高檔。奢侈品就是一種距離，而且應該不斷地去拉遠這種與客戶的距離。

開發新的系列不是為了讓產品更通俗，反倒是為了增加它的魅力和夢想價值。這是奢侈品產業常用的一種策略，尤其是在旅館和科技產品的推廣上（汽車、電子產品、高傳真等），這種策略更是被系統化使用。只有弱勢的品牌才會推出比較便宜的新產品，舉個例子，很多年前，雷諾的Vel Satis車款要價四萬三千歐元，比同類型的賓士Ｃ系列還要貴三五％，但雷諾接著推出了一款僅售五千歐元的Logan MCV旅行車，而賓士卻推出了售價高達二十三萬歐元的SL 65 AMG。

如果一個奢侈品品牌要推出更便宜的系列產品（如ＢＭＷ先推出三系列，然後又推出一系列），它必須讓客戶明白它這麼做並不是因為品牌能力不足，不能推出更貴的產品，而是展現了品牌的創新能力。在推出這樣的產品同時，公司還應該推出更高檔的產品，來中和這種效應，讓產品的平均價格仍然處於成長狀態。

第三種情況：推出沒人知道真正市場在哪的新產品

這種情況下，奢侈品的矛盾又出現了。通常我們在推出新產品時，習慣要抬高價格來吸引那些「身先士卒」的創新者，然後隨著銷量的增加、規模的擴大，逐漸降低價格來吸引更多的客戶，與同類型的產品競爭。

許多企業，如法國的比克原子筆公司（Bic），希望藉著其豐富的經驗來更快地降低產品價格，卻對它進入奢侈品產業造成了阻礙。在奢侈品產業，這是完全行不通的。正確的做法是從正確的區間中較低的價格推廣，然後一步步提高價格（見「奢侈品的定價」一節中的分析）。

◎價格溢價

在大眾消費市場，品牌不一定和價格溢價有關。比如易捷航空和瑞安航空就是廉價航空旅行的兩個旗艦品牌；還有比克，是最便宜的原子筆品牌。對於奢侈品而言，價格溢價就是它的一部分，展現了它的夢想價值。我們來看看以下幾個問題：

- 價格溢價證明了產品的品牌價值，就像消費品一樣，只不過奢侈品的溢價要高一點，因為它還包括產品的夢想價值和與客戶拉開距離的成本。奢侈品與同條件下出售的非品牌商品對比，價格至少有三〇％的差距，有時甚至會達一〇〇％的差距，或者更高。
- 配銷的好壞也是說明和證明產品價格合理的因素之一，配銷（或服務）是產品很重要的部分。

●品牌在合理的本業中，溢價在一定範圍內總是會偏高。
●定期估算產品的價格溢價十分重要，它不僅是品牌實力的展現，也是少有的客觀評價標準。

以下兩個例子適切地說明奢侈品的價格動態。比較香檳和氣泡酒，一瓶普通的香檳比氣泡賣得貴很多，即使氣泡酒比香檳的口感好得多。這種情況下我們就很容易知道產品的夢想價值是多少。

第二個例子是奢侈品名錶和一盎司黃金價格的比較。拿名錶的零售價和同重量黃金手錶的零售價相比，就知道這個奢侈品品牌的地位。卡地亞常常做這種系統化的分析，如果差距降到了三〇％以下，表示產品出現了危機。

奢侈品的定價

價格展現了產品的交易價值，但讓產品成為奢侈品的是「象徵價值」。也就是說，品牌的象徵價值越大，定價就越高。事實上，如果品牌可以隨意喊價，而不會被認為不可思議，那麼這個品牌就是與生俱來的奢侈品。例如瑞士最好的手錶——寶鉑錶（Blancpain）和愛彼錶（Audemars Piguet），它們就能毫不手軟地為限量產品開價一百萬歐元，不過還是銷量長紅。頂級香檳庫克的創始人瑞美・庫克認為，真正的奢侈品就是能自由定價的品牌。

當然，正如我們在本章開頭指出的，價格並不是一個品牌策略的重要因素，因為它只是品牌策略所要的結果。然而不管是奢侈品還是普通商品，定價還是一個很重要的環節，即使奢侈品比普通商品的定價更有彈性。

定價的第一步就是像其他產品一樣，充分了解你的競爭市場，奢侈品的特殊之處在於它的競爭者不只包括直接競爭者（見第八章）。這樣造成的直接結果就是，奢侈品的定價不再根據「成本加成法」（所有的成本相加）來進行，相反地，你需要依據價格來建構品牌（廣義上而言）。這更像是一種逆向工程，產品的功能、夢想價值、象徵價值都得考慮進去。第二步就是迅速銷售產品，關注的對象要放到最終的消費群體而不是配銷商上。

由於奢侈品的價格總是節節攀升的，最有效的做法就是一開始從合理的價格範圍底限開始，逐漸往上漲，對產品做適當的改進，直到在銷量和利潤之間找到一個平衡點，那就是品牌的最適價格。

這樣做的原因很簡單：我們不可能預先知道產品的象徵價值（即客戶為夢想價值願意支付的價格），而且大多數奢侈品都符合韋伯倫商品的特點。我們只有在最初設定一個相對較低的價格，往後慢慢提高，直到銷量停止成長，才能找到我們所說的「象徵價值」。到那時，你就可以根據公司的具體財務情況和其他策略（利潤、成長額、公司形象等）去調整價格。

這裡需要強調的是，這個策略在某種程度上是與一般產品的策略背道而馳的，一般產品都是從高價開始，以此來吸引新客戶（先驅者），然後再逐漸降低價格來增加銷量，開發更大的市場（吸引那些追隨者）。價格應該設定成：客戶願意為這個產品支付的價格，而且是既能讓客戶感覺到這是奢侈品，又能支付得起的價格。

隨時間變化的價格管理

在產品正確定價（利潤和銷量符合公司目標）和有穩定的客源以後，新的問題也隨之而來，即如何在後期管理產品價格。整體而言，奢侈品產業有兩種價格策略：一種與「供給」有關，一種與「需求」有關。

與「供給」有關的價格策略

在這些價格策略中，產品的價格都是預先設定好的，客戶需要支付的就是這個價格。奢侈品行銷是「供給行銷」（這點與其他傳統的需求行銷相反），這些策略深刻地落實了反傳統行銷法則第十二條「奢侈品需要定價，卻不能根據價格定義奢侈品」。

首先，就像我們之前提到過的，奢侈品的市場是很小的，消費群體也有限，這樣我們就有機會去具體考察。價格是這些策略中一個可以調整的變數。價格確定以後，隨著銷量的變化和客戶人數的增加，整體情況會有所改變。這時候價格就不再是一個可以調整的變數，因為品牌的價格區間已經確立，在調整時必須嚴格控制。從長遠的角度考慮，價格的調整必須根據品牌嚮往度的變化來設定，而從當前的趨勢來看，價格的調整還需要根據全球的情況來設定。

一旦這個品牌成功定位，它便成了國際品牌，這樣貨運費用就會相對較低，需求也幾乎遍布全球各地。這樣，產品的流通性就很大了，再加上奢侈品的客戶往往也較常旅行，保持各地零售商的價格一致就變得非常重要。為了達到價格上的一致，主要有以下兩種策略：

根據當地配銷成本來調整在地價格

這種策略在某種程度上就是配銷中的「成本加成策略」（cost-plus strategy）：兩國價格的差異與旅行成本（運費、關稅、匯率的浮動）和當地配銷成本（零售成本、稅收）密切相關。這個策略最典型的使用者就是LV，各國LV的價格都是根據當地實際成本來定的，這樣既能保證利潤，又能適切地向客戶解釋造成各地價格差異的原因。這樣客戶就可以在任何一個地方，以更低廉的價格購買到這種產品（拿LV來說，巴黎和香港的價格就相對較低），而產品的品質卻不變。

應用這種策略需要注意以下幾個方面：某個國家的產品彈性係數必須公開化、透明化，而這個係數又是由當地的匯率、稅收決定。而低價區的產品零售還需要控制不向高價區流動（俗稱的「灰色市場」），這對產品本身並沒有什麼影響（利潤仍然是一樣的），但會影響當地的配銷，還可能間接資助洗錢活動。

LV在巴黎長期的低價銷售就是很好的例子，因為日本的關稅和高零售成本，導致東京的零售價格比巴黎高出四〇％左右。對一個普通的日本遊客來說，在巴黎為自己或家人購買LV包作為紀念品是比較划算的，但在扣除關稅後，也就沒那麼划算了。

如果這些包包能夠扣除關稅進入日本，那就非常有利了。再者，在你有黑錢要「洗」的情況下，利潤就更高了（在這種情況下，那些幫你洗黑錢的人會給你三〇％左右的回扣）。LV產品在日本的需求量很大，所以一個新的手提包在日本立刻就可以以市場價格再次售出。在這些因素的影響下，當時巴黎唯一的一家LV品牌店（位於瑪索大道）就承載著巨大的壓力。

因此公司決定採用限購的辦法，即每個家庭及每個外國遊客只能買一件產品（手提包、行李箱），但這個辦法並沒有得到法國法律的認可。這樣導致的結果是，日本遊客開始在路上找人幫他們買LV產品，並給他們一定的報酬。許多學生就是透過這種方式來賺零用錢的，但他們永遠都不會明白，為什麼這些日本人會給他們錢請他們去買附近商店中的商品。

全球統一定價

這種策略適用於那些價格很高且十分小巧的商品，因為這些商品往往很容易躲過海關，珠寶和手錶就是典型的範例。在這種情況下，考慮到匯率的影響，商品價格就必須全球統一，這樣既減少了非法交易，又減輕了公司的壓力。但這樣做還有一個不足，即所有金錢上的波動（關稅以及運費）都得由產品利潤吸收。

免稅商品

還有一種將以上兩種情況相結合的免稅商品，這樣的產品既不遵循全球定價，又沒有地區定價。免稅區是一種十分特殊的情況，這些免稅商品比當地的市場價格更低。由於這些區域的壟斷地位，我們將這種市場單獨考慮。機場的經理人就處於這樣一個壟斷地位，等於壟斷這類市場的客戶，因此可以開出嚴苛條件。此外，還得充分了解免稅商品與當地市場的區隔。

在奢侈品產業，香水與這類市場關係最密切，因為酒和香菸除了有很重的關稅外，還有國家對於進口免稅商品的數量限制。

與「需求」有關的價格策略

在每項個案、每位客戶都受到個別對待的時代，奢侈品產業慣有的規則，就是每一張訂單都是特殊訂單。但隨著二十世紀後期民主時代的到來，這種策略不再適用。直到新技術的發明（電腦、網路）給了它第二春。同樣，這裡也得分兩種情況討論：

價格隨時間變化，但由品牌管理

這就是眾所周知的「收益管理」（yield management）領域，主要涉及休閒服務產業（如交通、遊艇、旅館業）。這些領域的快速發展，使得它們在奢侈品產業占據越來越重要的位置，因而這種收益管理策略可以適用於奢侈品產業，尤其是針對那些剛加入的客戶而言。他們可以以更優惠的價格獲得想要的服務，而且商家會給客戶一個合理的解釋，如羅萊夏朵奢侈品酒店的「淡季優惠」活動，這樣就不再是所謂的特價產品。

以豪華遊輪為例，遊輪的客戶一般都較年長。如果遊輪公司提供一個「新婚特別專案」，那些全額付款的客戶不會覺得受騙，因為蜜月是一段特殊時光，他們也不會因為新婚夫妻「占便宜」而惱羞成怒。相反地，這會讓他們回想起年輕時的美好時光。

然而，如果這間公司透過網路向所有客戶提供「最後限時搶購」的優惠，導致船位全滿，航行途中的各項服務也都達到飽和狀態，那些之前付全額的客戶就不高興了，因為與那些付錢較少的客戶相比，他們多付了錢卻換來較差的服務。相信很多人都經歷過這樣的事，尤其是那些經常坐飛機的乘客。奢侈品具有排他性，如果某一個品牌要降低價格，必須擁有合理的原因（例如特殊狀況等）。

這個例子向我們說明了奢侈品產業的規則：

- 不要因為有新客戶而降低服務品質，這對現有的客戶是不公平的，他們付了全額，不能讓他們覺得不受尊重。
- 特價商品要有合理的解釋（例如「蜜月」、「淡季」等）。
- 不要因為某些客戶從「特價商品」中占了便宜，就降低服務品質：對所有客戶而言，奢侈品必須始終保持它的品牌價值。

●確保那些「占了便宜」的客戶值得成為忠實客戶（反傳統行銷法則第四條「遠離缺乏熱情的客戶」）：奢侈品是隔離主義者。

價格隨著供需關係而變化

這種情況通常適用於拍賣品，尤其是那些特殊的產品（如藝術品），只會在特殊的場合出現（如拍賣會）。但隨著科技進步，這種情況開始普遍適用於其他領域。奢侈品年代越久遠、價值越高，推動了二手市場的成長，發達的網路則確保了它的獲利性（例如透過eBay進行買賣）。

奢侈品不做促銷

促銷（一種十分重要的商業手段）是為了出清存貨和銷路不佳的商品而降低產品價格，但這招絕對不適合奢侈品。奢侈品的價格和價值必須隨著時間增加，突然的降價只會讓客戶覺得自己受騙：

●奢侈品必須永遠不會過時。

●購買奢侈品應該是一種經過深思熟慮的行為，而不是一時興起的衝動導致。所以，促銷只能加速這種「衝動購物」行為，而不是真正的「追求夢想價值」行為。

●購買奢侈品的價值不在於它的價格，促銷就是強調價格。在特賣會買到的禮物是折價的禮物。促銷中我們看重的是價格的優惠，而不是產品本身。

因此，任何有促銷行為的產品都不能稱為奢侈品，更確切地說，特賣會的產品都不是奢侈品。在時尚業促銷是十分重要的，因為時尚關注了所有人的需求變化。每年這些時尚品牌都會不定時地舉行促銷活動來吸引客戶光臨，同時也為新產品騰出了一定的空間。因此，那些過季還未售出的商品就是商家促銷的目標，有時這些產品也會被送到暢貨中心（如法國的McArthur Glenn），這些地方會出售上一季的新產品，或者直接在網上促銷（如Net-a-porter.com）。

儘管服裝和鞋之類的時尚品經常採用促銷這種方式，但在奢侈品產業是不存在促銷的。這樣看來，奢侈品和時尚產品之間有很大的差別，我們甚至可以說，這就是區分一個品牌到底是奢侈品還是時尚品最重要的因素。因此，對於奢侈品，商家要嚴格控制產品的生產、製造和配銷來避免促銷的情況。例如LV有時會出售一些「時尚包款」，到了季末沒賣完的產品會送回原廠銷毀，而不是打折促銷：這種不符合經濟學的做法，其實是皮件產業嚴格執行奢侈品策略的結果。這樣對產品的形象其實是有利的，好處遠遠超出銷毀幾個高級手提包的價值。

降低價格要有合理的解釋

在某些情況下，給特殊的客戶適當的優惠也是可行的。但要注意的是，為了不影響品牌的價值，你必須要為這種降價提供合理的解釋，而且這種手段只能用於個別客戶。你不能為了賣出產品而降低價格，相反地，應該是品牌決定讓某些客戶有這樣的特權。這種做法的關鍵之處在於要處理好這個個人面向：讓降價不會降低產品價值，而是給客戶更多的價值，好讓這位客戶覺得交易很划算。

無論是從產品形象還是經濟角度考慮，以下有兩種可行的降價理由和方式：第一種，就是吸引那些很內行的消費者，他們有的是因為所擁有的產品過多，有的則是對於購買過多奢侈品存在罪惡感。這些客戶只有在「交易划算」的前提下才會購買另一個產品。關鍵之處在於這些客戶是產品的忠實客戶，降價不僅不會讓他們對這個產品失去興趣，反而會讓他們更加喜歡這個產品。事實上，可以說這正是產品對於他們「忠誠」的回饋。這些客戶絕不是那些容易被說服的人，他們都很精明。必要條件是：從來不對任何尚未成為忠實客戶的人降低價格。

第二種就是給特殊的客群優惠的價格，讓客戶有機會更全面地了解產品。為了避免誤解，這種優惠的解釋必須合情合理，同時確保客戶都明白。例如對於新婚夫婦的特價優惠，對家庭第一個小孩的優惠，或拿到知名學位的優惠。

從以上的分析我們可以看出，在娛樂和旅遊業，「收益管理」是一種十分有效的方法，它可以讓品牌更精確地管理各種情況。

價格和溝通

這一節我們總結了奢侈品產業價格管理中的特殊情況和複雜性：在何時、和誰、以什麼樣的方式來溝通奢侈品價格。這是一場未說出口但充滿誘惑的遊戲，你必須時刻想著它，但又不能談論它。

價格必須公開化，但要低調。永遠記著勞斯萊斯的共同創辦人查爾斯•勞斯（Charles Rolls）說的一句話：「你如果還得問價錢，那表示問到的價格你也付不起。」

一般而言，某個品牌龍頭產品的價格水準（不是指具體的價格）必須讓大家知道，不僅那些潛在的客戶知道產品的價格，還得有更多的人知道（這是奢侈品拉開社會距離、重新建構社會階層的另一功能）。

而且，這種「假定價格」對奢侈品而言是十分重要的，因為這種價格比實際價格要高一點。這裡又和一般消費品的初期行銷策略相反了，一般消費品會用低價來吸引客戶，再利用選購配件的方式，賣給客戶比較貴的產品，就拿汽車來說，它會提供很多加購選項，而最基本的只有一個方向盤、四個輪子，其他什麼也沒有。

這種比實際價格高的假定價格有兩大優勢：第一，它給這些作為禮物的商品更高的價值。奢侈品市場有很大一部分是禮品市場，禮品市場有它的規則，一般而言，價格越高、禮物越好，而一個以昂貴著稱卻又沒有明確定價的禮物無疑會「增值」不少；第二，如果一個不知情的客戶發現自己所購買的商品「物超所值」，也就是他在購買後對這個商品的品質更有信心，這樣，奢侈品的高價就有了合理的解釋。

廣告裡不公布價格

不公布價格是奢侈品行業的價格邏輯。奢侈品的廣告從來不會提到它的價格，即使提到了，也是小心翼翼。同樣的道理，商店裡也最好避免公布價格，尤其不要顯示在櫥窗上。如果法律規定必須要提供價格，那麼也要盡可能低調。

理想的價格策略包括以下兩點：第一，讓所有人知道產品的價格水準，而且報價要盡可能高一點；第二，只有真正購買產品的人才知道產品的價格。最好的例子就是豪華餐廳：給賓客看的是沒有標價的菜單，只有那些現場支付（悄悄進行）、預先支付或者稍後付款的客戶才能拿到有標價的菜單。總之，行銷人員應當參考奢侈品和禮物的密切相關性，來進行價格溝通。

需要「銷售」的是價格

在第十章談配銷時我們會具體談論這個問題，這裡我們要強調一個關鍵：在奢侈品商店中，價格是唯一需要說服客戶接受的東西，因為奢侈品本身是不需要推銷的，客戶都清楚地知道自己要買什麼。總之，價格是唯一需要銷售的東西，有時甚至連說服都不需要，總有一些客戶在不知道價格的情況下就簽好了支票。銷售員在整個過程中的作用就是：向客戶解釋產品的象徵價值，原料是如何精選出來的，以及產品代表了什麼，而不是去向客戶解釋價格。客戶必須明白，這個價格之於產品的品質和聲望是物超所值的。這對於客戶購買產品之後的合理化和自我確認的過程十分重要。

產品價格必須保留一定的神祕感，因此，所有的價格溝通都是在合理的情況下盡量抬高產品價格，卻不直接明說。

奢侈品策略的兩大價格挑戰

價格管理是奢侈品策略中很特殊的一個環節，但在現實生活中我們是很難去掌握的，特別展現在兩個領域：入門產品和網路產品。

入門產品

正如我們之前提到的，入門產品是奢侈品策略中十分重要的一環，它們有自己特定的角色：吸引新的客戶，幫助它們進入這個品牌世界。大多數新客戶對於這個品牌沒有很全面的認識，這樣入門產品就必須簡單易懂而且容易獲得。即使沒有進入店鋪，客戶也應該清楚地知道產品的價格。但這又好像與我們剛剛說的「保持價格的神祕感」相反。是的，入門產品是奢侈品產業中的特例。對於入門產品而言，我們進行價格溝通，甚至在網上公布價格都是情有可原的。但這種價格溝通必須是合理的，目的是讓客戶有初步的了解，而不是為了賣掉更多的產品。新客戶走進商店來買入門產品，卻在了解整個系列產品後買了更貴的產品。

這裡最大的陷阱是：因為價格便宜而銷售過多入門產品。這對於品牌本身形象和獲得產品利潤都是有害的，銷售過多入門產品只會損害產品的形象，而由於入門產品的價格設定，也會影響品牌的收入（這些產品必須同時保持價格的合理性和高品質）。為了避免這個陷阱，我們要遵循兩個原則：第一，入門產品必須限量（理想的情況是一個顏色只有一款入門產品）；第二，入門產品和主要的系列產品之間必須有很強的相關性（例如在皮件產業，只出一款適合與手提包搭配的錢包）。

蘋果公司對這個策略的運用就很恰當。蘋果公司於二〇〇一年推出了iPod，與同價位的產品相比品質很好，你因為購買iPod而進入了iTunes的世界，很快你便會發現，如果你繼續購買Mac作業系統，它會增加iPod的功能。二〇〇七年的調查顯示，三七．五%有電腦的客戶在購買iPod後，會考慮為他們下一台電腦配置Mac作業系統，而七五%擁有iPod和Mac作業系統的客戶之前都有個人電腦，而且大多數的客戶都不是「電腦玩家」（購買iPod的客戶中有二二%之前都不知道蘋果這個品牌），他們也不會購買Mac作業系統，因為他們不明白為什麼Mac筆記型電腦會比一般電腦貴那麼多。一旦購買iPod，他們便認識了蘋果的魅力，也見識到了Mac作業系統和普通的Windows系統的區別，這樣iPod就推動了Mac的銷售。

在這樣成功的基礎上，iPod就不只是入門產品了，它成了整個系列的一部分。但除了這個，其他的產品（如iPhone、iPad）都比iPod要貴很多。

網路產品

價格溝通是網上銷售奢侈品一個很難掌握的環節，不只因為你可以在網路上免費獲得很多東西，網路還是一個價格公開透明的地方，這樣我們該如何保持品牌價格的神祕感呢？又該如何避免那些收到奢侈品禮物的人，在網上查詢產品價格呢？

這是一個很嚴重的問題，也是奢侈品產業一直以來避開網路銷售的原因之一。關於這一點我們會在第十章具體闡述。這裡我們想說的還是與入門產品有關，入門產品可以在網路上設定明確價格，也可以透過網路來銷售，以此來吸引新客戶。

與入門產品相反，你也可以在網路上標明高階產品的價格，但不是為了在網上銷售這些產品，而是為了穩固品牌的地位，同時也製造一種氛圍，讓大家覺得網路是銷售奢侈品最好的地方。

總體而言，真正的網購是不適合奢侈品的，至少不適合奢侈品中的主要系列產品。網購只適合時尚產品（價格公開、促銷是時尚產品配銷的主要方式）或者二手奢侈品市場（標明每個產品的價格），這點我們會在下一章提到，但絕對不適合奢侈品產業中的主流產品。

配銷和網路銷售的困境

在世界上每一座主要城市，奢侈品店都在繁榮發展，奢侈品商城拔地而起，最美麗的街道都變成了奢侈品大街，這證明配銷在奢侈品管理中占有重要地位。儘管這一趨勢顯而易見，但並非奢侈品店存在的主要原因。

LV是奢侈品領域的先鋒。在一九七〇年代，LV決定只在自己的專賣店裡出售產品，最終獲得巨大成功。但是為何做出這項決定？正如第六章開頭所說，在奢侈品產業，大多數客戶首先選擇品牌，然後才選擇產品。在專賣店銷售能傳達一種資訊：品牌才是最重要的，參與競爭的是品牌而不是產品。同樣地，產品也不位於競爭前線。這非常符合反傳統行銷法則第一條「拋去『定位』，奢侈品不能比較」。

購買LV時，你所購買的不僅僅是一個手提包。但如果這個手提包是在傳統的皮貨零售商店裡，和較便宜的品牌如Coach、迪奧或不那麼知名的品牌一起銷售，你購買的就僅僅是皮包本身。客戶首先決定買LV的產品，然後走進一家LV的店，最後才決定買一個手提包，這個手提包就代表著LV。

有趣的是，專賣店策略不僅應用於奢侈品行業，在美國也應用於高科技產業。二〇〇一年蘋果公司建立第一家專賣店；二〇〇八年，全電動豪華跑車特斯拉開始經營第一家專賣店。

奢侈品配銷

當今，奢侈品品牌管理的口號是「體驗」，就是客戶每一次和品牌接觸時產生的多感官體驗的總和。專賣店是客戶能夠體驗品牌的地方，Zara就是靠專賣店建立信譽。儘管Zara是平價時尚品牌，但是店面看起來卻不廉價，讓人感到舒適，增添了品牌價值，從馬德里到上海都是如此。如果銷售點是大眾品牌創造價值的泉源，奢侈品品牌就應該做得更好。許多奢侈品品牌都靠配銷起家，例如：

- 完全靠配銷〔百年奢華食品名店馥頌食鋪（Fauchon）〕。
- 主要靠配銷（愛馬仕）。
- 從工作坊到專賣店（LV）。

一旦品牌走向全球，配銷便成為日常管理中最棘手的部分。進入一個文化經濟完全不同的國家後，為了在獲利的同時確保品牌一致性和策略精確性，管理團隊需要進行許多管理工作，投入大量精力。除此之外，配銷事務常常要委託給當地的合作夥伴，這就是把客戶服務和客戶體驗交給他們。

配銷是奢侈品策略中較弱的環節，很多品牌在這一步失敗，喪失地位。值得注意的是，時尚品和奢侈品領域似乎已經發展出一線品牌，這類品牌能夠對世界上最繁華街道上的精華地段進行投資。例如銀座、第五大道的租金不斷上漲，導致很多大型奢侈品集團開始考慮房地產領域，著手打造真正的房地產策略，以期能在一線品牌中競爭。

配銷是奢侈品產品的服務面

從之前的章節可以看到，有產品必有服務。如果銷售的是實體產品，例如手錶或手提包，就必須要有附加服務。這就是配銷和銷售員扮演的主要角色之一。

一、銷售之前，先說服對方

在銷售過程中，品牌和客戶之間應該建立一種私人的情感關係。這種關係在奢侈品領域非常重要。基本上，奢侈品產品是由一個特定的人移轉到另一個特定的人，而不是銷售。這種「一對一」的關係是奢侈品行業不可或缺的一部分。銷售首先看重對象，然後才是產品。在奢侈品產生之初，品牌與客戶的關係就有非常重要的情感層面（即便是國王，也會完全信賴供應商），這種關係一直延續到今天（你信賴「你的」銷售員）。

不論是為了展現社會地位還是為了犒賞自己，奢侈品都有濃濃人情味和情感交流的一面。奢侈品的目的就是為這個競爭激烈和冷漠的世界帶來人性的溫暖。和一般的觀點相反，奢侈品銷售員不應和客戶保持距離，而應該友好熱情。銷售員不知道未來的客戶是誰，這些潛在的客戶將會像其他任何人一樣走進奢侈品店，藉由奢侈品店招待客戶的方式評斷這個品牌。

通常，客戶在走進奢侈品店時並不知道要買什麼，買禮物時尤其如此。他們往往完全相信售貨員的建議，並且偏好找他們已經熟悉的店員。在奢侈品產業，這種「個人的建議」在銷售中非常重要，因此必須重視奢侈品店員工的穩定性，不斷培訓銷售員，讓員工有歸屬感。

因此，配銷應該在一種平和的環境中進行（沒有強迫購買，沒有來自銷售員的壓力），讓客戶有一種安全感（認為他們買的東西物有所值）。事實上，正如我們在第九章提到的，不是你在向客戶銷售產品，而是客戶想買這個產品。這就引出以下這個明顯的矛盾。

向銷售客戶的是價格，不是產品

走進超級市場，首先映入眼簾的是許許多多的標示。這些標示吊在天花板或貨架旁，上面用最大的字體和最顯眼的顏色寫著巨大的數字，那些就是商店的產品價格。然後還有各式各樣的促銷活動，如買二送一，或買一送一。當你走近拿起一件商品，會看到上面再次用大字體標示價格。如果你想知道一件商品的資訊，你必須在商店裡一直逛，直至找到銷售員來提供資訊。事實上你會有一種感覺：在這些商店裡買東西其實就是在挑選價格，而事實也是如此。

相反地，如果你走進一家奢侈品店，第一眼是看不到價格的；如果你想找到產品價格，就需要進行複雜的研究。顯然，標明產品價格是銷售員最不願做的事。走進奢侈品店，你會有一種走進藝術展的感覺，產品是用來展示而不是出售的。即使是在老佛爺百貨的手錶區，很容易就看出香奈兒的九款手錶只是並列展示，而沒有標明價格。所有的價格都陳列在另一邊，用展示板顯示九款手錶的位置圖，方便客戶查看每一款手錶對應的價格。

當然，銷售員也會為你提供服務。但如果你問他們感興趣的產品價格多少，他們起初會岔開話題，為你展示產品的精美細節，你必須堅持下去才能得知價格。事實上，奢侈品店的銷售員任務不是為了銷售，而是要讓你懂得欣賞，與你分享品牌的神祕之處、產品的精神、每件產品所凝聚的時間精華。這樣當客戶最終得知價格時，一想到產品品質，也不會覺得太貴。

反傳統法則第十二條「奢侈品需要定價，卻不能根據價格定義奢侈品」適用於此。商店和銷售員的角色就是要讓潛在客戶了解產品的細節，了解是什麼成就了一件奢侈品。這就得出了一個與傳統行銷手段背道而馳的結論：銷售員的真正作用不是銷售產品，而是說服客戶接受價格。

價格甚至常常是專賣店唯一需要銷售的東西，因為客戶需要的產品往往只能預訂，或者需要等待。然而，如果客戶猶豫不決（挑選禮物時經常如此），產品就需要推銷，這時需要銷售的仍然是價格。

有時候甚至連銷售價格也不需要（有些客戶有空白支票，還有的不看帳單就簽單）。在這種情況下，商店和銷售員是用一種最純粹的方式：銷售產品的奢華感。這導致了一個非常重要的結果：銷售員絕對不能直接抽佣。

銷售員絕對不能直接抽佣

這句話很合理，因為銷售員的角色不是銷售產品。有時候銷售員表現得很出色，但並沒有成交，客戶會稍後再購買，因為客戶需要一些時間來做最後的決定，一小時之內再回來完成購買。如果前一名銷售員已經完成了耗時的銷售工作，然後去吃午飯了，而另一名銷售員只花了幾分鐘就達成了這筆交易，那麼這樣基於銷售發給個人獎金是不公平的。

此外，銷售佣金會引起銷售員之間的競爭行為（畢竟這是銷售佣金的目的所在）。他們會爭搶客戶，甚至產生內部鬥爭。在這種情形下，他們幾乎不會尊重客戶的想法以及創造夢想的過程。

⋃顯示品牌的主導地位，但尊重客戶

就像每一個情感關係中都有主導者和被主導者，在客戶和品牌的情感關係中，則是品牌主導客戶。但是，正如父母和孩子的情感關係（和客戶與品牌的關係很相似），一個人主導另一個人並不意謂不尊重對方，否則，這就不是情感關係。不尊重客戶的品牌不是真正的奢侈品品牌，正如同不尊重孩子的父親不是好父親。

這種奢侈品固有的關係是符合邏輯的。如果客戶尋求用奢侈品提升社會地位，那麼他們必然會選擇一個比自己社會地位高的品牌，使用奢侈品就相當於用品牌的部分價值來提升自己的價值。因此，我們必須記住，每一件賣出去的產品都帶走了品牌的部分價值，減弱了品牌的價值。所以品牌必須持續革新（見第六章的「塑造品牌價值」）。奢侈品客戶與品牌關係這種特性，在配銷過程中表現得特別明顯。客戶經常經由銷售員向品牌求助，詢問自己需要什麼，或者應該買什麼。尤其是在買禮物時，客戶會把選擇權完全交給銷售員。

這裡我們可以看到奢侈品市場的另一個矛盾，也是最難掌握的部分，因為奢侈品市場是一個雙重主觀的世界：一方面是客戶的觀點（他們是國王和皇后，但是希望獲得幫助），另一方面是銷售員的觀點（他們是遊戲的操縱者，但必須說服客戶）。這意謂必須嚴格選擇銷售員，訓練銷售團隊傾聽客戶需求的能力。

這裡就需要再次強調，在運用反傳統行銷法則第三條「不要迎合客戶」的過程中，銷售員的角色非常關鍵。「不要迎合客戶」意謂不要尋求平等。這個法則很明顯適用於品牌，而不適用於銷售員。相反地，銷售員的友好和熱情能夠消除客戶的疑慮，讓他們感到自己真的就是國王和皇后。出色的銷售員往往迷人、優雅、能靈活變通，而不是驕傲、自命不凡。

這比想像中要難做到得多。儘管LV幾乎所有的銷售員都非常友好真誠，但在一九八〇年代末，一直都有客戶抱怨員工態度很傲慢。但這不是員工的錯，而是商店布置太冷調、太沒有人情味（建築風格像行李箱一樣死板，色彩像字母印花系列一樣昏暗，為了保護皮革商品而將產品陳列在玻璃櫃裡，銷售員站在櫃台後），LV需要反省一下自己的經營理念。後來引進熱情的、開放的店內設計新概念後，客戶可以觸摸到產品，抱怨就消失了，儘管負責銷售的還是同一批員工。

配銷首重溝通

有一句著名的管理格言提醒我們，如果在商店裡沒有看到產品，那就不算配銷。配銷是種溝通。值得一提的是，如今溝通已經超出了視覺範疇，融合了觸覺、嗅覺和聽覺。商店就是一個螢幕，反映出品牌的歷史，同時也比喻了一種場景，讓夢想之物可望而不可及，以增加客戶對奢侈品的渴望。下面我們就來看看溝通的不同層面。

奢侈品商店的櫥窗是一個特別的地方，是與大眾溝通的主要媒介，是唯一一個品牌能掌控所有參數的溝通工具。它能夠讓非品牌客戶充分了解品牌地位，讓品牌客戶感到驕傲。奢侈品櫥窗在「夢想方程式」中有著關鍵地位，而「夢想方程式」對於奢侈品產業來說至關重要。專賣店通常開在最具象徵意義的地段，櫥窗的布置往往費盡心思。好的櫥窗能夠傳達複雜精細的資訊，尤其是加上燈光裝飾效果更佳，這是廣告圖片做不到的。

專賣店是陳列商品的地方，布局必須充分展現產品的優點，同時產品要與專賣店環境相結合。專賣店也是展現品牌領域的舞台，銷售員是演員，客戶是觀眾。

品牌的整個領域都必須在銷售點展現出來。當然這並不意謂所有的銷售點都應該全方位表達品牌的整個領域，但是至少要有一個專賣店能展示品牌的各個方面，就像出色的交響樂團必須彙集所有的樂器，才能演奏出華美的樂章。

隨著大品牌不斷向更廣闊的奢侈品領域延伸，「旗艦店」開始出現。旗艦店既可以向所有人展示品牌不同領域之間的一致性，也可以展現品牌的力量。專賣店需要明確展現品牌的發展歷程（不用文字），因此「概念店」應運而生，概念店必須展示品牌的發展歷程。

如上所述，一九八〇年代晚期LV採用新概念，重大地影響了客戶對銷售和銷售員的理解。但實際上LV的品牌演變還要深刻得多。最重要的一次演變是Epi產品線的發表，這一系列採用明亮的色彩，以高級皮件為主，標誌著LV風格的一次蛻變：過去字母印花系列是暗色，主打旅行市場。

新系列發表後，LV需要重新考慮專賣店的整個建築風格，但又不能與過去完全脫節，同時絕不允許「新概念」系列完全取代字母印花系列和旅行核心的形象策略。相反地，新的概念必須要讓客戶知道，儘管LV仍然是出色的行李箱奢侈品品牌，但它也已然成為出色的高級皮件和手提包品牌。

配銷不該只是誇耀，還要提升產品形象

我們已經了解藝術與奢侈品在某種程度上相互關聯，尤其是奢侈品和現代藝術，專賣店必須要表明奢侈品就是藝術品。行為藝術家凡妮莎・碧考芙（Vanessa Beecroft）的作品就是很好的例子。在香榭麗舍大道的LV店，她展示了許多裸女依偎著行李箱。我們還可以引用安迪・沃荷的話：「總有一

天，所有的百貨公司都會變為博物館，所有的博物館都會變成百貨公司。」因此，上面提到的旗艦店經常普遍設在知名建築裡；在客戶看到店面的第一眼，品牌的現代性和聲望就應該展現得淋漓盡致。

配銷的任務是溝通品牌價位

奢侈品從不直接向客戶傳達價格。因此，配銷的責任之一就是和客戶溝通價格。專賣店必須溝通價位，而銷售員必須向客戶說明產品的確切價格。

溝通價格無需用言語贅述，而應該盡一切可能美化店面，改善客戶關係，以此向客戶傳達價格水準。店面必須非常優雅，但是要符合品牌價格水準，這主要展現在地理位置（因此有了奢侈品街）、建築風格、室內設計上，當然還有銷售員的風格。注意不能太過鋪張，否則會弄巧成拙，消費者會拒絕走進一家過於招搖、與品牌本身定位不相稱的商店。品牌必須知道自己是在哪一個領域進行競爭。

購買奢侈品是一個漫長的過程

購買只是客戶走進品牌領域過程中的一個步驟，儘管是一個重要的步驟。事實上，購買奢侈品是一個漫長的過程，且每一步都很重要。

● **準備購買階段**。在這一階段，客戶夢想擁有產品。品牌必須透過溝通策略來讓夢想變得更加誘人，而且在購買行為發生前很久就要開始。在奢侈品市場，從溝通到獲得實際結果之間往往需要數年之久。BMW的美國行銷總監在回答他的廣告策略意義時說：「我的任務是讓美國十八歲以上的年輕人在睡覺前，都夢想擁有一輛BMW。」這就意謂不能像推出洗衣粉一樣發表一款奢侈品，更不用說發表新品牌。

- **購買階段**。購買時愉悅的感覺，是奢侈品產品不可分割的一部分。環境美感當然很重要，但是有人性的環境更重要。面對品牌時，客戶不只要感到舒適，也不該覺得有購買的壓力。
- **購買後階段**。有必要讓客戶消除疑慮，讓他們感到花這麼多錢是值得的，向他們灌輸品牌的核心、價值、傳承、基礎和需求。

真正的奢侈品會隨著時間而增值。如果是耐用型奢侈品（例如一瓶很好的紅酒），增值在於產品自身；如果是即時型奢侈品（如旅行或遊覽），增值就在於記憶。就後者而言，品牌應該藉由物品來幫助客戶獲得紀念價值，例如法國航空過去常常給每一位搭乘協和客機的旅客一個金屬菸灰缸做紀念；或者事後與客戶進行個人化的接觸。在離開曼谷東方文華酒店（Oriental in Bangkok）後的幾年中，客戶會不斷收到酒店的問候，也會因為行李標籤而想起曾經下榻的豪華酒店。

品牌必須幫助客戶培養、創造這種感覺。可以透過奢侈品原則（保持奢侈品品牌身分），也可以透過商業效應：客戶會當回頭客，還會推薦給他們的朋友。「口碑行銷」就是奢侈品的產物。這就導致了雜誌型產品目錄的出現（例如愛馬仕推出的《*Le Monde d'Hermès*》雜誌），這種目錄結合了奢侈品雜誌（讓你夢想擁有奢侈品，向你介紹奢侈品世界的規則）和品牌目錄（讓你購買）。現在也出現了隨產品售出的小冊子，內附使用指南，但更多的是關於品牌世界的美麗圖片，讓你覺得購買了產品就購買了品牌世界的一部分。

因此，做不到以下幾點，奢侈品管理就無從談起：

●密切控管產品，直到送到客戶手上為止。

●了解客戶的個人資訊，不僅僅是他們的品味和喜好，還有他們的生活方式。

●一直陪伴客戶，這樣產品或服務才能隨著時間增值。

在奢侈品管理之中，嚴格控制配銷（包括產品政策、價格、上架、溝通）都是最重要的，個人化的客戶關係更是至關重要。「客戶檔案」的概念應該被淘汰，尤其是CRM策略中經常使用的自動化電腦管理模式。

但是，敏銳的客戶關係管理系統的確有必要，它能夠維持客戶與店長保持獨一無二的聯繫，熟悉客戶的店長能夠提醒每個客戶他們喜歡的產品已經到貨。這種客戶關係管理系統能夠預測某位客戶每年從紐約到摩納哥旅行的時間，進而提醒摩納哥分店。主要的奢侈品客戶往往在全球各地奔走，他們希望無論走到哪裡，鍾愛的奢侈品品牌都能夠認出他們。

㈠配銷是奢侈品較弱的一環

奢侈品關係中的四個方面（情感關係、支配地位、溝通語言、長期管理）已經很難管理了。但是管理這種「一對一」的奢侈品關係，最大的難處其實在於：同一批人必須同時管理四個方面。因此，銷售團隊是品牌的力量所在，保持銷售團隊的穩定性非常重要。

管理最主要的困難在於，配銷的高昂成本以及日常品質的維持。

個人化配銷成本很高

由於奢侈品配銷建立在人際關係而不是系統的基礎上，要讓配銷合理化非常困難。不僅不能將「操作手冊」標準化供員工閱讀（資訊的傳達需要持續的個人化訓練），還不能依賴銷售員寫的客戶常見問題報告。討論客戶常見問題需要面對面，並且不能間斷。

配銷不僅成本高，而且隨著品牌發展，成本會不斷增加。這種情況可以稱為「規模不經濟」。當然在選擇性配銷中，材料方面（家具和商店的設計、軟體）有規模經濟，但在成本最高的人事方面卻相反。有能力的銷售員很少，需要開設新銷售點時，人員調動十分困難且成本很高，尤其是需要把他們調到另一個國家時。對於品牌來說，開設新銷售點就像一個家庭決定再撫養一個孩子，這件事很美好、讓人期待，卻需要高額的投入。

日常管理非常棘手

在日常管理中，最困難的問題是由銷售的多元文化引起的。如果一個跨國組織的不同層面都有文化衝突，那麼衝突最明顯的地方一定是零售層面。衝突的起因不是語言，而是文化和行為。成為雙語或者三語的人才相對容易，只要努力學習非母語就可以了；但是成為精通雙文化的人卻極其困難。如果想要客戶清楚了解品牌領域，銷售員必須來自和客戶相同的文化：在日本就雇用日本人，在中國就雇用中國人，在法國就雇用法國人。此外，還需要來自品牌發源地的員工（義大利品牌就雇用義大利人）。精通雙文化者稀少且昂貴。

因此，必須找到好的當地合作夥伴來負責管理零售方面，即使已經有了整合式配銷系統。事實上，如果在一個國家或城市找不到當地合作夥伴，最好就不要在那裡開店。因為一旦銷售點脫離中心管理，就一定會出現問題。這也是為什麼管理者必須定期出差，這樣才能真正了解當地的營運情況，及時糾正偏差。

全球化為奢侈品配銷帶來的挑戰

奢侈品品牌在各個國家深入配銷，在中國，LV已經滲透到三線城市了。專賣店仍然是體驗奢侈品和非奢侈品之間差別的最佳地點，因此很需要成千上萬的年輕員工，向當地客戶和路過的旅客提供這種體驗。因此產生巨大的教育訓練挑戰，導致越來越多奢侈品品牌在各大洲建立自己的大學。要衡量這個挑戰的艱鉅程度，我們只需要想一想大部分員工從未讀過《*Vogue*》雜誌的當地版本，幾乎不說英語，從未參觀過任何現代畫廊。而現在，他們必須銷售價值相當於四到十倍薪水的奢侈品。

全球化帶來的第二個挑戰可以用一句話說明：一個品牌，一個世界。儘管每個商店都是一個商業單位，但是客戶在四處旅行。他們可能是在網路上得到資訊，在北京發現產品的魅力，但最終在去巴黎旅遊時決定購買。從管理的角度來看，這就意謂應該考慮的是品牌，而不是店面。最後，客戶希望自己在旅遊時被銷售員識別出來，這就需要高效管理客戶的檔案。

第三個挑戰來自於財務方面。奢侈品正從製造業走向零售體驗行業。創造高體驗感、直接經營、在全球範圍都實現經濟成長的專賣店成本巨大，幾乎沒有家族企業能夠獨自承擔。這個演變趨勢會強而有力地推動奢侈品行業，向集中化的方向發展。

服務的地理異質性

任何旅客都會注意到亞洲的服務比歐洲的服務更完善。在亞洲，服務是亞洲人的第二天性。亞洲人希望在世界各地都能獲得同樣高水準的服務，不管是哪國的奢侈品品牌。對於想要走向世界的西方本土奢侈品品牌來說，最大的挑戰在於向消費者灌輸奢侈品態度。再強調一次，在全球範圍提供同樣的品牌服務，需要結構、時間、控制和動機。

❹不能隨意開設新銷售點

在決定開設新銷售點之前，執行長或者執行董事必須先進行深入的實地考察。授權配銷的弊病就在於此：隨意選擇銷售點，事實上會對品牌水準帶來結構性影響，使得品牌水準大大低於期望值，甚至阻礙品牌發展。這個時候就只能買回授權，而買回成本通常很高，比當初的授權金還高。例如，二〇〇七年春天，勞夫・羅倫被迫以一億五千五百萬美元的價格買回日本的成衣授權。

就算是授權經營周邊系列，如果在開設銷售點時沒有嚴格把關，也會帶來巨大風險，尤其是當銷售點位於很遠的國家時。儘管短期內銷售額會上升，但是最終品牌價值也會遭到破壞。歷峰集團收購蘭姿後，發現自己在日本面臨嚴重問題。蘭姿授權日方經營所有種類的產品，選擇的銷售點也毫無聲望可言，導致品牌價值盡失。最初授權帶來了大筆收入，但到了買回授權時，不僅沒有獲得任何利潤，反而毀掉了核心系列產品（手提包和行李箱）的地位。

配銷必須經營稀有性

根據定義，為菁英階層而生的奢侈品從一開始就是稀有的。奢侈品和稀有性有著相同的本質。從奢侈品普及化的那一刻起，如果奢侈品失去了稀有性，喪失了本質，就變成了普通產品。如果奢侈品和普通產品唯一的區分因素是價格，那麼奢侈品就沾上了銅臭。為了保持地位，奢侈品必須做到物有所值，不管是展現在經濟（價格）或文化（獨創性）上，還是展現在客戶投入的時間（去某一個城市走進某一家專賣店）或耐性（排隊等待）上。

稀有性在孕育奢侈品之時就已經「先天」存在：珍貴的原料，高級工藝師傅的手藝。因此奢侈品生產線的上下游很少變動。而在「後天」方面，奢侈品一定要有組織地展現「稀有」。稀有性管理是奢侈品策略不可或缺的部分，稀有性應該展現在各個層面。生產商應該：

- 控制銷售點數量。
- 嚴格選擇地點。
- 培養優秀的銷售員。
- 把專賣店當作陳列櫃。
- 把產品上架當作產品展示。

配銷可以避免競爭

在零售層面，奢侈品品牌之間不是競爭，而是互補。奢侈品的特徵之一就是：由於每個品牌都有自己的領域，兩個品牌之間很難比較，除非用一些比較模糊的詞，比如「不相上下」。事實上，客戶並非從A家和B家選一家買，而是兩家各買一個產品。

水準相當的兩個品牌專賣店比鄰而建，並不會帶來問題。相反地，兩家店會在品牌形象和社會地位方面強化彼此的地位。提著愛馬仕的購物袋走進卡地亞的店再正常不過了，銷售員不會要求你把袋子留在門口，而是會問你在愛馬仕買了什麼，然後向你推銷可以搭配的卡地亞產品。

這就又回到了我們之前討論過的奢侈品街。在奢侈品街上，你置身與你相似的人群中；知名度較低的品牌也會試圖躋身於此來提高品牌價值，正如同我們會經常接近「上流」的人來提高自己的地位。

奢侈品和配銷模式

只要遵從本書列出的規則，任何配銷模式都可套用在奢侈品上。但是基於不同的產品和市場，某些配銷模式比其他的更加適用。

品牌專賣店

專賣店自然是我們最先想到的配銷模式，因為專賣店最符合奢侈品的特點和來源，同時也滿足了奢侈品對人際關係的要求。專賣店模式有很多優點，能夠從各個方面（包括產品、價格、形象）完美掌控品牌，經濟效益好。如果依靠中間商，利潤就會減少，產品受損和管理不當的存貨會增多，客戶和品牌之間關係不佳，破壞資訊的真實性，這些對品牌系列的管理傷害很大。而專賣店則使得管理者能夠準確、即時地知道何種產品暢銷，進而精確控制。

在這方面，專賣店模式確實非常有效。我們曾計算過，品牌如果沒有整合產品生產線，沒有透過自己的通路銷售產品，那麼這個品牌的手提包必須賣出LV兩倍的價格才能收支相抵。事實上，LV利潤高（有時會引起非議）並非因為價格高，而是因為它沒有中間商帶來的成本和損失。所以LV的競爭力可以說是結構性的。

專賣店模式另外一個最重要的優勢，在於其人事優勢。銷售員真的是品牌的一部分，對於所有客戶來說，銷售員就代表著品牌，因此和客戶建立良好的關係至關重要。在LV，店長往往能優先進入公司的管理階層。

最後一點，專賣店模式是唯一能夠完全保護客戶免受仿冒品之苦，幫助公司有效打擊仿冒品的配銷模式。如果品牌只在專賣店銷售產品，其他任何地方銷售的產品都顯得來源可疑，不是仿冒品，就是用來洗錢的產品。

但和所有垂直整合系統一樣，專賣店體系有一大弊端：體系非常死板。因此，採用專賣店模式必須要有反應靈敏、有遠見的管理高層，以及穩定的產品系列。此外，產品必須數量充足，供貨迅速，專賣店才能達成獲利（不適用於珠寶首飾，適用於精緻皮件上）。但是對於專賣店網路來說，銷售數量也不宜過高，速度不宜過快（不包括香水或者相當普及的產品，例如卡地亞的Must系列）。

獨家配銷

獨家配銷模式也很適合奢侈品，因為它保有和客戶之間的關係，但前提是配銷協議規定只能在指定地點、由指定人員銷售，客戶資訊和協定條件完全透明。如果已經存在一個廣大的、高品質的銷售網路，而產品售後限制較多恰好需要廣大的網路，獨家配銷模式就再適合不過了。最著名的例子就是手錶業和汽車業。

例如，勞力士成為了獲利最高的全球第一大奢侈品手錶品牌，但名下沒有任何專賣店，而是依靠優質的獨家配銷商網路。

和專賣店相比，獨家配銷網路最大的優勢在於更加靈活，收支平衡點也低得多（日常開支和其他品牌平攤）。此外，轉型為混合網路（專賣店和獨家配銷並行）也非常容易，不會破壞品牌，卡地亞就是一個很好的證明。

選擇性配銷

和獨家配銷相比，選擇性配銷的最大區別之處在於，品牌不再選擇自己的配銷網路。歐洲法律規定，任何遵循品牌要求的銷售點都可以銷售其產品。

誠然，選擇性配銷尊重品牌要求，保護了產品環境，進而保護了一小部分品牌領域。但是選擇性配銷是遠離奢侈品領域的第一步，因為客戶和品牌之間的直接聯繫被打斷了。這種情況下，客戶是銷售點的客戶，而不是品牌的客戶。

但選擇性配銷的優勢在於，它能夠讓產品更普及，同時也不會太通俗。因此，選擇性配銷適用於分布廣泛、需要頻繁購買的產品，例如香水。

另一方面，選擇性配銷的主要缺點是，一不小心就會跨越奢侈品和頂級品之間的界限。我們不妨想想，選擇配銷的產品是否還留在奢侈品領域（例如香水）。再想想過去十年，「購物贈禮」如何攻陷香水市場，這說明了香水地位的衰落。

選擇性配銷模式的另一個缺點是「灰色市場」。由於價格不再受限，來自低價區平行輸入的產品，尤其是免稅區的產品，會入侵高價區的市場，對價格施加壓力，影響利潤。品牌貧乏化的惡性循環由此開始。

最後一個缺點是：由於很難檢查是否所有的銷售點都遵守品牌「規則」，品質下降就成了必然（劣幣驅逐良幣）。即便有大量管理者進行監控，還是不斷有品牌狀告銷售香水的折扣商店。這場戰役的結局將是：你必須花越來越多錢在溝通和廣告上來挽回產品形象，但是利潤仍會繼續下降。

選擇性配銷的香水能夠適切地闡釋本章開頭的那句話：「配銷是奢侈品策略中較弱的一環，許多品牌在這一步失敗。」儘管香水是奢侈品市場的旗艦產品，選擇性配銷的風險仍然非常高，在很短的時間裡會從奢侈品淪為「大眾奢侈品」——一個含義頗深的新詞，用在這裡相當貼切。

到府銷售

考慮到本書的完整性，我們不能忽略最後一種配銷模式。事實上，這是奢侈品最原始的銷售模式（工藝師傅到客戶住處取單，然後送貨上門），至今仍然合理。到府服務非常適合最奢華的產品，例如頂級珠寶。沒有比到府服務更好的服務了，所有的細節都得到最精細的處理，客戶也不用擔心在路上遭遇搶劫。

奢侈品和數位化配銷：網路的兩難

如今，奢侈品面臨的問題之一就是，是否應該在網路或者臉書等社交網路上銷售。在這方面，奢侈品行業面臨巨大壓力。按照現代人的思維，你必須在網路上銷售；如果不這樣做，你就是迂腐的落後者，很快會被淘汰。但是奢侈品品牌從來不是追隨者，抄襲大眾策略不符合奢侈品的本質。雖然大眾轉向了數位世界，但這並不意謂奢侈品品牌也要趕潮流。當然，如第六章所言，網路對於奢侈品來說不可或缺，數位世界是現代世界重要的一環。奢侈品客戶，尤其是年輕客戶，比普通客戶更加熟悉數位世界，蘋果手機、平板電腦和黑莓機已經成為他們的一部分。因此如果最愛的品牌從不出現在他們最愛的數位世界，他們會覺得難以理解。

成為某種東西的一部分並不意謂盲目追隨大眾。實際上，數位世界和奢侈品在很多方面相互矛盾。數位世界喧鬧、擁擠、華而不實；奢侈品則安靜、優雅。數位世界是暫時的、即時的，觸手可得，輕鬆舒適；奢侈品則代表著永恆、文化、傳統、稀有和工藝。數位世界由大眾引領潮流；奢侈品則富有創造性。數位世界講究價格，交易要划算，折扣要多；奢侈品則追求一對一的銷售模式和人際關係。想要結合數位世界和奢侈品，對二者都必須有深刻的理解，而這是很難做到的。大多數沉浸在數位世界中的人，尤其是那些「電腦玩家」，都認為奢侈品的客戶迂腐、過時，對「奢侈」二字懷有偏見。但是如果讓這些人理解奢侈品的本質，就很有可能大獲成功，蘋果公司就是很好的例子。

因此，如果奢侈品要數位化，數位化的方式必須非常專業。這就引出了奢侈品品牌面臨的困境：是否在網路或臉書一類的社交網路上銷售產品。事實上，把網路當作溝通手段或者廣告推銷工具是毫無問題的，但用於配銷就行不通。二〇〇九年儘管有LVMH執行長伯納德．阿諾特和LVMH集團的支持，這種嘗試依然沒有成功，這足以說服任何奢侈品品牌在進軍網路之前三思。

奢侈品可以透過網路進行溝通，但不該上網銷售

造訪過Gucci和亞曼尼官方網站的讀者無疑會對這個說法感到吃驚。誠然，奢侈品品牌或者所謂的時尚品牌，正陸續用網路銷售強化自己。但是我們考慮的並非時尚或超頂級品牌，而是想要遵循奢侈品策略的品牌。Gucci和亞曼尼這樣做對嗎？

它們當然是正確的。因為它們是強大的獲利品牌，它們在網上銷售的決定不同於身處困境的小品牌，是為了求生而做出的決定。但是我們不討論時尚或者超頂級品牌，只討論想要遵循奢侈品策略的品牌。「奢侈時尚品牌」一詞真的自相矛盾嗎？答案很複雜，我們稍後就可以看到。

比較一下兩個非常成功的著名品牌，會發現很有趣的結果。這兩個品牌都是公認的奢侈品品牌，儘管一個是時尚品，另一個才是奢侈品，且二者都以高超的網路銷售技巧而聞名。它們就是博柏利和LV。調查機構ComScore Media Matrix的資料顯示：二〇一一年九月，兩個品牌在臉書上都有好幾百萬的粉絲（博柏利一千萬，LV五百萬）。博柏利的粉絲中，有三〇%會去博柏利網路商店購買；而LV的粉絲中只有三%在網路商店購買。按照數位世界的慣例，這意謂LV及它的客戶都很愚蠢。因為如果客戶夠時尚、夠聰明，他們應該迫不及待地去網路上購買。但是我們只需要想一想過去的四十年，LV發展迅速、收入可觀，而博柏利的歷史則混亂不堪，就會發現這可能是錯的。在這個案例中，博柏利利用臉書來溝通和銷售，LV則只用臉書來溝通而不銷售。LV的客戶更喜歡在專賣店購買——這才是奢侈品。博柏利的客戶無需去實體商店購買——這是消費者的自發選擇，而不是品牌的強制要求。

這就是為什麼我們一方面強烈支持奢侈品品牌利用網路進行溝通，而另一方面強烈反對利用網路

進行銷售，這是由奢侈品的本質決定的，也是由「夢想方程式」決定的。夢想方程式（見第六章）是統計學的規則，表明奢侈品品牌的吸引力和品牌知名度與滲透度之間的差距成正比。下面我們討論網路對品牌知名度和滲透度的影響。

顯然，網路是用低成本提高品牌知名度的完美方法，關鍵在於保持品牌的正面形象。因此，品牌必須在網上和客戶們溝通，但同時要謹慎行事，這一點我們會在第十一章深入探討。網路溝通是奢侈品品牌建構的重要環節，能夠向所有人提供必要的品牌內涵、品牌故事和品牌現況。

而另一方面，網路銷售奢侈品又是極度危險的。網路銷售會過快地增加品牌滲透度，讓人們輕易就能獲得產品，進而迅速降低品牌的「夢想價值」。可以說，奢侈品一旦在網上銷售就不再是奢侈品了，而是奢侈品品牌的入門產品。但如果涉及產品極少，網路銷售是可行的。此外，一些奢侈品品牌建立之初，必須盡快獲得一定數量的客戶才能開展業務、創造夢想，此時也可以採用網路銷售。

必須記住，奢侈品策略不是靠數量取勝，而是靠品牌的增值。品牌的增值來自於奢侈品品牌製造的專屬感，來自於客戶為了獲得產品而必須付出的努力。網路銷售當然能夠迅速提升短期銷售額，追求數量的管理者會欣喜不已，尤其是品牌陷入危機時。但在同時，網路銷售會在三個方面稀釋品牌價值。這三個方面的作用往往被低估，因為它們的運作方式不同於傳統或者頂級品市場。

- 破壞品牌的專屬感。
- 讓客戶不費吹灰之力就能獲得奢侈品（而客戶的努力是奢侈品創造欲望的核心環節）。
- 降低交易的個人化特質，而一對一的關係是奢侈品客戶關係的核心部分。

除了降低品牌的「夢想價值」，網路銷售還有其他的負面影響。接下來我們探討為什麼反對在網路上銷售奢侈品。這個立場是由奢侈品的自身性質決定的。

網路世界的人際關係消失得很快：網路是匿名世界

在網路世界，你不知道你在和誰聊天，誰在電腦的另一端。當然，不包括你已經知道對方身分、網站本身夠安全的情況。但如果不是這樣，網路本質上就和奢侈品的定位不同，只是一種銷售工具（要記得個人的人際關係對於奢侈品來說有多重要）。但是，就目前的客戶情況來看，Web 2.0提供了很好的機會，方便品牌與客戶有效保持合理的聯繫，為他們提供售後服務、產品展示甚至新產品預訂。但目的還是要讓客戶定期光臨銷售點，與品牌保持實體聯繫。如果有些品牌客戶無法去專賣店，你甚至可以透過網路向他們銷售產品，但一定要謹慎。此時網路銷售與其說是為了提高銷售額，不如說是為優質客戶提供服務。

網路世界是一個官能不足的世界：缺乏感官體驗

當然，在網路上，視覺和聽覺能夠得到很好的滿足，甚至比現實生活中還要好。網路用來推銷飯店房間或者遊輪之旅時有無可比擬的優勢，是絕佳的銷售工具。但這是一種特殊情況，因為此時奢侈體驗不是發生在你購買房間或者艙位的那一瞬間，而是發生在你身處房間或艙位時，在那裡你才能享受奢侈體驗，這才是「產品」真正的奢侈性所在。因此，網路與其說是用來銷售，不如說是用來傳遞夢想。經常有客戶在瀏覽網站後去實體旅行社買票，或者去品牌店買票，如地中海俱樂部。但是在網路世界，嗅覺、味覺和觸覺往往被忽略，或者只有簡陋、粗略的呈現，奢侈品的精妙之處和多重感官體驗蕩然無存。

網路世界是透明的、清楚的，奢侈品是含蓄的

奢侈品非常精細，難以量化。奢侈品的價格管理尤其微妙，很難在網路上進行，因為網路上沒有祕密。當然，奢侈品品牌網站（如卡地亞官網）從不允許客戶輕易知道價格，客戶必須致電公司，或者至少要先註冊。但即使這樣做，也遠遠不及實體店的「價格發現之旅」來得微妙精細。此外對於很多人來說，網路的最大好處在於能讓他們以更加便宜的價格購買，而這違背了奢侈品策略。

網路世界是虛擬世界，奢侈品策略屬於真實世界

奢侈品是真實世界的一部分，奢侈品的作用之一就是創造夢想。而網路是虛擬世界，虛假事物很容易生存。誰會相信臉書好友真的都是現實生活中的好友？要明白這一點，我們只需要想想網路在人際關係方面帶來的嚴重後果：「網路之狼」誘騙青少年。此外，仿冒品的網路銷售情況也可以說明這一點：據最近研究估計，推銷仿冒品的郵件占垃圾郵件總數的一三%。

網路即時、迅速，更接近時尚而不是奢侈品

放在網路上自由銷售的產品不再是奢侈品。但是如果品牌想在網上銷售產品，不論是為了拓展客戶還是為了賣掉產品，都應該選擇已經排除在奢侈品領域之外的產品。例如，香奈兒可能在網路上銷售香水，但是絕不會銷售Chronographe系列的奢華手錶。由於網路提供了銷售時尚產品的絕佳平台，時尚品牌也會在特定網站以較低價格銷售之前未賣出的產品（如英國奢侈品購物網Net-a-porter）。相反

地，所謂的「奢侈時尚品牌」在網路銷售方面面臨嚴峻挑戰。以Gucci和亞曼尼為例，唯一的解決辦法就是在網路上銷售時尚產品而不是奢侈品。這一點說起來容易做起來難，因為一旦你透過網路銷售賣出了大量產品，就很難抵擋收入激增的誘惑。

奢侈品品牌對Web 3.0時代的願景

奢侈品品牌要想在網路蓬勃發展，必須滿足兩個條件：準確的、個性化的身分辨識和多重感官體驗。我們稱為與奢侈品相容、個人化、安全的網路時代——Web 3.0時代。

缺乏準確的身分辨識阻礙了網路銷售的發展。要做到「一對一」，就必須確定在網路上和我對話的是你，正如我確定走進實體店的是你。以目前網路安全的發展來看，未來十年應該會解決這個問題。

儘管感官體驗的缺失阻礙了奢侈品在網路發展，但並非毫無解決之道。在網路上，不同的感官體驗之間差距懸殊。網路的圖像和聲音引人入勝、快速流暢，因此注重視覺和聽覺體驗的奢侈品會在網路上如魚得水，例如線上展示遊輪。然而，要滿足嗅覺和味覺幾乎不可能，網路製造出來的氣氛永遠無法呈現真正香水的細膩精妙之處。觸覺方面的演進也無法突破。人類是需要肢體接觸交流的物種（親人的撫摸、紡織品的質感），網路必須增強真實感。感官體驗是Web 3.0時代的一部分。

社交網路和奢侈品：Web 3.0時代的第一步

社交網路能夠稍微解決Web 2.0時代奢侈品品牌面臨的問題之一：身分問題。社交網路可被視為邁入Web 3.0時代的第一步，奢侈品對此期待已久。臉書用戶的身分一般是真實的，除非用戶造假，但真實生活中也有人身分作假。但這些使用者身分內容往往簡單膚淺，社交媒體只能觸及表面，不能深入夢想層面，而奢侈品是夢想的領域。社交網路的人際關係當然比不上面對面的人際關係，但至少這裡是真實的世界，因此奢侈品策略就是可行的。這就使得臉書比網站更吸引奢侈品，尤其是入門產品。你在臉書上能了解客戶，進而將他們引進你的世界。你還可以獲得客戶的售後回饋。奢侈品市場不是靠群眾外包（新產品決策由客戶決定），而是靠了解客戶。記住：奢侈品好比禮物，要用禮物取悅某人就必須先了解對方。臉書在這方面是個好工具。

奢侈品還應該讓客戶覺得自己屬於一個小眾俱樂部。利用臉書成立和管理粉絲團是一項出色的策略，前文提到過LV在這方面的成功實踐。但是再次提醒，一定要小心謹慎。普通品牌會盡量降低粉絲團的加入門檻，但奢侈品不會。

奢侈品在網路上銷售的時間、方式和產品

了解「絕不能在網路上隨意銷售」的規則後，就可以在實施奢侈品策略同時，在網路上銷售產品。

如果你是想要國際化的小奢侈品品牌

如果品牌規模較小，「配銷壁壘」就是一個嚴峻挑戰，需要耗費許多資金和時間來跨越這個壁壘，有時甚至根本不可能跨越。例如，如果你是小型葡萄酒製造商，或者是出色的皮件製造商，你會發現所有好的零售點都已經被大品牌占據。百貨公司或專門商店是個不錯的選擇，但還不夠。

如果你想要吸引從不進實體店的客戶

有許多潛在的優質客戶會因為以下原因不進商店：

- 他們離商店很遠。
- 他們害怕進入商店（這一條更適合男性）。
- 他們沒有時間購物。
- 他們十分現代，只願意在網路上購物。
- 他們認為品牌如果不在網路上銷售就不值得考慮。

對於上述的所有情況（上述情況還不全面），網路上銷售是可行的。但是，你必須只銷售入門產品（見第八章），而非核心產品。核心產品必須在實體店購買，只有在實體店，客戶才能獲得完整的品牌體驗。LV的做法相當正確：只在網上銷售鑰匙圈和一些小型皮件，不賣手提包和行李箱。

你能在網路上銷售什麼？

正如之前所說，只有入門產品並且是限量產品才能在網路上銷售。入門產品的作用不是透過高銷量來提高利潤，而是吸引新的客戶。因此，每個客戶只能買一件入門產品，而且只能買一次。在自己的商店銷售很容易做到這點，但是在網路上很難。如今這已成為可能，尤其是透過社交網路。但這只適用於奢侈品，如果一個奢侈品品牌生產時尚系列產品，如LV，那麼時尚產品就能在網路上隨意銷售，而此時就脫離了奢侈品策略。

柏萊士（Bell & Ross）開設了網路商店，以封殺未獲授權的網路商店。但它只賣少數樣品，多數是手錶。此外還有一個有趣的服務：把客戶看中的產品送到最近的配銷商。

如何在網路上銷售？

第一件事就是要保證網路銷售不會為假貨敞開大門。網路是仿冒品的王國。如果你不在網上銷售，你可以聲稱網路沒有真貨，至少沒有合法貨。一旦你開始在網上銷售產品，至關重要的品牌保護就消失了。

在所有適合奢侈品品牌進行網路銷售的情況下（銷售入門產品以贏得新客戶），有兩點重要事項需要注意。首先，產品必須用品牌袋包裝，由合格的人員派送，必須讓客戶感覺到送貨員也是品牌的一部分，這樣才能保持客戶和品牌之間一對一的聯繫。有些公司已經採用很好的送貨方法。其次，網路銷售必須由實體店管理，網路只是購物體驗的一部分，客戶必須在購物前或購物後親自去實體店。

換句話說，必須結合奢侈品店的實體和網路部分。奢侈品品牌網路銷售失敗的最主要原因是將「滑鼠」和「櫃檯」區分開來，由不同的團隊管理。品牌為了打造出色的銷售點付出了艱辛的努力，精心挑選地點、嚴格培訓管理人員，而網路很有可能將這些努力毀於一旦。

網路銷售帶來的利潤只是奢侈品品牌收入很小的一部分（低於五％），未來很長一段時間都會如此。何必冒著破壞品牌的風險來換取那麼一點銷售額呢？

第11章 奢侈品的溝通模式

奢侈品和溝通有著同樣的本質，奢侈品的兩個基本功能之一是重現社會階層，這完全屬於溝通的範疇。可以說奢侈品是品味的一種傳播媒介，它必須活躍在文化層面並且傳遞高品質的品牌文化，從而在頂級行列裡為該品牌成功定位。奢侈品品牌應視其自身為一種傳播媒介，鑒於其在根源上就有別於大眾的傳統消費品，奢侈品在運用溝通技巧時，要發揮的功能完全不是一般的「銷售」。

溝通目的不是促銷

對於奢侈品來說，溝通的目的是創造品牌夢想和重新強化品牌的價值，而不是為了銷售。奢侈品品牌的溝通遠不只是達到銷售，產品和品牌要以一種被追求的理想物來解讀。它必須有一定的不確定性，以便人們能夠認同並找到適合自己的一部分。沒有語言，只有形象，只需看一眼，便深深愛上。

這表示奢侈品需要精煉和富有藝術性的溝通，具有高度的規範且永遠不會過時（奢侈品創造社會規範）。這種溝通產生的實際效果，無法藉由銷售結果來判斷，也不能像快速消費品品牌那樣進行檢測。奢侈品溝通不是透過直接的資訊來表明擁有或佩戴某產品的好處。它以一種創造性和全新的方式講述品牌世界，而且人們也不會檢測其所傳遞的資訊。奢侈品市場跟傳統市場是相反的，它的產品效應可以藉由詢問現有的客群表現出來，客戶受到詢問時，不管是在店裡或是透過郵寄、網路，都讓他們感到高興和滿意。

這點很重要：溝通的目的是要滿足現有的客戶要求，透過現有客戶的再次光臨或推薦他人，以吸引新的客戶。

● 奢侈品的價值存在於產品形象，而非僅止於認得出該品牌。
● 與其進行平庸的交流，還不如閉口不談。
● 儘管會和富有創意的廣告總監意見相左，但好的活動還是要長期推動。

在即時和時尚世界中的廣告所帶來的厭倦，並不屬於客戶。奢侈品運作的節奏和時尚不同。

溝通是為了銷售

讓我們再次談談奢侈品的基本特點之一：每個銷售出去的產品都帶走部分的夢想，因此會削弱品牌的影響力。所以奢侈品需要持續充實品牌，就像為手電筒充電一樣。這就是溝通所扮演的第二個角色（第一個是創造夢想）。

謹記在夢想方程式中（詳見第六章），夢想是品牌知名度和品牌滲透度的不同所產生的函數。因此在取得商業成功的同時，對品牌削弱這樣的結構性影響進行持續補充是很有必要的。這種奢侈品的影響因素是獨一無二的：對傳統消費品或時尚品而言，相對高的品牌滲透度反而會強化品牌形象。

不要談論金錢

我們在第一章討論過奢侈品社會學，總結金錢是奢侈品用來強化社會地位的原料。每當這種轉換成功實現時，這種原料將不會以原始狀態呈現，關於它的溝通也是沒有意義的。談論奢侈品的金錢價值等於公開承認你沒有什麼更好的論點，貶低了奢侈品在內行人眼裡的價值，尤其是那些支持該夢想的人。就實際而言，奢侈品和禮物間的親密關係可以為你提供一個簡單的指南：你不會談論奢侈品的價格，就像你不會將價格標籤留在禮物上。

不談論金錢意味著：

- 溝通時不要談論產品的價格。如果依法有必要提及，也應該用不顯眼的微小字體標示價格。
- 避免談及折扣或優惠。我們透過廣告認識一種車，價格用很大的字體顯示，接著會用很小的字體來說明該價格只能買到最基本、最陽春的車款。
- 從不談論財務績效，那太市儈了。

香奈兒最大的優勢之一在於，由於它沒有掛牌上市，所以沒有義務公開財務資料。相反地，LV和酩悅－軒尼詩組成LVMH時，面臨一系列公布銷售結果和管理祕訣的問題。在合併之後，團隊的控制和管理又產生更多的問題。

關於LV的銷售成果

對客戶來說，買LV包不再意謂加入品牌夢，而是將售價的八〇%作為純利潤貢獻給財團，因為大眾的焦點已轉移到這間公司的毛利率。這樣的資訊對奢侈品是沒有意義的，尤其是對一個像LV這樣的垂直整合型公司。

關於LV的方法和祕訣

很多人開始模仿LV的策略，尤其是在配銷方面。在當時，這是奢侈品品牌為某個產品設計的原創性策略：即在自己的品牌專賣店創造獨家銷售網路。

以溝通為主，廣告為輔

鑒於溝通在奢侈品市場中的角色不同於傳統市場，因此奢侈品的溝通方法上不同於傳統也不足為奇。如圖11-1所示，溝通方式隨著你所在金字塔層級的不同而具有多樣性。在大眾市場的層級，媒體廣告扮

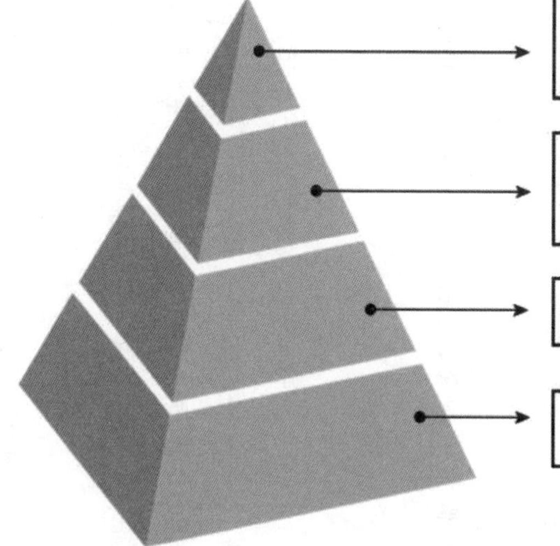

圖11-1　奢侈品溝通層級

演關鍵的角色，還有店內促銷。越靠近頂峰，廣告扮演關鍵的角色越被削弱，在奢侈品市場，廣告是次要的。

當然，你可以購買時尚雜誌的廣告版面。然而重要的是媒體關係和公共關係。品牌若是在電視或電影中從未被提起或談論到，或是沒有佩戴在出席奧斯卡典禮的名流身上，還算是個品牌嗎？品牌是品味的傳遞者，並且它應該是好品味的象徵。為了被這樣認可，它應該明確展示重量級名人選用它的紀錄，它應該出現在高品味、宣導生活文化或時尚的地方。讓我們詳細探討奢侈品溝通模式。

奢侈品溝通預算

比較奢侈品品牌和平價奢侈品品牌的溝通預算，會發現很有趣的結果。它們的資源配置是對稱的，有三種溝通模式：

- **耳語溝通**：多出現在像私人俱樂部這樣的場合，親密性是這種交流方式的一個特點。
- **歌曲溝通**：利用公共關係、大型活動場合、設定目標的線上管道和櫥窗展示等。
- **尖叫溝通**：大眾廣告。

平價奢侈品品牌較偏向大眾品牌而非奢侈品品牌：它們想藉由高市占率占據市場領導權。大眾廣告是它們偏愛的宣傳工具。它們在媒體和名流的出席上投資許多心力。優雅地溝通這一點很重要，這對品牌本身有一種溢出效應（spillover effect）。這些品牌投注在歌曲溝通上的心力很少，耳語溝通更幾乎沒有，這些有一個共同的原因：除非有報酬，否則哪個名流會來？在奢侈品場合則剛好相反，名流們都希望自己會被邀請。

奢侈品溝通的預算建立在不同的方式上

- 奢侈品品牌花大量金錢與現有客戶進行溝通，保持聯繫並時刻提醒他們是品牌大家庭的一員。奢侈品客戶很少只擁有該品牌旗下的一種產品，就像客戶會再度光顧他喜歡的餐廳或旅館。如同我們之前所說，你不單純是買一件奢侈品或接受某服務：你進入品牌世界，並成為其中的一員。新進的成員不會取代長期會員，當你買一個愛馬仕包，你的好朋友可能會說她們已經有了，可能是很早之前買的，或是她們媽媽傳下來的，並且會歡迎你加入愛馬仕粉絲俱樂部。
- 奢侈品在耳語溝通上投資很多。舉例來說，勞夫・羅倫將預算的七五％都花在VIP客戶身上，這是在關閉新龐德街（New Bond）街的品牌旗艦店之後的情況。這在影響力或部落行銷上是個典型的例子。公司只投入預算的二五％在媒體廣告上。
- 奢侈品品牌也會投資在歌曲溝通上（把品牌內涵放在網路上，進一步利用公共關係）。
- 奢侈品品牌很少在廣告上投資。但是一旦這麼做，一定是重要醒目的廣告，它們會出現在雜誌封面或封底。在雜誌裡面，會利用跨頁的篇幅甚至六個連續頁面來介紹。這種媒體購買宣傳應該讓它們脫穎而出。一些奢侈品品牌，比如說迪奧在廣告中比較常見，包括旗下的香水、護膚品和化妝水系列，這些產品雖然不是奢侈品，但是香水和時尚還是需要媒體來樹立形象並增加銷售。

當奢侈品品牌進行溝通，都是進行頂級品的宣傳，香奈兒對頂級的珠寶進行溝通宣傳，而不是銷量最好的產品：銷量最好的產品會侵蝕這個夢想。夢想必須從頂層不斷地充實。

不用或少用被動式廣告（電視）

除了眾所周知的香水以外，奢侈品不需要電視這樣的宣傳工具。現在香水更常依頂級品或平價奢侈品的準則來經營，而不是奢侈品準則：這點展現在國際香水連鎖店（絲芙蘭、道格拉斯、Marionnaud）或是全球各地的免稅店（例如DFS）。這就是為什麼它委託給那些掌握著大規模行銷技術的行銷機構。傳統的行銷專家把香水行銷帶到一個新的起點，但同時也淡化了品牌，影響到品牌本身。傳統的行銷是從客戶開始而不是品牌，可以有很多的客戶，卻只有一個品牌。

奢侈品從客戶中尋找參與者和活躍的會員關係；像電視這樣大規模的宣傳媒體不會做到這一點。但是，電視卻是一種昂貴的宣傳媒介，且沒有一點可選擇性：假設把所有的電視觀眾看作潛在客戶，它的優勢就展現在每一次的播放成本非常低。這是香水的情況，卻不適用於奢侈品。最後，要創造夢一般的環境需要時間，就像奢侈品一樣，但是在電視上的每一秒都很重要。

這不表示奢侈品品牌不能選擇電視媒體，但使用電視媒體的目的不應該是為了提升銷售量。本章的第二節說過：「溝通是為了銷售。」如果該奢侈品品牌的銷量龐大，那麼該品牌一定要維持它的「夢想方程式」（詳見第六章）。因此，該品牌必須不斷吸引越來越多的「欣賞者」，一群尊重該牌但不會購買的人。這種時候，電視就是很好的媒體選擇，因為收視人口廣大。不過在這種情況下，該品牌的操作手法會和其他品牌大不相同。

首先，影片必須長達數分鐘，不能以秒計算，才能表現出該品牌不受時間限制，而且成本高昂。第二，影片要有創意，還要保留品牌精神，影片的目的是強化品牌的夢想價值，並且向非客戶們解釋品牌內涵。最好的例子是卡地亞長達三分半鐘的影片《奇幻之旅（*L Odyssée*）》裡出現了雪豹。

電視影片的創意則是要藉由創造而讓人們開始討論該品牌。同樣的邏輯也剛好適用在雜誌媒體上：在一期《*Vogue*》雜誌上購買十頁廣告，遠勝於連續十期購買一頁廣告。

奢侈品品牌需要廣告代理商嗎？

奢侈品是獨一無二的產業，所以是否該雇用外部廣告公司的答案也與眾不同。不需要考慮這個問題的產業一定是毫無創意可言的產業，因此需要聘請外部創意顧問。奢侈品品牌及公司則正好相反：奢侈品品牌可能會雇用個別創意人士替品牌發想某些活動，但僅限於個人。有一種情況會讓奢侈品公司雇用廣告公司：當品牌必須重新定位品牌的本質精神時。如果只是針對產品的活動，奢侈品品牌公司內的藝術總監已經足夠，活動最好是公司自行辦理。

大量公關活動和贊助文化活動

奢侈品客戶會覺得自己是某俱樂部的一員。公關活動就是加強客戶的這種歸屬感。在一次活動中，你邀請客戶參與，並根據其特性給予相應的照顧。你可以藉由個人化的方式邀請新的客戶到這個品牌世界，或以合適的方式對待那些好的客戶。此外，活動中的每一個細節是很容易管理的，因此要確保活動與品牌的一致性。受邀者的分量會提高活動的層級。

贊助和資助活動時，只要活動和該品牌保持一致，就很適合奢侈品品牌，但這並不容易實現，也不像萊儷盃花式滑冰比賽那樣，每個人都很容易在滑冰、優雅和豪華水晶杯品牌間找出關聯。另一方面，除了愛馬仕，幾乎沒有奢侈品有賽馬界的淵源。在這種情況下，贊助法國賽馬大賽就像當初LV所做的一樣沒有任何意義。

你可以贊助一項活動，因為你可以控制這項活動中所有變數，但不該贊助競爭者（LV贊助的是LV帆船盃，而不是船；愛馬仕贊助的是法國賽馬大賽，而不是馬）。你必須選擇與品牌所傳遞的核心意義和根源一致的活動（愛馬仕和馬；LV和旅遊，所以和帆船有關），集中注意力在最有聲望的活動上。

說到這裡，你必須變得實際，知道怎樣抓住出乎意料的機會。在一級方程式比賽中，搖動手中的香檳並噴灑在人群中，是勝利者的一個慣例。然而，香檳分明是一種奢侈的飲料，而且法國香檳區沒有本土賽車製造商，因此這種活動實在讓人感到驚奇。那麼，這樣的傳統是怎麼誕生的？在一九五〇年，也就是一級方程式賽車世界盃創始的那一年，大賽在法國的蘭斯（Reims）舉行，這正是盛產香檳區的中心。兩個賽車粉絲向比賽的冠軍胡安・曼努埃爾・范吉奧（Juan-Manuel Fangio）提供了一瓶特大瓶的酩悅香檳（相當於四瓶的量）。這種行為被人們稱讚，並在以後的賽車活動中漸漸成為一種慣例。一九六六年，提供給利曼二十四小時耐力賽的冠軍得主喬・西費爾特（Jo Siffert）的香檳是溫熱的；軟木塞向外飛出，香檳從瓶中溢出，灑向看台下的人們。一九六七年，冠軍丹・格尼（Dan Gurney）自己搖動香檳瓶子並灑向人群。一項傳統就這樣誕生了。

最後一點：奢侈品品牌不應該分散在許多領域的活動上，而應該全神貫注地集中於一個活動，這樣你就可以藉由所有可用的手段，發展出非常強烈的形象。例如，皇家禮炮只選擇馬球。

創造品牌的宇宙，而不只是個別特寫

每一個形象都是應該促進品牌的想像，而不是集中於單一的產品，因為單一產品只是整個品牌世界中的一個元素。這就是你為什麼要小心地定義，使品牌的語義常數（semantic constant）和規範系統廣為人知。

長期累積美學價值

考慮到奢侈品溝通的滯後性（客戶第一次接觸奢侈品品牌後，可能要好幾年才會第一次購買），溝通的策略和美學一致性顯得尤為重要。單靠這種一致性就可以形成累積的效果。

廣告焦點不在人

現在來討論最令人驚奇的反傳統行銷法則第十六條「廣告焦點不在人」。實際上應該是廣告中不要有任何人，如果廣告中要出現一個或超過一個人，那必須作為背景出現，是場景的一部分。

這一條乍看之下讓人不服氣，但實際上具有邏輯性和內在一致性。記得我們在第一章的概念分析中提到：奢侈品的特點之一是客戶與其保持的個人關係。允許客戶對其所追求的品牌夢進行自由駕馭，允許客戶和品牌不受干擾地建立情感關係是很有必要的。良好暢通的關係應該受到尊重，不該因第三人的介入而變得僵固，無論那個人有多出名。在奢侈品中是尋求客戶與該品牌的關係，而不是第三人的模仿和介入。

這個重點已經重複多次，尤其是在法國哲學家勒內・吉拉爾的思考分析中：大眾想要的是奢侈品品牌本身，而不只是自己和他人具有同樣的渴望，因為奢侈品順利避開了這個「欲望三角」，避免成為大眾消費品、尤其是時尚的範疇。

能避免這種模稜兩可的最好方法是廣告中不要涉及任何人。這在非個人裝飾（汽車、遊輪、旅館），或著重技術的產品（如手錶和珠寶）這樣的市場上比較容易實現，但在所謂的時尚流行配件市場上很難做到，因為這個市場存在產品通俗化以及與時尚產品混淆的風險，更需要格外小心地處理。

邀請明星對廣告活動的成功並無益處。實際上，還會經常帶來負面效果，因為會削弱客戶與品牌之間的直接情感關係，甚至會被客戶與明星之間的情感關係所取代，進而削弱想像的豐富性。奢侈品在客戶眼裡應該像上帝般高高在上，而不是某某名人，尤其是那些終會過時的電影明星。

通常，使用明星一個最顯而易見的作用是掩蓋品牌缺乏創意的事實，只是用支票簿取代創意，買來時下的當紅炸子雞。奢侈品必須有充滿創造力的溝通方式，因此儘管持續販售某些永恆產品，例如愛馬仕的凱莉包，也不用擔心品牌會過氣。

品牌大使的角色

即便我們這樣說，仍然會很驚奇地看到奢侈品廣告上頻繁出現明星名人，難道這意味著我們所說的和事實矛盾？其實不然。這裡你必須區分付費讓明星出現在廣告裡，和找一位名人來當品牌見證人之間的區別，後一種情況是把奢侈品定位在「不凡之人所用的平凡產品」；你在日常生活中使用這樣的產品，會顯現出不平凡的特質。這就像LV的一個廣告，戈巴契夫坐在柏林圍牆前的車裡，使用了一個很常見的LV手提包——有成千上萬的人在日常生活中使用的Speedy包。

明星、大使和見證人這三個詞意思間的細微區別非常重要。對奢侈品來說，不會用一個明星或只靠一個品牌大使來展示產品，而是讓各人使用時展現其不凡的選擇，並證實他們對產品的愛好。他們有時也可能積極參與該品牌的文化或藝術計畫。奢侈品支配著客戶，因此你不能用一個名氣對品牌有益的明星，彷彿透過照片隱隱地表明這個明星的地位遠高於該品牌，這等於自打嘴巴。你必須用個見證人，表明備受人們尊敬的人都是用這個品牌的產品，證實這些產品是有聲望的人生活中的日常用品，進而確定品牌的力量。勞力士便採用這樣政策，它聘用廣受尊敬的體育明星，例如首位無氧攀登聖母峰的萊茵霍爾德・梅斯納（Reinhold Meissner），以及世界第一的網球好手賈斯婷・艾寧（Justine Henin）。

品牌大使策略（就是付費給一個明星，在一段時間內作為品牌的唯一形象代表），這就不同於見證人（很多不同的人在同一時間表示自己在使用某產品）。頂級品和奢侈品的區別在於這些策略的使用：頂級品通常使用品牌大使，而奢侈品則是很多的見證人。

讓我們以香水為例來說明這點差別，奢侈品和頂級品的區別在香水上的表現並不明顯。在這一點上，大部分的奢侈品品牌輪流邀請不同的女神見證：甚至沒有品牌大使的香奈兒，在香奈兒五號香水上也使用了這個策略。

幾十年以前，瑪麗蓮夢露說：「我睡覺時身上什麼也沒穿，除了幾滴香奈兒五號香水」，這是一個很出名的例子，屬於見證人的範圍，因此也符合奢侈品的範疇。一九六八年，在傳統的大眾市場廣告中，香奈兒五號邀請了一個明星〔凱薩琳・丹妮（Catherine Deneuve）〕，啟用了品牌大使策略，並且一直沿用至今。這個策略和一些頂級品牌所使用的相同，例如蘭蔻。

實際上，就如我們在第十章所看到的，香水作為奢侈品的地位越來越受到爭議，並一直受到探討。很多頂級的香水被歸為時尚品牌，女神的使用是一種常見的手法。就香奈兒五號來說，香水的歷史和品質足以讓它成為奢侈品，而使用女神見證的方式可以在香水本身保持不變的情況下，讓品牌形象與時俱進。

強化渴望的社會驅動力

奢侈品的社會功能是不斷地創造社會階級。這就是為什麼奢侈品是個高檔俱樂部，必須在客戶人數日益增長之時給人更尊榮獨享的感覺。有更多的人買你的商品，並不表示它成了大眾品牌，事實完全相反。

怎麼定義這個俱樂部呢？例如廣告上，所有的奢侈品都出現在同一本印刷精美的雜誌裡，這是俱樂部的一個典型表現形式。真正的精髓卻展現在其他地方，廣告不是奢侈品的主軸，是那些尊榮獨享和無可比擬、強烈地傳遞著品牌價值的活動才是主軸，只有很少數的人會被邀請參與。

多年以來，奢侈品品牌在每一個大城市漸漸地建立名聲，打造「非去不可」的活動，就如同過去的皇室宴會。這些活動的作用是什麼呢？首先，讓品牌作為品味創造者、文化傳播者的地位正當化。同時藉由納入和排外這樣的遊戲創造社交距離：誰在「圈子裡面」，誰在「圈子外面」？這是對熱門話題的一種管理方法。

一九六六年十一月二十八日，楚門・卡波提（Truman Capote）在紐約的廣場飯店（Plaza Hotel）舉行的化妝舞會，仍然是這個類型的典範。服裝規定是晚宴西裝和長禮服，並要佩戴面具，即使是記者和保鏢也得戴著面具。卡波提邀請了五百四十位富有、有權勢且有名望的好友參加。但是在那天晚上他樹立了一萬五千個敵人，事實上，他刻意洩漏消息，讓《紐約時報》（*The New York Times*）公開受邀名單。那些沒有被邀請的人在知道自己並不屬於俱樂部的一員後，下一次會竭盡所能成為被邀請的一員。

這就是品牌如何再創造距離。這把我們帶回到反傳統行銷法則第八條「隔離客戶與非客戶、大客戶與小客戶」。保羅・理察（Paul Ricard）是一個著名茴香品牌的設計者和宣傳者，他的成功源自於他重複對銷售員所說的話：每天都要交一個朋友，五十年後就會有很多朋友。對奢侈品來說，剛好是相反的情況，透過排外製造更多敵人。

一旦品牌被確立為品味和活動的傳遞者，每一年都會創造新的期待。每當冬天來臨，俄羅斯富豪們可以在庫爾舍瓦勒（Courchevel）討論即將到來的馬爹利名酒之夜。這裡有奢侈品本質的兩大元素：時間和渴望。當然，就如同藝術品的要件，奢侈品活動也必須極具創意。

此外，如果奢侈品的目標偏向韋伯倫所稱的炫耀性購物，那麼品牌活動若是富有藝術或文化氣息，將會導向我們所謂「炫耀性培育」。這一定會激發每個人的鑑賞力。因此，威士忌中最足以稱之為奢侈品品牌的皇家禮炮，讓英國前首相梅傑到上海參加有超過一百個中國企業管理者參與的私人會議；法國白蘭地品牌馬爹利則會毫不遲疑地帶上他的調酒師參加特別的活動，例如由史蒂芬・史匹柏舉辦的好萊塢派對。

鼓勵口碑傳播

這樣的活動所造成的後果之一是媒體會轉播，一定會受到談論。正如我們所知，驚奇是謠言的養分。這些活動吸引人們關注細節，進而促進口碑。人們仍然會記得二〇〇六年世界首富之一拉克斯米・米塔爾（Lakshmi Mittal）為他女兒的婚禮所舉辦的盛大聚會；在法國著名的子爵城堡（Chateau of

Vaux le Vicomte）邀請一千多人參加，持續了五天的盛大宴會。大眾特別討論的是這場宴會的邀請函：二十張絲質紙，裝在銀質小盒子中，由專人送到每位受邀者手上，不管他們人在世界上的任何角落。

品牌所做的每一件事，都應充分利用在媒體關係上，不被媒體談論的品牌在世界上是不存在的。因此經常提供媒體一些新聞、故事、事件、事實等，會推動產品從概念走向實際。例如，卡爾・拉格斐在Dom Pérignon香檳上市前兩個月就向《康泰納仕的旅行者》（*Condé Nast Traveler*）編輯進行廣告宣傳。品牌一定是具有媒體活躍性的，經常推出新內容，不論是辦媒體招待、發新聞稿或是透露小道消息。借用奢侈品行銷顧問公司的丹斯格（Danziger）的表述，奢侈品不應該只是昂貴，還應該具有擴展性，亦即在一時之選的媒體和場所始終存在。

本地和全球溝通策略的平衡

這裡提到一個問題：誰擁有談判的主導權？是以集中管理式的品牌總部為主，還是分散到各個國家呢？更確切地說，奢侈品怎樣管理地方和全球分工？這對所有品牌來說都是一個核心問題：每一個品牌都在嘗試找到一種平衡。實際上有八種模式去管理全球品牌。奢侈品本身就是要從一而終：不僅在決策上要集中管理，在溝通的執行上也一樣。

公司總部制定和執行所有的溝通策略、統一各國官方網站的風格、設計全球性的活動、贊助者和時尚秀等。地方管理團隊應負起完美實行這些活動的責任，並保持人們對品牌的熱情。這就是地方團隊在與媒體、地方公關和重要客戶的關係上扮演的角色。最後一點：品牌夢想的來源之一是它的國際性。在銷售時添加太多地方特性的細節，會讓品牌從原本的基石上坍塌。

一、奢侈品界的網路及溝通策略

在第十章我們對那些想在網路上銷售奢侈品的品牌提供了詳盡的建議。奢侈品品牌的優先要務和網路上的電子零售商不盡相同。

另一方面，網路為建立和加深品牌與客戶間關係提供了一個顯著的機會（見第六章），進而建立品牌價值。這是網路的重要作用。在第十章，我們討論了奢侈品是否應該在網路上銷售部分限定的產品，以及在電子商務中為未經授權的電子銷售商所造成的混亂提供必要的解釋。但是應避免降低奢侈品和非奢侈品間差異的事物。網路販售的挑戰不在銷量，而在如何建構一個與普通低價產品完全不同的奢侈品體驗。

有一點必須牢記，就是奢侈品應傳遞其與眾不同的特點。為什麼波爾多酒莊的酒有時每瓶售價高達一千美元？為什麼沒有更多的凱莉包可用？

數百萬被理想的生活方式和奢侈品品牌夢想所吸引的新客戶迫切需要引導。他們想知道、想了解。一旦流行和模仿的外力消退，客戶就會自行選擇了，這可以看作是個人奢侈品。網路為以情感方式揭露奢侈品本質提供了很好的機會，它可以解決新客戶缺乏洞察力的問題。

奢侈品品牌必須現身數位世界

佛雷斯特調查公司（Forrester Reseach）在二〇一一年做了一項調查後發現，奢侈品客戶對資訊的需求量是非奢侈品客戶的兩倍；獲得資訊的主要來源則是網路，重要性超過店面和雜誌。當客戶無法在網路上找到該品牌的資訊時，心裡會對自己和品牌的夢想價值感到懷疑，前者是「為什麼這個牌子不想與我溝通？」，後者則是「如果沒人知道這個牌子，誰會讚賞我買了這家的東西？」

寧缺勿濫：擁有不出色的網站，不如沒有網站

透過網站在網路宣傳，對奢侈品來說非必須。奢侈品置身網路之外好多年，對品牌銷售和品牌形象沒有任何損害，不是因為它們懼怕網路，而是因為這種媒體的宣傳品質太差（回憶一下Web 1.0和它的下載問題）。

然而，網路宣傳對奢侈品形象也存在很高的損害風險，尤其是對聲譽卓著的品牌而言：流言在網路上能高速傳播，而且負面謠言傳播得比正面傳聞更快。因此，品牌必須密切管理自己的網站，時時確保沒有任何問題出現。

最後一點要提的是網站必須沒有任何欺騙行為。如同非奢侈品品牌沃爾瑪所宣揚的「沃爾瑪工薪家庭計畫」，或者法國護膚品牌薇姿（Vichy）的「我的皮膚日記」，在二〇〇五年被發現試圖在網上建立假造的「美麗故事」，這對品牌建設是極其危險的。對奢侈品來說情況更糟糕，因為品牌承載著客戶的夢想，這樣會毀壞這個夢想。香奈兒不斷向流行時尚部落客廣開歡迎之門，即我們所說的「影響行銷」策略——這對如何解決這個問題來說是個很好的例子。

社群網路與奢侈品產業

第十章裡我們提過社群網路是Web 3.0的第一步，相較於目前的Web 2.0來說，與奢侈品產業更切身相關。講到銷售，本書的結論是社群網路對於販賣入門產品以及接收客戶回饋很有幫助，但也僅此而已。客戶溝通卻和銷售是兩件事：社群網路是奢侈品品牌對大眾溝通的必需品。奢侈品產業就是關於

人，還有人與人之間的互動（奢侈品與我及我的形象，對比其他人）；奢侈品產業也是關於認可還有社會滿足感。

奢侈品具有啟蒙性和社會分層性。品牌社群上的現有粉絲，是新粉絲了解品牌很重要的一個參考依據，更是靠著不斷分享對品牌的熱情，保持現有客戶的信心。

另外一個重要方面是從現有客群中得到沒有偏見的資訊回饋。毫無爭議，奢侈品應該是品牌資訊的創造者和決策執行者，但是客戶回饋資訊藉由網路蒐集和管理，會比透過銷售員（尤其當商店比較遠時）或傳統郵件更加便利。

這種回饋的重要性有兩個原因。首先，它加強了品牌和客戶之間的關係；其次，如果有必要，你可以得到客戶的意見，而且純粹是客戶的。最近比較出名的一個例子是Nespresso讓客戶選擇它最新電視廣告的結尾（Nespresso的品牌策略將在第十五章進行分析）。

然而，奢侈品品牌管理社群網路的方式必須不同於傳統數位媒體。傳統的數位品牌管理是品牌與客戶之間一對一的關係；目的是運用群眾資源、播送廣告訊息、尋求客戶回饋、加強行銷、銷售商品及服務。

奢侈品品牌的數位社交策略則是站在公司的立場幫助客戶建立彼此間的關係。品牌的工作是打造一套生態系統，讓客戶在這套系統內，自由自在地和其他客戶針對這個品牌建立關係，像是分享意見或是相約購物等等。這不再是品牌與客戶一對一的關係，而是品牌自行建立出和生態系統之間的關係。不過要當心：客戶在生態系統享有發表分享意見的絕對自由，不受品牌干擾。

社群網路管理和社群管理的區別也很重要，很多人以為這是同一件事。但單憑臉書上按讚或微博的關注人數並不足以創造出社群。品牌應該透過網路以及網路外的管道建立起一個充滿品牌行家的社群。這些人才是長期的品牌擁護者，一定要培養他們的參與感。

奢侈品的未來：社群網路和奢侈品策略

更進一步地說，至少就民主化過程、購買的愉悅過程，以及搜尋及分享過程這三種層面來看，社群網路是奢侈品策略中不可或缺的一部分。

民主化

我們看到了奢侈品策略如何在避免品牌低俗化的條件下，成功地拓展了人們接觸奢侈品的管道。但光避免低俗化是不夠的：品牌不可令人感覺傲慢；想想奢侈一詞在中國的負面意涵就知道了。有趣的是，奢侈這兩個字拆開來看，其實是「大者」和「人多」——即很多人想要、最大者擁有，並不包括今天談到奢侈所伴隨的負面意義。這個轉折有一部分是因為奢侈品本身往錯誤的方向演化，讓金錢取代了精緻與品味。

本書的第一章不斷提到，奢侈品品牌一定要能給予持有者正面形象（令人喜愛的成功人士），而非負面形象（令人討厭的傲慢傢伙）。這意味著奢侈品品牌必須同時鼓舞非持有者，讓他們感到親切：它必須是人們的夢想。

社群網路和夢想方程式

時至今日，社群網路對奢侈品品牌的形象扮演舉足輕重的角色。社群網路基本符合奢侈兩字的原意：大者、人多。奢侈品品牌一定要有大量的追隨者在臉書上按讚或是在微博和微信上關注。當許多朋友和名人在網路上公開分享對品牌的喜好，見證了品牌，無形中就成了夢想方程式的動力（請見第六章）。

品牌在社群網路裡的「口碑」是奢侈品策略至為重要的部分，需妥善管理。支持者、追隨者和名人的評論在夢想世界裡流傳形成了口碑；口碑不僅替品牌背書，也強化了品牌形象和社會階層。這種網路溝通和過去透過電子郵件以及網站等方式對追隨者傳達訊息的單向性溝通大相逕庭。品牌的客戶和非客戶一定要能彼此分享交換意見。口碑還能延續客戶的夢想，並且提升非客戶（未來的客戶）對品牌的認識。

但請小心！奢侈品品牌的社群網路策略是引導人們在夢想世界裡互相討論品牌、形成口碑，讓客戶置身夢裡，例如卡地亞的《奇幻之旅》微電影。任何有策略的品牌都不應該在社群網路裡直接和追隨者對話或提供客服中心般的服務。品牌和客戶的連結必須是客戶已知的品牌工作人員（例如店員）和客戶直接的接觸。

另一個要小心的是，如何在不直接介入的情況下處理負面口碑：品牌必須尊重客戶在社群網路裡的自由。社群網路的開放性和自由度可能會帶來負面言論，比方說和貼文主旨無關的垃圾留言，趁機利用品牌知名度的留言，或是直接攻擊品牌的負面評價。這些負面言論也許有錯，那麼社群會自行糾正，但也可能不是空穴來風。如果所言屬實，請儘快修正問題，立即告知問題已解決，並且感謝發現問題的人。在社群網路上得到負面但真實的回饋，遠比渾然不覺導致問題繼續惡化得好。

購買的愉悅感

社群網路對奢侈品策略有莫大幫助的另一個重點是：購買的愉悅感。本書第十章提到：「購買奢侈品是一個冗長的動作」，而且必須是愉悅不沈悶的動作。在這一點上，時髦的科技產品大有幫助，讓客戶在等待時不會感覺被遺忘。過去LV的客戶在家耐心等候數個月才收到到貨通知電話的情景已不復存在。雖然等待能讓奢侈品的客戶感到興奮，但他們同時也希望全天候掌握訂單的狀態（皮革訂購完成、工匠開始製作商品等等）。

即使是普通的商品都能從網路銷售上獲益，就算奢侈品不是真的從網上購買，但網路工具對購買奢侈品的幫助不容否認。網路不但保留了購物的愉悅，更給了客戶自行決定購買時間長短的自由，能夠從各種電子設備或實體店面獲得資訊，對於時間緊湊或是低調行事的客戶非常重要；這些客戶喜歡在購買或踏入實體店面前上網搜尋的自由。這在某些高級旅館上非常明顯，例如麗晶酒店。房客在入住前先在網路和社群網站上搜尋，找到符合期待的飯店。入住之後，房客在住宿期間隨時會接收到飯店所提供的各種活動資訊。退房時，飯店會請房客加入會員並下載應用程式，以便享受更多優惠。

分享與搜尋

今時今日，特別在中國文化裡，朋友間的分享非常重要，好比中國過年時的家族團圓火鍋用的大圓桌一樣；而分享在奢侈品經驗裡尤其重要。每個人都希望自己的朋友認為自己花了大錢買的東西是優雅、彰顯身分的。既然朋友不可能總是在購物時陪伴左右，平板電腦和手機提供了讓朋友加入選擇過程以及最後購買決定的解決之道。

根據日本電通廣告，網路消費者的行為模式已經從注意、興趣、欲望、記憶、行動（AIDMA），轉變為注意、興趣、搜尋、行動、分享（AISAS）。

奢侈品品牌在社群網站上的目標不僅僅增加支持者人數，還要留住這些支持者，讓他們回訪，挑動他們發表評論，驅使他們在網路上「搜尋」，然後鼓勵他們和朋友「分享」。

如今，人們在踏入商店以前會先上網查詢評價，因此朋友在社群網路分享的意見成了重要的催化劑，特別是在中國市場。數據顯示，有九〇％的上網者相信自己認識的人的推薦，七〇％則會相信自己不認識的人推薦。在中國四〇％的消費者會上網閱讀產品資訊並且發表評論，比例約為美國的兩倍。

社群媒體僅僅是個開端

中國的社群網路逐漸演變成各種不同的形態。現在有一套新的應用程式能在提供網路影音串流服務的同時，還具備社交功能，像是愛奇藝（iQIYI）和樂視（LeTV）。客戶可以在看完影片之後留下評論。這又帶動了一種新的線上行為模式，搜尋、觀賞、分享（SWS）；比方說香奈兒就在愛奇藝上有一個提供所有影片以及微電影的空間。在今日，奢侈品品牌所面對的問題是，如何整合各種線上工具以及實體設備，才能夠在夢想世界裡傳達一致的品牌訊息。

網路和時間

網路是一個稍縱即逝的世界，舉凡聊天、電子郵件、即時新聞都是如此，人們無法掌控它的時間。奢侈品需要時間。但是網路也可以是一個「慢節奏」的世界，所以人人都可以掌控。就如我們之前所說，電視廣告並不適用於奢侈品，它們太簡短、太被動。但是網路允許品牌使用電影，用足夠長的時間來宣傳品牌夢。BMW公司是該宣傳方式的先驅，但現在有越來越多的奢侈品品牌（包括LV）使用這種方法。網路允許在電影裡面進行互動性的溝通，宣傳性電影是從純粹的宣傳活動中衍生出來的，從不適合奢侈品的純粹宣傳活動到適合奢侈品的真正交流。

此外，一個好的網站可以為小的品牌引進潛在客戶，為構築品牌夢想提供了一個很好的機會。當你只有一家商店，發展新的客戶非常有挑戰性，不斷發展壯大也比較困難時，網路就是個極好的幫手。對於強大的奢侈品品牌來說，在網路上溝通可能沒有必要，但對一個小品牌來說卻至關重要。

奢侈品必須創造品牌內涵

奢侈品品牌管理中的核心概念是品牌內涵。實際上這意味創造社論和傳播視覺聽覺上具有創造性的內容，傳遞品牌的文化資訊、品牌的深度、人性化和歷史。品牌內涵和廣告是相反的。在廣告方面，品牌預算大部分都花在購買媒體上。訊息本身就算很有創意，卻太簡短（通常是三十秒），傳遞的是簡單單一的資訊。品牌內涵主要依靠網路，藉由社交媒體傳遞有趣、有創意和娛樂性的資訊。品牌用網路宣傳自己的資訊，這個時間會比較長（甚至會持續超過十分鐘）。品牌內涵利用網路的親和力和熱情所營造的大環境來建構自己。奢侈品品牌就是要激發人們的熱情，讓他們自己成為激情的創造者，依靠他們持續成長的能力來展現夢想或激情。

簡而言之，品牌內涵讓品牌成為一個創造者和推動器，除了揭露品牌的傳承、故事和祕密之外，沒有其他明顯的目標。品牌內涵不在展示商品。

為什麼奢侈品需要品牌內涵？

奢侈品市場飽受假貨的侵蝕。這裡我們不僅談到仿冒品，而且包括那些看起來類似奢侈品的贗品，它們模糊了奢侈品的界限和客戶的鑑別能力。奢侈品的目標是使自己超越其他產品，脫穎而出。

品牌的主旨在從內在建設自己的主動權、權威和正當性。奢侈品品牌應該具有自身無可比擬的特點，展現其深度，不斷吸引客戶到品牌世界裡。這是品牌內涵的目標。實現這個目標的方法是以文化傳遞者的身分，透過品牌世界的品牌內涵吸引客戶。促進該方法和客戶參與的方式存在於世界各地——社交媒體YouTube、臉書以及中國的微博、維基百科和各種網頁。

傳統品牌可以歸結於它的宣傳語和定位上：零卡可樂的「只是為了品味」。奢侈品有一個身分認定，而不是定位（反傳統行銷法則第一條「拋去定位，奢侈品不能比較」）。奢侈品有很多超越其產品和經驗的地方值得提及。它的獨特性在於它無形的地方，形成它的價格力量。這些無形的地方一定要使之顯而易見。店面是奢侈品經驗形成的強大工具。網路則為更多客戶體驗無形的價值和提供服務創造了良好的機會。

例如，柏萊士崇拜航空，正是這種熱情吸引了該品牌的第一個客戶。進入它的網站，除了授權的配銷商和部分手錶、一個小的奢侈品網路商店，人們也發現它的品牌內涵與航空相關。這就是柏萊士如何構建自己的權威：藉由創造性、賦予感情和趣味性的分享來宣傳它的內涵。

奢侈品品牌有很多地方需要談論，需要展現，需要訴說，需要人們去體驗。是時候重建奢侈品品牌和平價奢侈品品牌間的差距了。

品牌內涵的關鍵原則

品牌內涵不是「標記著品牌的東西」：後者只是贊助某個消息或活動，把一個人的名字和由另一群人創造的內容聯繫起來。品牌內涵是品牌自身設計和創造出來的。品牌內涵也不是講故事，即不是透過講一個好故事來進行產品的市場宣傳。

最後，品牌內涵不是推銷的言辭，不是交流某件事（如最新的產品），它涵括著一種經驗。它是給觀眾的一份禮物，帶著對未來彼此互惠的美好期望。

最重要的一點是創造自己的觀眾，而不是靠著每月在時尚雜誌上曝光。品牌內涵的引擎在於它的品質，因此，它不是一項業餘活動。在二〇一一年，LV建立了自己的數位代理商來管理品牌內涵，全球共有四百名全職員工。在網路上推動品牌內涵需要創意才能。這就是為什麼在品牌內涵上，奢侈品不投資在媒體購買上，而是投資在品質和創造力上，因此對外宣傳是靠著自我推進的。免費提供品牌內涵，在人們對它感興趣前就成為有趣和有創造性的內容。總之，品牌在日復一日更新內容、建立自己的觀眾時，自身便成了一種媒體。

品牌內涵的案例

LV的核心理念是旅行，「旅行的精神」是一九八〇年代著名的讓・拉里維埃爾（Jean Larivière）運動的口號。LV的旅行理念不是傳統意義上的旅行，而是藉由移動和感受新的國家和人民，來發現真的自我——精神層面的旅行。它的核心理念讓人想起菁英客戶獨享的美國輪船旅遊，或者是大膽深居於非洲的法國探險家薩沃尼昂・德・布拉柴——他在一八六八年創造了LV充滿男子氣概的理念。

近年來，旅行的核心理念已成為品牌內涵靈感的關鍵來源：

●有一個關於美國三個太空人非常有創意的五分鐘採訪，他們曾在月球上行走。
●有一個關於U2樂團主唱波諾在非洲的短電影，他在那裡經營著自己的時尚品牌Edun。
●有一個關於三個著名足球運動員馬拉度納（Maradona）、比利（Pele）和席丹（Zidane）玩桌上足球的微電影。人們可以透過互動軟體猜想下一場誰會贏。如果猜對了，可以得到該球星的親筆簽名照一張。

- 有一個關於在輪船上使用傳奇行李箱的電影。
- 一個日本畫家參與限量版發售活動。
- 網上可以看到倫敦新LV大樓的獨家報導，LV就是從這裡起家的。網上還有關於所有受邀名流的獨家專訪。
- 馬克．雅各布斯的時裝秀在網路上也有了互動電影，現代科技的應用可以讓觀眾三百六十度觀看每位模特兒，遠勝於在展場上親臨現場的感覺。

品牌內涵可以利用網路的力量，同時也可以利用平面文宣，比如說，LV出版了一系列特殊的旅行指南，放在自家店內銷售。有別於一般的旅遊書，它們沒有最新的旅遊資訊，而是一個旅遊者記錄他在小鎮或國家中的所見所聞。

勞夫．羅倫對書本的利用令人印象深刻。媒體就是資訊，它藉由全然杜撰的故事（代表舊的英國仕紳階級，只是在美國重現），傳遞著勞夫．羅倫品牌的地位和信譽。書籍內容有些是關於創造者本身，書寫的是關於他想賣給你的生活方式原型，像是他的農場、老爺車收藏，以及他的妻子和妻子的食譜等。

迪奧充分利用了它的品牌內涵，將焦點放在電視廣告的製作過程，尤其是Lady Dior系列。廣告的定義是銷售一種想像，而展示該想像的形成過程，公司等於重新創造了一個公平的環境，這一點非常有意思。

香奈兒公司用了很多由設計師卡爾・拉格斐自己設計的「業餘電影」，是他每天在香奈兒上班之餘製作的。它還邀請觀眾參觀香奈兒小姐曾經居住的私人公寓。

還有其他一些關於品牌內涵的例子，例如愛馬仕著名絲巾的一百種繫法，以及怎樣使用化妝品。後面這個例子是蘭蔻製作的影片，在中國屬於典型的品牌內涵範例，在某位知名中國部落客的幫助下，有一千兩百萬的點閱率。

也有一些品牌內涵是由使用者製作的，如博柏利的電影會有很多穿著著名風衣的場景。在這種情況下，客戶受邀發送一張她們穿風衣的照片，及講述她們如何穿搭風衣。

在網路上保持奢侈品的獨樹一格

儘管所有數位顧問都會建議模仿其他部門，奢侈品卻必須致力於保持品牌的獨樹一格。這裡我們提供一些典型的需要做和不需要做的例子。在網路上展示奢侈品並不是為了提供一個開放的討論專區或論壇，而是為了創造奢侈品的社會經驗。設計師在網上提供的時尚秀不單單是為了炫耀，而是透過現在社會允許的技術來推動和加強這種社會經驗，然後人們就會討論、分享，進而成為該品牌的粉絲。人們可以使用與奢侈品有關的社群媒體來發布與奢侈品相關的房子、設計師、新上市的產品等重要或值得注意的消息。這同樣適用於群眾外包：有一個顯著而又平凡的方法可以運用。

正如我們在第一章所說，奢侈品應該融入藝術、情感和崇高的因素。同樣地，奢侈品應該在電子商務方面也與藝術融為一體，無論電子商務這一塊占的比重有多小。如果和品牌核心相關，藝術就可以有助銷售。現在正是奢侈品的時代，所以奢侈品品牌應該播放一些活動的實況轉播，並且將它與店面做連結，讓客戶在店面能全面而清楚地體驗奢侈品世界。無論何時，奢侈品應該讓數位化溝通與原有的準則融為一體。

奢侈品溝通的規範

奢侈品品牌是一個世界，而不是一個承諾。奢侈品首要的就是體驗。它的用語大多是非語言的：它是有形的，然後和其他感官體驗相連。它的做事方法、參照對象、美學、表達模式等，比文字表達更充分，更能和觀眾培養情感關係。

強化品牌視覺語言：品牌九大經典元素

品牌規範的內涵很難創新。每個品牌都要有自己的規範，否則將不能被識別出來。但是奢侈品品牌的特殊性在於規範的數量及長期的一致性。奢侈品會不斷使用更多鮮明的標誌，遠多於其他品牌，深刻地保持其多樣性。這些象徵符號應該自動融入新產品，自動連結到它代表的意義。這裡有經典奢侈品的九大系統性元素：

- 品牌創作者，把品牌視為一件作品而不是產品的人。這個人的肖像會出現在各個商店和溝通過程中。
- 品牌的文字圖像式商標，通常比較短，視覺效果極強，例如香奈兒的雙Ｃ，Ｄ＆Ｇ的ＤＧ。原本的設計是為了保護品牌應付那些仿冒品，它後來成為品牌的一種美學標誌，能夠循環重複使用，就像ＬＶ率先在它著名的字母印花帆布製品印上ＬＶ字樣。

- 一種和文字圖像式商標一致的視覺符號：奧斯頓・馬丁的翅膀，賓士的人字型圓圈。
- 重複的視覺主題，這是所有品牌的典型模式，從成衣到奢侈品。後者在它們的布料上使用重複的圖案作為一種視覺主題。
- 品牌顏色，如Tiffany的藍色、凱歌香檳的橘色。
- 最討人喜歡的材料，如愛馬仕的絲綢、Prada的蟒蛇皮或鴕鳥毛。
- 極致到癡迷地步的細節，可以被人們看到，如LV車工和鎖頭的特寫細節。
- 精益求精的手工製作要求，技藝高超的工藝師有益於每個部分的形成。
- 獨特的做事風格，如女士套裝上明顯的「香奈兒風格」——品牌的經典標誌或香奈兒手提包的菱格紋，或者是在BMW車上典型的駕駛體驗。

這些元素可以在溝通中獲得，當然也可以在店面、產品、包裝袋、產品的陳列處、品牌的展示館，是驚喜的因素和欲望的張力，而且這些同時發生。

有趣的是，近來大部分品牌都在減少這九個元素。例如，勞夫・羅倫和保羅・史密斯（Paul Smith）很容易辨認，即使沒有名字，仍成功地開發了八種視覺特色。他們定義了這些符號常數，並一直系統性地使用它們。凱歌香檳從一七七二年起就開始這樣做了。

透過傳說、故事和傳聞增加品牌內涵

傳統的行銷工具把品牌縮小為一個承諾（著名的「定位」）。相反地，奢侈品不會屈從於這種壓力，奢侈品提供的是一個世界，遠不只一個承諾。它不受「比較邏輯」的限制，溝通是最重要的。它的不同之處不在廣告預算上，而是客戶間的評價。

這就是為什麼奢侈品應該被看成一個故事：沒有不講故事的奢侈品。就像所有流言和都市傳說的傳播一樣，我們喜歡講真實而有時候有點神祕的故事，可以傳遞隱藏的資訊，承載著集合的價值。這就是奢侈品要展示故事的原因，通常從歷史和神話的角度來進行。這些故事給奢侈品一定的地位，同時形成口頭文字並在網路上顯示（就像上面所分析的品牌內涵）。這是一個永不間斷的任務，任何一種新產品都必須和品牌歷史或故事相聯繫，以自己產品的名字開始，產品名字在品牌世界裡意義非凡，應該要像回聲一樣繚繞不絕。每一個新產品也應該創造屬於自己的故事。任何一件東西都可以成為人們的口碑來源，從竭力尋找最珍稀的原料，到製作一條愛馬仕絲巾需要用到多少顆蠶繭，到法拉利總部的生產方法，再到設計師的生活。

依奢侈品的類型，調整溝通策略

奢侈品溝通是品牌內在特質的一部分。在媒體中可看到它的創意，但是光有直覺和創意是不夠的：品牌需要透過溝通的一致性和相關性來強化自己，透過創造驚喜來推動發展。它怎麼和客戶溝通呢？推廣什麼樣的價值元素呢？使用什麼樣的語法呢？答案是會與目標客戶達成共鳴的方式。

在這一點，我們要重新回到關於奢侈品態度研究的四種不同類型的客戶（見第五章）。為了形成市場，奢侈品不能只作為私人物品，必須回到根本的社會面向中：成為社會重新階層化的標誌。奢侈品既是個人喜好，又是一種展現自我的方式。這有不同程度的區別，可以有幾種不同的形態，每一種型式都決定和品牌間的關係。世界上和奢侈品相關的四種關係是什麼樣的呢？

●內化的奢侈品，代表追求一種真實的體驗，幾乎是一種獨享的生活藝術，具有排他性——進而藉由一種低調的菁英主義把你和其他人區別開來。

●透過強大的創意和獨特性來展現自我的奢侈品。

●有特定價值和聲望的奢侈品，對那些尋求社會地位、希望藉由從善如流達到社會適應的人很有益處。

●自我肯定的奢侈品，藉由展示通常只有少數人才有的財富和顯著的購買能力來實現。

這四種奢侈品關係的溝通方式各不相同：

●第一種類型客戶，探討奢侈品的傳承性、永恆性、獨家技術或者價值。

●第二種類型客戶，探討創意，提及當代藝術也很重要。

●第三種類型客戶，加深他對奢侈品神話的信念，強調奢侈品能作為威望、地位和社會成就的證明。

●第四種類型客戶希望高人一等，這類客戶對越界的談話比較感興趣，還有如財富和榮譽的價值、少數人掌握的權利和鋪張行為。

隨著奢侈品的成長，一定都會遇到這四種類型的客戶，但是根據品牌新奇性、地位和風格的不同，客戶的分布層次也具有多樣性。因此必須同時以多種方式進行溝通。那要如何避免溝通的不一致呢？一部分可以透過控制最明顯的溝通媒介：廣告；一部分透過牢記品牌溝通遠優於廣告（包括活動、基金會、慈善團體、公共關係、藝術）。好的品牌應該在現實中與所有四種類型的客戶進行溝通，但要使用不同的工具，如圖11-2所示。

〇品牌在本地和全球有不同的象徵

全球化給品牌帶來了新的問題，尤其是對奢侈品，它們是文化的使者，是世界的願景，並且率先走向世界。它們的管理方式在本質上是非常集中式的，身分不可動搖。香奈兒從可可・香奈兒創造它的那天起就一直是香奈兒。然而，在現實中，相同品牌在不同國家卻各不相同，主要看它是新興的品牌還是富有經驗的品牌。就拿LV來說，它在亞洲是社會地位和成功的象徵，在歐洲卻是創造力的象徵，這主要是受馬克・雅各布斯的影響。

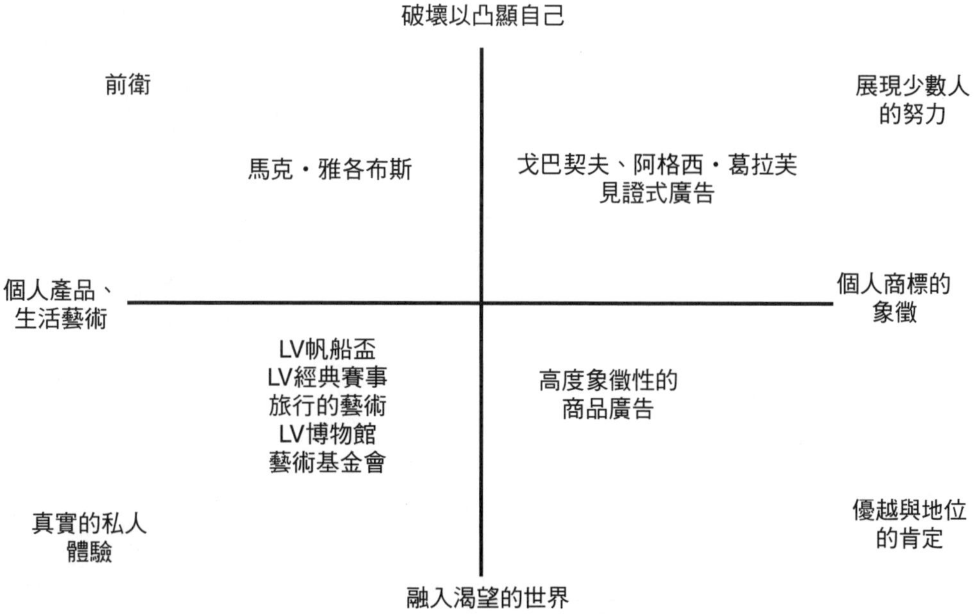

圖11-2　LV如何與不同的目標客群溝通

埃伯利斯（Abeles）曾說，全球化擴大了時間和空間；它讓任何事情都變得現代化（甚至是時間），地理空間都相互連結在一起。品牌在亞洲發生的事會影響到遠在歐洲的市場；在美國和歐洲的每個人都知道LV在亞洲的崇高地位。國際化進而改變了品牌，它需要像任何物種一樣適應新的環境。

尋求折衷是錯誤做法，就是試圖把品牌在亞洲的情感效應和在歐洲產生的情感效應結合起來。但有一種定位可以滿足每一個人而不帶來失望，那就是常見的「傳統與現代的結合」模式。

第12章 奢侈品企業的財務和人力資源管理

由於行銷方式——或者更廣泛地說，由於策略和營運方式的不同，奢侈品公司將自己與其他行業區分開來。然而，這也帶來財務和人力資源管理方面的問題。

一、奢侈品公司的財務問題

首先是品牌價值的重要性問題。品牌價值顯然是最重要的資產，正如第六章談到的一樣，它取決於極度集中的無形資產。

奢侈品公司的價值，其實就是品牌的所有財務價值

二〇一一年，LV的品牌價值居於世界排名十八的位置，根據國際品牌調查，LV的品牌價值為兩百三十一億美元，緊追於BMW（兩百四十五億美元）之後，遠不及賓士（兩百七十四億美元），但又領先於H&M（一百六十四億美元）、耐吉（一百四十五億美元）、萊雅（八十七億美元），詳見表12-1。這說明即使規模小，奢侈品品牌依舊利潤豐厚。這些關於品牌資產的評估，說明事實上奢侈品策略比時尚策略更有助於提高品牌的財務評價。有趣的是，蘋果的品牌價值由一九九七年的零升到了

十四年後的三百三十五億美元，在第十五章我們將會分析蘋果的策略。

造成的結果就是，奢侈品品牌的財務策略目標，在於提升品牌價值而不是淨利，這與傳統的策略截然不同。另外，由於品牌價值從來沒有在資產負債表上表現其真正的價值，尤其是當公司仍然受控於家族，所以奢侈品公司一般而言具有相當高的股本回報率，這種現象通常因為有非常高的獲利能力而更加明顯。

獲利的關鍵因素

奢侈品收益不只源自於生產，也源自於財務。與豐田或標緻雪鐵龍（PSA Peugeot Citroen）相比，

表12-1　全球奢侈品品牌財務評價

排名	品牌	價值（十億美元）
12	賓士	27,445
15	BMW	24,554
18	LV	23,172
39	Gucci	8,763
59	奧迪	6,171
66	愛馬仕	5,356
70	卡地亞	4,781
72	保時捷	4,580
73	蒂芬妮	4,498
77	酩悅香檳	4,383
93	亞曼尼	3,794
95	博柏利	3,732
99	法拉利	3,591

資料來源：Interbrand，二〇一一年

奢侈品企業規模較小，但卻具有非常高的利潤。然而，不應該忽視其有較高的管理費用，也要考慮到從一開始，品牌體驗（配銷、產品、服務、溝通）的各方面都受到高規格期待，而且是國際標準：品牌必須在每個銷售地區表現完美，沒有所謂「邊緣國家」。同樣地，透過提升銷售額彌補經常費用的傳統策略並不適用於奢侈品行業。人們同樣需要了解的是，建立一個奢侈品品牌需要大量的時間和金錢，如今的高獲利是過去數年損失的回報。

奢侈品的獲利前提

奢侈品可以長期獲得極高利潤，但這是在什麼前提下呢？

首先需要注意一點：避免和那些一看到高毛利就高興或憤怒的外行人一樣，犯下常見的錯誤。投資的重要性在於創造、溝通和配銷，毛利高（大約八〇％）關乎品牌的生存。

當談起利潤時，我們指的是淨利（稅後）。我們要注意到這非常高的毛利率，適用於低技術性的產品（T恤、墨鏡），產品只印上一個簡單的商標，對於仿冒者來說簡直是天賜良機。因此品牌為了輕易獲利而「向下擴展」是非常危險的，它助長甚至刺激仿冒品肆虐，而削弱了品牌效應。這種策略造成的品牌價值損失往往大於創造的利潤。這個龐大的淨損失通常不會被發現：公司按年發布獲利，但品牌價值的損失很少公布。

在實務上：

- 超過二十年持續獲得高於三五％淨利的明星品牌，主要集中在小眾產品上，例如LV、勞力士。
- 我們發現淨利超過二五％的品牌比較多元，但品牌世界充滿一致性，如卡地亞、香奈兒等。

●時尚奢侈品品牌，例如迪奧、Gucci、YSL等，淨利時高時低，視每個時期的品牌地位狀況而定。

●有些品牌頂級並且昂貴，但沒有一個重要的客戶基礎，如勞斯萊斯等品牌，都是獲利不佳的。

你甚至可以說奢侈品產業應該是獲利非常高的，因為：

●利潤是品牌成功的表現。表示有客戶願意為自己的夢想買單（正如我們在第一章談到的）。

●對於維持一個品牌來說，高獲利是至關重要的：在配銷和廣告上的投資非常巨大，這些都是品質上的投資，只有拉長戰線才能獲利，因此有必要了解短期內得不到太顯著的回報。

●獲利能力的下降會造成維護品牌的結構性支出減少，尤其是該品牌正經歷來自股東的短期壓力。問題在於，削減「無用」的支出會有立即性的正面影響，但對品牌形象的損害是無形的。由於這些影響具有「滯後現象」，管理者會制定很多的激勵措施去努力達到削減「無用支出」的目的，並且通常會很快達到預期目標。

●只有高獲利能力才能保護品牌遠離這些錯誤，但無法確保其遠離金融巨鱷的貪欲。

為了保持奢侈品品牌長期的高獲利，必須遵循一些基本規則：

●保住核心業務（如勞力士），逐步擴展品牌的規模（如香奈兒、愛馬仕）。

●確保團隊人員的穩定性和凝聚力。重要的是，當進入多元化發展時，應注意到團隊的士氣。他們會認為這是排擠現有的產品線和團隊（管理者一般熱衷新的業務）。多元化發展消耗大量金錢（因為你拚命想要成功）的同時，也會損害公司的核心業務，管理團隊需要謹慎投資以得到更好的回報。

- 不需忍受股市與日俱增的壓力，避免發表公司財務結果，方法就是不上市（香奈兒），把自己隱藏在獲利不那麼突出的大集團裡（如隱身於LVMH集團的LV）。
- 除非你是這個領域的領導者，千萬不要被時尚牽著鼻子走（如香奈兒）。
- 保持對品牌配銷和廣告的大量投資。只要維護得當，品牌效應就是產品高獲利的護身符，網路商店同樣如此。
- 樹大招風！當利潤很高時，龐大組織和巨額開銷是大忌，因為「花錢容易賺錢難」。客戶才是上帝，管理者不是。再強調一遍，知名品牌和高獲利可以粉飾門面一時，但不可能是一世。
- 管控好常態的成長率，並有計畫地確認是否有偏離奢侈品領域。

首先要確保在核心領域獲利

奢侈品品牌在推出新系列或向其他領域拓展時，首先要保證核心領域獲利。我們見過許多大型奢侈品公司在創立之初，因堅持產品品質不動搖，但又因產品的知名度低而不可能開高價，進而讓公司深陷財務危機。這些赤字都可以看作是對品牌內涵的投資。

我們必須啟動這樣的良性循環：

- 產品暢銷，公司開始大量生產。

- 透過經驗的累積讓成本降低，增加利潤，零售價格也能維持。
- 撥出部分資金，投資於品牌溝通上。
- 提升知名度，提高價格。

在不能確保核心產品獲利時，盲目發展其他產品，將會是災難性的決策錯誤！

全球化發展

受制於本地市場規模，本地的客戶數量很少能啟動上述這類良性循環，這也是公司向品牌化發展的原因之一。首先，保持產品的高價格不利於擴大規模；其次，經濟規模不能發展得太大，因為巨額的銷售量勢必會影響品牌的尊榮獨享性。

凡此種種，公司就會努力向國際化、全球化發展，來擴大自己的地盤，這就是奢侈品的成長軌跡。對所有的法國奢侈品品牌而言，外國客戶占了總客戶的九〇％。但是，我們經常看到，工廠搬遷雖然對減少成本有益，也削弱了品牌的價值。因此，讓品牌的形象和配銷全球化是可以考慮的，但生產全球化卻絕對不可考慮。

奢侈品的銷量和獲利

奢侈品不該過度追求經濟規模的另一個原因就是，奢侈品是由功能面與夢想面組成的，這兩個因素是依循不同的經濟法則。

由於產量增加，產品的實用功能部分還是遵守了「經驗效應」的傳統規律（波士頓顧問集團（BCG）提出的概念），達到降低成本的效果，卻也減少了投資報酬率（ROI）。因此，在所有的高報酬行業，良好的銷售管理、提高生產效率、透過提高產量來減少成本，都是很常見的手段，只要投資報酬率在可以接受的範圍內。但是，根據波士頓顧問集團的研究，產量提高一倍時，成本才降低三〇%。即使國際化，如果只是採用這種透過擴張規模來減少成本，也會讓品牌脫離奢侈品品牌行列。

奢侈品品牌包含的社會效應（如品牌的知名度和信譽）是夢想的重要成分，起初也是遵循口碑法則。最初成長很緩慢，後來幾乎呈指數成長（人脈網路），達到了特定的知名度門檻。沒有達到這個門檻之前，公司在廣告上投入巨大資金，效果卻不怎麼樣。我們都知道，在雜誌上打廣告的效果取決於之前的品牌知名度。如果品牌不出名，也不容易被大眾記住。不過經營網路和非網路而達到知名度的門檻後，廣告投資所獲得的利潤回

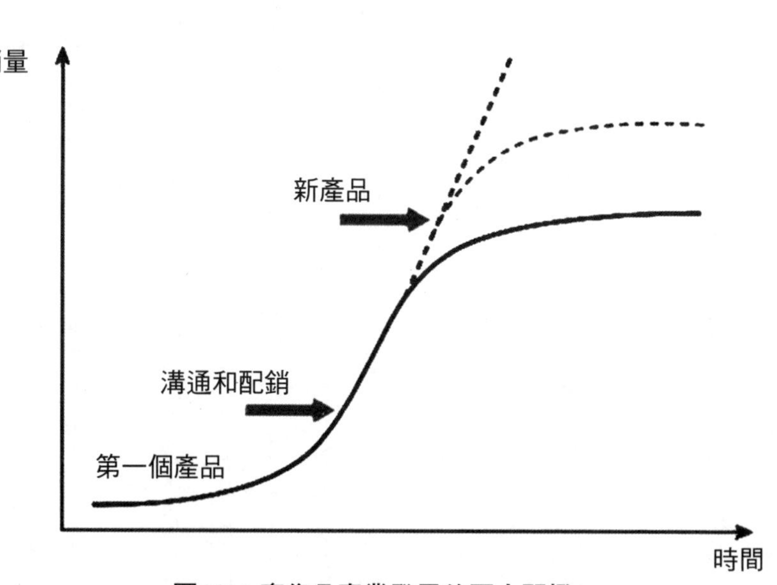

圖12-1 奢侈品事業發展的兩大門檻

收就非常快速。資本投入的邊際獲利率，隨溝通和配銷的成長而增加。

因此我們列舉了兩種量化門檻（見圖12-1）。第一是擺動門檻，當溝通上的投資收益多於削減成本的收益時，邊際獲利率較高。第二，我們可以看到一個飽和門檻，超過這個門檻後，最好不要投資在增加銷量上，因為失去尊榮獨享感會讓品牌走入死胡同，導致產品失去無形的夢想價值，從而失去抬高價格的籌碼，讓利潤縮小。這時就是投資新產品或開發新系列的最好時機。

概括來說，奢侈品公司的財務管理有兩個關鍵。開始的時候，要集中把有限的資本放在發展產品的產量上，以達到規模效益來獲取收益，避免陷入品牌知名度很高但銷量小，而達不到規模經濟的「勞斯萊斯效應」。這個規模要有一定的限度，規模過高也會使品牌背離奢侈品的定義（如賓士）。然後你要知道怎麼去定義產品達到合理成本價格的時機。在這個時機，你要把大多數的資金投入在溝通上，包括配銷網路。切記此時不要再投資於追求規模經濟，而是要投資於溝通上、建立高品質的配銷網路來擴大經濟版圖。

奢侈品的本益比

除了營業額漂亮之外，奢侈品品牌的本益比一直以來也明顯高於市場（二十五比十五）。從以下四點可以得出一些蛛絲馬跡。

- 奢侈品品牌就是一棵搖錢樹，因為它的品牌效應可以延伸到其他領域，可以避免和外界直接的競爭，這對奢侈品來說就是一個尚方寶劍。奢侈品品牌的價值很難解釋清楚，除非是被收購的時候，否則價格很難估算。在為奢侈品品牌的市值估價時會考慮它的品牌價值，但這只是部分考慮因素，因為奢侈品品牌在併購時，市值都會飛速上漲。

- 溝通支出通常只被看作營運支出，而不是投資。對所有品牌都是如此，不僅是奢侈品品牌。與其他品牌不同的是，奢侈品品牌能有如此豐厚的利潤，是因為溝通的支出對奢侈品品牌本身也是一種投資，因為奢侈品品牌看的不是眼前，而是未來。所以它會減少短期利潤（分母），增加長期的股票價格（分子）。
- 商業上有一句話叫作「老闆的舞伴」（boss's dancing girl），意指無商業目標的投資。各集團的執行長都想發展奢侈品品牌，很少人可抵擋此誘惑。群眾的眼光是雪亮的，但這麼做可以提升大眾對奢侈品品牌的需求，進而提高奢侈品品牌的評價。
- 分析師本身就是奢侈品品牌的大客戶，他們私下是奢侈品品牌真正的粉絲。

奢侈品品牌的財務危險

擁有如此豐厚報酬的奢侈品當然是投資客的寵兒。問題是公司管理者如果沒有謹慎遵守奢侈品管理法則時，就會有很大的風險，獲利能力也飄忽不定。這些法則和傳統行銷法則不同，因此對非專業人員來說無從下手。他們在制定銷售策略時都很主觀隨意，這對重視數字的金融家來說有點不能接受。事實上，商業計畫對奢侈品品牌不重要，因為銷售規模和利潤成長都是非線性的，有很大的波動性（看看過去十五年Gucci的情況就會知道）。所以，奢侈品品牌讓很多投資家有苦說不出，就像第二章講的那樣。

最常犯的錯誤就是大幅削減公司的「形象支出」，特別是溝通支出，就為了讓所謂的稅後獲利數字好看；這樣造成的損失最遲會在下一年度公司報表中顯現。削減支出的措施也許會在第一年對公司財務營收有所貢獻，嘗到甜頭以後，公司會在接下來的一年裡繼續執行這些措施。第三年就是大清算的時候了，由於前兩年一味削減支出，造成營收、利潤雙雙下降，遠遠大於節省的開支，公司會陷入前所未有的危機。

一、奢侈品品牌的人力資源管理

奢侈品公司的人員需要具備特殊的特質，這已經在第一、八、十章再三強調。產品每個細節無不展現了人的存在。除了非凡的專業能力外，天分、創意、對細節的敏感度都是奢侈品公司從業人員必備的，但是這些又都常常被忽視。

奢侈品是左腦和右腦並重

想在奢侈品領域取得成功，不但需要具備良好的創造力、想像力（右腦控制），還要能時刻保持清醒嚴謹（左腦控制）。我們都有左腦和右腦，但通常都是其中一個占主導地位。一般產業一個人就創造王國，藝術也通常是個人創作，奢侈品和這兩者不同，奢侈品品牌是左右大腦分工合作的結晶。

皮耶‧貝爾傑（Pierre Berge）和聖羅蘭建立的合作關係，與湯姆‧福特和Gucci總裁多明尼克‧迪梭（Domenico di Solé）的合作關係一樣，都是商業夥伴的佳話。事實證明，起初，奢侈品品牌都是商業合作的結晶，他們對待這個品牌就像呵護自己的孩子一樣。合作夥伴們的有效合作是奢侈品品牌健康成長的保證。相反地，儘管皮爾‧卡登才華橫溢，但是由於孤僻的性格，以他名字命名的奢侈品公司發展卻徘徊不前。

奢侈品公司團隊的重要性

獨木不成林，每一項工作都要團隊的合作，單打獨鬥注定失敗。關鍵是有效組成一個互補合作的團隊。

在奢侈品公司裡，你可以看到設計師、工藝師、管理者都擁有很大的發揮空間。

設計師

奢侈品是創意和奢華的完美結合，特別是在生產和溝通環節。奢侈品首先要美觀，但漂亮不能當飯吃，所以團隊裡最少要有一個能統籌品牌和經濟實用性的設計師。就像一只手錶，再漂亮美觀，也要實用，最起碼能報時。

工藝師

產品的生產製造很重要，展現在每一個工藝師都要有純熟的手藝和極大的熱忱。這才是珍稀的資源，需要努力保護以確保他們為你忠誠服務。每當LV公司想新開一個工作坊時，他們都要先找到有卓越製鞋能力的地點，然而法國卻因這種產業近乎消失，導致很多人失業。這些人在皮革製作上都很專業，稍微再培訓一下就很容易上手，產品品質又有保證，價格才會穩定。

管理者

同樣地，管理者也需要左右大腦的平衡。最理想的是他們能得到那些在主流社會裡已經證明自己能力的菁英（在萊雅、寶鹼、家樂福等企業或者其他傳統生產製造業領域）。管理者要熟悉社會的消費能力，最好對如何處理和設計師的關係方面有一點點心得，因為他們知道設計師在自己領域的局限性。如果他們在傳統企業裡待太久，就很難融入奢侈品公司獨特的管理階層。

總之，要想在奢侈品領域取得成功，就要做到知己知彼。做到在成功面前不被沖昏頭腦，更要明白「客戶才是上帝」這個道理。特別是，巨額開支是對外的，而不是花在內部。客戶的錢並不屬於他們，但每天和這些重要客戶交流可能讓人沖昏頭。

大型奢侈品品牌公司都會有裝潢奢華的門面、整潔的工作坊，這些都是對外展示形象的地方，但是他們的辦公室卻很低調，因為這裡不是展示給外界看的。可見奢侈品的高價格不是取決於巨額的支出，而是因為產品和配銷有極高的品質。

人才也是品牌價值的一部分

團隊穩定的重要性是不言而喻的，我們已經從前述看出，人才是為奢侈品品牌賦予價值的重要一環。

員工一生只為一個奢侈品品牌公司工作，在傳統上大有人在，而且很多品牌其實就是家族事業。這種團隊的忠誠造就了文化上的原創性，展現在產品和實體店面。品牌不該要求絕對的穩定，因為穩定也可能導致僵化，這在流動迅速的現代是一個致命的缺點；但是品牌也不該走向許多公司採行的另一個極端，也就是員工流動率極高。這種不穩定帶來了永久的混雜，不斷改變標準，所有原創性都會隨之消失。

這對必須要保持原創性的奢侈品香水產業，也是一個巨大問題。如果沒有一個「首席芳香師」，製作出來的香味就沒有品牌的記號。這是越來越多奢侈香水公司遭遇的困境，產品由產品總監主導，但產品總監是可以輕易替換的角色。這種情況導致的結果就是「頂級」香水品牌，如蘭蔻等，在獲利上逐漸勝過了嬌蘭等「奢侈品」香水品牌。

最後，真正的奢侈品公司不但擁有高度穩定的團隊，還扮演保存某些工藝行業的角色，若是沒有他們給予經濟上的援助，這些行業將無法存續。這也是二〇〇七年香奈兒公司併購六家垂死的法國工藝公司的原因。

「倒金字塔」人力資源管理模式

在奢侈品公司，除了設計師以外，最重要的是在生產第一線的全體員工，還有和客戶直接打交道的銷售員。其餘職位全都仰賴他們。

因此奢侈品公司是依照著名的倒金字塔原則運作的，只不過在奢侈品產業這是每天都看得到的真實情況，而不只是與事實相反的含糊口號（誰會真的相信在雷諾公司的勞工或者豐田公司的銷售員，真的比坐在辦公室的老闆更重要？）

在LV這樣的公司裡，店長能比其他部門的員工優先獲得與總裁面對面的機會。在公司裡，新員工一般都要求從基層做起，要先熟悉公司的店內情況，知道如何為客戶服務。這段實習期不僅僅是職前培訓那麼簡單，還關係到公司的結構設計：全體成員都為店面服務，為客戶服務。

挑選員工、職前培訓只是結果的一種。管理人員要經常走訪基層，建立和維繫人事關係。

這也是奢侈品公司管理階層的累人之處。倒金字塔形的人才結構，對習慣坐在辦公桌前發號施令的管理者而言是很困難的，不斷地在全球各地出差很累人，而且對那些西方主管來說，屈居幕後簡直有損自尊。不過這也是這類管理工作的魅力：奢侈品公司內部的人際關係是如此豐富又真實。

最後，這也是將奉行「明星制度」的時尚風氣帶入奢侈品公司內部很困難的原因。如果那些時尚界團隊無法展現適當的人性態度（天知道這對他們來說有多難、多違背本性），很容易便會引起反感。

奢侈品集團和品牌組合的管理

我們可以看到，現在奢侈品集團的影響範圍很大（如LVMH、巴黎春天、歷峰等）。但正如奢侈品的定義不是那麼明確一樣，奢侈品集團的概念也不是一時半刻能說明白的。所謂的奢侈品集團，指的是在奢侈品市場營運的幾間公司，併購了奢侈品、時尚品和奢侈品公司嗎？還是奉行奢侈品策略的公司呢？不管我們怎樣理解，這兩者的答案幾乎是背道而馳的。

奢侈品公司以集團的力量搶占市場

通常，當一個非專業人士談到奢侈品集團時，他會認為該奢侈品集團是在操縱奢侈品市場（我們在第五章談到了此類觀點）。我們可以稱之為第二類奢侈品集團，因為他們不是純粹的奢侈品從業人員。一般來說，第二類奢侈品集團只操控奢侈品市場的一部分。例如，巴黎春天是奢侈品集團，因為其子公司Gucci集團在奢侈品市場經營。但是該集團的其他分支與奢侈品市場毫無瓜葛。萊雅集團被認為是大型奢侈品集團，因為它在香水市場的銷量很大（傳統的奢侈品市場），但它同時也屬於大眾市場。

從管理的角度來看，奢侈品集團和其他產業的市場操作沒什麼不同。所有這些集團運用相同的遊戲規則管理品牌。

專業奢侈品集團的品牌策略

至於真正專業的奢侈品集團，我們稱為第一類奢侈品集團。它們不是透過市場的供需關係界定的，而是透過它們的行銷策略，兩者完全不同。第一類和第二類奢侈品集團的主要策略方向都是奢侈品市場。奢侈品管理是這個市場最有效的策略，這是我們將它取名為「奢侈品策略」的原因，但你可以不運用它就非常成功，萊雅就是一個成功的例子。但是，相比之下，富有遠見的管理者在非奢侈品市場運用奢侈品策略，也能取得巨大的成功，例如蘋果公司。

這兩種類型集團的最大區別，就在於精確的奢侈品品牌管理定位：品牌是奢侈品管理的全部，品牌策略主導公司策略。進一步地說，該集團所擁有的絕非是這些品牌這麼簡單：卡地亞是奢侈品品牌，它的母公司歷峰不是。LV是奢侈品品牌，母公司LVMH就不是。集團的利潤來自於每個品牌的利潤，而不是靠綜效和規模經濟。

LVMH集團就是一個非常有趣的例子，因為它是產業的領軍者。一九八七年，它首先建立了這個奢侈品策略。這是到目前為止，利潤最豐厚、最成功的公司，沒有任何強迫的合作關係。透過來自數年前的資料（這些資料也不再是商業機密）我們了解到，二〇〇一年有五萬四千人在LVMH集團工作，但只有兩百五十人在總部。這並不意謂公司內部沒有產生綜效（我們之後會談到這一點），而是意味著他們大多受到總部支配。

在剛設立的時候，LVMH集團是一個原始而獨立的組織：因為種種問題，LV和LVMH沒有決定合併，它們管理良好、獲利狀況良好、營業額迅速增加；它們決定合併是為了維持家族管理，且LVMH的規模能面對外部競爭。總部有一支規模非常小但非常有才華的財務團隊，他們的工作是管理

（巨大的）現金流和非家族股東之間的關係。一切都是為了保持兩個家族之間的平衡：甚至包括不順口的集團名稱LVMH，也反映了這一關係。後來發生一些事，包括兩個家族之間的紛爭（一山不容二虎），以及在一九九〇年代初鬧得沸沸揚揚的伯納德‧阿諾特接管集團一事。但伯納德‧阿諾特並不只是一個有才華的金融家，更是一個真正的奢侈品市場專家。但他並沒有改變該組織的管理方式，因為他知道只有這個特殊的管理模式（品牌的獨立性），才是這個集團的強大之處。

從第一類移轉成第二類奢侈品集團

第一類集團比第二類集團的平均獲利更豐厚。但奢侈品策略的規律很殘酷，過快成長會很難遵守（見反傳統行銷法則第五條「不要回應增加的需求」）。所以，第一類奢侈品集團壓力不斷，特別是當它已經上市，轉換為第二類集團公司，成長速度超過奢侈品策略所允許的極限。即使LVMH集團透過購買絲芙蘭和DFS，和著名設計師馬克‧雅各布斯攜手把LV品牌延伸到時尚業，並開始向第二類集團轉型，但這些行為（收購絲芙蘭或LV品牌成衣）都沒有成功。收購寶格麗、試圖收購愛馬仕都可以視為LVMH集團極欲返回第一類的策略。

第一類奢侈品集團對家族企業的重要性

一般而言，奢侈品集團的一個特點是由幾代家族世襲建立起來的，這是一個他們經常不經意就提及的事實。此外，家族企業往往能發展得更好，財務狀況良好，至少這個家庭有能力管理企業，也不是太多人參與其中。

家族企業和上市公司最大的區別在於，家族企業通常是以家族名字命名的，他們認為最重要的是維護品牌的價值和形象；而上市公司不惜任何代價尋求擴張，因為企業名稱不是以其名字命名。從這個角度看，香奈兒的持久成功是它從一開始就是維特海默家族（Wertheimer），BMW是匡達家族（Quandt）。有趣的是，兩大第一類奢侈品集團（LVMH和歷峰）事實上也是家族企業〔伯納德・阿諾特和安頓・魯珀特（Anton Rupert）〕。

奢侈品集團到底是品牌組合，還是錦上添花？

與傳統產業不同：

- 品牌組合的概念在奢侈品行業並不適用。因為每個公司都有自己的特色，並且奢侈品公司之間並不直接在單一市場競爭，沒必要像家用品集團那樣，投資建立一個組合品牌，占領市場。
- 在一個集團內部很少有真正的綜效。事實上，運作比較好的公司都有自己的品牌、團隊、執行長、公司組織，每家公司有自己的一套管理制度，集團只管理公司內部的財務和人力資源，各公司並非依賴總部的集中調控，不是嚴重依賴母公司的子公司。
- 集中管理的概念（同行業的品牌集中於同個集團下）並不適用；由於缺乏與這個級別相當的管理自主權，最好的管理者都不想成為品牌管理者。正如我們所知，一個奢侈品品牌需要專業的、有才華的管理階層；因此集中管理和奢侈品是完全對立的矛盾概念。
- 當有人談到「品牌組合」時，通常是指純粹的行銷（包括市場）和財務管理的方法。收購或者合併另一個品牌主要是為了進入原有品牌觸及不到的市場區隔。這種方法通常是第二類集團採用，而非第一類。在這裡，應該談到的一個詞是「錦上添花」，這意謂藝術家和個人選擇的每個品牌都是為了達到最好的結果。園丁的任務只是給花瓶裡加些水，維護或修剪每朵花，為了美觀不時添加新的花。園丁並不試圖讓這些花雜交配種。愛馬仕是這種集束策略最好的例子。

奢侈品集團如何提升品牌價值

第一類和第二類集團幾乎用完全相反的方式增加其品牌價值。第一類集團藉由尊重品牌的完整性（如BMW、MINI）、第二類透過利用綜效和限制品牌的原創（如福特汽車集團對於Jaguar的例子）。

第一類奢侈品集團

第一類集團的綜效主要集中在人力資源方面。在這類公司裡實現奢侈品策略是非常罕見的。所以，主要透過原公司內部人員與技術的轉移來提升新品牌的價值。二十多年來，LVMH已培養了許多管理菁英。第一類集團最好的增值策略例子就是BMW和MINI。我們將在第十五章詳細介紹。獲得一個新品牌對留住人才、培養人才來說非常有幫助。在新的品牌公司裡，它們藉由接觸、了解這個品牌來接受挑戰，慢慢成長。

然而，由於創造綜效依賴人而不是系統，在幾個重要的情況下，失敗比成功的可能性更大。以下是其中一些情況：

- **公司收購的品牌比集團現有品牌市值更高時。**BMW和MINI已經非常成功，但與勞斯萊斯之間的競爭仍然十分激烈。勞斯萊斯公司的人不尊重BMW公司的人。王子不尊重公爵，即使當王子陷入困境，甚至當公爵更有天賦和更富有時，也是如此。

●**品牌核心領域迥然不同時。**愛馬仕併購萊卡以失敗告終。除了設計一個相機的皮套外殼，愛馬仕還可以給萊卡帶來什麼呢？誰又會為了一個皮套外殼去買萊卡呢？

●**集團經理大材小用時。**LVMH經過二十年的苦心經營後，業績仍然不佳，所以才忍痛把品牌克利斯瓊拉夸售出。

●**集團收購的品牌名氣不夠時。**Guuci犯了一個代價高昂的錯誤：讓湯姆・福特來掌握YSL品牌。結果即使是集團的吸金機器（YSL香水）也受到沉重的打擊，最終被賣給萊雅。

談到奢侈品行業中的人際關係，你必須大膽拒用某些技術工具。當你沒有專業的奢侈品產業知識時，那些工具看似非常有用。讓我們用現在無處不在的客戶關係管理作例子，這是最能夠激勵人們突發奇想的「行銷大師」。毫無疑問，客戶關係是奢侈品產業的關鍵，甚至是奢侈品策略的基本所在。客戶關係管理是最近才透過現代行銷調整而來的，利用資料庫和電腦——因為經營個人化關係對於一般商品來說過於昂貴。但要留心被別人複製的問題。客戶關係管理在快速消費品中非常好用，一切歸結於簡單的事實和數字遊戲：如果你買了某品牌的肥皂，你就會購買同一集團下不同品牌的洗髮精。

這種「客戶關係管理達成的綜效」並不適用於奢侈品行業。把客戶關係管理簡單地引入奢侈品行業，所引起嚴重後果的原因可以說是五花八門。最主要的就是超過一半的奢侈品是用來送禮的，所以客戶並不是直接使用者。你可能不喜歡LV，但會買給喜愛它們的朋友，在整個過程中，你為什麼要輸入個人資訊到客戶資料庫，而不是你朋友的資訊呢？你的年齡、眼睛的顏色或幾個孩子，這些並不能預測你會買什麼樣的愛馬仕包。當你過生日時收到祝你生日快樂的信，但名字卻拼錯了，這不但不能讓你感到欣慰，還會惹惱你。

奢侈品產業的客戶關係管理是很人性化、一對一的。但是客戶關係管理是教條式的——它扼殺了所有的夢想。儘管如此，暫且將人性化放置一邊，在第一類集團內部品牌之間沒有嚴格的綜效，但在第二類集團中卻有。

第二類奢侈品集團

對於第二類奢侈品集團，所有類型的綜效策略都有用，而不僅僅是人力資源。事實上，對於非專業人員甚至不是內部人士的專家來說，這是兩類集團之間最明顯的區別——奢侈品集團非常注重它們的人才交流。我們可以把兩類奢侈品集團分成四種交叉業務綜效策略：調控綜效、市場綜效、財務綜效和企業管理綜效。

調控綜效

這在奢侈品產業並不像在消費品產業那麼重要。然而，對奢侈品產業還是很有效的。有效率的綜效策略源自資源分享。這可以分成生產資源和支援活動相關資源。

在奢侈品行業，儘管支援活動很簡單，但與直接生產活動大相逕庭。與其他品牌生產一樣的產品可能會破壞品牌形象。然而，透過市場運作，許多領域都可以產生有效率的綜效：香水企業間共同研發（如萊雅），皮革公司共同採購、製作各種標籤；鐘錶行業共同採購和製造手錶；香檳產業共同採購葡萄。如今，在時尚產業中，幾乎所有品牌都將一部分生產項目外包。在奢侈品產業有兩個領域的綜效不相關：產品的生產和店面配銷。酒類產業是個例外，其產品的配銷通常是集中式的，店內連帶經營各種品牌的手錶。

第二類奢侈品集團關於支持活動的綜效更明顯，幾乎所有第二類奢侈品集團都是如此。這些綜效都是源自於彼此間分享奢侈產品的附加價值，而不是產品的自身價格。關於銷售方面，配銷和發貨經常是集中進行的（如奢侈品手錶）。同樣，酒類的配銷和發貨也是集中式的。不同的產品使用相同的倉儲中心。對於手錶業來說，售後服務的完善與推廣是達成綜效的主要目的，相近地區有一個集中的售後中心可以讓公司的售後服務更好。這是藉由提升售後服務來達到完善產品銷售體系的策略，售後服務和銷售共同發展能使公司的業務拓展得更快。

除此之外，還有一些其他的功能或共享服務會產生綜效，由於整合程度不同，彼此間也許聯繫不太緊密。此類例子有房地產（店面發展）、IT業和ERP、區域行銷（尤其是對鐘錶業）、媒體服務、人力資源公司等。它們通常根據各自的產品類別加以組織，有不同的幕後操作手法。

知識的移轉能促進綜效的效率和成長。一方面奢侈品公司可以分享它們在降低各種成本（生產、外包生產、授權、流程等）方面的最佳實踐經驗。另一方面，它會先產生不同的機會，比如讓品牌拓展它們的現有產品供應範圍——如手錶和時尚品牌的合作〔法國伯爵（Boucheron）和Gucci，歷峰和勞夫・羅倫〕。其次，由於早在發展其他品牌時，公司就掌握了當地市場訊息和人脈，可以在新領域更快速地進入角色，產生利潤。最後，奢侈品集團內部品牌可以交換不同市場的發展資訊，因此能夠更好地適應當前需求，對奢侈品市場有更好的了解。

奢侈品集團也熱衷於獲取寶貴的資源。例如在獲取原料（如寶石、特殊布料或釀酒原料葡萄）時，或是在獲取技術、零件、產品時。Gucci集團握有索風集團〔Sowind Group，擁有芝柏錶（Girard Perregaux）和尚維沙（JeanRichard）手錶品牌〕的股份。

市場綜效

這對奢侈品品牌的發展也有用，儘管很有限。當集團擁有一個或幾個領先的品牌時，在與百貨公司等利益相關者之間進行討價還價時，更能占據主動地位。在與店面討論產品的擺放位置時，同樣盡顯優勢。同樣地，多元化奢侈品品牌集團在與時尚或奢侈品雜誌處理關係時更是處於主動地位。這些雜誌的主要收入來自銷售廣告版面，多品牌集團通常都是它們的大客戶。最後，集團可以捍衛自己的利益不被侵犯，特別是保護它們的品牌智慧財產權不被盜用。

財務綜效

這方面通常意義重大，但往往被忽視。所有奢侈品集團都會進行融資。這意謂奢侈品品牌的資金不再受限於它們的信用額度，而是根據品牌和企業預算批准的數字進行市場融資。這使得品牌更容易獲得信貸——獨立品牌公司經常很難獲得財務資源，只能透過擴大收入來平衡龐大的支出。此外，由於母公司信譽高、資本大，子公司也因此受益，更易獲得擔保。集團副品牌也可以透過集團的力量來保護自己免受匯率波動與外匯對沖的影響。這能讓公司專注於管理公司的日常經營，也能在有效的資金分配上獲益。

企業管理綜效

企業間可以分享配銷知識，例如實體店、代理店、網路商店等的經驗，獲得授權和市場方面的情報。同時，在多元化的集團公司裡，管理人才也十分重要。奢侈品集團透過提供有吸引力的職涯規劃防止潛力人才流失。它們能比大多數單一品牌公司提供更多的發展機會。這些人力資源策略可以間接幫助公司吸引、鼓勵和留住最優秀的人才。

此外，企業總部執行管理過程中可以產生價值，首先讓高層管理者從多品牌實踐中獲得經驗，透過研討會與高層主管交流意見，定期召開會議〔如保樂力加大學（Pernod Ricard University）〕，以及安撫在重要位置上的員工。

最後，企業的發展讓品牌可以獲得更多資源（這些發展包括母公司富有遠見的合併和收購）。這取決於企業管理者的超凡能力，包括精確地確定合適的品牌，並且成功地收購這個品牌，強大的資金支援和令人嚮往的公司長遠發展目標是堅強的後盾。母公司也可以使用合併和收購的手段來延長自身的價值鏈，無論是為了保證供應或擴大配銷通路，都讓品牌可以長久經營並獲利。

第三部

奢侈品的策略觀點

第13章 奢侈品的商業模式

前面已討論過讓奢侈品策略成功必須遵循的管理原則，現在則需要解釋如何應用這些管理原則，進而獲益。儘管這些原則清晰易懂、一致有效，但並不能完全確保能夠獲利。

公司管理強調品牌競爭優勢的重要性，但是品牌競爭優勢所依賴的商業模式卻更加重要。我們將會檢驗品牌是否為真正的奢侈品品牌，而不只是自我聲明或是大眾這麼認為。像是對很多日本人來說，博柏利是奢侈品品牌；對很多法國人而言，皮爾卡登也是奢侈品品牌，但實際上並非如此。我們將會檢驗公司管理品牌所運用的商業模式，包含設計、生產、銷售、人力資源和財務收入方面。

本書的目標之一在於重新定位奢侈品背後的商業模式，我們將會依次檢驗這些模式。在奢侈品行業，產品通常與服務相連，根據產品或服務是否占主導地位，可以分為四種奢侈品商業模式。

- 我們可以由以下面向界定出兩種奢侈品模式：品牌是否擁有廣泛的市場、高利潤的核心系列產品？如果產品市場十分狹窄，是否會迫使品牌銷售核心領域之外的其他產品，並藉著品牌自身的奢侈品光環獲利（品牌擴張）？

- 對於這兩種模式之外，我們可以再加上一個特殊的類別：香水商業模式。
- 奢侈品服務也有自身的商業模式。
- 高科技市場同樣擁有一種商業模式。

奢侈品的核心獲利領域

核心領域足以保證公司的長期生存，典型的代表是配件市場（如手錶、珠寶、精緻皮件等）和汽車市場。人們每天都要使用這些產品，並且能夠直接讓他人看見，這使得它們成為理想的奢侈品。實際上，因為這些產品使用很頻繁，又會常常被看見，雖然購買這些產品的花費很高，但「每小時平均可見使用成本」很低。讓我們舉兩個例子：

LV行李箱

LV專注於皮件和行李箱市場。的確，過去幾年，LV也出售了一些核心範圍之外的產品，如鞋子、手錶和服飾等，但均屬於邊緣性的銷售活動。儘管有些媒體宣傳，使這些產品為LV注入了新鮮活力，但在商業模式分析中會排除這些邊緣產品。

適合不凡人士的平凡產品是訂製的行李箱，而適合一般人士使用的高級產品則是Keepall以及城市系列的手提包。這兩類產品之間的關聯在於材質（字母組合系列使用天然牛皮，Epi系列使用專利皮革）和相同的外觀（字母組合系列使用LV字母圖案，Epi系列使用紋理）。

LV在全球成功獲得認可的原因，就在於維持了這種平衡和互補特徵。只要全世界的菁英階層繼續購買特殊訂製的LV行李箱商品，LV就可以保持著奢侈品地位，即使一般中產階級也會在LV店內排隊購買相同材質、但不同系列的手提包，LV手提包和行李箱依舊是奢侈品。當然，LV也應當保證這些產品的品質完美無瑕，保證由公司本身生產，並在其店內專賣。

愛彼錶

一八七五年，在瑞士村莊布拉蘇絲（Brassus），兩名致力於高級製錶工藝的鐘錶匠朱爾斯・路易斯・奧德莫斯（Jules-Louis Audemars）和愛德華・奧古斯特・皮捷（Edward-Auguste Piguet）聯合創辦了愛彼錶，設計和生產精密複雜的機械錶。該品牌的歷史就是一系列的創造：一八九二年，愛彼錶史無前例地成功設計出第一款具有三問功能的手錶；一九七二年，愛彼錶打破高級製錶的傳統規範，創造出世界上第一款高級鋼製運動手錶「皇家橡樹」（Royal Oak，2121機芯）。

如今，愛彼錶的所有權仍舊保留在創始成員家族手中，是歷史最悠久的高級手錶生產商。愛彼錶在全球擁有七百多名員工，其中五百五十名在瑞士的三個產地中工作，每年生產兩萬四千只手錶。「皇家橡樹」手錶價格為八千歐元（針對一般人士的高級產品）到六十萬歐元（針對高級人士的一般產品）不等。勞力士的蠔式系列是一個絕佳代表，該系列幾十年來從未更改設計，整個「皇家橡樹」系列也同樣如此。

當然，八千歐元對於普通人來說價格過高，但如果每天都佩戴，能夠佩戴十年，還能承受如震盪和浸濕等損害，有著兩萬小時的使用壽命，也就是說每小時的使用費低於〇・五元，一般人同樣有足夠的理由購買該錶。

以上描述的商業模式中，其特色與產品、生產和配銷有關，以下將會詳細闡述：

產品方面

- LV關注的核心產品為行李箱，包括手提包以及小型皮件，而愛彼錶則以手錶為核心產品。
- 以上列出的產品都是永久性銷售品（從未正式停止銷售）。
- 案例中的公司嚴格控制並高度區分所販售的產品，這些產品在美感和技術層面少有重複，這樣便可以最少的庫存滿足最廣泛的客戶需求（如手提包、帶有肩帶的手提包以及雙肩背包）。公司偶爾會發布少量新品，並像對待家庭中的新生兒一樣管理新產品。
- 所有產品均可銷售獲利，利潤最高的產品是中階產品。入門產品往往不是用來賺取利潤，也不是用來擴大銷售規模，而是為了開啟客戶對該系列的初體驗，透過該產品的內在價值培養客戶忠誠度，因此入門產品都很有特色。
- 公司偶爾會推出新產品系列，並非為了取代既有的系列，而是為了讓產品供應更完善，這些系列的產品通常以高於現有系列的價格出售。這和某些錯誤方式不同：例如保時捷的Boxster系列即是，還有賓士的A系列雖然取得了商業上的成功，卻削弱了該公司的地位，BMW一系列也存在很大風險。
- 如果的確有必要推出較便宜的系列，公司必須同時用更加昂貴的系列來彌補，以讓客戶明白，推出便宜產品並非因為公司沒有能力向上提升，而是為了拓展新的客戶群。

生產方面

- 從生產層面到客戶層面，公司必須具備一套垂直管理的整合體系。
- 在結構上沒有外包生產這一環節，因為由工藝師直接生產產品，是目標夢想不可缺少的一部分。當銷售高速成長時，公司可以尋找外包商，但必須儘快將外包商與生產目標結合在一起。愛馬仕透過收購Perrin，將里昂絲綢生產商與生產目標整合得很好。

- 公司往往在小型手工工作坊中進行生產。這些工作坊組織嚴密，與大型機械化工廠截然不同。相較於店面，生產場地在外界看來更像某種神殿，有著獨特的儀式，因為這些場地不對公眾開放，難以進入。一個品牌的生產地能夠開放參觀是非常重要的，LV的阿斯涅爾工作坊和法拉利的馬拉尼羅工廠是很好的例子，參觀也應當按照一定的程式和儀式進行。

配銷方面

奢侈品公司對配銷環節實行絕對控制，因為銷售時機的選擇極為重要，所以產品在非品牌範圍內的地區銷售，或由該品牌之外的人員販售，是完全不可想像的情形。

嚴格管理此種商業模式，可獲得高利潤，同時又大大提高了品牌價值。例如，LV的品牌價值在一九七二年時幾乎為零（當時該公司標價七千萬法郎（近一千萬歐元），但是沒有人願意以這個價格買下LV），但是到了二〇〇八年，明略行公司宣稱LV市場價值為兩百六十億美元。

我們可以發現很多配件大品牌遵循此種商業模式，如卡地亞；當然也有汽車品牌，如法拉利。愛馬仕是一個有趣的特例，該品牌將這種商業模式運用到兩種截然不同的領域：皮件領域與絲綢領域（因為愛馬仕收購了里昂供應商）。

這些公司的卓越表現得益於其嚴苛的管理。由於內部高度統一，並且長期關注產品自身、致力迎合客戶期待，這些公司獲得了全方位的競爭力（創造、生產、配銷、傳播等方面）。該模式的基本特點在於，品牌擁有核心產品系列，同時在中階產品中賺取利潤。透過以上分析我們可以看出，昂貴的產品很少有利潤可言，因此銷售太多其實毫無意義，耗費精力擴大這類產品的數目更是沒有必要。

同樣地，入門產品也同樣獲利微薄。由於入門產品是客戶開始使用該品牌的第一步（這些產品針對的是「未來的忠實客戶」，而非「散客」），因此絕不能讓客戶失望，也不能太昂貴。入門產品必須具備品牌的所有重要象徵，但也不能過於陽春。如此一來，就使得入門產品利潤微薄，數目也不宜過多（通常是一個），以便客戶在形成對品牌的喜好之後，接著購買更多利潤更高的產品。

這是此種商業模式的主要特點：你需要提供入門產品，或者說「平價」產品，但必須盡可能減少這類產品的數目，因為它們並非用來「達成銷售數字」或「賺錢」。這種利潤結構與金字塔結構截然相反，後者著眼於散客，經由入門產品賺取利潤。此種模式的特點如下：

- 產品範圍小。
- 有一些昂貴的形象產品，但並不大量銷售。
- 入門產品的數量也很有限。
- 核心產品系列有著精緻的設計，擁有高度差異化，數目很少，但盡可能因應了所有客戶的需求。

為了更加清晰地闡述入門產品的概念，讓我們透過圖13-2（與圖13-1的奢侈品案例對照），來了解時尚界如何管理產品。

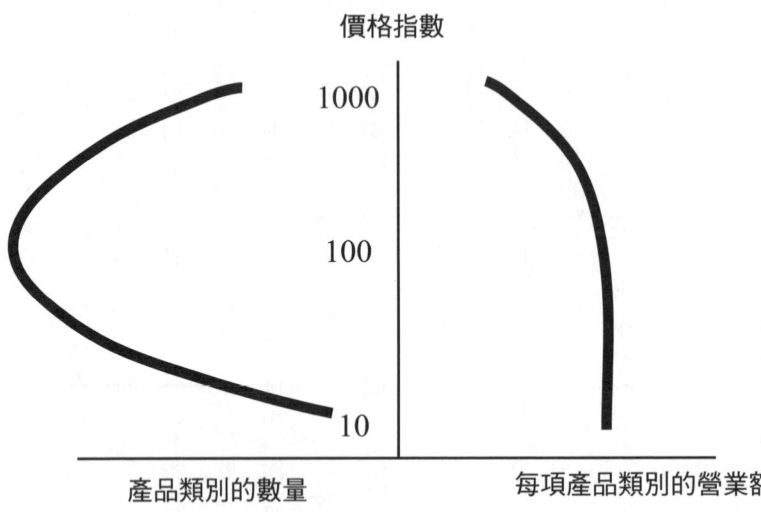

圖13-1　奢侈品單品管理

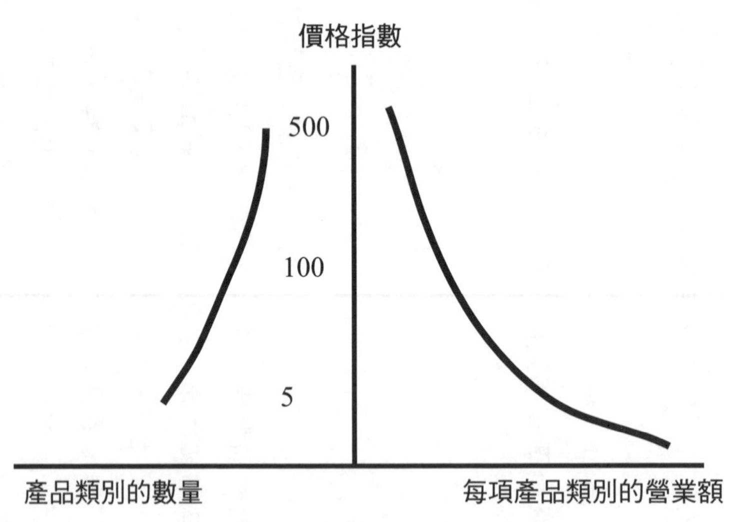

圖13-2　時尚品的單品管理

U在奢侈品核心獲利領域的商業模式中，應避開哪些陷阱？

不合理且獲利少的多樣化

在第七章中我們已經闡明了品牌擴展與品牌延伸的區別。一個品牌通常只在其核心系列上具有絕對的合理性，而且核心系列的範圍相當狹隘和具體，例如卡地亞在手錶、珠寶領域，而非皮件和香水領域；LV則是以皮件、行李箱或手錶作為核心系列，而不是服飾，更不是時尚；汽車是法拉利的核心系列，絕非電腦或是服裝。

一旦超出這種合理範圍之外，奢侈品品牌就成了頂級品牌或時尚品牌，利潤也會下降，所以真正的奢侈品多樣化（即品牌擴張）就會十分困難。一個有強大凝聚力的團隊圍繞著特定的品牌領域工作，並創造出高度的品牌獨特性，這與奢侈品品牌的成功密不可分。由於這樣的團隊並不能草率地轉移到另一個領域上，所以品牌擴張更為困難。

因此，要避免的第一個陷阱就是品牌擴張。品牌擴張能夠在一開始耗費很少的精力快速賺錢，但從長期看來，品牌擴張會帶來巨大代價。品牌擴張是可管理的，然而卻需要時間、精力和高昂花費，並且通常在最後都毫無回報可言。

真正成功的新領域開發，是像愛馬仕那樣在從皮製品延伸到絲綢領域的同時，還可以保持最初的領域，並且始終處在奢侈品範圍之內，因此成功的品牌擴張十分少見。

都彭成功改變領域的案例十分值得探究。在其打火機領域逐漸衰落時，該品牌完美地轉向了製筆行業。前面已經提到，這兩個領域在技術和配銷層面非常接近，且因為破產的危險一直懸而未決，促使其儘快完成關鍵轉型。這是品牌擴張的一個成功案例，但不幸的是，該公司之後開發沒有任何合理性的男士皮件和服飾之類的領域，完全不屬於核心競爭力產品，僅是純粹的品牌擴張而已。這樣的擴張徹底失敗，在都彭還未崛起時便陷入嚴重衰頹。有趣的是，Dunhill也面臨同樣的問題，並且有著類似的發展路線，最終犯下了同樣的錯誤。

太過放鬆

因為「成功機器」看起來似乎會自動運行，最好不要加以干擾，但是品牌常常因為日子太安逸，開始大筆揮霍，而最終敗在巨額開銷和聘雇了無用的人。奢侈品是為客戶服務的，任何沒有增加客戶夢想價值的巨大開銷，都會大大削弱品牌實力。

內部疲乏

透過LV在一九八六年的字母組合帆布系列案例，我們可以發現內部疲乏是伴隨著品牌成功而來的最大風險之一。可以理解的是，知名餐廳經營者最終會厭倦他們的招牌菜，但不能由此推論出客戶也會厭倦，因為客戶並沒有每天都享用這些菜。已故的克勞德・戴列（Claude Terrail）數十年如一日地在銀塔餐廳（La Tour d’Argent）供應每日招牌菜「榨鴨」（pressed duck），還為鴨子一一編號。

反對過去

另一個主要風險則是公司內部的新掌權團隊。新團隊成員總是因急於證明自我才幹，而否決品牌的過去，或者停止投資維持現有產品，轉而把大部分資金投入新產品。

此種情況在香水業最為常見。當犯下這種錯誤之後，大多會導致品牌再一次回歸：新產品失敗之後，「偉大的經典產品」則重新獲得重視。蓮娜麗姿的德西德拉（Deci-Delà）香水，就是為了跨出該品牌的傳統產品系列而推出，最終卻徹底失敗。蓮娜麗姿的成功在於回歸本源：在執行方面（瓶身、香水以及廣告）幾乎重振了品牌核心的每一個特點，在羅伯・瑞奇（Robert Ricci）過世後及一些管理階層後，這個品牌核心幾乎被徹底忽略。

奢侈品品牌是連接過去和未來的橋樑，其未來和特點不能受到忽略或否定。而且，在某個分析蓮娜麗姿標誌性產品（優雅三女神）的報告中，認為該品牌的根基在於挖掘整個西方世界沒有意識到的優雅三女神深層含義。蓮娜麗姿的品牌精髓就在於深諳女性特質。蓮娜麗姿之所以成功，根本上是因為該品牌回歸到了其品牌精髓之上：白色女神伸出手來摘蘋果。

奢侈品品牌生命周期的特點在於，即使做錯決策許多年之後，還是有可能找到一個強大並且仍舊鮮活的核心特徵，品牌也可浴火重生。

垂直整合導致僵化

僵化對於所有垂直整合體系而言十分普遍，但對於奢侈品產業還有獨特的一面：「藝術迷霧」籠罩在不同的生產階段。美感層面大多無法量化，要能順利執行更仰賴不同個體對於品牌共同夢想的直覺理解，而非特定的技術標準。儘管技術標準十分重要，但是僅有這個是不夠的，因為技術標準往往過於簡化。

在這些條件下，垂直整合的公司為了保持高效率而採取的傳統策略（在負責產品生產和配銷的部門之間建立起真正的「客戶─供應商」關係），根本無法運用在奢侈品領域。這也就導致了成本飆高、生產方式僵化以及拒絕創新的風險。

市場飽和以及通俗化，導致產品形象過時

這是對於內部疲乏的一種反思。這一次，厭倦並不存在於公司高層，而是客戶在當中，這比內部疲乏更嚴重，也可以說是奢侈品品牌所面臨的所有風險中，最為嚴重的一個。LV和它的字母組合印花系列在全球皆取得成功，因而也導致普及化（正面的）和通俗化（災難性的）之間的界線更為模糊。當該品牌運用同一種溝通方式來處理截然不同的文化時，這點變得尤為明顯。不同的文化對於「可取得」和「通俗化」有著完全不同的理解（例如，像日本一樣完全民主的社會，和像英國或印度那樣階層分明的民主社會，理解就會完全不同）。

問題在於，在奢侈品產業，客戶購買的頻率並不頻繁，品牌過時和客戶厭倦兩者都很難察覺，因為很多並非客戶的人，特別是那些引領潮流者，在任何情況下都會很快厭倦一切，而這些人提供的資訊往往容易造成干擾。因此，仔細聆聽客戶意見是十分必要的，才能獲得客觀公正的意見。如果品牌想與當地客戶保持良好關係，擁有自營的專賣店將是主要優勢。在完全受控於公司的配銷體系，只有詳細了解並逐一辨識出所有客戶，奢侈品品牌才得以維持。

㈥太過狹隘的奢侈品核心系列

有一種情況是，奢侈品品牌最初領域的經典產品擁有較高聲譽，但是這類產品很難獲利，或是很難大量銷售以維持公司的經濟發展（市場太小，無法為優良產品合理開發市場）。或者說，也許這類

產品根本無法擴展（像是餐廳或城堡）。在這些情況下，本業的領域維持著品牌的夢想，而其他領域則用來獲利。

有兩個典型商業模式可以滿足獲利需求，我們已經提過（見第七章），即金字塔模式和星系模式。與之前的商業模式不同，在這兩種模式中，公司主要是透過最便宜的產品獲利（按百分比和銷量來說）。

金字塔商業模式

最典型的例子是法國的高級訂製服業。如今，在法國，高級訂製服市場已逐漸消失，香奈兒可能是唯一實現收支平衡的品牌。高級成衣是高級訂製服的自然擴張，現已不在法國市場生產（香奈兒又是一個例外），導致相關品牌失去奢侈品的合理性。這與義大利的情況形成了鮮明對比。在義大利，當地的高級訂製服依舊存在，亞曼尼和其他品牌得以成功。

正當H&M、Zara和Mango這類時尚品牌取得成功之際，法國高級訂製服已十分樂意將財務赤字視為對品牌的投資，並透過其他衍生產品來彌補。就像迪奧那樣，這些衍生產品隨後變成了舞台之星，最終使該品牌退出了奢侈品界。

因此，高級訂製服需要尋找其他產品。高級訂製服為旗下產品分級，從最高級的訂製產品（招牌服飾系列是最頂端的代表），到廉價親民的入門產品。這種營運方式稱為「金字塔」，尖細的頂端由稀少甚至是獨家產品構成，均為手工製作、價格高昂的藝術作品，越往金字塔下層，客戶群和擴散層面就越大（圖13-3）。夢想仍由頂端產品繼續創造，接著向下延伸至不同的產品：上至成衣系列、時尚配件、手錶，下至眼鏡、香水、化妝品等。

在金字塔模式中，關鍵問題是在不同產品之間保持嚴格的統一性，這些產品都代表著品牌，並且形成了真正的「品牌世界」（檢驗標準是產品是否能在同一家門店內展示並銷售）。光有同樣的商標是不夠的，整個團隊必須提供一場連貫的展演，就像交響樂隊在指揮的引導下，將所有樂器組織在一起。指揮也必須在場，如今的影像技術對高級訂製服業帶來了巨大益處，使其能夠不斷重播時裝秀，保證神話一直存在。

金字塔模式中存在的兩個風險，為當品牌脫離頂尖產品時產生的創意稀釋，和來自下層產品的負面影響。失去創造力會造成品牌對客戶失去影響力，並且在其他層級上失去權威。皮件、香水、製錶等合理的奢侈品行業可能會想要自己經營。

來自下層產品的影響通常是由於一些高利潤的小產品會使賺錢較為容易，使其為了賺取高利潤而向一般大眾行銷，用以維持品牌聲譽。當品牌被一些急功近利的金融家掌控時，來自下層產品的影響風險會更為強勁。在這種商業模式中，小型產品

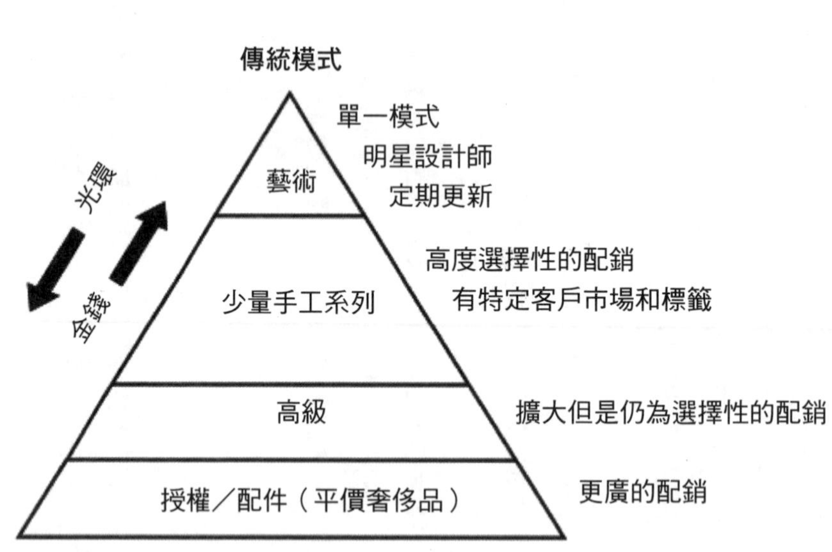

圖13-3　金字塔商業模式

擁有高利潤，並且可以大量銷售，財務貢獻相當顯著，對於公司的經濟穩定至關重要——在這種情況下，品牌就變得極其脆弱。在迅速掙錢的壓力下，一個脆弱的品牌會傾向將一切產品都貼上高貴的標籤。這也就意味著，該品牌擴增其授權範圍的同時，為自己配備了一個「創新單位」，用來為授權持有者提供創新才能，而這些持有者通常都是因為其強大的資金能力而被選中。同時這也意味著品牌會遷移到成本最低的地區。

從圖13-4，我們可以發現像LV這種品牌的管理有多麼不一樣。

我們將會用這種金字塔架構來分析幾個著名品牌：香奈兒、亞曼尼、迪奧和皮爾卡登（圖13-5）。我們也會把LV和勞力士加入其中，儘管從我們的分析中可以很清晰地看出它們的商業模式並不是金字塔模式，而是鑽石模式。

香奈兒是一個很有趣的案例，因為該品牌獲得持久成功，同時還賺取了高額利潤。它的金字塔模式非常特殊，不僅金字塔頂端的高級訂製服業屬於

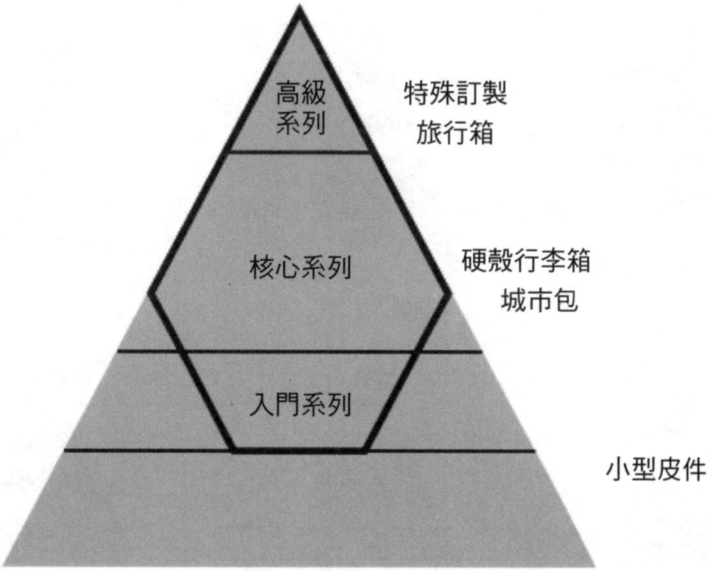

圖13-4　LV的鑽石模式

奢侈品產業，而且品牌的每一個產品範圍都是奢侈品：它的皮件像愛馬仕一樣在法國生產，香水由公司的專屬芳香師條配（香奈兒甚至在格拉斯擁有自己的茉莉花園），手錶是真正的奢侈品手錶，並非只是掛名字。

考量到可可．香奈兒已經過世許久，還有另外一個特點可以解釋香奈兒在高級訂製服行業的成功：品牌（保證了奢侈品身分）和設計師（保證了時尚）之間存在著聯繫與合作。在進行設計時，現任設計總監卡爾．拉格斐充分尊重了「香奈兒精神」及其標誌性符號的特色，還透過自身品牌表達自我風格，並為其他公司（如芬迪和H&M）工作，避免混淆他自己的個人特色和香奈兒品牌特色。因此，香奈兒的金字塔模式並不是逐次下降的金字塔在階層，而是並立的許多迷你金字塔，這些金字塔在品質和價格上幾乎都不會依次遞減，唯一的特例是由代理多品牌的眼鏡連鎖店經銷的眼鏡和T恤。

直到二〇〇五年，亞曼尼一直被視為一個削

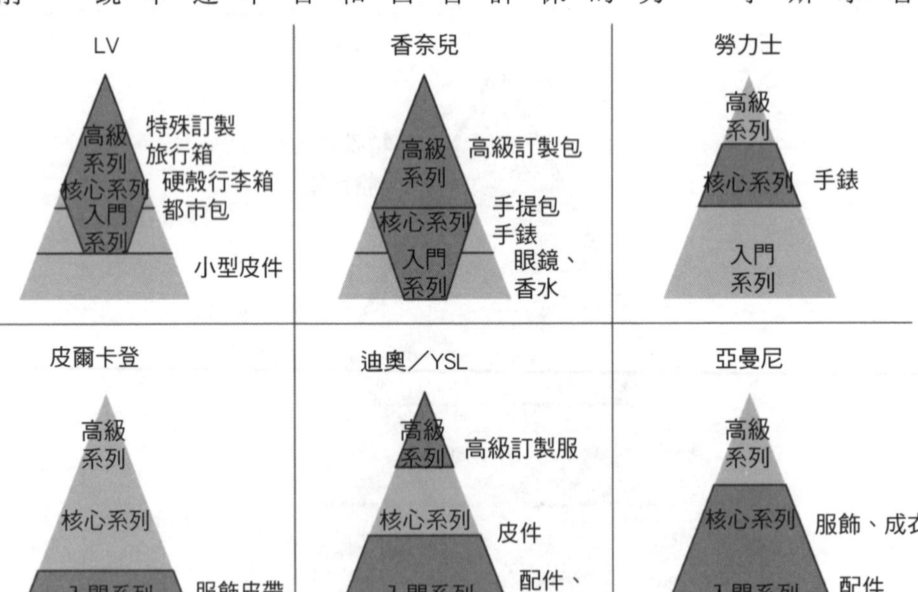

圖13-5　透析奢侈品品牌

去頂部的金字塔：其巨大的國際性成功並不需要高級訂製服的頂級氣質來襯托。亞曼尼的系列顯然是以逐漸下移的順序排列，從Armani Collezione系列到Emporio Armani系列，再到副牌及底部的Armani Exchange系列，再往下則是針對年輕人設計的亞曼尼休閒牛仔系列。這些生產線與其各自所在層級的價格、目標市場和奢侈品專屬度相呼應。在這些品牌下，我們會發現有相應且完整的配件系列，和更為低層的在多品牌商店大規模銷售的產品（眼鏡、化妝品和香水）。

喬治．亞曼尼發現頂部空缺對整個組織長期而言是個威脅：儘管高級訂製服行業困難重重（如技術、資金和管理困難），但他仍決定在巴黎成立高級訂製服Armani Privé，他的過人才能和穩健的財務狀況使他能夠承擔這個風險（見圖13-6）。

芬迪已經併入LVMH集團，同樣也依賴卡爾．拉格斐的才華，由高品質的管理團隊經營。它幾年前在中國長城舉辦的時裝秀印證了其成

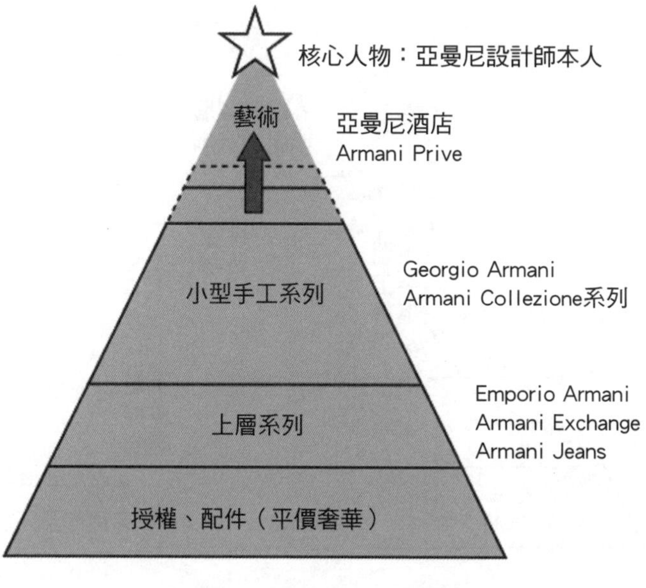

圖13-6　亞曼尼的金字塔模式

功：芬迪已經達到金字塔頂端，而皮革由於保護生態的原因不適合繼續拓展，因此需要建立起新的產品領域。

迪奧金字塔模式（圖13-7）的特點是在約翰・加利亞諾（John Galliano）的帶領之下，創造性地一躍至金字塔頂端。在其金字塔模式中，主要銷售額集中在更為低階的配件，配件生產通常被外包給其他公司。

皮爾卡登只剩下金字塔底部，但那是一個極度廣闊的基底。品牌氣質主要在於對昔日時代的記憶，當時皮爾・卡登還是頂級設計師、也是品牌標誌，至今在全球皆有極高的客戶辨識度。

星系商業模式

另一種商業模式叫作星系模式。該模式有著同樣的經濟出發點（設計師期望發展壯大），但在運作上有很大的不同。金字塔模式中的高級產品、手工工作坊的小型系列和處於底部的大型系列之間有

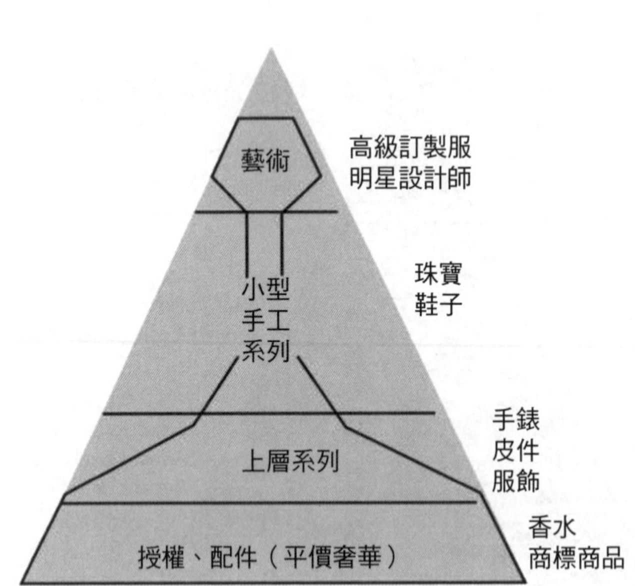

圖13-7　迪奧的金字塔模式

著清晰的等級劃分，但星系模式平等對待所有產品，每樣產品都以同樣的方式表達品牌夢想，所有產品都是品牌的入門產品（見圖7-1）。

正如天上的星系由不同獨立的行星體系構成，只透過中央黑洞的引力集中在一起，星系商業模式也依賴單一人物的才華和吸引力。最好的例子就是勞夫．羅倫，不僅該品牌下有很多成衣系列（依不同穿著場合來區分：正式穿著、周五穿著、休閒穿著、運動穿著、俱樂部穿著等），也包括家居服品牌、家具和油漆品牌。

實際上，勞夫．羅倫不僅才智過人，他的品牌也像一部電影，我們每個人都是當中的演員。他的故事十分真實，儼然是美國夢的化身（他是來自布朗克斯區（Bronx）的猶太移民，一路白手起家，最終成名致富），也是一個美國東北貴族誕生的故事。

有了這些條件，我們研究的就不再是創造的神話，而是真正的奢侈品領域，有關勞夫．羅倫的美國夢。勞夫．羅倫也曾說過：「其他設計師有品味，而我有夢想。」他的天賦在於讓很多人分享他的夢想。

這裡我們必須注意一個十分重要的關鍵：在金字塔模式中，我們處理的是奢侈品品牌銷售非奢侈品的情況；而在星系模式中，只要設計師健在即可，品牌可以不是奢侈品品牌（勞夫．羅倫不是奢侈品品牌）。然而，如果所有產品被設計師合理地作為其品牌領域的一部分，對於那些渴望品牌的人來說，所有此類品牌的產品就是奢侈品了。這很快便形成了盲目崇拜：勞夫．羅倫甚至銷售他自己用過的家具，這在他的粉絲眼中便成了奢侈品。

因此，與金字塔模式不同的是，星系模式並沒有一開始就排除任何產品，也不要求產品在同樣的地點銷售，藉此展示品牌的一致性，讓產品產生的夢想理念來影響客戶——設計師的個人魅力就可保證品牌的一致性。

星系模式的風險在於，品牌依賴單一的人物，這個人物必須甚至隨著年齡成長而持續保持警惕，否則一切都會分崩離析。甚至像皮爾・卡登這樣才華超群的人，也無法一直將品牌維持在較高水準，保持他的整座星系都處於奢侈品範圍之內。如今，幾乎沒有人認同皮爾．卡登的夢想，而且他也不再試圖傳達這個夢想。

星系模式在設計師過世後能繼續保存嗎？設計師必須活著才能確保整體的凝聚力。

星系模式並不只應用在時尚界。像亞倫．杜卡斯這樣的奢侈品品牌餐廳老闆也在使用星系模式。星系模式的中心也不一定是一個人，也可套用在知名的紀念建築上，帶有永恆夢想的物件上，例如凡爾賽宮、香波堡和泰姬瑪哈陵都是很好的例子。

香水商業模式

香水是奢侈品產業十分重要、獨特的產品，因此有自身獨特的商業模式也不足為奇。我們每個人與香水間有著不可量化的關係，高品質香水也可能以親民的價格銷售，因此香水實際上是第一個攻占大眾消費品市場的奢侈品，而且還能以可行的方式與消費品等級香水混合。

香水市場特點

香水市場有強大、原創性和結構性三個特點。

人們不談論香味

即使當某種香水是「單一香味」時，人們也不會以這種香味命名，或是在廣告中提及它。卡朗（Caron）的男士香薰（Pour un Homme）和薰衣草無關，YSL的鴉片男性香水（Opium pour Homme）也和波本香草無關。當你明確談論特定味道時，就會馬上從香水降級成體香劑或空氣芳香劑，它們都強調松香或薰衣草香。

這裡存在幾個簡單的技術性原因：香味與影像或者聲音不同，沒有人能找到一種方法，可以用低廉的成本大量製造某種氣味。而且，如果沒有一個所有人都知道的氣味名字（例如含羞草），就不可能用言語描述一種氣味。那麼，奢侈品必不可少的原創性在哪裡呢？

大規模傳播根本上應該透過影像來完成。香水瓶在此處有著重要作用，因為它提供了視覺上（廣告中香水瓶就代表香水）和觸覺上（香水瓶是人們與香水的初次實體接觸）的效果，這種多重感覺體驗至關重要，因為味道本身並不足以成為奢侈品。

香水生命周期長，而且購買次數頻繁

這個特點在奢侈品領域算是相當獨特：香水同時也是一種毫無時間限制、不會改變的產品（香奈兒五號香水可以追溯到一九二一年，嬌蘭的一千零一夜香水（Shalimar）則起源於一九二五年）。人們還會定期購買香水，因為香水瓶雖可以長時間保存，但是香水很快就會用完。這些面向緊密融合在一起，使得香水成為奢侈品領域的獨特產品，也是奢侈品領域市場最大的產品之一：香水與一般消費品的配銷方式極為接近（頻繁購買、低廉的零售價），促使其飛速發展。

香水毛利高，但淨利卻很有限

香水成功的代價是，儘管有著高毛利，其最終獲利只是普通水準。在一九九〇年代以前，香水是十分賺錢的行業，但隨後在萊雅和寶鹼等大型集團平價奢侈品的壓力之下，發表新品的成本大幅上升（推出新香水在一九八〇年代末期只需一千萬美元，而到一九九〇年代末期則需一億美元）。在此同時，香水的上架時間也從幾十年降低為幾年。這個事實完全改變了香水領域的經濟學，也使得投資在香水品質上的資金所剩無幾，因此投資者賺取的利潤更少。現在大部分資金都耗費在宣傳上，甚至還不是和客戶溝通的方面。

發表新香水的成本很高（對奢侈品香水而言，上市成本平均是一年的預期營業額），因為發表香水要遵循大眾消費品的邏輯，而非奢侈品的邏輯。維持品牌的成本同樣很高，需要在媒體方面進行投資，以便在維持品牌夢想的同時增進銷量。寶鹼的化妝品部門在授權經營下管理香水產品，在媒體廣告方面的投資占了營業額的二〇%。

雖然香水也有可能成為偉大的經典系列，這些開發和維持成本仍舊合理。如今，新香水的壽命持續變短，因為市場上奢侈品和頂級品之間存在直接競爭，導致品牌必須持續不斷地發表新品；也因為引入了很多明星香水〔例如亞蘭・德倫的德倫香水（Delon）、達利的達利香水（Dali）、辣妹合唱團的辣妹香水（Spice Grils）等〕，這些香水的開發公司（如科蒂）儼然成了香水專家。

如果加上向大眾配銷的壓力，不論是透過絲芙蘭這樣的選擇性零售店還是香水銷售網路，真正的奢侈品香水工作坊都會面臨很大的困境。因此，當今的奢侈品香水市場獲利並不高。

為了擺脫這種狀況，品牌可以採取兩種策略。品牌可以保留在香水體系之內，前提是條件極好並且極富原創性——維拉・史徒比（Vera Strubi）發表天使香水就是典型的例子。或者品牌也可以像安霓可‧古特爾（Annick Goutal）和阿蒂仙之香（l'Artisan Parfumeur）那樣自行掌控配銷。品牌也可以在香水業務中保留一點奢侈品的氛圍，分開管理此種業務——這是香奈兒、嬌蘭、愛馬仕和其他品牌採取的策略。但是在這個案例中，奢侈品策略在香水業務裡處於次要地位。

正如我們在第七章中提到的，如果LV發表了新香水，為了遵循奢侈品策略，LV必須在其自家店面中銷售香水。由於LV的銷售網路範圍極廣，一定可以取得巨大成功——保持產品的奢華性，同時也帶來可觀的銷量。

香水市場的區隔

香水市場很大一部分都是奢侈品市場。實際上，接近一半市場都是頂級商品，由萊雅旗下的蘭蔻或寶鹼等日用消費品巨頭占據，另一半市場則是由香奈兒這樣的大牌占據。更有趣的是，這兩種策略在同一個市場上共存，有著同樣的配銷網路和價格區間。

奢侈品香水和頂級香水的商業模式

高級訂製服與奢侈品香水的組合

香水歷來都屬於奢侈品行業（至少可以追溯到古埃及時代），需要特定的高超技術，知名的奢侈品香水公司幾乎都和高級訂製服連結在一起。在知名品牌中，只有嬌蘭，或者放寬標準來說還有卡朗，是「純粹的香水商」。所有其他著名的香水，幾乎都是因為高級訂製服而成功，如香奈兒五號香水、蓮娜麗姿的比翼雙飛香水、YSL的鴉片與巴黎香水、泰尼莫格勒的天使香水等。

一個產品的奢侈品部分就是夢想的部分，香水的獨特性就是夢想建立在香味以外的部分。這並不是說奢侈品香水不具備美妙、繁複、迷人的香味，恰好相反，而是說香水產品所承載的夢想在現代社會不再由氣味支撐，而是展現在另一種毫無香味可言的領域中：由偉大的時裝設計師創造的品牌領域。

因此，在真正的奢侈品香水商業模式中，會引入一種永久的單一香味，來使時裝設計師的品牌永垂不朽。香奈兒五號香水或蓮娜麗姿的比翼雙飛香水，就是這類模式的完美典型，這也是最近成功引薦（不是推出）給客戶的奢侈品香水所採用的方式，例如泰尼莫格勒的天使香水。

品牌在此種情形下並不是由於「需要發表香水」而「推出」，而是因為品牌發現了一種新的香味組成而「引進」新香水，同時也與設計師的領域保持一致。YSL的鴉片香水是其品牌領域的一部分，而巴黎香水則是另一部分。這是創造長期高獲利，並與其他奢侈品活動保持一致的唯一策略。

頂級策略和大眾頂級策略

香水領域另一種可獲利的商業模式，是頂級和大眾頂級模式。在這種模式下，香水新品發表得十分頻繁，並且很快就被捨棄。加速發表使得品牌能夠相對迅速地在貨架上占有一席之地，從前一種香水的銷售額中獲得宣傳下一種香水的資源。

頻繁地推出產品的做法是根據越來越細的市場區隔分析，有三種參數彼此影響：

- 購買香水的基本動機：是為自己買，還是為了吸引他人？
- 性別：是男士香水還是女士香水？

●目標市場的心理分析：把品牌的潛在市場按照客戶類型細分。每種客戶類型都有相應的香水開發計畫。

在這種商業模式中，香水產品、香味本身、包裝或香水瓶並沒有被賦予價值，更重要的是廣告和銷售環節。基於強大的品牌認同，這是典型的「需求行銷」而不是「供給行銷」。此類香水的廣告都差不多，因為廣告已經與設計師之間沒有關聯，取而代之的是目標分析，以及根據各目標客群的刻版印象所做的廣告，這類例子並不多。

跟隨變幻莫測的時尚潮流，也可以解釋品牌頻繁發表新香水的行為。身為享有極高聲譽的設計師，卡文・克萊得以發現時興的時尚潮流，並將其融合入產品當中賣給大眾。一九八五年，愛戀香水（Obsession）趁著道德解放的浪潮風靡一時，一九九〇年的永恆時刻香水（Eternity）則恰恰相反，預示著回歸孤立生活。

管理成本很高的奢侈品商業模式

前三種商業模式都與「輕工業」有關。與此相反的則是「重工業」，特色是固定成本很高，需要龐大的銷量來平衡成本。「重工業」主要集中在服務業（旅館、餐廳、空運、遊艇等）。為了支付龐大的成本，品牌會採取收益管理型的價格策略，使奢侈品服務的價格可以隨時根據需求調整。

然而，奢侈品產業的價格管理有其特點（見第九章），就是價格不能在廣告中提及、也不能促銷，因此實施收益管理時需要技巧。

若降價是針對所有人同時進行的（如淡季價格），就沒有什麼特別的問題。但如果不是大家一起降價，實施降價必須保證不能傷害到為同一項服務付高價或付低價的客戶。

支付高價的客戶

奢侈品是隔離主義者。人們支付全額是為了加入一個「少數幸運者」俱樂部，服務的價格就是加入的門檻。如果支付全額的客戶知道有人加入了他們的俱樂部，卻沒有付出應付的價格，他們就需要一個很好的理由來接受這些人。例如這個特殊優惠是基於某個具體且吸引人的活動（如蜜月、從知名學校畢業等）。

支付低價的客戶

奢侈品意味著稀有性。除非特殊情況，否則優惠促銷就意味著產品並不稀少，那麼該產品也就不再是奢侈品。促銷價格必須是保留給特定人物的禮物，可能是品牌的尊貴客戶（貴賓特賣會），或是獲邀加入俱樂部的客戶（服務業的「入門策略」）。這個領域有兩種管理機制：

共享機制：頭等艙的服務

該機制可以運用在客戶經常使用的交通方式上（火車、地鐵、飛機）以及某些大型遊輪。在共享機制下，利用奢侈服務、高度重視感及排場炫耀感等造成差異化（如頭等艙客人會在登機或登船時，被帶領著經過其餘乘客）（如第四章所提）。這包含了奢侈品的兩個面向。

新加坡航空就是一個例子。《財富》雜誌經常把這家成立於一九四七年五月的公司，稱為世界上最受人欽佩的公司之一，也是世界上最具價值的航空公司，它的頭等艙是真正的奢侈品，但更令人矚目的是該公司品牌的整體性，超越了其他所有航空公司。新加坡航空有四個核心價值：持久創新、最佳科技、貨真價實以及出眾的客戶服務。儘管這些價值並無驚人之處，但新加坡航空以最高水準堅持實踐這些價值，的確成果豐碩：

- 新加坡航空在客戶機上和地面體驗和娛樂方面持續進行系統化創新，最近的例子是在每個座椅上都安裝了個人電腦。
- 新加坡航空有比其他航空公司更先進的機種：它是第一個購買全新A380飛機的公司。
- 每個奢侈品品牌都有象徵，新加坡航空的象徵是創造於一九六八年的「新航空姐」，並自此成為公司廣告的焦點。皮爾．帕門（Pierre Balmain）受邀為新航的空姐設計制服，該制服是馬來沙龍裝的改版，代表著新加坡航空公司的熱情好客和親切溫暖。為了維持這個品牌象徵，所有機艙人員和與客戶接觸的其他人員都會受訓，以增強員工競爭力。例如，工作人員需要參加紅酒和起司鑑賞課程，才能和客人談論它們，並向客戶推薦。這些客戶本身都具備對這些產品極強的鑑賞能力，品味十分挑剔。新加坡航空已經系統化宣傳這些服務特點四十年之久。

獨享機制

獨享服務是指奢侈品酒店（如羅萊夏朵酒店、杜拜塔和它的七星級旅館）、特殊火車（如東方快車）或者私人飛機等。

一家巴黎宮廷式旅館用什麼來平衡其高額支出呢？六五％的營業額和七五％的利潤都來自住宿

表13-1　奢侈品酒店裡的餐廳成本結構

（單位：百萬美元）

食物收入	43.2	66.7%
飲料收入	18.9	29.3%
其他餐飲收入	2.6	4%
總收入	64.7	100%
食物成本	10.6	
飲料成本	3.1	
總餐飲成本	13.7	21.2%
薪資	42.6	65.8%
其他費用	8.1	12.6%
獲利	0.3	0.5%

（平均住房率高達五一%），餐廳只占三五%的營業額和二〇%的利潤。在旅館中，一半的員工負責餐飲服務。因此，邊際入住率和餐廳足以吸引在地的客群（遊客喜歡在其他地方用餐）便十分重要。

表13-1列出了餐廳的詳細比例，並解釋為什麼價格會呈現系統性成長。面臨這些成本，唯一的解決辦法就是提高奢華度，進而提升價格。

為了進一步發展，奢侈品餐廳老闆會採取星系商業模式：喬爾・侯布匈（Joël Robuchon）、皮埃爾・加涅爾（Pierre Gagnaire）、艾倫・杜卡斯等業界大廚，變成高級料理的設計師。他們在國際上擴張餐廳數量，通常與其他奢侈品品牌旗艦店相鄰（如杜卡斯餐廳設立在東京銀座的香奈兒大樓內）。即使他們不在現場，也會在每家餐廳內激發創新，並在每一次走訪各大城市的短暫旅途中，增加餐廳的媒體曝光度。

創新是當今奢侈品酒店成功的關鍵因素，也是讓世界高階旅客津津樂道的起源。巴黎的雅典娜廣場酒店（Plaza Athénée）就是極具啟發性的案例。創新是這家奢侈品酒店的核心價值之一，這需要主動積極的員工，並且鼓勵他們自由表達，舉行系統化的創新研討會，極富個人魅力的管理團隊也必須善於傾聽，同時公平地分配獲利給員工。該酒店在四個主要創新服務方面，有著系統化進步的熱忱：

- 改進現有服務，例如以一系列數位多語頻道，取代普通的電視頻道；或派出豪華轎車將客戶從機場接到酒店，並在車上進行入住登記。
- 引進一系列市場上現有、但尚未應用到酒店業中的服務，例如記錄客戶乘坐的計程車號碼，萬一客戶在車上遺失物品，可以派上用場；或提供瑪莎拉蒂汽車，供所有入住皇家套房或艾菲爾套房的客戶使用。這是新加坡萊佛士酒店（Raffles hotel）的創新做法，該酒店還提供BMW七系列和配備專屬司機的賓利跑車供客人使用。
- 針對特定類型客戶改進服務。典型的例子是，酒店會全面改造餐廳來吸引客戶的孩子，同時也吸引一群巴黎當地客戶。
- 最後，採取破壞性創新，例如在冬天將庭院花園改造成溜冰場。

高科技商業模式（高度創新的行業）

儘管這個模式在當今世界十分重要，我們也應該提及，但這裡並不會詳細討論。「高科技」（即技術持續進步）的基本限制，實際上與奢侈品產業背道而馳。奢侈品產業乃針對穩定和長久的市場，這也和持續變化的時尚完全不同，因為它不是純人為的，而是有客觀的基礎。時尚產品終有一天會再次流行，就像停擺的鐘每天至少會有兩次的時間是正確的一樣，但你並不知道那是何時，只能等待。

然而對科技而言，幾年前的電腦卻是毫無用處，等待也沒有任何意義。

技術越新，這種限制越嚴重。內燃機的演進通常可以用奢侈品的方式管理（奠基於動力的奢侈品汽車市場，如法拉利或保時捷），但是電子業的演進卻無法控制。

客戶有兩種完全彼此矛盾的期待：奢侈品要處於技術進步的最尖端，同時在充分享受這種技術進步時不用心懷憂慮。因此，在該領域有兩種矛盾的奢侈品策略可選擇：第一是提升技術複雜度（全方位的技術產品），例如有著超強性能的汽車；第二是設計簡易輕鬆的使用體驗（無形的技術產品），像是配備專屬司機的轎車就有這種特點，這些轎車是從古代的馬車演化而來。

在電子產品領域，技術進步的節奏就是必須拆分實體產品和服務。服務可以輕易地持續改進，使得該產品使用時間更長，並使該產品變為奢侈品；但是無論服務還是產品，都應該是真正的奢侈品才行。諾基亞旗下的Vertu就是絕佳案例：服務是此種奢侈品的精髓所在，而手機亦由珠寶鑲製而成，令人稱羨。

管理上最困難的地方在於，電子產品的物體和技術不可分割。Bang & Olufsen音響公司證實了分割是可行的，但是會十分不穩定，因為設計和技術必須都是頂尖水準。一九二五年由彼得・邦（Peter Bang）和斯文・奧陸芬（Sven Olufsen）成立的Bang & Olufsen公司，取得了巨大成功，其部分產品成為紐約現代藝術博物館的永久收藏。但是在一九八〇年代，該公司逐漸背離奢侈品策略的嚴格要求。結果，一九九〇年代初，該品牌遭受巨額虧損，不僅設計過時，技術落後博士（Bose）之類的頂尖競爭者——奢侈品的兩個重要面向都遭逢嚴重傷害。然而，它仍舊是一個奢侈品品牌，並未消失，安德斯・克努森（Anders Knutsen）透過重拾奢侈品策略，實現了令人矚目的逆轉。

此案例中的難題在於，不同於時尚界幾個月的週期，品牌必須保持產品的設計在幾年內都相當現代化，還要始終處於技術尖端，這就是要求品牌同時掌握兩個互相矛盾的領域。若是能夠做到這一點，就可以實行本書描述的奢侈品策略，並取得巨大成功。但是Bang & Olufsen在二〇〇七到二〇〇八年的業績差強人意，股票持續低迷，營業額自二〇〇九年開始便低於二〇〇二年的水準，這也顯示出這種成功其實十分脆弱。

一當奢侈品商業模式面臨危機

危機對於任何公司管理來說都是關鍵時刻，如果在危機時刻的奢侈品策略與一般時間的市場策略沒有任何區別的話，那麼本書所有關於奢侈品策略的討論，都僅僅是一紙空文。對於管理的考驗在於實踐，而非在書中。市場理論，甚至是極具說服力的理論，都必須運用卡爾．波普爾（Karl Popper）對於科學理論失敗的定義，在現實生活中加以檢驗。在危機時刻運用奢侈品策略會有所不同嗎？危機對不同的商業模型會有不同的影響嗎？

奢侈品策略對危機有著高度適應性

每當新的經濟危機爆發時，人人都宣稱奢侈品面臨終結，從二〇〇九年的報紙和雜誌文章便可得知。專家撰文解釋為什麼奢侈品面臨終結，結果卻眼睜睜看著奢侈品在危機中存活下來，於是他們再度撰寫其他文章解釋這種現象。這對出版業來說的確是福音，對奢侈品產業卻並非如此。

為何專家們屢次犯下這種錯誤？因為他們對於奢侈品的定義很模糊。回顧本書便可得知，奢侈品策略有著高度適應性，但是整個奢侈品市場並非如此，只有按照奢侈品策略的嚴格規定管理奢侈品品牌，才能安然度過危機。

綜觀全書，我們強調過奢侈品策略和奢侈品市場的區別、奢侈品擴張和奢侈品延伸的區別、第一類和第二類奢侈品集團的區別。外行人也許會認為這種區分令人費解，實際上，當經濟狀況良好時，這些區別也沒有那麼重要。順風時海面平靜，所有船隻都可輕鬆到達港口；當時尚產品和頂級產品獲利狀況良好時，為什麼要費力採取奢侈品策略？為什麼要拒絕工廠搬遷？為什麼要嚴格控制配銷？當資金充足時，為什麼不能雇用顧問團隊和品牌大使？為什麼不能使用標竿學習？當普通簡易的策略發揮作用時，為什麼要努力堅持奢侈品策略？但是，當危機爆發時，一切都會改變。

奢侈品市場對經濟打擊具有過度反應性

景氣好的時候，奢侈品市場的經濟成長率比整體經濟成長率要高（大約高出三倍），人們有更多錢購買高價商品，有更多閒暇時間旅行。景氣差的初期，奢侈品市場也比其他市場成長率跌落更快，並且幅度更大。

這是因為奢侈品購買行為很容易滯後，因為奢侈品並非必需品。股票價格也會走低，因此富人會覺得財富縮水。奢侈品和股市之間存在很強的關聯。一份研究顯示，在奢侈品購買和超額股票收益之間存在著強大連結。有趣的是，奢侈品與慈善之間的連結也是如此（在第四章結尾已經提及）。

危機時刻的奢侈品策略特色

不論是否遵循奢侈品策略，在危機初期，客戶的購買行為並不會有太大改變，而品牌將會感受到以下變化：

- 「散客」數量急劇下降。客戶沒錢購買入門產品，導致入門產品銷量急劇下跌。品牌擴張的商業模式會遭受嚴重挫敗，甚至遭到摧毀。奢侈品策略模式不會受到削弱，因為入門產品並非用來創造利潤。
- 不再有炫耀型買家。這些買家的可支配資金會變少，「炫耀」行為在危機時期也不再風行。奠基於昂貴商品的商業模式受到削弱。客戶成交量走低，如果品牌提供的產品以更低價格出售，並且品質不如從前，客戶則會不再買單。
- 「真正的」客戶會延遲奢侈品購買行為，儘管他們熱愛該品牌的產品，但在經濟困難時期仍必須保持低調。此時他們的座右銘是「不再挑釁社會」。

然而，在第一階段，奢侈品品牌與其他類型的品牌有很大的不同。奢侈品品牌不會透過降價來保證銷量，但其他品牌卻陷入了打折的惡性循環，頻繁促銷。接著，很快就會出現更大的差異，儘管危機並未結束，但堅持奢侈品策略的品牌會強勢回歸到先前的銷量，而其他品牌的銷量則會持續落後。為什麼會出現這種情況？

一旦人們的焦慮平息，客戶便需要從奢侈品中獲取安慰，想向他人展示自己是對的。真正的奢侈品便得以重獲積極的社會意涵。這時，客戶開始採取一種自我獎勵的行為，購買比初始預期價格更高的產品，無論是為了自己還是為了送人。經過了漫長等待，客戶當然想要犒賞自我或饋贈他人。

這種影響促使銷量回升，而且因為真正的奢侈品品牌並沒有降價，並且一直堅持創造更多昂貴的新品（反傳統行銷法則第十四條「不斷提高系列產品的平均價格」），而銷量回升則會讓危機後的利潤大幅提升。

奢侈品策略不受危機影響，但奢侈品市場並非如此

遵循奢侈品策略的商業模式建立在強大、高利潤的核心之上（見圖13-1），這些模式並不依賴入門產品或頂級產品來獲利，其策略將會讓品牌安全度過危機，變得更加強大。經由這種方式，危機重整了市場。

經濟周期和經濟泡沫是奢侈品策略的嚴峻考驗。ＬＶ是奢侈品策略的典範，其品牌核心是行李箱和手提包。ＬＶ在二〇〇八到二〇〇九年的經濟危機中，保持了超過一〇%的年成長率，甚至被迫在二〇一〇年結束前一小時關閉門市，因為儘管開設了新的工作坊，各大門市的商品仍舊短缺。ＢＭＷ二〇一〇年的業績也十分亮眼。

在天秤的另一端，大部分所謂的奢侈品品牌並沒有運用奢侈品策略，因此若不是破產，便是必須大幅減少產品的系列和配銷管道。而且在危機期間，客戶會轉而尋求確切的長遠價值。

第14章 進入與離開奢侈品產業

每個人心目中都有一份當前的奢侈品品牌名單，然而，這個名單並非永恆不變。有些品牌會消逝，還有許多新品牌會出現在歐洲、美國、中國、韓國、日本、印度、俄羅斯等地。我們在第一章已經提及上述各國奢侈品市場發展的程度，以及奢侈品市場如何逐漸征服所有的行業。本章將闡述新的奢侈品品牌創立者會問的三大關鍵問題：

- 為什麼要選擇奢侈品策略？
- 如何透過奢侈品策略，同時管理品牌的發展？
- 何時應該離開奢侈品產業、應該如何離開，以及為什麼要脫離奢侈品產業？

一、想成為奢侈品是不夠的：成為奢侈品的條件

本書已經詳盡分析什麼是奢侈品策略，這些分析是基於典型奢侈品市場（服裝、珠寶、配件、汽車、酒店、遊輪等）實際且具體的經驗，雖然有成功也有失敗，但每個經驗都具有教育意義。

從上述例子中我們也推論出管理的原則，特別是一些違背傳統的行銷法則，這些原則相當一致，常與那些傳統市場的成功策略相悖。我們認為有必要繼續詳細地分析，好讓讀者信服奢侈品市場的成功並不僅靠著天賦和好運，更是因為奢侈品市場運用了原創的行銷方式，而且和傳統市場中的行銷實踐一樣組織化和專業化。

第一章全面分析了奢侈品策略適用於任何領域的任何公司，但是實用工具，尤其是4P——產品（product）、價格（price）、通路（place）、促銷（promotion），則要跟著奢侈品策略所套用的行業和文化做調整。所以，有必要在展現奢侈品策略的行業和文化中應用這些實用工具。我們應該將務實作為口號，在本章將會不斷提及這一點。

還有一點十分重要，就是要清楚為什麼你沒有嚴守某項原則，更要清楚你做出這個權衡後的結果。另外一點就是，奢侈品產業的4P與傳統行銷中的4P一樣都是一套的，所以，如果只實行奢侈品產業的一兩個P，其餘仍然處於傳統模式，將會十分危險——四個P必須全部調整。當然，這種一致性在傳統行銷中極其重要，在奢侈品市場中也占有不可或缺的地位，因為它在各個面向都會產生十分重要的作用。

一致性對於既有產品和市場無疑也相當重要。我們已經多次觀察到，奢侈品市場必須適應客戶對於品牌的熟悉度，嚴謹對待那些不了解品牌的客戶，進而讓客戶信服品牌的品質，以及品牌的全球一致性。然而，針對那些對品牌已瞭若指掌的客戶，行銷方式可以不用太過拘泥，特別是價格方面。即使你十分清楚不應該降低任何產品的價格，還是可以給老客戶「一點優惠」，比如說保留報價或私下銷售。如果這件事做得夠漂亮，不但不會削弱品牌，反而是給予行家和朋友的優惠，是品牌為值得的客戶準備的禮物，讓你們之間的情感連結更加鞏固。

同樣地，網路在奢侈品策略中的角色，也會隨著4P等實用工具和社會文化的進展而更加重要。過去十多年間，網路遭到奢侈品界嚴正的排斥，如今我們則強烈建議將網路作為溝通管道之一，這要歸功於網路大量的進步（影像、聲音）和技術演變（高速傳播）。在網路變得更加安全和個人化之前，我們還是把它排除在銷售過程之外（卻強烈建議在售前、售後或客戶關係管理時使用），或許之後我們也會推薦運用網路進行銷售。這裡，同樣是實用主義的天下。

相反地，這並不意味奢侈品策略永遠都是可行的，也不表示它在經濟上都切合實際。許多認為該策略不可或缺的人，和許多認為自己生產奢侈品的公司，最終都宣告失敗。

不論你的祖母為村裡的權貴縫過幾件衣服，還是你的曾祖父在隔壁鎮上的市集賣過幾只手工製品，都不能證明一個奢侈品品牌的歷史根源。只要手工藝品沒有被社會公認、不具品味，甚至連藝術都不算，就不能算是奢侈品。

此外，不能把沒賣出去的產品和稀有產品混淆，不能只責備潛在客戶沒有欣賞的眼光，而不反省自身的觀點已經過時，或是無法滿足客戶的需求。

實行奢侈品策略的理由

奢侈品有著很強的吸引力，即使是最理性的經理人和金融分析師，都會拜倒在奢侈品的腳下。奢侈品品牌的知名度和價值的確比實際的營業額更高。而且，這些經理人是奢侈品的忠實客戶。這些管理階層的薪水豐厚，而且可以自由支配，所以很容易將錢花在相當華麗又符合他們品味的物品上，更不用說這些物品能夠展現他們的財富。最重要的是：這些物品可以展現經理人的社會地位。

有四個主要原因解釋為何人們會受奢侈品策略吸引：

第一個原因：賺大錢的生意

如果可以獲利的話，數字一定相當驚人。奢侈品就是「賺大錢的生意」：你可以賺得一大筆錢，而且是非比尋常的高額回報。一九九四年，ＬＶ的淨利是一二〇％以上，與金融界規定的最低門檻一五％相比，對於多數公司來講幾乎難以企及。然而，奢侈品公司的老闆也經常賠得傾家蕩產：ＬＶＭＨ集團總裁伯納德．阿諾特在歷經二十年的零利潤後，還是賣出克利斯瓊拉夸這個品牌，儘管設計師本人才華橫溢，該公司連續幾位管理高層身懷真才實學也沒用。

第二個原因：公司規模小，沒關係！

傳統市場中，不論是日用消費品還是工業品，我們都可以透過市占率獲利影響（ＰＩＭＳ）或波士頓顧問集團的研究，知道領先者有很多優勢。在同類市場中（根據ＰＩＭＳ的數據），不管哪種產品，平均來看情況都是如此。

- 領先者的獲利是一二％以上。
- 第二名的獲利約八％。
- 第三名的獲利約三．五％左右。
- 其他人都是虧損。

所以，如果在市場上不是前三名的位置，就值得考慮採用奢侈品策略，前提是公司的產品或服務有稱得上是奢侈品的東西。小型公司並不會阻礙奢侈品事業的推展，甚至可以成為一種資產，這一點將會在後面說明。

第三個原因：有夢最美！

每天都會誕生新的設計師，懷抱鴻圖大志，想要引入對品味和卓越的新詮釋，創建一個屬於他們自己的嶄新奢侈品王朝。所有人都應該記住推行奢侈品策略的三項基本條件：

- 產品必須有能力成為社會地位的象徵。
- 產品必須成為眾人的宏偉夢想。
- 公司必須夠小。

前兩點條件對於讀者來說並不意外，因為我們已經討論過了。第三點可以改寫為「從小規模做起」。我們已經知道奢侈品和時間密切相關，也知道奢侈品需要多少時間來打造。亞洲知名的諺語這樣說：「假如時間不能成事，那它就會誤事。」現在是運用這個諺語的最佳時機。

第四個原因：物以稀為貴

我們在第四章提及，稀有是奢侈品身分的核心。反過來也一樣，如果你的產品中有個重要的部分相當稀有（原料或手工製品），就有兩個選擇：用另一種原料或技術取代，或是採取奢侈品策略。

從小規模到大獲利

這並不表示你必須建立一個極小的規模，而是意味著大規模不僅不算優勢，甚至還可能成為阻礙，特別是在客戶關係上。我們已經知道，奢侈品銷售的黃金法則就是保持和客戶的直接聯繫，一種狀況是與所有客戶已有聯繫（這是理想狀態，但如果公司已經達到很大的規模，就很難達到）；另一種狀況是這種客戶聯繫尚有待建立。如果已經有很多客戶，就很難與所有客戶建立聯繫。你必須重新鎖定部分客群、關閉部分（也許是很大一部分）銷售管道、接受營業額大幅下降的風險，這些都是現在十分必要的一環：這是成本很高的營運方式，需要股東們保持冷靜。

最後這種情況在奢侈品產業十分常見，像是賣出授權和「賺快錢」，之後又為了重新挽回奢侈品形象不得不買回授權。勞夫．羅倫就是很好的例子。

二〇〇二年，勞夫．羅倫決定放棄授權策略，轉而採用奢侈品策略，包括逐步收回對配銷網路的控制權。這項策略實施得很成功（淨利從二〇〇二年的一．七二五億美元，增加到二〇〇七年的四．〇一億美元，授權金從占營運利潤的六四％下降到一七％，奢侈品專賣店獲利從四％增加到二六％），但代價是大量的投資：二〇〇七年春，他們用一．五五億美元買回日本的成衣授權，在奢侈品專賣店上也投入鉅資。

但這種策略的風險很高，從ＹＳＬ的經歷即可得知。該品牌在一九九九年被ＰＰＲ收購後，採用相似的奢侈品策略，犯了一個嚴重錯誤，也就是將該品牌創始人排除在外，將負責人換成湯姆．福特。於是ＹＳＬ之夢迅速破滅，這個品牌採用奢侈品策略的合理性也蕩然無存。削減授權、增開奢侈品專賣店是典型的奢侈品策略，但在聖羅蘭先生本人離開之後都變得毫無意義了。財務的嚴重後果馬上顯現，從獲利變成嚴重虧損。二〇〇八年，PPR不得不將其美容部門（整個品牌的主要現金來源）賣給萊雅，而且接下來幾年都沒有看到曙光。

一旦獲利，就能快速成長

一旦這個「發射台」建好，接下來的獲利一定會快速成長，從某種意義上來說，算是對前期虧損的補償。突然變化的原因很簡單，就是因為起初需要花些時間，確保你提出的是足夠多人的夢想。一旦確認，還要努力說服更多客戶，不然這個夢想可能隨著社會經濟環境的變化消逝，也可能會被競爭者搶先一步。在某種意義上，你需要「占據領地」。

在此，我們找到第十二章中「擺動門檻」的實踐結果。這時候資源分配政策必須做出重大調整。決定這個門檻沒有一個萬用的標準：這個門檻取決於行業、品牌狀況與競爭對手的比較。只有一件事十分清楚：如果公司尚未獲利或獲利微薄，一定到不了這個門檻。有些公司在自身達到收支平衡前，就為發展一個品牌注入大量資金，結果很難回收這些投資。

在未達到門檻以前，將有限的資源集中在產品提供的部分上（「使用經驗」和「個人夢想」），是十分有益的。透過這種方式，可以一開始就吸引少部分的核心客戶，在建設時期就能有緩慢的發展。

超過這個門檻後，應將大多數資源投入吸引新客戶當中，目的是發展產品的「社會夢想」，這是唯一能夠保證品牌在全球擴張的方法。這是大量投資階段的開端，一部分用於配銷，假如一開始就採用授權策略以快速賺錢（如勞夫·羅倫的例子），那在配銷部分投資就會比較大；一部分用於溝通，尤其是媒體廣告（口耳相傳已經不夠，見第十一章）。在快速成長階段，除了發展產品技術（應隨需求量的變化調整，甚至可以稍微延後，不要趕在需求之前，保持產品的稀有性和高價），大部分資源應該投注在溝通和配銷方面。

如果又越過了這個門檻，除了在吸引新客戶方面外，還繼續向產品本身注入過多投資，公司將會漸漸發現自己處於嚴重的經濟困難。例如，瑞士汽車公司科尼賽克，成立於一九九四年，創始人是克里斯汀．馮．科尼賽克（Christian von Koenigsegg）。二〇〇三年該公司瀕臨破產，二〇〇四年其生產的CCR跑車開始真正獲利。這款車售價在五十萬美元左右，在奢侈品領域算是非常高。科尼賽克並不繼續努力和投資既有的成果，而是繼續發展新的款式，像CCXR型號，二〇〇七年上市，定價超過兩百萬美元。結果，二〇〇四年的獲利，變成了二〇〇五年和二〇〇六年的巨大損失。

為了在發展階段獲得成功，而不是功虧一簣或耗費品牌的財力，有幾點原則需要遵守。

在地發展：創造你的根源

你必須從特定地點出發（一個地點，一種產品），從一開始就保證與客戶之間建立具有一致性的連結。接著，由地方發展到區域，直至全國。奢侈品總是帶有產地的印記，構成了部分客戶的夢想，像是紅酒來自法國，絲綢來自中國，魚子醬來自俄羅斯，勞斯萊斯來自英國。

接下來的步驟是跨越國界，走向全球，這一點在第十二章中已有詳細闡述，其中的重點就是讓各文化的人視你為奢侈品，而不是只在創造該產品的國家之中。這是一個艱難的挑戰。

這個步驟十分重要，需要熟練的操作，特別是不應該全方位開發，也不應該根據大小選擇市場。必須從這種客戶入手：對產品接受度高，能夠接受原原本本、不加修改的產品。記住反傳統行銷法則

第三條「不要迎合客戶」。這種營運方式與傳統行銷方法完全相反：適應當地需求的奢侈品就不再是奢侈品了，除了某些明顯的技術特例，如歐洲和美國是左側駕駛，日本和英國是右側駕駛，中國的汽車後座要有更大的空間等等。

我們已經討論過新地點的選擇不能授權給任何人，尤其在新的國家開幕時更是如此。

最後，品牌經常會發現不同國家的客戶有著十分不同的社會經濟地位。一九八〇年代，LV在法國的客戶大部分是四十歲以上的中年女性；在日本，大部分客戶是三十歲以下的年輕上班族女性。這不是十分嚴重的問題，但卻會影響到配銷和溝通層面。想要靠吸引法國四十歲以上女性的方式，來吸引日本四十歲以上的女性，在任何熟悉日本的人看來，都是一種對文化徹底的錯誤解讀。

所以，必須要謹慎選擇目標國，鑑別當地的目標客戶群，認真選擇第一個銷售地點的位置。對品牌來說，那種雖小但處於繁華地段的地點，儘管不是特別好，也已經比面積大而位置差的地方好多了。第一家店面必須能有效證明品牌的地位，因為品牌沒有讓人留下第一印象的第二次機會。

產品開發：創建商品的主軸

從單一產品做起，如果沒辦法，就從全球層面上做單一系列的產品。這是為了在生產和溝通方面產生最小的「規模效應」，以提供在全球擴張的資金。必須盡可能長時間地堅持發展單一產品。

一旦完成了全球性的擴張，就可以引入（而不是開發）第二個系列，之後若有可能再引入第三系列，而且都要在同一產品範圍內。只有完成這些步驟後，才可以放眼新的產品領域。

㈠利用或收購現有品牌

如果沒有時間建立一個品牌，可以從奢侈品領域中接手一個品牌，這是很經濟的方法，很適合擁有資金卻缺乏時間的人。做這件事有兩個方法：

使用既有但未利用的品牌，或已經放棄的品牌

這就是賓士汽車，也就是戴姆勒—賓士公司（Daimler-Benz group）所採用的方法，讓梅巴赫品牌重出江湖，該品牌已成為戴姆勒—賓士公司的部分資本。

威爾．梅巴赫（Willhelm Maybach）是戴姆勒汽車公司（Daimler Motoren Gesellschaft，ＤＭＧ）自一八八二年創立以來的首席工程師，他於一九〇〇年建立賓士品牌，後來又開發以自己名字命名的豪華轎車：梅巴赫W1，產於一九一九年。這是個很好的例子，說明為什麼賓士得以建立。一九二九年，梅巴赫的兒子卡爾將公司的專業技術，用於為希特勒統治下的第三帝國服務，為裝甲坦克生產V12引擎。同時也繼續生產汽車直至一九四〇年。二次大戰結束後，該公司消失。

戴姆勒集團十分熟悉梅巴赫品牌的歷史，所以有能力恢復梅巴赫的往日風采，同時也抹平那個棘手時期的問題。戴姆勒有這種能力，是因為其他德國奢侈品品牌（ＢＭＷ、優客）在一九三〇到一九四五年正處於同樣情況。這是一個整體問題，所以沒有直接影響到品牌。

收購品牌

第二個方法廣受採用，因為（理論上）它節省了大量用於建立品牌的時間，這也讓奢侈品品牌在

過去二十年大量增值，這一點在第十二章中已有提及。

然而，收購品牌的管理遠比想像中要複雜得多，從福斯汽車收購布加迪一案中可以看出：這兩者在歷史上沒有任何關係，文化也有明顯的差異（從各自的名稱中就可看出）。這樣一來，不僅要保證品牌的「夢想」可以再現，還必須要有懂得如何經營的團隊。如果生產大眾消費品的公司購買了一個奢侈品品牌，或者整體文化差異過大，情況就顯然不是如此了。

選擇新的品牌策略時，有必要先確認整個行銷組合的一致性，再考慮下一步怎麼走。正如我們所說，奢侈品品牌不是開發出來的，而是引薦給客戶。一個有效的團隊無法成功經營奢侈品，不僅是因為所選品牌沒有一個普遍的夢想，還常常因為運用了無法適應新市場的傳統行銷策略，所以必須要「從零開始」，這對已經有成就的公司來說相當困難。

脫離奢侈品領域

想要維持一個奢侈品品牌，表示你必須持續尊重一些難以遵守、甚至沒有能力去遵守的準則和約束。所以，你有必要知道如何脫離奢侈品，這絕不是件丟臉的事。仍有其他可以獲利的商業模式，如頂級品牌、時尚品牌等。

賓士離開奢侈品領域，目的是為了朝全方位高級車廠的地位邁進。從它的管理層面來說，有兩種簡單的選項：維持奢侈品地位；或是像勞斯萊斯一樣消失（被BMW收購）；或者繼續發展，但不再是奢侈品。所以，我們將討論可能讓奢侈品脫離奢侈品市場的原因，和實現這一點的方法。

奢侈品品牌的終結

我們已經看出從小型奢侈品品牌轉型到全球品牌是很困難的，但是有許多有效的商業模式可以成功實現這一點。我們也知道，奢侈品是永恆的，或者說只要人類不會滅亡，它就不會消失。近年來，奢侈品市場茁壯成長。從這一切我們可以得出結論：奢侈品品牌一旦進入了「軌道」，就會永久維持成功，就像一件藝術品。

然而，情況並非如此：即使奢侈品本身不會消逝，奢侈品品牌卻很脆弱，不僅是皮草業，也包括香水業，在同品牌不斷推出新的產品，逐漸從藝術變成平價奢侈品。一旦無法或不願實行本書所寫的反傳統行銷法則，奢侈品品牌就會接近終結，讓頂級策略占據主導地位。

我們已經知道，即使奢侈品品牌不會徹底消失，總是會再次出現（就像Gucci、皮爾帕門（Pierre Balmain）、布加迪），但也可能會因為拒絕改變而迅速萎縮，變成一般的頂級產品。在某些人眼中，從奢侈品變為頂級產品就代表了品牌的萎縮，這是嚴重的誤解：奢侈品品牌與頂級產品相比不好也不差，兩者只在管理方式上有所不同而已，兩者可以同時進行。有聲望與財富的家族繼承人處於財務困難時經常這麼做。他們拒絕承認社會地位的變化，拒絕努力工作以奠定新的基礎，因此更迅速衰敗，甚至變賣傳家的珠寶以維護面子。

導致品牌萎縮的主要原因如下：

- 失控的擴張，例如香水。
- 「金字塔」底部向上削弱了品牌力量，所有非奢侈品產品共同使用奢侈品品牌。

● 核心系列缺乏創造力（設計師過世）。
● 股東過分貪婪。
● 最重要的是，短期的壓力（如必要的流行）使得時間過度緊縮。如前所述，奢侈品需要時間。

根據所選的商業模型，奢侈品萎縮的原因也不一樣。

LV的商業模型

我們已經在第十三章的商業模型中驗證了它的六大內在風險：

● 不合理且獲利少的多樣化。
● 太過放鬆。
● 內部疲乏，反對過去。
● 垂直整合導致僵化。
● 由於市場飽和及通俗化，產品形象過時。
● 然而，最嚴重的風險卻是外在風險：股東貪婪，想盡可能地榨取搖錢樹，所以將品牌推離原有的合理領域，將其推向金字塔或星系模式，但卻完全不適用。

稀釋、分散或揮發品牌內涵都會導致品牌終結。著名的例子就是Gucci家族，幾乎讓Gucci品牌徹底消失，後來因Investcorp集團收購而挽救危機，在總裁多明尼克・迪梭和湯姆・福特聯手下起死回生，之後又由法國PPR集團接手。

金字塔商業模式

這種經營方式的主要風險已經得到驗證，是指「賺快錢」會產生一路向上的破壞。最極端的情況，從許多高級訂製服可以看出，金字塔的頂端透過時裝展得以鞏固，但中間層級都已消失：大家都把重點放在底部高邊際效益、好賣甚至是最便宜的商品。所以最後只剩名字叫奢侈品，其餘的僅是一種象徵。

金字塔底部的產品沒有較好的品質和創造力，銷量卻很好，達到八〇％以上。因為夢想價值遠高於使用價值，夢想價值可以持續更久，而使用價值卻會隨著產品品質的下降貶值為零，這就為仿冒品打開了大門。

星系商業模式

這個模式的主要風險在於能夠吸引所有人的能力不再足夠，可能是因為核心變弱或消失（如化身神話或夢想具體化的設計師去世），也可能因為創造了過多不同領域的產品，離心力太強。兩者一旦同時發生（如皮爾卡登），就預示著發展不妙。

這個案例有兩種解決方式：第一種選擇就是脫離奢侈品；另一種選擇就是轉為金字塔策略，僅以特定的產品系列進行重組。

這種策略具有優勢，尤其是當設計師去世或退休時（如二〇〇二年YSL的聖羅蘭退休），因為其形象依然很有影響力，所以有可能繼續從金字塔頂端塑造夢想，如將著名的設計師任命為公司首腦，他會尊重創始者形象，並會與創始人的成就保持藝術性的一致〔如YSL任命史特凡諾・皮拉蒂（Stefano Pilati）接任設計師〕。

香水商業模式

香水商業模式真的能持久嗎？香水已經被iPod取代，不再是女性最喜愛的產品，其夢想潛力已出現了裂痕。

由此可知，香水市場的景氣已有所退化，結果就是香水逐漸拋棄奢侈品策略，打破本書所說的反傳統行銷法則，尤其是在配銷層面，並且首次遊走於奢侈品和頂級產品之間。有多重原因導致這種退化，但主要原因是來自時尚的壓力。

事實上，奢侈品香水的巨頭都不再是香水製造商，而是服裝設計師。很明顯，這是香水從奢侈品降級的第一步，因為產品本身不再是奢侈品，而移轉到另一個產業。產品的夢想面和功能面（見第八章）已不再互補，就像精神分裂症破壞了人格的完整性，而「完整」乃是奢侈品的關鍵。

因為著名服裝設計師的領域是時尚，香水業發覺自身已被服裝設計業所吞噬。香水已不再像奢侈品一樣為了長期持久而「創造」，而是像新一季商品或新款洗髮精一樣「推出」。所以，沒有時間營造和培養夢想，必須大規模快速推出新款式。然而，香水的上市造價昂貴，可能要將第一年的全部營業額用於為推出的新款打廣告。

為了讓大量投資有所回報，極具創意、複雜精細的香水就不在考量之列，因為這類香水所占的市場太小，或者要花太長時間客戶才能了解，所以就去設計簡單、迅速、辨識性高的的香水。同時，銷售管道也並非都在掌控之中，無法保持與客戶的聯繫，這時候需要的是大規模分布的配銷管道，即使配銷通路經過挑選，對產品的奢侈品形象仍是災難性的打擊（見第十章）。

至於產品的溝通方式，乃是利用目標客戶群的刻板印象：因為香水業的目標客戶是同一類人，大家的廣告幾乎可以互換。從客戶入手必然導致產品大眾化；從品牌的價值和規範入手，就可保持品牌獨特性和品牌夢想。

這種演進的結果，就是人們不再尋求長久存在的香水（偉大的經典），奢侈品的經濟邏輯（長期持續投資，從持久產品中獲得收益）已經行不通，每年多達三百種新款香水上市，或既有香水的變種。新款香水占了一五％的市場，市場每年成長五％，而這些新款香水又會威脅到其他品牌的香水。

科蒂以推出明星香水而聞名，之後買下了聯合利華的高檔香水（CK、卡爾．拉格斐）。科蒂的口號是「更快、更進步、更自由」，藉此強調速度，掌握時間就是掌握大眾消費品市場。有八五％的香水在推出後的銷售壽命都不超過一年，僅有不到一％的香水能成為經典。然而在一九九〇年代，兩種新款奢侈品香水中，就會有一款獲得成功。

寶鹼是此種模式商業成功的典型案例，重複從同一品牌推出新產品，而不是尋求持久銷售。寶鹼的方法直接受到大眾消費品行銷和形象行銷的影響，而不像奢侈品是以其品牌身分聞名。

同樣地，香水業也逐漸忽略反傳統行銷法則第九條「廣告的目的不是為了銷售」和第十六條「廣告焦點不在人」，而是定期讓不同明星拍廣告，在電視上投入大量資金，這些都與奢侈品策略相悖。至於「品牌大使」，如果正確使用這一策略，它還是可以遵循奢侈品策略的。這個策略既為奢侈品巨頭採用（如香奈兒），也為頂級品巨頭採用（如蘭蔻），所以，該策略在奢侈品和頂級品之間沒有差異。

對配銷的控制力減弱，與客戶的聯繫減少，為了促銷而打廣告——這時我們開始偏離奢侈品策略。結果，經濟平衡不復存在。迄今為止二十年，推出奢侈品香水已呈現了系統化虧損。香水龍頭企業因為有經典產品才能保持獲益，卻仍要承受推出「新款」的高成本。推出新款，事實上就是浪費資金和精力。實際上，這些大企業發現自己已不在奢侈品領域，而是在香水領域；在這個領域，大型企業（萊雅或寶鹼）才能獲得比之前更大的成功。所以，PPR集團將其對YSL香水的控制權讓渡給萊雅，並聲明由於聖羅蘭的退休，品牌失去了實施奢侈品策略的能力，至少在香水業是如此。

迪奧毒藥香水（Poison）採用了激進策略：回收再利用香水貴重的部分，尤其是名稱溫柔（Tendre）、魅惑（Hypnotique）、純毒藥（Pure Poison）等和香水瓶（各種顏色），只做一兩種微調，同時修改那些不需要花大錢變動的部分。這些策略是最後一道防線，冒著耗盡品牌內涵的風險。

然而，奢侈品香水並不是一無是處。真正的香水製造商可以利用時裝香水的大眾頂級策略，追隨如萊雅等企業在此類香水上的影響。隨著高級訂製服衰落，傳達的夢想也因而退化，香水製造商可以利用這一機會，重塑奢侈品香水市場。如果完全實行奢侈品行銷策略，潘梅利根（Penhaligon's）、盧丹詩（Serge Lutens）和安霓可·古特爾等都有很大的機會。對於嬌蘭來說，也是一個重現昔日輝煌的大好機會，它在過去十年曾面臨頂級策略失利和財務狀況不佳的問題。

有些企業在時裝領域仍能成功推出香水，近年有兩大品牌尤為成功——尚保羅·高堤耶的男性香水（Le Male），和泰尼莫格勒的天使香水。這兩大品牌是傑出專業人士的成果（兩位皆為女性），它們完美地遵循了奢侈品策略，運用才智謹慎使用這些準則，但這畢竟仍屬例外。

品牌脫離奢侈品領域的內外因素

當品牌無法遵守或不再願意遵守所選商業模式的限制，不論是公司的外部原因和內部原因，都應該趁早考慮脫離奢侈品領域。外部原因可能是：

- 識別和表現品牌最高層級的市場正在消失。以昆庭銀器為例，與生活息息相關、沉重而堅固的銀器產品已經消失（過去皆出現在十九世紀中產階級的正式晚宴）。同理，都彭和Dunhill一樣，受到來自反吸菸和菸草廣告與法律的嚴重影響，所以打火機不再是一種高級禮品。
- 都彭品牌在首次發展鋼筆產品時取得成功（多虧打火機和鋼筆的產品一致性），之後進軍皮革製品和英式經典成衣，就沒有那麼成功。由於缺乏（技術和形象方面）的合理性，所以都彭在這些行業中也缺乏了夢想，這就可以解釋為什麼都彭的品牌擴張會失敗。有趣的是Dunhill和上述情況一樣，儘管兩者屬於不同國家（都彭是法國品牌，Dunhill是英國品牌）、不同股東、不同管理方法，兩大品牌的近期情況卻極為相似。其中的法則在我們之前提到的奢侈品管理中曾經提及，那就是結構性法則。
- 市場沒有消失，但可能大量萎縮：這就是高級珠寶面臨的情況。現在公共場所很少有人佩戴高級珠寶，所以這些品牌就進軍手錶製造業，這是一種合理演進；然後進軍香水業，但這就比較不合理了。
- 創始人改變策略。這就是皮爾卡登為何能夠管理純授權的全球事業，他善用品牌在社會大眾間享有的名氣。巴黎老佛爺百貨公司的襯衫、皮帶、領帶部門，是整個巴黎男裝部獲利最高的專櫃。
- 創始人去世，如果只有他本人帶有品牌夢想，因此無法取代，往往會導致該品牌必須脫離奢侈品產業（香奈兒集團是罕見的例外）。所以泰尼・莫格勒停止創新，其名下留有的就是天使香水和外星香水（Alien），以及一些配件，這些都由克蘭詩管理。羅瑞斯・阿莎露（Loris Azzaro）也是如此，蓮娜麗姿現在歸到西班牙普伊格（Puig）旗下，姬龍雪（Guy Laroche）則被一家中國企業從比克公司手中收購。

至於內部原因有兩點。第一點是缺乏創造力，第二點則是股東缺乏耐心或過於貪婪。

在這些案例中，最好儘早在品牌變得沒有價值之前，脫離奢侈品行業。然而不管用什麼理由，採用這種策略並非易事：正如第一章所說，可以在傳統品牌上保持長久的獲益（如萊雅、寶鹼），或者在奢侈品行業保持長久獲益（如LV、卡地亞、香奈兒），但兩者很難並行。

然而，策略很有可能成功，迪奧就是一個例子。事實上，自一九五七年品牌創始人克里斯汀・迪奧（Christian Dior）逝世後，品牌當家人地位並未被他人取代，儘管傑出服裝設計師才華橫溢，讓克里斯汀・迪奧品牌保持近半個世紀的設計龍頭地位。一九九七年，約翰・加利安諾（John Galliano）上任，恰好是「新風貌」品牌推出五十周年，是策略完全改變的關鍵因素：從奢侈品品牌（克里斯汀・迪奧）過渡到著名時尚品牌（迪奧）。

當然，迪奧沒有公開承認這一點，目的是避免破壞它的高級形象，梅森・迪奧（Maison Dior）領導了這場主要改變。幾年內，原來是以克里斯汀・迪奧為名的高級訂製服企業，搖身一變成為僅稱為「迪奧」的品牌，擁有一位才華橫溢的表演者（約翰・加利安諾），他設計的時裝展是為了刺激和突顯旗下的配件，而不是銷售衣服。

這個策略帶來了經濟上的回報（儘管有許多困難歲月，迪奧現在已有獲利），但代價則是超級大的落差：提到法國奢侈品品牌時，迪奧這個名字往往是人們第一個想到的，但迪奧的產品卻不然。觀察一下這種不穩定情況能夠持續多久，它是否會做出重返奢侈品產業的決定，或徹底脫離奢侈品領域？如今，兩種策略都有可能。是否將迪奧品牌名下的產品製造外包出去，將會是選擇哪種策略的關鍵因素之一：遷移工廠位置就是徹底脫離奢侈品界了。

我們已經對這個主題進行多次分析。奢侈品和時尚品同樣處於高獲益領域，卻完全不同，僅有少部分雷同。設計師在世時，時尚品牌如勞夫・羅倫，也可以銷售奢侈品，只要創始人賦予其合理性；一旦設計師去世，為維持奢侈品品牌能夠獲利，它必須形成「雙人自行車」（tandem）模式——品牌（保障奢侈品）和設計師（保障流行）並行，就像香奈兒成功與卡爾・拉格斐合作。但是成功很難延續，因為兩者就像是水與火的混合，奢侈品品牌和流行設計師之間存在著強烈的不同。

我們將時尚領域作為最後的舉例，因為這裡的問題最多，但是我們之前也看過另外一個例子：戴姆勒集團和賓士品牌。一九九〇年代初期，戴姆勒集團決定讓賓士品牌離開奢侈品領域，原因是股東認為奢侈品市場規模太小。股東認為汽車行業中規模小的品牌沒有前途，想要擴大當時的規模。為了擴大規模，必須放低眼光，進入大眾市場。一九九四年先推出Smart，隨後一九九七年推出賓士Ａ系列，隔年併購克萊斯勒公司。接著，二〇〇二年，戴姆勒試圖借助梅巴赫品牌的復甦，重回奢侈品產業。戴姆勒脫離奢侈品產業的決策，不像ＢＭＷ那麼成功，但ＢＭＷ決定留在奢侈品產業。smart和Ａ級有著嚴格的現金流，從未出現斷流。花三百六十億美元收購的克萊斯勒，於二〇〇七年賣給賽伯樂（Cerberus，花七十四億美元買到八〇％股份）。

有趣的是，這種巨大的財務災難是為了成長而脫離奢侈品策略造成的，而不是為了獲利。這就是我們推薦脫離奢侈品策略的原因：只要奢侈品策略能讓品牌獲利，最好堅持奢侈品策略，因為脫離奢侈品策略的代價通常很高，而且還容易遭到忽視。更糟的是，回歸奢侈品產業的成本極高而且十分痛苦。二〇一一年，戴姆勒宣布停止二〇一二年的梅巴赫計畫。

在低成本策略中利用品牌形象

有時候，品牌會無法持續奢侈品策略。近期的例子就是夢寶星，它是創立於一八九八年的傳統珠寶品牌，座落在巴黎珠寶品牌聖殿凡登廣場，現在仍是家族式管理。但在一九九八年，夢寶星失去主要客戶，蒙受多年的巨大財務損失（二〇〇〇年，夢寶星銷售額為一千四百萬歐元，虧損三千萬歐元）。夢寶星無法在高品質、新穎、先進文化和彰顯社會地位等方面與其他品牌競爭。

二〇〇二年，一位勇於創新的企業家買下夢寶星，廣泛開展銷售通路，將主要產品系列調整到一個合理的價格範圍（定價低於五百歐元），並將生產外包給他國，如印度。夢寶星透過低價策略擴大了客群。這個改革很成功，夢寶星幾乎馬上死而復生，利潤也稍微提升。但是這也可能只是短期的成功。夢寶星的夢想價值現在已經很低，而且只能靠花大錢宣傳來維持（占銷售額的一七%），而且這個費用沒有辦法透過高定價來抵銷，所以其實收益不大。

這個案例完美地展現了權衡利潤和品牌價值間的關係——放棄奢侈品策略，走向大眾化，同時也盡可能長期保持一個名牌地位。但是夢寶星除此之外還能做些什麼呢？許多奢侈品品牌寧可消失，也不願意失去活力，至少夢寶星目前仍存在，即使名氣和獲利已經所剩無幾，也已無法掌握價格力量。

為了成功，必須及時脫離奢侈品產業（品牌必須保持其名望，同時不能背負過多財務負擔），實行這個策略需要十分謹慎地進行行銷。然而，實施該策略的關鍵之一還有進行團隊改造：我們已經了解，在奢侈品產業，團隊素質和品牌忠誠度十分重要。從奢侈品策略變為頂級策略，對人力和技術能力的要求是不同的，這就需要管理者在重新定位、培訓和獲得信任方面投入大量精力。這些事情不能太正式、公開地進行，因為該情況成功的關鍵乃是保持產品在客戶心中的奢侈品形象。如果想要盡可能保持「夢想」完整無缺，客戶就不能察覺到品牌正在脫離奢侈品領域，因為「夢想」可以在轉型期間保護公司。

第15章 從奢侈品品牌中學習

我們剛剛解釋過如何在奢侈品市場中發展壯大。現在，讓我們進一步提出一種觀點：和人們傳統的認知不同，其實所有領域或多或少都可以借鑑奢侈品策略。如果品牌尋求具獨創性的有效策略，想要在某一領域有所作為，就需要平衡大規模銷售、折扣和低價所造成的平凡化趨勢。

本書所分析和定義的奢侈品行銷策略，並不局限於傳統的奢侈品市場。事實上，大家可以發現，這些策略可以運用於任何一種行業或市場中，其中都可以發現奢侈品利基，或者更確切地說，即使是在無法一眼看出奢侈品特質的行業裡，也是可以成功運用奢侈品策略的市場。

一、奢侈品與所有行業息息相關

首先，你必須知道你想把奢侈品賣給誰，再來採取行動。這也不只限於傳統的奢侈品產業而已。以手術為例，乍看之下，手術與奢侈品完全相反，因為手術必須禁止奢華的部分（重點是治療生病或受傷的人）；因為手術很嚇人（開刀永遠不會帶來享受）；因為手術不會導致社會階層化（一般人們不會炫耀手術傷疤，或在公開場合下自誇曾經動過手術）。

此外，手術的經濟模式十分獨特（保險給付影響了整個定價系統，極大地阻礙了「生產者」和「客戶」的自由），並且在資金方面受到了很大的局限（來自醫療保險和社會保障的壓力）。最後，手術是個持續不斷的社會爭議，很難為需要花時間實施的策略打造一個有利的環境。

然而，手術中確實存在一個奢侈品市場：整容手術。對於整容手術來說，我們書中介紹的策略的確非常適合，高級診所的成功就是明證。巴西里約熱內盧，充滿了年輕和美麗的外表，是開診所最適宜的地方之一。那裡具有奢侈品的環境，手術失去了所有攻擊性的色彩，昇華為一種藝術行為，不是讓你免受痛苦的折磨，而是讓你獲得更大的幸福。

從另一個層面來說，奢侈品策略並不只適用於市場的頂端。在食品市場中，魚子醬是公認的奢侈品，但奢侈品策略也適用於有機食物，因為它具備一切必備的特點，而且對客戶來說並非負擔不起，參見反傳統行銷法則第十二條「奢侈品需要定價，卻不能根據價格定義奢侈品」。

事實上，在這個案例中，所有的奢侈品市場元素都適用：產品的夢想指的是健康，「社會能指」（social signifier）是對環境的尊重，價格不是重點（但比同類型的非有機產品昂貴），配銷受到控制，與客戶溝通交流是為了讓夢想更充實，而非推銷。此外，因為並非密集生產，有機食品也具有一定的稀有性。

理解規則，以適應規則

如果你不處於傳統的奢侈品行業，那麼尊重奢侈品的具體規則就更加重要了，或至少要理解這些規則，以運用在你所處的行業。當某一種交易型態並不處於傳統的奢侈品範圍，尤其乍看之下，這種交易和奢侈品世界格格不入時，客戶不一定會理解公司使用的奢侈品規則。在這種情況下，犯下最小的錯誤也會立刻受到懲罰。

我們提過，如果某種產品的平均價格不斷上升或者至少維持穩定，就特別適用奢侈品策略。如果某種產品的平均市場價格持續急劇下滑，就必須使用反傳統行銷法則第十三條「隨著時間調高價格以提高需求」。尤其要考慮產品相對於市價上的價格，而非產品的絕對價格。產品的價格可能會下降，但可能顯著低於市場價格的下降，所以可以維持高價地位，此外，還必須為現有客戶策劃一個「補償策略」。

典型的例子就是電子產品市場。「摩爾定律」（Moore's law）指出，即使產品的功能品質上升，價格也會下降，然而，有一個大品牌卻成功地遵循了奢侈品策略，那就是蘋果公司。

蘋果公司如何遵循奢侈品策略

大家都知道，蘋果公司誕生於一九七六年，由史蒂夫・沃茲尼克（Steve Wozniak）和史蒂夫・賈伯斯（Steve Jobs）創立於加州，目標是設計出為人服務的好用電腦，讓電腦成為人類的僕人，而非主人。有些人曾使用過裝有IBM DOS系統的電腦，一回想起這個年代，都會記得一九七七年Apple II帶給人們的震撼，記得它的用戶友善性和使用便利性，以及Mac所掀起的革命。打開Mac時，螢幕上會出現一個微笑的小人，引導你進入這個新世界。然而，其他電腦的螢幕上則會出現一串串數字和術語，一般使用者根本無法理解，讓用戶打從一開始，就被定位成電腦世界的不速之客。

儘管蘋果的這種策略非常成功，但在股東看來，賈伯斯太年輕、不夠穩重，難以掌管一個上市公司。一九八三年，蘋果公司的股東們聘用了約翰・史考利（John Sculley，百事可樂總裁暨最佳的行銷人才）來擔任執行長。他們認為隨著Mac的發表（一九八四年進入市場），有必要實施一個真正的行銷策略，以推進到下個階段，使蘋果成為ＩＢＭ的抗衡者。

史考利和賈伯斯的不同理念，導致彼此私人與策略上的衝突，一九八五年賈伯斯離開蘋果，給了史考利完全的自由。公司獲利很快地開始走下坡，一九九六到一九九七年間更是相當慘澹。麥可・戴爾（Michael Dell）還在一九九七年的《財富》雜誌中表示：「最好的辦法就是關閉蘋果，把股東的錢還給他們。」蘋果認為最好收購NeXT，即賈伯斯離開幾年後創辦的公司，這樣才能重新請回賈伯斯，並再次賦予重任。

賈伯斯仍然使用先前的策略，並使該行銷策略適用於新的環境。接下來的發展一如大家所知：蘋果相繼推出了iMac、iPod和iTunes，最終推出了iPhone，無論在技術方面還是在利潤方面，在全球都大獲全勝。在這樣一個已經飽和、競爭極其激烈的手機市場中，二〇〇七年春天發表的iPhone，仍能使第五大道上排起長長的隊伍，完美地證明了賈伯斯策略的智慧。二〇〇七年，蘋果的市值追上了ＩＢＭ，短短十年間就取得如此大的進步，實在令人驚嘆。

接著是iPad壓倒性的成功。回憶一下：二〇一〇年iPad發表之時，大部分的專家和菁英分子預測，它頂多取得還不錯的成績罷了。這種預測乃奠基於某些（對於普通人來說）模糊的技術原因和「市場研究」。一年後，由於iPad的成功及其他原因，蘋果成為紐約證券交易所排名第一的股票。二〇一一年夏天，蘋果擁有的現金數量已經超過了美國政府。從一九八〇年開始，每年都有「專家」預測ＬＶ即將衰退，卻忽視奢侈品策略會使大部分的金融專家和行銷人士做出錯誤的判斷。

蘋果完美證明了品牌或公司在不屬於奢侈品的傳統市場中，很難橫跨奢侈品和頂級品之間的界限，甚至完全不可能。無論是從奢侈品到頂級品還是從頂級品到奢侈品。事實上，蘋果的策略包含了運用於傳統市場的奢侈品策略的所有特點，讓我們來回顧一下這些特點：

- 在這個充滿創造性的理想境界，一開始就擁有清晰的願景。
- 一個有名、具創新精神的創始人，使這個理想境界人性化。這個創始人曾遭到汰換，後來又回歸，拯救這間走下坡的公司。
- 逐漸鞏固的時間面向。蘋果公司的歷史是一部英雄傳說：一個熱情的創辦人，被自己的公司驅逐，被傳統行銷者取代，接著被召回同一間公司，並為這個公司注入了新的生命力。
- 地位元素：使用蘋果產品時，你會自豪地想要炫耀一下。而且，著名的蘋果商標會嵌在蘋果電腦的外殼，這樣在開會時，所有人都知道你使用的是蘋果電腦。然而大家也知道，現在有些非蘋果電腦的使用者會將蘋果商標貼在電腦外殼上，遮住原來的品牌商標。
- 集體文化面向（所有參加過賈伯斯年會的人都能證明）和個人文化面向（蘋果粉絲可以用數小時的時間，向你解釋他們的電腦在哪種程度上不同於或是優於其他任何品牌），並且藉著美學設計和材料選擇（iMac使用了玻璃和鋁合金），超越了純粹的實用功能。
- 和藝術的連結，因為蘋果受到了設計專家（它最忠實的客戶和信徒）的推崇。
- 將個性化做到極致（iPod擁有數以千計的外殼可供選擇，甚至有鱷魚皮和蟒蛇皮材質的外殼），還可以根據客戶的汽車型號提供個性化的iPod。
- 系統性創造稀有的商品。因此客戶願意排隊等待一整夜，只為了在第一時間買到iPhone。
- 受到掌控的配銷點。二〇〇一年起，蘋果的旗艦店和專營店正在迅速增加，這樣就可以直接接觸客戶，而且也從不和其他電腦品牌直接互別苗頭。iPhone發表後，蘋果的配銷向前邁進一大步。一開始每個國家只有一個電信服務商獲得授權，權利金很高，價格也很高（占營業額的三〇％），由此可見毛利極高。這樣我們就可以理解，為什麼一些具有敏銳商業頭腦的人和駭客都想破解iPhone的限制，試圖使之與其他服務商的系統也能相容。這就像奢侈品市場中的仿冒和灰色地帶。

- 蘋果產品的價格明顯高於其他競爭者，並且永遠不會下降。
- 與客戶保持一定距離。蘋果曾經採取革命性的創舉，公開邀請技術高手以及電腦迷為蘋果公司開發搭配軟體。對於iPhone和iTunes，蘋果則換了一種封閉式邏輯，並試圖控制需求。

上面的清單並不包含奢侈品策略的一個特點：將生產環節分包給富士康，將iPhone和iPad的生產轉移到中國。奢侈品策略要求對於生產的絕對控制，和工作條件的完全透明化。二〇一〇年富士康員工自殺，嚴重破壞了蘋果的品牌形象，而非與其合作的其他公司。蘋果應該運用奢侈品策略的規則：如果在中國生產，就要有特定的生產地點和勞工，並提供更好的工作條件，讓他們忠心奉獻，並讓大家都能看見。

顯然，蘋果運用的是奢侈品策略，儘管其市場並非奢侈品市場。這顯示奢侈品策略和我們一般所說奢侈品市場中的「奢侈品」，有著非常不同的內涵。史考利試圖使蘋果公司退回直接而狹隘的傳統市場，結果宣告失敗，他的失敗進一步證明了這一點。他的失敗也展示了蘋果的特點，那就是蘋果不僅是一個品牌，更是一個世界，這個世界擁有一九七〇年代加州所擁有的最初夢想：「推出人性化、好用的電腦」。

相反地，蘋果第一代商品的定價引起的事件，也證明了在非奢侈品交易中使用奢侈品策略有多麼困難。iPhone在二〇〇七年六月二十九日進入市場時，定價為五百九十九美元（而非六百美元，符合奢侈品規則），結果非常成功。然而，它卻違反了反傳統行銷法則第十三條「隨時間調高價格以提高需求」，在短時間內將價格驟降到三百九十九美元（而非四百美元），將iPhone擺在和其他智慧型手機同等的位置，形同拿自身形象冒險。

迷你（MINI）車款的奢侈品策略

說到豪華汽車，人們首先想到的是賓利、瑪莎拉蒂和BMW。然而，BMW卻幾經波折買下了瀕臨絕境的路華，只因為MINI也一併出售。儘管BMW很快在路華上賠了錢，不得不將它專賣給中國企業，卻因MINI大賺了一筆，這就是因為遵循了奢侈品策略。

當同款車的賣價都是一萬五千英鎊，要花兩萬三千英鎊買一部像是碰碰車的車，看起來上下車都不太方便，行李箱又不夠大（甚至連旅行車款都不夠大）。這樣看來，BMW似乎是在賭博。事實上，BMW是在將奢侈品策略運用於MINI之上，即使MINI並不是一輛豪華車。這個策略的幾個基本點顯而易見：

- 有利的時間定點鞏固了它的可信度：一九六〇年代。MINI於一九五九年問世。
- 有利的地理特點：英國。即使MINI由BMW接手，該優勢仍然存在，尤其是MINI的生產地離牛津很近。

- 有利的文化特點：一九六〇年代的時代特點，即創造性和道德自由。
- 地位象徵：ＭＩＮＩ成為小巧而美觀的高貴車款，不是隨便一個人都能擁有。地位決定了成敗。
- 超越實用價值、晉升美學享受，ＭＩＮＩ為人們提供多種選擇，成為一種裝飾品和個性化元素。ＭＩＮＩ的設計是購買者的第一考量。
- 手工元素的保留：前排的皮革座墊。
- 和藝術的連結。之前的ＭＩＮＩ很快成為二十世紀的標誌，獲得當代藝術圈採納。這促成了ＭＩＮＩ如今與國際當代藝術博覽會（ＦＩＡＣ）及蘋果展會（Apple Expo）等展覽的合作。
- 一開始只有單一產品，因其無與倫比的設計和意見領袖的熱情而引起了轟動。
- 如今ＭＩＮＩ的技術與時俱進，但仍然沿襲了優良傳統。如今的ＭＩＮＩ比老一代ＭＩＮＩ長六十公釐，比例卻完全相同。增加的長度使得ＭＩＮＩ可以容納大一點的引擎，實現更好的性能。
- 高度個性化（三百個外裝和三百二十個內裝選擇）和豐富的配件，為ＭＩＮＩ帶來了極大的利潤，因為ＭＩＮＩ禁止配銷商囤貨。ＭＩＮＩ按訂單生產，這使得客戶不得不耐心等待「自己的ＭＩＮＩ」（再次善用了時間）；也不鼓勵討價還價，任何情況都不會便宜一分錢。這樣就帶來了高利潤。
- 名人開ＭＩＮＩ的生活照勾起了人們對產品的欲望，這也是ＭＩＮＩ的成功因素之一。
- 以上兩點的排他性帶來了優越感，再加上和ＢＭＷ幾乎相當的獨家配銷。
- 維持客戶的忠誠度，培養品牌的忠實客戶，讓他們收集ＭＩＮＩ就像手錶愛好者收集手錶一樣。

鮮為人知的是，MINI在被BMW收購之前的四十一年，從來沒有獲利過，這也是MINI和奢侈品的共同之處，儘管聽起來有些荒謬。如今，MINI獲利頗豐。

我們之前談論的奢侈品策略是B2C（企業對個人）的策略，這涉及到整個品牌。但我們也可以更進一步，談談如何將這些策略運用於品牌的一部分（我們稱之為混合策略），甚至可以談談在B2B（企業對企業）的環境下，如何運用奢侈品策略。

混合策略

我們對於奢侈品市場所有元素不可或缺的一致性有嚴格的要求。也就是說，絕對不能混淆奢侈品的4P（產品、價格、通路和促銷）和傳統產品的4P，例如奢侈品的價格策略和傳統的產品策略，兩者不可共存。

不過，想運用純粹的奢侈品策略難度很高，通常成本也會很高。尤其當我們已經看到，奢侈品在配銷方面有很高的要求。我們可能因此提出這樣一個問題：我們是否能就同一個品牌運用這兩種策略，一部分使用傳統產品策略，另一部分使用奢侈品策略呢？

雙層體系：以歐緹麗為例

在所謂的「雙層體系」（two-tier system）策略中，一層是奢侈品，另一層是頂級品。兩者界線分明，卻同處一個品牌之下。

比如說，化妝品市場中，新品牌層出不窮，和奢侈品很像，但事實上卻只有一部分業務可以借鑒奢侈品策略。兩個典型的例子是：黎可詩（Nuxe）和歐緹麗（Caudalie）。

歐緹麗誕生於波爾多，法國紅酒的產地之一。該品牌推行「紅酒療法」，即利用紅酒的分子和精華來調理皮膚和身體。這個品牌下既有奢侈品部分——奠基於紅酒的頂級酒店和溫泉ＳＰＡ，又有頂級品部分——保養品，這些產品奠基於葡萄栽培，在傳統香水配銷通路銷售。在這個案例中，兩者不可能混淆：兩個層次的產品處於同一品牌（歐緹麗）之下，擁有共同的理念（紅酒療法），但兩者卻是截然不同。儘管兩者的名字相同，同時使用效果更好，但沒有人會將享用ＳＰＡ與護膚產品混為一談。

真正的混合策略（關聯產品）：Nespresso咖啡機

在這種情況中，產品既包含奢侈又包含頂級的部分，而且兩個部分相互交織。與前一個例子不同，在這裡你不需要選擇其中一個部分，而是必須將兩者都買下來。Nespresso咖啡機是一個典型的例子。這個例子同時採取了兩種策略。

咖啡膠囊的奢侈品策略

在這裡，我們可以找到奢侈品行銷的所有元素：

- 像ＬＶ一樣完全掌握配銷管道，與客戶保持直接聯繫，巧妙地使用網路實現「回購」和個人化包裝。
- 產品策略（限量版系列、擁有專利技術、泡出咖啡的品質、膠囊式的外觀）。
- 價格策略（定價非常高，因為競爭對手是在餐館喝到的咖啡，而不是家庭咖啡機）。

咖啡機的頂級策略

與克魯伯（Krups）咖啡機等高級品牌聯合，以及開放配銷，這些方式使得Nespresso咖啡機可以比採用奢侈品策略以更低的成本、更快實現目標（銷售給一般家庭）。接著，內部就需要對其他製造商（如克魯伯）的產品已有的功能進行再造。一旦機器售出，品牌就在家庭中落腳了，而由於咖啡機與膠囊相互依存，所以可以很快地以較為合理的成本，建立忠實客戶的基礎，這是奢侈品取得成功的第一步。然後，這些忠實的客戶就會在家庭中宣傳產品，使更多的人購買。

因為只有一個共同品牌，所以在溝通上必須在兩種策略——奢侈品策略與頂級策略之間做出選擇。透過邀請喬治．克隆尼演出廣告，Nespresso咖啡機選擇了頂級策略。當然它也可以選擇奢侈品策略，不請明星，而是宣傳咖啡這種歷史不長但擁有豐富文化與內涵的產品所營造的夢想，以及其他所有屬於奢侈品的溝通方式。喬治．克隆尼在此也可以擔任品牌大使，不靠他的明星身分，而是靠他個人的形象。

選擇頂級策略而非奢侈品策略的溝通方式，是一個很有力的決策，因為這意味著選擇了與競爭對手展開直接競爭。這與雀巢作為大眾消費品集團的身分相符，雀巢可以集中全力發展膠囊咖啡機這個非常適合其全球策略的品牌，但這使得其奢侈品的部分暴露在競爭當中。如今像優瑞（Jura，成立於一九三一年）這樣的公司正在衝擊著奢侈品市場，領先Nespresso咖啡機，在德國居於領先地位，在瑞士的家用咖啡機市場上也緊追在後。

然而，即使在選擇了頂級廣告策略之後，Nespresso咖啡機也保留了奢侈品的元素，這展現在對待產品的方式上。在廣告中，吸引客戶的是咖啡機而不是喬治．克隆尼（反傳統行銷法則第十六條「廣告焦點不在人」）——這代表了「品牌凌駕於明星之上」，與奢侈品相同。

選擇混合式、界線不明顯的溝通策略能否維持下去，這點還有待觀察。也許Nespresso咖啡機會選擇頂級策略，以在大量客戶群中繼續發展；相反地，它也可能選擇奢侈品策略，以保持其原創性和豐厚的利潤。

確定可以的是，如果雀巢選擇了前者，那麼在專利到期（二〇一二年）時，將面臨與競爭對手的一場惡戰。如果雀巢選擇的是奢侈品策略，那麼品牌的未來仍然非常光明。我們不妨下個賭注，猜測雀巢集團會選擇後者，儘管它是一個大眾快速消費品集團。近來某些情況似乎顯示，Nespresso咖啡機已經開始聽從自二〇〇六年就有人提出的建議：在最近的廣告中，喬治・克隆尼不再是明星，而只是個見證人，客戶在商店裡甚至都沒認出他來；二〇〇七年，Nespresso咖啡機在巴黎香榭麗舍大街開設了旗艦店，與LV的商店相鄰。對於完整的奢侈品策略而言，品牌必須控制產品（包括生產與銷售），並解決膠囊的永續性問題。

Nespresso咖啡機的巨大成功，說明了這種混合策略的意義，若想成功實踐這種混合策略，必須滿足兩個條件：第一，產品必須至少擁有兩個互補的元素，而且對產品來說缺一不可，兩個元素必須彼此交織。第二，品牌名稱必須在這兩個元素上都可以使用，即使以頂級策略管理的部分是共用品牌。

在B2B關係中運用奢侈品策略

奢侈品企業與客戶之間有著非常緊密的聯繫，所以確切地說，奢侈品策略通常是指企業對個人（B2C）。因此，本書談到的任何內容，似乎都沒有將企業對企業（B2B）的商業活動考慮在內。然而，企業對企業的活動也是奢侈品產業重要的一環，並且在全球化的背景下面臨著諸多挑戰。

如果說，在企業對客戶的市場上總是可以一面採取低成本策略，一面採取奢華定位策略，從而避免在中間市場遭到「排擠」；那麼相較之下，在企業對企業的市場上，公司似乎除了寡占策略（如鋼鐵、紙業和玻璃製造業）和外包策略以外別無選擇。

事實上，有例子可以證明「和客戶創造共同價值」的傳統策略並不持久：客戶很快就會抓住創造出來的價值，然後試圖壓低價格和利潤。單純依靠專利也不可行，因為專利很快就會遭到取消，甚至受到忽略。有多少小企業在本來能打贏的盜版官司結束之前就倒閉了，誰能數得清呢？

因此，對於先進國家的生產者而言，如果想在企業對企業的市場上更加活躍，以確保在客戶心中的地位與實力，方法似乎只有一個，那就是尋找機會，經由傳統的收購或整併策略達到壟斷。

事實上，還有一條路可以走。在某些情況下，從事企業對企業活動的公司可以成功地實施奢侈品行銷策略。很明顯，在這種情況下，不是所有的市場元素都存在（例如配銷和公開定價政策就不存在），這意味著無法應用必須依靠4P的奢侈品策略。然而，4P中與企業對企業的市場有關的部分，仍然可以應用。為了讓這個策略有效，滿足以下的條件十分重要：

- 產品是成品的重要元素。
- 產品按照客戶的想像送到客戶手中。
- 產品是客戶體驗到的形象的重要部分。
- 供應方不能輕易替換。

為了進一步討論這個問題，我們要舉出一個具有啟發性的例子。這是本書其中一位作者在一九八〇年代初的親身經歷，當時他是聖戈班集團的首席執行長。他在聖戈班第一次親自實行了奢侈品策略。這個例子是關於香水瓶的生產。

乍看之下，這並沒什麼特別之處：玻璃製造屬於重工業，因此與工藝和創作沾不上邊。其中涉及奢侈品策略的部分是，為終端客戶設計的成品是純手工製造的（如巴卡拉、Daum、Cristal de Bohème水晶），特別針對裝飾品和餐具市場。玻璃包裝業關注的是大量生產一次性產品（如啤酒瓶、葡萄酒瓶和優酪杯），這樣的產業怎麼會成為生產奢侈品的行業呢？

事實上，正如我們在第十三章中討論過的（香水商業模式），瓶子對於香水來說是非常重要的部分。香水瓶與香水的名字一同擔當著傳承產品奢華理念的重任。而且，自古以來，香水就被人們裝在各種珍貴的容器中。對玻璃製造商來說，關鍵在於不能把自己簡單定位於在競爭中求生存的包裝供應商，而要把眼光放遠，越過香水公司，直接觀察終端客戶的需求和動機，親自進行市場調查，並與上游設計師合作，打造原創的香水瓶形狀和顏色。如果上述幾點做得相當出色，那麼如果香水公司想要迅速獲得原創設計的高品質香水瓶，符合目標客戶的期待並帶來香水銷售的成功，那就必須選擇這家廠商。

在發表一款香水時，處於「關鍵位置」的是香水瓶，因為產品的其他元素（如氣味和廣告）很容易完成。在當今社會，時間非常寶貴，如果玻璃製造商和設計師能夠攜手打造出可以快速投入生產的曼妙香水瓶，肯定能夠贏得合約，競爭（尤其是關於價格的競爭）問題也將不復存在。

正是因為利用了這種企業對企業，或稱為企業對企業對客戶（B2B2C）的奢侈品策略，法國玻璃製造業者，尤其是波切特科弗爾（Pochet et du Courval）和德容凱爾（Desjonquères）成為了世界領先品牌，並且獲利豐厚。在玻璃包裝業這一領域，高獲利是很難實現的目標。

這個例子中涉及的行銷細節非常有趣。無論是蓮娜麗姿「比翼雙飛」香水的萊儷水晶香水瓶，還是人頭馬「路易十三」白蘭地的巴卡拉酒瓶，這些瓶子本身就是奢侈品；而波切特科弗爾和德容凱爾的玻璃瓶則不是。瓶子是奢侈品的重要元素，但並不意味這些簡單的玻璃瓶可以在奢侈品界自動變身為主角。運用B2B2C的奢侈品策略，逐漸降低香水品牌的重要性，這種做法提高了製造商的相對地位。

由此可見，可以讓4P中的某一個要素單獨發展（在這個案例是產品），只要它與其他元素不衝突就可以。事實上，這種做法的成功並不會出現在B2C的市場上，因此並不會在終端客戶面遇到直接競爭。

這個例子把供應商與奢侈品產業連結了起來。在很多其他的領域，這種連結也是存在的，例如包裝業、高科技產業（如英特爾）、汽車設計業（如賓尼法利納）、技術汽車供應商〔如博世（Bosch）和法雷奧（Valeo）〕以及服務業（如醫療）都比較容易採取這種策略。儘管如此，其產品仍需被終端客戶視為奢侈品，因此必須具有獨特性，而不是可替代的一般頂級商品，在後者的情況下就無法產生保護作用，法雷奧已經證實這一點。

B2B的奢侈品策略主要由兩部分組成：

第一，找到將產品視為奢侈品的客戶群，以及將產品發展為奢侈品的方式，這樣產品在終端客戶的眼中就有了存在的價值甚至優良的品質，而不僅是一個組成元素。

第二，要意識到你的客戶並不是你要銷售產品的對象，終端客戶才是你的對象。這就是我們所說的，將B2B的策略，發展為B2B2C的策略。必須要打破公司客戶在你和終端客戶之間樹立的屏障，從而直接了解到終端需求（在數量和品質上）對你的產品有什麼影響，接著按照這種需求生產產品，最後將這些產品賣給公司客戶，這時對它們來說，你已經具有一定的實力，可以抓住終端客戶「夢想」中的重要部分。關鍵在於，向公司客戶提供已經受到終端客戶認可的產品，而不是單純滿足公司客戶的需求。反傳統行銷法則並不適用於B2B。

有時甚至可以帶頭建立一種大眾品牌，這可以提供很大程度上的策略支援；當然，必須要以奢侈品而不是頂級消費品的方式進行溝通（夢想，而不是欲望）。到此為止，我們已經完全進入了B2B2C的模式中，生產者可以掌控所有行銷的元素，並直接傳遞給終端客戶。杜邦（Du Pont）正是以這種方式，將一種叫作氨綸的纖維打造成了一種品牌，並擁有一個奢侈品式的名字「萊卡」（Lycra）。透過優先選擇為產品加值的奢侈品公司，與之展開合作，杜邦超越了第一級客戶（服飾製造商）的領域，經由廣告宣傳，直接與終端客戶接軌。

這些例子來自於產品領域，但同樣的分析也適用於服務業，如銀行、軟體和顧問業。奢侈品永遠與服務相連。因此，這些行業都可以選擇使用奢侈品策略。對於公益團體、博物館和非營利機構而言同樣如此。但是，這裡的客戶不僅是從這些機構直接獲益的人，還包括捐贈者，尤其當你考量到幫助別人的方式時（必須是饋贈而不是施捨，要維護他們的自尊心）。

奢侈品行銷是傳統行銷的未來

在分析奢侈品行銷策略時，我們使用了傳統行銷的研究和發現，即使我們得出的結論和推薦的方法經常與傳統行銷背道而馳。從這個角度來看，奢侈品行銷其實從傳統行銷中獲益良多。

從相反的角度看，奢侈品行銷則豐富了傳統行銷的內涵，引入新概念和新技術，而且這些新概念和新技術已經為適應大眾消費商品進行了調整，與客戶的個人連結變成了客戶關係管理，出借產品變成了置入性行銷，口耳相傳變成了口碑行銷。

這種相得益彰始於幾十年以前。現在，回想一下第一章中提到的達爾文比喻，第一個混合物種出現了：奢侈品香水生產者，幾乎都使用大眾消費品的行銷技巧，而有損奢侈品行銷策略，使得香水成為一種混合體，既不是純粹的奢侈品、也不是純粹的頂級品，這種情況可以被恰當地稱為「平價奢侈品」。

奢侈品策略如何解決當前的行銷問題

- 在供過於求的企業裡，行銷漸漸被視為一種不正當的手段：行銷並沒有捕捉和分析客戶的需求，而是尋求創造需求的途徑。
- 奢侈品行銷策略可以解決廣告（包括包裝）而不是產品方面的投資問題：客戶花的錢並沒有換來更大的好處，所以超低折扣店越來越常見。
- 如果品牌不再是品質的保證，因為優質產品無利可圖，因此試圖以高價賣出次級商品，那麼可能會導致沒有品牌的產品取得成功，如無印良品出售的商品，和像雷諾Logan之類的基本款汽車。二〇〇四年年底進行的一項研究顯示，八〇%的法國受訪者認為所有品牌都差不多。
- 如今的汽車僅在水箱罩上的標誌有所區別。
- 系統化的「標竿學習」導致了模仿的危機。因此，比較性的廣告開始盛行。如果自己的產品因為缺乏原創性沒有什麼好標榜，那只好去說競爭對手產品的壞話。

●在廣告上投資的邊際獲利率正在減少，甚至變成負值。

想想奢侈品的幾個概念：尋找客戶夢想；與客戶保持個人化的聯繫；與生產者和客戶都遵循道德行事；提高產品品質，並把改善服務擺在提高價格之前；不遷移產地；堅持在生產領域投入高品質的人力資本；透過與客戶溝通來創造夢想，而不是推銷等。其中許多概念都可以讓古老的品牌重新煥發生機，實現豐厚的獲利。

鱷魚牌案例

我們必須承認，鱷魚牌並不是一個奢侈品品牌。它由雷尼．儂格仕在一九三三年創立，品牌的行銷定位是人人都買得起的奢侈品，這本身就是個自相矛盾的概念。事實上，在網球世界冠軍儂格仕及他的兒子們（先是伯納德，現在則是麥可）的領導之下，該品牌將中間價位的策略延續了下來。

鱷魚牌POLO衫被視為世界上品質最好的POLO衫，因為它採用了最高級的長棉線，由高級熟練工人縫製，對細節十分注重。即便如此，定價也沒超過八十歐元。這種POLO衫不僅在世界上一千多家鱷魚牌奢侈品店中販售，也可以在零售據點和百貨公司買到。現在，POLO衫的工廠進行了遷移，數量也增加了。

然而，鱷魚牌的管理遵從了大多數奢侈品品牌的模式。分析一下即可看出，其中存在了奢侈品品牌管理的許多元素和指導原則：

- 講述真實的故事。在鱷魚牌身上，就是雷尼．儂格仕這位前法網冠軍的故事。當時，網球是上流階級的運動，與高爾夫球類似。儂格仕的妻子和女兒凱薩琳都非常擅長打網球，也都是世界冠軍。儂格仕的綽號「鱷魚」成了運動成就的標誌，也形成優雅的象徵。
- 擁有歷史悠久的標誌性產品。經典產品的銷量仍然排名第一，這是奢侈品品牌的經典概念，可以帶來很高的利潤。經典產品經常被賦予更加時尚的外觀，並且總是廣告的核心。
- 對品質的長期關注，包括手工縫製、上等珠母貝鈕扣和刺繡的鱷魚品牌標誌。
- 廣告的目的不是銷售產品，而是讓人們開啟夢想：「如空氣般輕柔」、「非比尋常的雅致」。
- 世界上最為時尚的街區都設有鱷魚牌專賣店〔如洛杉磯的羅德歐大道（Rodeo Drive）大道、紐約的第五大道和巴黎的香榭麗舍大道〕。自從莫斯（Mauss）接任了負責生產和銷售的傳奇性合作夥伴帝凡黎（Devanlay）之後，品牌的重心就放在提升奢侈品店的品質上，使店面看起來更有品味，並增加了店面的平均占地面積。
- 不斷向品牌的創始人儂格仕致敬，其形象甚至出現在廣告中，大大提高了品牌知名度。
- 該品牌長期在運動場上保有一席之地。經由贊助和其他方式，讓品牌在網球和高爾夫運動的深厚歷史中重新煥發生機。
- 對創新更加重視。由於幾位出色的設計師，如從前的克里斯多夫．勒梅爾（Christophe Lemaire）和現在的費利彼．奧利維瑞．巴勃其斯塔（Felipe Oliveira Baptista），這些人的設計已經出現在紐約時裝週中。
- 發表由時尚設計師設計的限量版，例如縫有金屬或塑膠的POLO衫。該品牌也會雇用藝術家，如中國的李曉峰，以及喬納森．阿德勒（Jonathan Adler），由他們發表高價限量版，例如售價在一百三十歐元和兩百二十歐元之間的POLO衫。

- 發表了售價六百二十五歐元的「it bags」（先前發表的手提包售價均不超過一百五十歐元），比如Cathy系列。這個手提包以創始人的女兒凱薩琳命名，她當時是最年輕的高爾夫球世界冠軍。
- 品牌的擴張形勢一片大好，尤其是在美國。現在已經擴展到了中國、印度、俄羅斯和巴西。
- 擴大和時尚有關的產品範圍：鞋類、配件（眼鏡與手錶），當然還有香水。一些獲得授權的配銷商，自品牌建立之初就開始合作，這也證明了時間與傳統是該品牌管理的重要成分。
- 店面有著非常明確的客群劃分。例如，向青少年和年輕客群出售產品的店面，與出售經典系列和俱樂部系列的店面非常不同。
- 所有系列都實行了價格擴張策略，改善品牌形象。目前，POLO衫的售價從六十五歐元到一百五十歐元不等。

所以，不難明白為什麼儘管產品的定價不高，鱷魚牌在金磚國家仍飽受讚譽。然而，現在鱷魚牌已經從奢侈品策略的核心法則中脫離出來，採取幾乎把產品徹底外包的策略。這使得公司的中價位策略更加成功，也帶來了非常豐厚的利潤。

㈠向奢侈品品牌學習

從反傳統行銷法則開始

在第三章中，我們定義了二十四條反傳統行銷法則，與傳統市場行銷策略截然不同。這些法則可以使企業進入奢侈品市場，所以稱之為「奢侈品策略」。這些法則在非奢侈品市場上也適用，只是需要調整一下定價手段，尤其在與奢侈品緊密相連的韋伯倫效應並不適用的情況下。

以這些法則為基礎來定義奢侈品策略，暫時忘記反傳統行銷法則第十二條（這一條暗示著價格管理上的些許不同），這樣我們就可以脫離傳統的奢侈品市場，看看如何將奢侈品策略應用在非奢侈品市場上。比起傳統策略，這種策略有什麼特別之處？其與眾不同主要展現在兩個概念上：稀有性和高品質人力。

稀有性

傳統行銷策略建立在充足性的基礎上，目標是銷售出比公司能夠生產或運送的數量還要多的商品或服務。這種策略是為了不斷成長、「永遠需要更多」的世界所設計。從這個角度看，稀有性遏止了成長，似乎會產生負面作用。奢侈品策略建立在稀有性的基礎上，但這種稀少是正面的，叫作「珍稀性」（rarity）。稀有性給人的感覺不好，但珍稀性如果管理得當，可以成為一種夢想。

高品質人力

傳統策略的關鍵理念是削減成本，必須透過各種途徑達成，包括節省原料和降低人力成本。在這個領域裡，關鍵字是自動化、外包和轉移生產場所以尋求更廉價的勞力。奢侈品策略的關鍵字，則是手工藝和個性化服務（見第四章）。

所以，在需要管理稀有性、或者想要維持高品質人力時都要考慮到，這是實行奢侈品策略的機會，即使你從事的行業並非傳統意義上的奢侈品市場。在這種情況下，要想到「為客戶增加價值」，並找到一種途徑，讓你的產品成為客戶的夢想。

永續發展

這些關鍵的問題（稀有性和高品質人力）正展現了如今經濟面臨的最大挑戰：永續性。這些問題非常關鍵，我們將在下一章，即最後一章中討論奢侈品策略怎樣為永續發展做出貢獻。

奢侈品策略與醫療保健

在討論永續發展這個關鍵問題之前，首先要考慮當今社會最具挑戰性的難題——醫療保健，這個問題與永續發展密切相關。

醫療保健是夢想的一部分，所以也屬於奢侈品世界。如果從奢侈品策略的角度考量，先進國家的醫療保健與大部分的反傳統行銷法則都相符：

- 醫療保健不具可比較性。
- 產品有缺陷，無法做到完美。
- 不能對病人的意願曲意逢迎。
- 不能針對不斷成長的需求做出回應。事實上，需求是無限的。
- 醫生主導著病人。
- 不能透過廣告來增加銷售，這在大多數情況下是違法的。
- 價格永遠在上漲。

- 新技術永遠更加昂貴。
- 不能把醫院移到別的場所。

然而，醫療保健並非滿足所有的法則。例如，並沒有充滿熱情的客戶。更糟的是，反傳統行銷法則第十二條「奢侈品需要定價，卻不能根據價格定義奢侈品」就完全不適用。除了醫美與整形手術領域，醫療保健行業並不存在韋伯倫效應，醫療保健與價格的關係是完全不同的。

還有一個更重要的問題：如果醫療保健造成了社會階層的分化，就違背了我們的民主原則。這裡出現了一種矛盾。奢侈品策略對於醫療保健來說應該非常適用，但因為目標是「讓人人享有免費醫療」，我們不能以傳統方式使用這種策略。所以，乍看之下，我們不能採用奢侈品策略，而且必須放棄這種做法。

然而，在當下，傳統的醫療保健管理方式（補貼與不斷上升的成本）帶來了嚴重問題，如果不嚴肅地加以對待，醫療保健的破產會為所有民主社會帶來沉重打擊。而且，如果醫療保健破產，情況會非常嚴重。比如，窮人生了病將無法得到治療。所以，必須改變行事原則。製藥公司的「巨型」策略（也就是傳統的市場行銷策略）曾經是解決重大疾病（如癌症、心臟病和傳染病）的一種途徑，現在卻面臨著嚴重的危機。通用藥物長期而言也不是很好的解決辦法，因為這些藥物帶來的利潤不足以支付研發的成本。而且，如果沒有研發，就無法發現新藥和新的治療手段。

當然，在考量醫療保健的某個領域時（如整容外科手術），奢侈品策略運行得非常順利，但這只是其中一部分。所以，用不同的定價管理方法修正奢侈品策略，在醫療保健領域值得嚴肅探討。

第16章 奢侈品與永續發展：兩者的交會與分歧

我們已在本書中談到奢侈品策略的大多面向，現在要開始來討論奢侈品策略和這個行業當今面臨的最大挑戰（即永續發展）之間的關係。

西方社會已經歷經了數十年的富足，我們所有的經濟模式和行為，都是以原料和勞動力的成長和無限取用性為基礎。傳統的行銷正與這種富足相對應：探討怎樣才能賣出更多的產品給客戶。隨著過去三十年的全球化，我們正在進入一個「有限取用」的世界，一個充滿稀有性的世界：西方的購物模式不能再推廣到全世界，包括西方的商業模式、西方偏好的管理工具、傳統行銷皆然。

在本書中，我們已經看到奢侈品企業為什麼必須創造行銷策略、以及如何進行，因為現有的策略都無法立即採用。我們發現奢侈品策略也是一種稀有性策略，人們在此重新找到他們真正的定位，即同時身為生產者和自由、負責任的客戶。那麼依他們而制定的這些工具，是否能用來管理未來的永續發展呢？

我們將探討兩個截然不同的面向：第一是奢侈品的永續性，即奢侈品（黃金）與生態（綠色）之間的關係；第二是適用於永續發展的奢侈品策略如何施行。

奢侈品與永續發展

永續發展存在於世界上所有負責任企業的發展計畫之內，對於其他企業來說，也會很快地列入計畫之中。「永續發展」一詞，於一九八七年在〈布倫特蘭報告〉（Brundtland Report），即〈我們共同的未來〉（Our Common Future）中首次提出，強調地球上的代際傳遞，以及現代人必須考量到未來。現在它已是企業社會責任的一部分，同時作為時代的一種標誌，更成為上市公司年度報告的一部分。

繼礦業、能源、石油和交通運輸業之後，奢侈品產業近年來受到密切關注，有時還遭到許多關心生態、全球暖化和良好社會關係的非政府組織批評。奢侈品產業有何特殊之處？除了這個行業的整體規模較小之外（銷售額僅與沃爾瑪相當，是家樂福的兩倍），它現在正遭受到聲譽危機。一個又一個著名的奢侈品品牌，因違反永續發展原則遭到指責。這可能並不令人意外，因為在表面上，「奢侈」似乎本來就與「永續發展」的理念和關鍵字（樸素、節儉、集體、共用、必需等）相悖；「永續發展」也顯然與過度、愉悅、享樂主義和社會階層分化和奢侈相關的概念相去甚遠。永續性有三個主要的面向，也是三條基本原則：社會（學）的、生態學的，以及經濟學的。我們接下來將進行深入分析，以此作為對奢侈品產業的考察。

作為人類不平等標誌的奢侈品

每個人都清楚法拉利或愛馬仕凱莉包的價格。有能力購買一輛法拉利是財富的象徵，而買愛馬仕凱莉包則顯示，這個人擁有購買非必需品的可支配收入。就像人們習慣責備溫度計而不是高溫一樣，這種情況下受到譴責的是奢侈品，而不是社會的不平等，這是經濟成長的結果，是資本累積和缺乏社會流動的結果。

美國主要的意識型態是垂直流動的觀念：維持生存是歐洲移民來到紐約之後的首要目標，他們最初可能只是一個擦鞋工，但是二十年以後也許就變成執行長。這就是富有和奢侈品消費在美國較為人接受的原因。

有意思的是，接受奢侈品的社會要不是社會階層相當固定，就是有著高度的社會流動性。前者就像印度：種姓制度決定你在社會中的地位，所有人都不得不接受這種命運，因此從前的印度君主和現在的商業巨頭並不會受到譴責。畢竟，這種財富在當地是以雇傭關係和透明化的方式進行再分配。

後者就像中國：清除了所有創造財富和創業的障礙，經濟自由促進了經濟發展。最明顯的例子就是奢侈品店面、百貨商城遍布一、二線城市，並且已經蔓延到三線城市。然而與此同時，仍然有三．五億中國人生活在貧困的農村。在上海開著保時捷的中國富人，和在農村騎著自行車的農民之間存在著巨大的鴻溝，但是這種鴻溝本身並不是原因，而是城鄉經濟發展不平衡、社會群體之間存在收入差距造成的結果。

作為過度開發稀有資源、生態威脅標誌的奢侈品

事實上，奢侈品展現了對稀有資源的不平等占有和使用（我們一般稱之為「購買」）。一艘三十公尺的遊艇，油箱容量是十五萬公升；從巴黎坐直升機到日內瓦的一小時路程，就要耗費五百五十公升的油；開勞斯萊斯也比開豐田Yaris要多耗十倍的油。這些例子展現出一種浪費，更嚴重的是，這些浪費都是由個人造成。

然而，在對這些浪費做出情緒化反應的同時，人們也不應該忘記，是社會大眾共同催生了大量購

買以及大量汙染。堆積在葉門村莊山腳下的成千上萬個塑膠水瓶，並不會在短短幾十年內消失殆盡。優酪乳以前是用紙盒包裝，後來開始變成塑膠，生產出了數十億的塑膠瓶。乳製品公司的執行長並不會太擔憂這些：當被問及公司要多久以後才能處理這些塑膠汙染時，他會回答奶牛產生的甲醛是個更嚴重的問題。

作為不平等商業或經濟模式標誌的奢侈品

這種指責源自在整個價值鏈中建立和諧發展模式的理想，而這也是創造出公平貿易的原因。但是這也涉及了道德行為、公平競爭等，在這些方面，奢侈品並沒有遭到太多的批評。不公平競爭和行賄這些手段，一般為那些壟斷企業或製造商所用，前者想要保住壟斷地位，後者則認為沒有競爭才是最好的競爭。

然而，非政府組織揭露出一些隱藏的問題，例如生產耐吉商品的外包商工廠（位於低工資水準國家），工作條件非常惡劣。品牌經常透過媒體廣告宣傳自身的人文關懷，但往往忽視底下員工的工作條件。這些資本主義巨頭的現代經營哲學正是移除工廠，因此他們常常忽視在遠東國家的工作條件。奢侈品策略不提倡在非原產地設立工廠，而是採用一種重要的反傳統行銷法則（第十八條「不要搬遷工廠」），但耐吉的做法與之背道而馳。

我們曾經提到蘋果公司由於不遵循反傳統行銷法則而面臨的問題，將iPhone和iPad的生產外包給富士康。在奢侈品策略中，原產國也是品牌的獨特之處，讓產品具有不可比較性。因此，對於蘋果產品來說，「加州設計」是不夠的：蘋果並不是時尚公司。蘋果的產品是公司競爭優勢和夢想創造的一部分，而不像在時尚行業，要盡量降低製造成本。在時尚產業，產品本身不是最重要的，重要的是款式和設計師。這也是時尚業如此強調設計師，並把他們塑造成明星的原因。

博柏利已經完全將生產線轉移到別國，但這並不值得驚訝。博柏利採用的不是奢侈品策略，而是時尚策略——將製作成本降到最低，加強客戶在零售商店和網路上的情感體驗，藉此來創造利潤。這種策略的創造者是具有指標性的大衛．貝利（David Bailey）。博柏利不是透過宣傳原產國（其產品已經不在英國生產），而是通過靈活的「國家品牌」光環，來實現利潤的最大化：對全世界的客戶來說，博柏利就代表著英國，這樣就夠了。他們不是為了原產地，而是為了這些格紋象徵的貴族皇室國度而購買。史黛拉•麥卡尼的衣服在哪裡生產一點也不重要，她的名字、以及她的素食主義品味，已經足夠維持這個時尚品牌的綠色定位。頂級品牌也是同樣的道理：SK-II產自哪裡，它的工廠設在哪裡並不重要。但是海洋拉娜（La Mer）或La Prairie這兩個奢侈護膚品的代表，都是在瑞士製作；此外，原產地對於奢侈品手錶也同樣重要。

有些品牌試圖透過原產國獲利，這樣也更為方便，這也是為什麼衣服標籤上的「義大利製造」引起了如此多的爭議：使用這種標籤是否應該保證衣服生產於義大利工廠（理論上受到勞動保護法的制約），而不是成本最低的遠東國家。一般這種「義大利製造」的標籤只可用於「製造階段主要在該國國界內完成」的產品，但這個規定仍有漏洞可鑽，例如有些使用「義大利製造」標籤的義大利頂級時尚品牌也可以在海外生產，更糟的是，在位於義大利境內的中國投資工廠生產。最好的選擇應該是學習美國的規範，區分成「美國製造」和「美國組裝」兩種標籤。

奢侈品為何成為了批判的焦點？

在近期的某個調查中，奢侈品客戶被問及與他們相關的哪個產業，最不符合永續發展的原則。不出所料，四五%的人選擇了石油化工產業，一七%的人選擇交通（尤其是航空）產業。有意思的是，二三%的人認為奢侈品與永續發展關係甚遠。許多分析家認為資料顯示，奢侈品產業正在落後，這會是個問題，至少在客戶的理解中是這樣。但是這樣的解釋並不可靠，實際情況遠比這點複雜：

- 第一，奢侈品產業的市場範圍很小。雖然受到很多爭議，但這個產業的銷售總額僅僅相當於沃爾瑪的全球銷售額。相比之下，現代的分工體系其實對永續發展的危害更大：這種分工機制是導致美國製造業一蹶不振、企業被迫關閉的主要原因，像沃爾瑪這樣的大型超市從低成本國家進口大量產品，因此它們的貨架上出售的都是碳足跡很可觀的產品。在這個調查中，只有二〇%的受訪者認為分工機制與永續發展相關。
- 第二，奢侈品產業是行動勝於言表的行業。它的重點在於創造力，而不是吹噓自己為永續發展做出的貢獻。奢侈品產業像是一家劇院，後台工作是祕密進行的。此外，如果積極宣傳這些後台工作，奢侈品產業也害怕被指責為「企圖漂綠」。
- 第三，正如我們所見，許多客戶也明白，永續發展也是許多（真正的）奢侈品品牌遵循的法則，因為它們已經延續了一個多世紀。如果你很看重品質，就明白低品質材料做不出高品質的產品。這稱為價格道德。

的確，人們經常看到奢侈品與永續發展背道而馳。二〇〇七年的《深度奢侈報告》（*Deeper Luxury Report*）就是一個例子，它按照永續發展的行動，對奢侈品品牌做出評價。人們也許會說，奢侈品不是非常強調排他性、個人獨享和過度消費，而永續發展則關注共用、集體和節約嗎？奢侈品不是意味著個體的自我享受，而永續發展則要求保持理性，和注重符合所有人利益的功能性價值嗎？

這種討論將勤儉節約視為一種基本價值，強調從永續發展到零成長甚至負成長意識形態的緩慢過程。事實上，奢侈品的確從藝術中傳承了一點：要創造超越功能性的價值。但可口可樂也是這麼做，不然人們喝水解渴就夠了，何必加上糖、焦糖、氣泡這些東西？

實際上，永續發展一般被視為對大眾消費社會的潛在批評。有些永續發展的宣導者擔心中國和西方的消費主義，包括汽車、電器、出國旅遊等，會產生眾所周知的負面影響（如廢棄物、汙染、二氧化碳排放導致的全球暖化）。所以只是因為少部分的人用不同的方式享受快樂，為什麼要批評奢侈品產業呢？

第一個原因是指責少數人比指責多數人容易許多；第二個原因則是一種自相矛盾的現象——在經濟成長已經接近兩位數的新興國家，快樂的少數人成為人們競相模仿的對象，甚至不那麼富裕的人也想要模仿他們。六〇％的奢侈品客戶都承認，即使不屬於奢侈品的目標客戶，卻也會被奢侈品誘發購買欲望。這也是為什麼北京政府建議，禁止奢侈品品牌在街頭進行廣告宣傳，因為這彷彿讓奢侈品與其他商品一樣，是針對大眾的產品。

為什麼當前出現對奢侈品的高度關注？

所有經濟領域都受到人們的關注，奢侈品產業也是如此。我們已經提過，該產業相對較小的規模與所受到的過多關注（有時甚至來自激進組織），兩者並不成比例。然而，從溝通的角度來說，由於這個產業與其客戶都具有極高的曝光率和象徵性力量，如果將抨擊它作為吸引人們關注永續發展的手段，將會很有成效。這是一種經典的溝通策略，甚至可以說永續發展利用奢侈品產業來推廣自己。奢侈品是一個曝光率很高、與意見領袖和時尚先鋒相關的產業。在本章的後續內容中，我們將看到一個自相矛盾的現象，即永續發展如果遵循奢侈品策略，就能更成功地激起大眾的永續發展行為。

還有另外一個原因，可以解釋為什麼現在人們（包括激進組織）會高度關注這個產業。因為「奢侈」這個詞本身就總是引起道德譴責。從聖經中的「十誡」起，勤儉節約的生活就被認為是死後進入天堂的最佳途徑。而奢侈則恰好相反：它承諾所有人的是現世的天堂。奢侈品的高價等同於現世的犧牲（因此價格訂得非常高），必須藉此獲得進入奢侈品世界的權利。

典型的道德譴責就是關於永續發展的抨擊。由於奢侈品反映的是社會層級分化和社會差距，因此這個產業總是要努力獲得繼續經營的許可。這個行業的高曝光率使得社會的不平等更加明顯。然而，我們應該記住，有責任透過稅收法律來實現收入均等的應該是政府。法國雖是奢侈品之國，同時也是一個福利國家，在那裡基本藥品完全免費，連最窮的人也可以前往最好的醫院就醫；而且大約一半的家庭無需繳納財產稅和累進所得稅，只有富人要繳。

奢侈品如何與永續發展理念相符

現在我們應該對奢侈品和永續發展之間的關係，進行更深層的分析。許多分析都使用了「奢侈品」的廣義概念，將許多遵循時尚或頂級商業模式的品牌，與本書中所介紹的奢侈品策略混為一談。奢侈是一種主觀概念，所謂的奢侈品企業有許多種，但只有一種奢侈品策略，具有特定的規則。二〇〇七年的《深度奢侈報告》並沒有對此進行明確的區分。報告中分析的一個奢侈品品牌是巴黎萊雅（L'Oréal Paris），而這不過是萊雅集團（L'Oréal Group）旗下的一個頂級平價品牌，在全世界各大超市均有銷售。頂級平價品牌，指的是品牌溝通走頂級路線，產品卻屬於平價產品的品牌。

真正的奢侈品品牌，從本質上來說就與永續發展的目標緊密相連。我們在本書中說過，時間是奢侈品策略的精髓所在（不像時尚業，抓住的是快速變化的潮流）。在此提醒讀者：

- 奢侈品與工業生產力是相悖的，後者的目標是使單位時間內的產量最大化，而奢侈品則需要花費必要的時間，來製作能傳遞歷史的高品質產品。
- 奢侈品賣的是長久的價值，這也是為什麼它們不僅持久而且從不被扔棄（不像時尚界或高級品牌的計畫性汰舊），例如女性都願意收藏她們的香奈兒裙子。
- 奢侈品的目標是盡可能長久維持其稀有資源。對於奢侈品來說，浪費原料是最不可能發生的事情。如果原料（稀有鑽石、紅寶石、稀有物種、鱷魚皮、駱馬絨、稀有羊毛等）用完了，奢侈品產業將會變成什麼樣子？價格肯定會升高，但是就不可能再繼續生產了。這也是為什麼許多三顆星餐廳會參加避免過度開發大自然（通常是大量購買的後果）的集體行動。
- 奢侈品行業了解手工藝者、工藝師和技術人員的價值，因為這個行業依賴他們而存在。在奢侈品策略中，最不可能藐視這些對生產做出貢獻的人。前文提到的血汗工廠屬於耐吉，而不是真正的奢侈品品牌。所謂的「Chinitaly」品牌，在義大利佛羅倫斯近郊剝削中國的勞工，也是某些義大利頂級時尚品牌所為，而不是奢侈品品牌。
- 本質上來說，奢侈品致力於創造一個永恆的美好世界，這也是為什麼它與藝術如此貼近。採用劣質原料、剝削或違反道德的方式，是創作不出藝術或美感的。
- 奢侈品崇尚品質。現在品質的概念包含了多種面向，而奢侈品汽車在降低二氧化碳排放量和燃油消耗方面的技術是最先進的。

●香奈兒女士說過，只有內在和外在一樣好的產品，才稱得上是奢侈品。內在就是價值鏈的隱形部分：原料和布料的來源、設計、製作、物流、零售後勤部門、人力資源管理、服務等。所有奢侈品集團現在都自發地不斷提高「永續公平商數」（sustainable equity IQ），但並沒有廣泛宣傳這件事，以免被貼上「漂綠」的標籤。其中一個典型的例子就是Illy。這是一個正宗的義大利濃縮咖啡品牌，事實上，正是Illy家族發明了義大利濃縮咖啡，這種咖啡是世界上最佳咖啡的代表。早在這個概念獲得大眾和管理階層認可之前，種植Illy咖啡的村莊和農民都與Illy簽訂了公平交易與發展協定。同樣地，咖啡主要的原產地——義大利的里雅斯特（Trieste），即Illy家族的所在地，也將利用自己的風車發電，以實現最大程度的能源自給。

關於永續發展，奢侈品的哪些問題最令人不安？

由於所有人都必須面臨一個充滿稀有性的新世界，奢侈品必須當起榜樣。作為夢想世界的象徵，它必須綜合所處世界中的各種面向，同時保持奢侈的定位。「我」，必須包含「我們」。但是有一點限制在於：那些由可回收材料製成的珠寶或服裝，即使很貴、品質也很好，也不能算是奢侈品。它們採取的是頂級品牌策略或時尚策略，缺乏社會階層化的面向，而且本質上都只在功能性標準上進行比較（例如：我們產品排放的二氧化碳，比對手的產品還少）。史黛拉．麥卡尼就是這樣的例子，稍後我們會進行分析。

在鄉村，不提供飲用水或飲用水不足的高爾夫球場正在成倍增加，這無疑會引起大眾的不滿。同樣的例子還有，大溪地建立起奢華的私人島嶼和風景勝地，因此當地的漁民被趕到別的地方打漁；人為影響造成稀有樹木品種絕跡（如在奢侈品家具中價值頗高的紅木）；被認為具有神奇魔力的鯊魚鱔，常常被端到中國富豪的餐桌上。只要富人是極少數（並且可以獲得滿足），這個問題就可以掩蓋過去；但是金磚國家中所謂「高淨值人士」的加倍成長，和處於他們之上的「超級高淨值人士」，正是造成新障礙的源頭。

永續發展在行業的整條價值鏈中，都從以下三個方面發揮著作用：環境的、社會的、經濟或道德的。從提煉、開採到製造、運輸、零售和回收廢棄物管理這一系列過程，都可以實現重大的進步。我們可以從兩個角度來衡量風險：問題出現的可能性和問題的重要性。接下來我們分段詳述永續發展的影響：

- 永續發展首先關注的是理念層面，即理念創造。例如，二〇一〇年出現了一場關於奢侈品蓮蓬頭的爭論。一些生產商推出了奢侈品蓮蓬頭，聲稱這種蓮蓬頭的九個噴嘴，每分鐘能噴出不少於九·五公升的水。這不是完全沒有必要的驚人想法嗎？這種想法是如何產生的？有人認為這種蓮蓬頭正是自我中心主義與過量消費、以及利他主義和自我控制之間潛在矛盾的最好例證。
- 永續發展也關注資源的開採。戴比爾斯（De Beers）的南非礦場，工作環境經常遭到批評；有些金礦礦場也是如此，它們一般都位於生活水準較低、缺乏社會規範（或者幾乎沒有實施）的低度發展國家。永續發展同樣關注巴西或非洲港口繁忙的稀有木材運輸業。理論上來說，這些樹種是受到保護的，但是賄賂或權力卻能忽視這一切。在這一點上，主要的奢侈品品牌就能發揮典範作用。例如，Tiffany只和遵守《金伯利進程法案》（*Kimberly Process Act*）的國家交易，這樣便能避免從戰亂地區取得鑽石。因此，Tiffany不買任何來自緬甸的紅寶石，品質再好亦然，以免這些寶石是來自北部戰亂地區或者走私。此外，Tiffany很早就成為在阿拉斯加開礦的反對者，還簽署了《布里斯托灣保護協議》（*Bristol Bay Protection Pledge*）。從二〇〇二年起，它就不再使用真珊瑚作為原料，並且在責任採礦方面做出了顯著的改善。

- 生產製作是奢侈品品牌的高風險環節，很容易違反永續發展的規範，將產業轉移到低成本國家，逃避關於永續性的各方面審查（化學排放標準、稀有皮毛的來歷、廢棄原料的管理、水資源的過度使用、勞動條件等）。對於那些沒有轉移生產地的品牌來說，製造也同樣是個值得關注的環節，如酒業中裝香檳的玻璃瓶（重量已經減少了二〇％）。
- 在生產和分配全球化的時代，運輸環節排放了大量的二氧化碳，所以LV選擇用船將大部分（六〇％）法國製造的產品運往東亞。許多企業通過資助保護雨林或瀕危物種的方式，來彌補自身造成的負面影響。
- 零售環節則涉及能源使用的問題：旗艦店是標誌性的建築，不管白天或晚上都要保持富麗堂皇的外觀，但是這樣就會產生不良後果。此外，隨著奢侈品品牌更加深入地進入中國，儘管商品價格可能遠超出他們的工資水準，但所有人都覺得至少該在那裡買一次東西，這樣就加劇了社會矛盾。這也是為什麼有些地方禁止奢侈品品牌針對大眾打廣告。零售同時也意味著包裝，而且必須是能彰顯珍貴性的頂級包裝，還要防止收到禮物的人立即發現裡面裝的是什麼。許多品牌正致力於重複使用極具創意但可回收的紙張和紙盒。
- 關於產品的使用，泰尼莫格勒香水有個獨特的做法：重複裝填。人們不必丟掉瓶子，可以把它們拿回店裡重複使用，就像Nespresso咖啡機一樣。品牌採用奢侈品策略的一個好處就在於，產品價值不像時尚產業一樣會隨著時間消逝。
- 使用後環節是指奢侈品品牌汽車的送貨上門、售後服務等，會產生碳排放。

- 最後，還必須將廢棄物處理這個環節考慮進來。德國頂級電器品牌美諾（Miele），就對自家的廢棄產品進行統一的組織管理。

奢侈品集團低調的永續發展行動

現在，沒有哪個奢侈品集團不把永續發展當成一項關鍵策略。這並不是「漂綠」——像麥當勞把商標從紅色改為綠色，但仍在全世界推廣吃牛肉，這種飲食從環境成本和影響來看都是最不符效益的。在Tiffany的官網上，有這樣一句話：「自然是我們最好的設計師，永續性是我們最重要的設計」，而該公司的確也依據這個理念行動。奢侈品品牌的力量其實很脆弱，仰賴一種聲譽、威望和吸引力帶來的無形奇蹟，任何社會積極階層與其意見領袖的行為若會造成負面影響，都應當避免。

奢侈品品牌創造了一個夢想，但這種夢想不能建立在毀滅地球珍貴資源的前提之上。例如，由於過度開發，今天的俄羅斯已經無法生產更多的野生魚子醬了，取而代之的是農場生產，這保障了物種的長期平衡。奢侈品品牌對於永續性負有一種道德義務，因此總是帶頭思考和行動，以消除永續發展的障礙。

那麼，這是否意味著奢侈品旗艦店不應該再增加空調呢？所有香水是否都要採取重覆裝填的方式？巴黎時裝秀的創意設計師，今年用的布料是否只能是去年的一半？每晚一千美元的「生態度假屋」，是否應該使用免沖水馬桶以節約水資源呢？

關於這些問題，所有奢侈品集團都做出了努力，給出了不一樣的答案。賓利生產了一款生物燃料車，法拉利則採用動能恢復系統（KERS），這種系統首先在F1賽車上使用，後來擴大到商務車款。

奢侈品策略的精髓在於，絕不為了短期利益而犧牲長遠利益。早在二〇〇〇年，LVMH就將永續發展作為一項策略，並任命專人全權負責每個品牌的策略規劃。由於奢侈品集團的成功是以絕對的分權化管理為基礎，僅派一個人負責永續發展是不夠的，但這個人在集團裡的職位，也證明了這個角色至關重要。每年每個品牌都要報告當年永續發展的量化進展和下一年的目標計畫，香奈兒、Gucci和其他集團均是如此。

雖然的確有許多奢侈品品牌設立了基金會，來協助遏止全球暖化（如日本的LV保育林），但並不會太常宣傳這些行動，除非它們在成為奢侈品品牌之前，就將永續發展做為自身的品牌定位。因此，許多酒類品牌將生態友善作為宣傳的主要內容。史黛拉．麥卡尼是全世界第一個拒絕使用動物皮毛的品牌，因為創辦人傳承了母親的思想，成為一個素食主義者。許多新的護膚品牌也聲稱不進行動物測試。這些例子遵循的是一種頂級策略（花費越高、為永續性的貢獻越多）：永續性是它們的核心競爭武器。它們的目標群體是激進主義者，以及願意購買這些產品以做出環保貢獻的人。Alter Eco精選咖啡或精選巧克力也是如此：偏愛Alter Eco品牌的主要原因是，這個公司只從公平交易的農民那裡購買原料。讓我們來比較一下Alter Eco和Illy。Illy為了保證最佳口感咖啡的地位，與南美洲的咖啡種植者簽訂了長期的公平交易協定，這並不是出於慈善的原因，而是為了長期獨享他們種植的最佳咖啡豆。

我們曾考察過法國和義大利的奢侈品集團總部，得知奢侈品集團不大肆宣傳其永續發展行動，有以下三個原因：

● 奢侈品從不滔滔不絕，不論關於什麼話題，這是一種規則。奢侈品創造夢想、涉入夢想，但從來不多談夢想的幕後工作，這也是為了保持夢想的鮮活度。但是對於服務和產品來說，情況又不太一樣。一家荒漠裡的奢侈酒店，必須主動向外界宣傳其背後所有的行動與努力，避免捲入生態或社會醜聞；富有的客戶在來此享受夢想之前，必須確認這家酒店並未違反道義。但是對手錶來說就不一樣了。手錶的夢想蘊藏在別的地方，需要小心維護：除非客戶詢問，否則沒有必要說出它包含多大的永續發展價值。

- 奢侈品品牌希望在開口宣揚這些之前，就已經彰顯自身的模範性。它們已經做了很多，但卻總是不夠滿意，認為自己做得還不夠。
- 最後，過度的談論經常會產生反效果，引起永續發展組織的反對，他們可能主張零成長或負成長，攻擊消費社會的一切象徵（雖然正如我們所說，奢侈品並不等於消費，而是等於長期保值）。反對者也可能是環保組織，因為任何事情總有負面影響：例如象徵綠能的風車，也可以說成在製作和運輸過程中產生了二氧化碳。從二氧化碳排放的角度來看，核能是最潔淨的能源，卻在「綠色政治」的影響下，德國二〇一一年禁止了核能，反而以碳排放量最大的能源——煤取而代之。

圖16-1顯示了奢侈品集團將永續發展規定內化的五個步驟，從單純為了避免聲譽危機而做出的妥協，到最後重新規劃整個商業模式，並以創新的模式取而代之。有個例子就是質疑為什麼要擁有奢侈品，例如為什麼要購買法拉利？如果能使用公共交通工具，不是更具永續性嗎？

永續發展的奢侈品，何時不再是奢侈品？

在沉迷於擁有奢侈品之後，現在的奢侈品客戶將目光轉向擁有罕見的經歷。Explora連鎖酒店推出了智利阿塔卡馬沙漠、巴塔哥尼亞（Patagonia）和復活節島上的度假勝地，這正是永續發展的一個典範：

- 員工都來自臨近的村莊。
- 食品基本上都產於本地。
- 能源自給（太陽能）。
- 酒店負責回收廢棄物。
- 水資源經過淨化處理，可重複使用。
- 偏遠村莊對遊客徵收二氧化碳排放補償費。
- 酒店為了兒童，資助當地建立學校。

其他一些生態度假酒店可能做得更多：位於荒漠地帶的酒店，建議客人使用不可飲用的淋浴用水和免沖水馬桶，還限制淋浴水溫以節約能源。但這樣的話，還算得上是奢侈體驗嗎？還是探險考察？這些環保任務使得愉悅體驗受到嚴格限制，那麼奢侈所象徵的富足、所象徵的不凡生活又在哪裡？

許多自詡為奢侈品的新品牌也是如此：由U2樂團主唱波諾創立的Edun、JEM（具有道德意識的珠寶品牌）、Lush（以有機水果和蔬菜為原料的新鮮手工美妝產品），還有史黛拉．麥卡尼的時裝店。

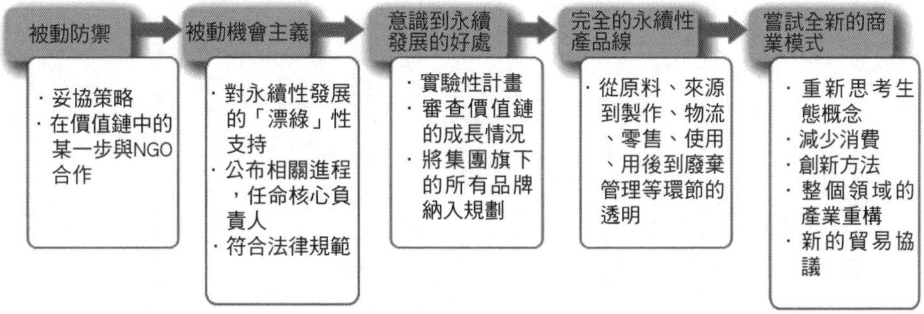

被動防禦 → 被動機會主義 → 意識到永續發展的好處 → 完全的永續性產品線 → 嘗試全新的商業模式

被動防禦	被動機會主義	意識到永續發展的好處	完全的永續性產品線	嘗試全新的商業模式
・妥協策略 ・在價值鏈中的某一步與NGO合作	・對永續性發展的「漂綠」性支持 ・公布相關進程，任命核心負責人 ・符合法律規範	・實驗性計畫 ・審查價值鏈的成長情況 ・將集團旗下的所有品牌納入規劃	・從原料、來源到製作、物流、零售、使用、用後到廢棄管理等環節的透明	・重新思考生態概念 ・減少消費 ・創新方法 ・整個領域的產業重構 ・新的貿易協議

圖16-1　奢侈品集團內化永續發展規則的步驟

前文提過，史黛拉．麥卡尼在不使用皮毛這一點上非常嚴格。她的立場傳承自她母親的思想。但矛盾的是，使用非皮毛材質的成本更高，因為需要花費額外的時間，加工成與皮毛相同的外觀和觸感，但這種額外的成本又不能加諸於售價，否則客戶就不願購買了。

事實上，皮毛被視為貴重的材質，而其替代品則較為低階，客戶接受後者的原因在於他們花費了更多的錢為環保做出貢獻，同時也受到那些知名設計師的宣傳吸引。但是，價格還是不能定得太高，因為這種產品本身並不是那麼貴重。

那麼，是因為缺乏了什麼，使得史黛拉．麥卡尼不能稱為奢侈品品牌呢？其中一個因素，就是它太過強調自身為生態、永續發展做出的努力，超出了對藝術性的強調。可比較性是這個品牌的關鍵：它宣稱自己是唯一一家做到碳中和的高級訂製服業者。顯然，它將客戶的注意力集中在單一的功能性特徵上，而不是無形的夢想上，正如豐田Prius的油電混合車一樣。這是一種典型的頂級或超頂級策略，也招來了一些炫耀性購買。這稱為「炫耀性利他主義」（conspicuous altruism），創造者在比佛利山莊（Beverly Hills）擁有很多追隨者。好萊塢明星已經厭倦了他們原有的名聲，所以急切地採取一切新手段，想表現出道德和維護生態的形象。他們希望被視為塑造社會未來潮流的革新者。特斯拉電動車就是在好萊塢吸引了它的第一批買家。

史黛拉．麥卡尼是一個理性的品牌，並不強調作為奢侈品精髓的夢想性，以及與他人經歷的差距性，但這並不意味這個品牌沒有未來。實際上，它可能相當具有發展前景，因為奢侈品產業將面臨需求成長的挑戰。中國就是一個例子，在那裡奢侈品並不僅限於一小部分人，而是被上百萬人看成一種權利。這就威脅到了稀有物種、生態多樣性的維護和地球生態保護等等。本來，只要想享樂的少數人負擔得起，皮毛的客觀稀有性就不成問題；但如果現在想享樂的人變成多數，即所謂「富有的大眾」，唯一的解決方式就是原料替代品——這些特殊的仿製品將由神聖的設計者，賦予魔幻的吸引力。但是，替代品也會因此面臨問題，因為塑膠袋是不可能發展出奢侈品品牌的，只有時尚業才存在這種東西。

採用奢侈品策略來促進永續發展

永續發展正面臨著兩個嚴峻的挑戰。

第一是價格，與永續發展相符的產品和服務一般都比較貴，主要是因為「外部性」（汙染、廢棄管理、良好的工作條件等）必須內部化，大大增加了成本。你再也不能隨意傾倒垃圾，或者像以前有些公司那樣，將垃圾裝運到非洲去。過去歐洲的造紙廠汙染環境，或者像現在有公司在加拿大亞伯達（Alberta）開採石油，這種情形已經不可能發生，或者很快就會消失了。將危險或工資過低的工作轉移到第三世界國家，這種事情也不會再出現了。處理廢棄物、清潔環境、為工人提供安全良好的工作環境，都將大大增加企業的成本，因此有機食品平均比其他食品要貴上三〇%。

第二是行為，雖然在所有調查中，客戶都自稱願意為永續性產品花更多的錢，但當真正在選購時，他們就會忘記自己的理想，而選擇便宜的商品，因為購買永續性產品只是對他人有好處而已。

正是由於這些挑戰，運用傳統的管理和行銷工具已經很難實施可獲利的永續發展策略。讓我們來看看如何用不同方式實現這個目標。

價格問題與利用網路

如果希望產業能夠獲利，永續發展的額外成本可以透過以下三種方式解決：

- 法律強制執行。
- 整個產業普遍實施。
- 由一個品牌進行管理。

在前兩種方法中，客戶一定要支付更高的價格，毫無選擇餘地。

從近幾年的發展可見，無論是透過當地法律，如《空氣淨化法案》（*Clean Air Acts*）；還是全球法律，如《京都議定書》（*Kyoto Protocol*），兩者都不那麼有效。在前者的例子中，當地的生產者將面臨被迫遷徙的風險；在後者的例子中，從哥本哈根會議就可以知曉，在所有國家推行同一套法律根本不可能。

相較之下，在某個產業推行技術協定或規範就容易一些。在一九七〇年代，第一次石油危機之後，由於環保主義者施壓，歐洲玻璃容器製造商決定採取行動，解決垃圾場中的玻璃瓶問題。他們同時從生產過程（熔爐）和產品本身（可回收）著手，決定共同承擔額外成本，以防止不公平競爭。最後的效果非常好，玻璃容器不再成為環境問題。然而，每個瓶子產生的額外成本，卻使得玻璃製造商的競爭力不如塑膠容器製造商。

塑膠產業決定什麼都不做，讓塑膠產品堆滿垃圾場，並因為客戶的懶惰和政府的遲鈍而獲益良多

（玻璃業卻失去了極大的包裝市場），但是這對生態環境來說卻並不是好事：堆積成山的塑膠垃圾遍布我們的土地。由此可見，產業規範的實施比全球法律有效，但是可能會損害該產業的利益。

這些例子最終都沒有獲得好結果的原因是：客戶沒有選擇的餘地。即便是透過良好的溝通策略，讓他們理解並接受新規則，但他們仍然不會喜歡，而且會問：「這樣要持續多久呢？」

現在，讓我們思考「自己」的解決方法，依照第十五章所說的概念和行銷工具，將一項經過改良的奢侈品策略，應用到一個產品或品牌上。這個策略的基本概念在於，更高的成本導致了更高的價格，但是客戶完全可以接受這種價格。這當然意味著奢侈品策略中的價格管理方式需要調整：這種情況下不存在韋伯倫效應，也就是如果價格成長，需求並不會增加。所以，必須忘掉反傳統行銷法則第十二條「奢侈品需要定價，卻不能根據價格定義奢侈品」。你不能只因為自己是奢侈品就要求更高的價格，如果加價，就必須提出正當理由。但其他反傳統行銷準則仍然適用。

我們已經提過，在奢侈品策略中運用網路會產生的問題，奢侈品價格必須保持神祕，然而網路卻是以透明為基礎。然而，如果價格不能保持神祕（如醫療費用），網路就非常有用了，而且調整奢侈品策略也很容易，只要保持其他方面不變，採用價格策略即可——那麼反傳統行銷法則第十二條就變成了「永續發展需要定價」或「健康有價」。

客戶行為問題的挑戰

這是一個嚴峻的難題。在傳統行銷中，你問客戶他們想要什麼，然後盡最大努力去滿足他們。但若涉及永續發展，這種策略就不再適用了。客戶嘴上說要買永續性產品，但卻言行不一，這正是許多企業永續策略失敗的原因。有兩種方法可以克服這種不一致：一是說服客戶，花更多錢是為了他們自己或者家人（如有機食品對孩子的健康有益」；二是客戶必須了解，採取永續行動能促進整個社會的進步。

我們都知道，如果整個社區都進行回收（不回收的人將留下不好的印象），回收箱隨處可見（每個回收的人都可以在公共場合看到），效率將大大提升。再進一步，還可以將回收與公益連結在一起。我們回到玻璃容器製造業的例子。在法國，人們面臨著雙重問題：由於文化因素，法國人並不像德國人那樣把回收當成一種習慣，並且總懷疑他們的產業暗藏不公。所以法國政府決定多做一步：宣告將回收獲益全部捐給一個癌症慈善機構，並且每年都透過電視節目公開捐贈。這也是該機構獲得的最大捐助來源，回收行動也得以成功推行。

現在讓我們回到奢侈品策略的基礎：想成功，必須同時滿足客戶（我的奢侈品）和社會（可以改善社會的奢侈品）。永續發展也是這樣，如果我們想成功實行，客戶必須出於自願，而非受到勉強。因此，以永續發展為目的，實施奢侈品策略，的確值得認真考慮。

電動汽車就是一個例子。所有人將它視為適應未來的產物，並且聲稱它是解決所有城市問題的最佳方案。但是，如果它不具備極大的價格優勢，就沒有人會買。因此，如果不能得到公共補貼（雖然這並非長久可行），電動車產業就將面臨重重困境。但是有一個優秀的品牌成了例外：特斯拉，加州的全電動汽車。這家公司創立於二〇〇三年，甚至在二〇〇九年七月一度破產，但已在二〇一三年達成獲利。特斯拉實施的正是奢侈品策略，它甚至開設了零售商店（第一家店於二〇〇八年四月在西洛杉磯開業）。擁有一輛特斯拉電動車是一種明顯的利他主義行為，它的價格也眾所周知。

未來的展望

「綠色與黃金」的困境，乃是我們對奢侈品理解錯誤的結果，原因在於我們混淆了金錢、亮麗的外表和奢侈這幾種概念。回顧前一章的最後一段，以及奢侈品策略本質上是奠基於稀有性和優質手工藝的這一點，我們的困惑就能得到解答，在一種永續經濟中實施奢侈品策略，的確值得納入考量。

永續發展暗示著匱乏，而奢侈品策略則暗示著稀有。難道「稀有」不是「匱乏」的一種積極表述，而是「匱乏」的一種變體，經由人類的智慧和努力而轉變成黃金嗎？奢侈品策略同時也是稀有性策略，人們從這裡重新找到一個定位，可以同時作為生產者和自由、負責任的客戶。一件奢侈品擁有很長的生命期（「丟棄」這種概念並不屬於奢侈品世界），並且由絕佳的手工藝製成，而不是冰冷的機器，或世界另一端的開礦工人。

正如我們所能看到的那樣，為奢侈品策略制定的工具，相當適用於管理永續發展。有機產品就是一個例子，可與奢侈品的行銷策略完美契合，包括傳遞夢想（人類與世界和諧共存）；是優質手工藝的產物；透過選擇性的方式進行配銷；生產者和客戶之間的聯繫得以維持；比普通產品來得貴，但客戶明白原委，並且願意接受。

參考資料

Abeles, M (2008) Anthropologie de la Globalisation, Payot, Paris

Abric, J-C (2003) Pratiques Sociales et Representations, PUF, Paris

Amaldoss (2006) 'Trading up: A strategic analysis of reference group effects', Marketing Science, 27 (5), pp 932–42

Amaldoss, W and Jain, S (2005) 'Conspicuous Consumption and Sophisticated Thinking', Management Science, 51 (10), pp 35–45

Amaldoss, W and Jain, S (2005) 'Pricing of conspicuous goods' Journal of Marketing Research, 42 (1), pp 30–42

Arnould E, Price, L and Curasi, C (1999) 'Magical special possessions', European Advances in Consumer Research, 4, pp 264–66

Aspers, P (2010) Orderly Fashion: A Sociology of Markets, Princeton University Press, Princeton Azoulay and Kapferer (2003) 'Do brand personality scales really measure brand personality?' Journal of Brand Management, 11 (2), November

Bagwell, K, Riordan, M H (1991) 'High and declining prices signal product quality', American Economic Review, 81, 224–39

Bain (2011) 'Perspectives on world luxury market', Paris Bain & Co (2011) 'Luxury in 2011', Bain World Reports, Milano, Italy

Barnier, Falcy and Valette-Florence (2012) 'Do consumers perceive three levels of luxury?' The Journal of Brand Management, 19 (5), pp 1–14

Bastien, V, Dubourdeau, P-L, Leclère, M (2011) La Marque France, Presses des Mines

Bataille, G (1967) Le Part Maudit, Les Éditions de Minuit, Paris Bataille, G and Hurley, R (1991) The Accursed Share. Zone Publishing Company, Cambridge, Massachusetts

Baudrillard, J (1976) L'Exchange Symbolique et the Mort, Gallimard, Paris (English translation 1993, Symbolic Exchange and Death, Sage Publications, Thousand Oaks, CA)

Becker, C (2002) Du Ricard dans mon Coca, Editions d'Organisation, Paris Belk, Russell W (1988) 'Possessions and the extended self', The Journal of Consumer Research, 15 (2), pp 139–68

Bendell J and Kleanthous A, 'Deeper Luxury Report', WWF, London Benjamin, W (2008) The Work of Art in the Age of Mechanical Reproduction, Belknap Press, Harvard

Berry, C (1994) The Idea of Luxury, Cambridge University Press, Cambridge Beverland, M (2006) 'The real thing: Branding authenticity in the luxury wine trade', Journal of Business Research, 59, 251–58

Bo, D and Guével, M (2009) Brand Content, Dunod, Paris Bo, D and Guével, M (2010) Brand Content: Comment les marques se transforment en média, Dunod, Paris

Bourdieu, P (1970) La Distinction: Critique sociale du judgement, Minuit, Paris Bourdieu, P (1979) La Distinction: Critique sociale du judgement, Editions de Minuit, ParisReferences 378

Bothner, M S, Godart, F C and Lee, W (2010) 'What is Social Status? Industrial and Corporate Change' Carcano, L and Ceppi, C (2010) Time to Change: Contemporary Challenges for Haute Horlogerie, Egea Editions, Milano

Carnevale-Maffè Carlo Alberto (2011) Why Italian companies are selling their «family jewels»? Via Sarfatti Castarède, J (2008), Histoire du Luxe, Eyrolles, Paris

Chadha, R and Husband, P (2007) The Cult of the Luxury Brand: Inside Asia's love affair with luxury, NB Publishing, Boston, MA

Chao, A, Schor, J B (1998) 'Empirical tests of status consumption: evidence from women's cosmetics', Journal of Economic Psychology, 19, 107–31

Chevalier, M (2009) Luxury China: Market Opportunities And Potential, Wiley, Singapore Clifford, S (2011) 'Even marked up, luxury goods "y off the shelf', New York Times, 4 August, p A1.

Corbellini, E and Saviolo, S (2009) Managing Fashion and Luxury Companies, Etas Editions, Milano Corneo, G and Jeanne, O (1997) 'Conspicuous consumption: snobbism and con-formism', Journal of Public Economics, 66, pp 55–71

Danziger, P (2005) Let Them Eat Cake: Marketing luxury to the masses – as well as the classes, Dearborn Trade Publishing, a division of Kaplan Books, Chicago, IL Dion, D and Arnould, E (2012) 'Retail luxury strategy: assembling charisma through art and Magic', Journal of Retailing, January

Doyle, P and Stern, P (2006) Marketing Management and Strategy, 4th edn, Pearson Education, Harlow Dubois, B and Duquesne, P (1990) Existet il un Consommateur de Luxe Europeén, HEC Working Papers, Paris

Dubois, B and Paternault, C (1995) 'Understanding the world of international luxury brands', Journal of Advertising Research, 35 (4), pp 69–76

Dubois, D, Rucker, D and Galinsky, A (2010) 'The accentuation bias: Money literally looms larger to powerless, social

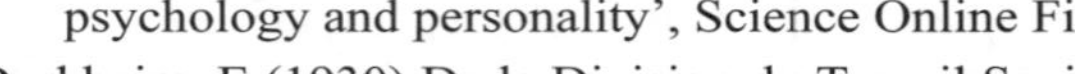
psychology and personality’, Science Online First, 26 April, 1–7

Durkheim, E (1930) De la Division du Travail Social, PUF, Paris Eiglier, P and Langeard, W (1996) Servuction: Le Marketing des Services, Ediscience Internationale, Cachan, France

Eisend, M and Schuchert-Güler (2006) ‘Explaining counterfeit purchases’, Academy of Marketing Science Review, 6 (12)

Floch, J (2004) L’Indémodable Total Look de Chanel, IFM-Regard, Paris Fukuyama, F (1992) The End of History and the Last Man, Penguin, London

Girard, R and Gregory, P (2005) Violence and the Sacred, Continuum Press, London

Giron, M E (2010) Inside Luxury, LID Publishing

Granot, E and Brashear, T (2008) ‘From luxury to populence: inconspicuous consumption’, ACR Proceedings, Memphis Conference, 35, pp 991–92

Griskevicius, V et al (2007) ‘Blatant benevolence and conspicuous consumption: when romantic motives elicit strategic costly signals’, Journal of Personality and Social Psychology, Vol 93, pp 85–102

Griskevicius V, Tybur J S and Van der Bergh B (2010) ‘Status, reputation and con-spicuous conservation’, Journal of Personality and Social Psychology, 98 (3), pp 392–404References 379

Groth, J C and McDaniel, S W (1993) ‘The exclusive value principle’, Journal of Consumer Marketing, 10 (1), pp 10–16

Hagtvedt, H and Patrick,V (2008) ‘Art and the brand: the role of visual art in en-hancing brand extensibility’, Journal of Consumer Psychology, 18 (1), pp 212–22

Hagtvedt, H and Patrick, V (2009) ‘The broad embrace of luxury’, Journal of Consumer Psychology, 19, pp 608–618

Han, Y, Nunes, J and Drèze, X (2010) ‘Signaling status with luxury goods: the im-pact of brand prominence’, Journal of Marketing, 74 (July), pp 14–30

Han, J-M, Suk, H-J and Chung, K-W (2008) The In"uence of Logo Exposure in Purchasing Counterfeit Luxury Goods, DMI Conference, Essec, Cergy-Pontoise, France, 14–15 April

Hubert, H and Mauss, M (1981) Sacri!ce: Its Nature and Functions, University of Chicago Press Ijaouane and Kapferer, J-N (2012) ‘Developing luxury brands within luxury groups – synergies without dilution’, Marketing Review St Gallen, Vol 1 (2012), pp 24–29

Ipsos. World Luxury Tracking, HEC Conference, Paris,2 May, 2011 Janssens, K et al (2009) ‘Can buy me love: how mating cues in"uence men’s interest in high status consumer goods’, Working Paper No 2009/570, Gent University, School of Economics and Management

Jee Han, Y, Nunes, J and Dreze, X (2010) 'Signaling status with luxury goods: the role of brand prominence', Journal of Marketing

Kapferer, J-N (1990) Rumours, processes, uses and image, Transaction Books, New Brunswick Kapferer, J-N (1998) 'Why are we seduced by luxury brands?' Journal of Brand Management, 4 (4) pp 251–60

Kapferer, J-N (2008) The New Strategic Brand Management: Creating and sustain-ing brand equity long term, 4th edn, Kogan Page, London

Kapferer, J-N (2010) 'Luxury after the crisis: pro logo or no logo?' The European Business Review, Sept–October, pp 42–47

Kapferer, J-N (2010) 'All that glitters is not green: the sustainable future of luxury?' The European Business Review, Nov/Dec

Kapferer, J-N (2011) 'Quelle stratégie pour la Marque France?' in Revue Française de Gestion, Numero Spécial Marque France, Nov-Dec

Kapferer, J-N (2012) 'Why luxury should not delocalize: a critique of growing ten-dency', The European Business Review, March/April

Kapferer, J-N (2012) The New Strategic Brand Management, 5th edn, Kogan Page, London

Kapferer, J-N (2012) 'Le luxe est il compatible avec le développement durable?

Enquête auprès des clients du luxe eux-mêmes', HEC Paris, Research Reports Kapferer, J-N and Gaston-Breton, T (2002) Lacoste: The legend, Cherche Midi, Paris

Kapferer, J-N and Gaston-Breton, T (2008) The Style René Lacoste, Editions l'Equipe, Paris Kapferer, J-N and Tabatoni, O (2011) 'LVMH-Hermès: Le dilemme des entreprises

familiales du luxe', Analyse Financière, N° 38, Janvier-Fevrier Kapferer, J-N and Tabatoni, O (2011) 'The LVMH-Bulgari deal: what lessons for the luxury industry?' HEC Paris, Research Reports

Kapferer, J-N and Tabatoni, O (2012) 'Are luxury brands really a !nancial dream?' The Journal of Strategic Management Education, JanuaryReferences 380

Kapferer, J-N and Laurent (2012) 'Is there a minimum price of luxury: An interna-tional comparison across 20 products', HEC Paris Research Reports, HEC Luxury Lab

Karpik, L and Scott, N (2010) Valuing the Unique, Princeton University Press Kretz, G (2010) 'How fashion bloggers build themselves as a brand', Unpublished doctoral dissertation, HEC Paris

Kowinski, W S (2002) The malling of America, Xlibris Corporation Lipovetsky, G and Roux, E (2003) Le Luxe Éternal: De l'âge du sacré au temps des marques, Gallimard, Paris

Lochard, C and Murat, A (2011) La Nouvelle Alliance: Luxe et développement durable Eyrolles Maffesoli, M (1988) le Temps des Tribus, Table Ronde Editions

Mandel, N, Petrova, P K, Cialdini, R B, 'Images of success and the preference for luxury brands', Journal of Consumer Psychology, 16 (1), pp 57–69

Marion, G (2005) 'Objets et marques de luxe', in Le Luxe: Essais sur la fabrique de l'ostentation, ed O Assouly, Editions du Regard, France

Maslow, A (2011) Hierarchy of needs: a theory of human motivation, Kindle ebook

Maynard, J (2007) 'Why is the Prius Successful?' New York Times, 4 July Mauss, M (1950) Sociologie et Anthropologie, PUF, Paris

McCartney, S (2005) The Fake Factor: Why we love brands but buy fakes, Cyan, London

Michel, G (2004) Les Stratégies d'Extension de Marque, Vuibert, Paris Nueno, J L and Quelch, J (1998) 'The mass marketing of luxury', Business Horizons, 41 (6), 61–68

Nunes, J, Dreze, X and Jee Han, Y (2010), 'Consumption in a recession: toning it down or turning it up', Journal of Marketing Orsato, R (2009) Sustainability Strategies: When does it pay to be green? Insead Business Press

Pannekoucke, S (2005) 'Un condensé du paraître aristocratique', in Le Luxe: Essais sur la fabrique de l'ostentation, ed O Assouly, Editions du Regard, Paris

Perey, E and Meyer, L (2009) Luxury Attitude, Maxima, Paris Phan, M (2007) 'Service innovations: the case of the Plaza Athénée Paris Hotel', Décisions Marketing, 48, pp 9–20

Phau, I and Prendergast, G (2000) 'Consuming luxury brands', Journal of Brand Management, 8 (2), 122–38

Podolny, J M (2005) Status Signals: A Sociological Study of Market Competition, Princeton University Press

Reichheld, F (2006) The Ultimate Question: Driving good pro!ts and true growth, Harvard Business School Press, Boston, MA

Rucker, D D and Galinsky, A D (2008) 'Desire to acquire: powerlessness and com-pensatory consumption', Journal of Consumer Research, 35 (August), pp 257–267

Sahalia, A, Parker, J and Yogo, M (2004) 'Luxury goods and the equity premium', The Journal of Finance, 59 (6), pp 2959–3004

Sapori, M (2004) 'La construction libérale du luxe', in Le Luxe: Essais sur la fab-rique de l'ostentation', edited by Oliver Assouly, IFM Regard, Paris

Schnabel H and Storchmann, K (2010) 'Prices as quality signals: evidence from the wine market', Journal of Agricultural &

Food Industrial Organization, 8 (2)

Shapiro, C (1983) 'Premiums for high quality products as returns to reputation', The Quarterly Journal of Economics, 98, pp 659–80

Sicard, M-C (2006) Luxe, Mensonges et Marketing, 2nd edn, Village Mondial, ParisSilverstein, M and Fiske, N (2005) Trading Up: Why consumers want new luxury goods and how companies create them, Portfolio, London Simmel, G (1900) Philosophie des Geldes, Duncker & Humblot Verlag, Berlin (English translation, 2004, The Philosophy of Money, Routledge, London)

Smith, J (2010) 'Demand for Electric Vehicles in Europe', The Times, London, 5 Stanley, T and Danko, D (1996) The Millionaire Next Door: The surprising secrets of America's Wealthy, Simon & Schuster, New York

Süskind, P (2001) Perfume, Penguin, Harmondsworth

Teil, G (2005) 'Les procédures de quali!cation des produits de luxe' in Le Luxe: Essais sur la fabrique de l'ostentation, ed O Assouly, Editions du Regard, Paris

Ward, J L, Schuman, A and Stutz, S (2010) Family Business as Paradox, Palgrave Macmillan, London Worchel, S, Lee, J and Adewole, A (1975) Effects of Supply and Demand on Ratings of Object Value, Journal of Personality and Social Psychology Xiao Lu, P (2008) Elite China, Wiley, London

http://3g.forbeschina.com/review/201406/0033806.shtml

國家圖書館出版品預行編目資料

奢侈品策略 / 文森.白斯汀(Vincent Bastien), 尚.諾埃爾・凱費洛(Jean-Noel Kapferer) 著：謝綺紅譯. -- 二版. -- 臺北市：商周出版：家庭傳媒城邦分公司發行，民103.10
面； 公分. --（新商業周刊叢書；BW0544）
譯自：The Luxury Strategy: Break the Rules of Marketing to Build Luxury Brands（Second Edition）

ISBN 978-986-272-630-3（精裝）

1.行銷策略 2.奢侈品 3.商品管理

496.5 103013938

新商業周刊叢書 BW0544

奢侈品策略：讓你的品牌，成為所有人奢求的夢想

原文書名／The Luxury Strategy: Break the Rules of Marketing to Build Luxury Brands (Second Edition)
作者／文森・白斯汀（Vincent Bastien）、尚・諾埃爾・凱費洛（Jean-Noel Kapferer）
譯者／謝綺紅
總審訂／白婷
企畫選書／陳美靜
責任編輯／黃鈺雯
編輯協力／聞若婷
版權／吳亭儀、顏慧儀、林易萱、江欣瑜
行銷業務／周佑潔、林秀津、林詩富、賴正祐、吳藝佳

總編輯／陳美靜
總經理／彭之琬
事業群總經理／黃淑貞
發行人／何飛鵬
法律顧問／台英國際商務法律事務所
出版／商周出版 城邦文化事業股份有限公司
台北市南港區昆陽街16號4樓
電話：(02) 2500-7008 傳真：(02)2500-7759
E-mail：bwp.service@cite.com.tw
發行／英屬蓋曼群島商家庭傳媒股份有限公司 城邦分公司
台北市南港區昆陽街16號5樓
電話：(02)2500-0888 傳真：(02)2500-1938
讀者服務專線：0800-020-299 24小時傳真服務：(02)2517-0999
讀者服務信箱：service@readingclub.com.tw
劃撥帳號：19833503
戶名：英屬蓋曼群島商家庭傳媒股份有限公司城邦分公司
香港發行所／城邦（香港）出版集團有限公司
香港九龍土瓜灣土瓜灣道86號順聯工業大廈6樓A室
電話：(852)2508-6231 傳真：(852)2578-9337
E-mail：hkcite@biznetvigator.com
馬新發行所／城邦（馬新）出版集團【Cite (M) Sdn Bhd】
Cite (M) Sdn Bhd
41, Jalan Radin Anum, Bandar Baru Sri Petaling, 57000 Kuala Lumpur, Malaysia.
電話：(603)9057-8822 傳真：(603)9057-6622
E-mail：cite@cite.com.my

封面設計／黃聖文 內文設計排版／唯翔工作室
印刷／鴻霖印刷傳媒股份有限公司
經銷商／聯合發行股份有限公司 地址：新北市231新店區寶橋路235巷6弄6號2樓
電話：(02)2917-8022 傳真：(02)2911-0053
■ 2014年（民103）10月初版
■ 2024年（民113）4月18日初版9.5刷
Printed in Taiwan

定價／600元

城邦讀書花園
www.cite.com.tw

廣　告　回　函
北區郵政管理登記證
北臺字第10158號
郵資已付，免貼郵票

104　台北市民生東路二段141號2樓

英屬蓋曼群島商家庭傳媒股份有限公司城邦分公司　收

請沿虛線對摺，謝謝！

書號：BW0544　　書名：奢侈品策略：讓你的品牌，成為所有人奢求的夢想

請於此處用膠水黏貼

讀者回函卡

謝謝您購買我們出版的書籍！請費心填寫此回函卡，我們將不定期寄上城邦集團最新的出版訊息。

姓名：________________

性別：□男　□女

生日：西元________年________月________日

地址：________________

聯絡電話：________________　傳真：________________

E-mail：________________

職業：□1.學生 □2.軍公教 □3.服務 □4.金融 □5.製造 □6.資訊
□7.傳播 □8.自由業 □9.農漁牧 □10.家管 □11.退休
□12.其他________________

您從何種方式得知本書消息?
□1.書店□2.網路□3.報紙□4.雜誌□5.廣播 □6.電視 □7.親友推薦
□8.其他________________

您通常以何種方式購書?
□1.書店□2.網路□3.傳真訂購□4.郵局劃撥 □5.其他________

您喜歡閱讀哪些類別的書籍?
□1.財經商業□2.自然科學 □3.歷史□4.法律□5.文學□6.休閒旅遊
□7.小說□8.人物傳記□9.生活、勵志□10.其他________

對我們的建議：
____
____
____
____

請於此處用膠水黏貼